SCIENCE FICTION

Herausgegeben
von Wolfgang Jeschke

Von **Gregory Benford** erschien in der Reihe
HEYNE SCIENCE FICTION & FANTASY:

Der Artefakt · 06/4363
Cosm · 06/6356

CONTACT-ZYKLUS:

Im Meer der Nacht · 06/3770; auch ✒ 06/7027
Durchs Meer der Sonnen · 06/4237
Himmelsfluß · 06/4694
Lichtgezeiten · 06/4761
Im Herzen der Galaxis · 06/5990
In leuchtender Unendlichkeit · 06/5991 (in Vorb.)

Gregory Benford

Im Herzen der Galaxis

CONTACT-ZYKLUS

Fünfter Roman

Aus dem Amerikanischen von
MARTIN GILBERT

Deutsche Erstausgabe

WILHELM HEYNE VERLAG
MÜNCHEN

HEYNE SCIENCE FICTION & FANTASY
Band 06/5990

Titel der amerikanischen Originalausgabe
FURIOUS GULF
Deutsche Übersetzung von Martin Gilbert
Das Umschlagbild ist von Paul R. Alexander

Umwelthinweis:
Dieses Buch wurde auf
chlor- und säurefreiem Papier gedruckt

Redaktion: Wolfgang Jeschke
Copyright © 1994 by Abbenford Associates
Erstausgabe 1994 by Spectra Book,
published by Bantam Books, a division of
Bantam Doubleday Dell Publishing Group, Inc., New York
Mit freundlicher Genehmigung des Autors
und Paul & Peter Fritz, Literarische Agentur, Zürich
Copyright © 2000 der deutschen Ausgabe und der Übersetzung
by Wilhelm Heyne Verlag GmbH & Co. KG, München
http://www.heyne.de
Deutsche Erstausgabe 5/2000
Printed in Germany 3/2000
Umschlaggestaltung: Nele Schütz Design, München
Technische Betreuung: M. Spinola
Satz: Schaber, Satz- und Datentechnik, Wels
Druck und Bindung: Presse-Druck, Augsburg

ISBN 3-453-14890-8

Inhalt

PROLOG

Das wahre Zentrum 11

Teilchensturm 22

ERSTER TEIL

Ferne Vergangenheit............................ 29

1. Techno-Nomaden 31
2. Die Segel-Schlange 38
3. Die Herrschaft der Zahl 51
4. Fahle Weiten 69
5. Alte Gewürze 81
6. Das Lied der Elektronen.................... 96

Gefrorener Stern................................. 105

ZWEITER TEIL

Der Fresser aller Dinge 115

1. Die wilde Jagd 117
2. Der zerrissene Stern......................... 125
3. Besik Bay 142
4. Schwächlinge wie ihr........................ 153
5. Winzige Bewußtseine 166
6. Blitz-Leben................................... 179

7. Ein Geschmack der Leere.................... 199
8. Der Moment der Öffnung 203
9. Die Cyaner.................................... 216

Photovoren................................... 229

DRITTER TEIL

Das Zeitloch.................................... 239

1. Tiefe Realität................................ 241
2. Waben-Heimat 254
3. Die ferne Schwärze........................... 263
4. Ein Tag vor Gericht 275
5. Trans-Historie................................ 285
6. Der Reiz des Kommerz...................... 303
7. Geister-Tiere 313

Phasen-Wesen 329

VIERTER TEIL

Der Schlund der Gravitation.................... 337

1. Der Wind der Erzett......................... 339
2. Im Griff der Zeit 353
3. Der Fels des Chaos........................... 360
4. Unstete Bewegung 372
5. Greller Funke 380
6. Gehirn-Chirurgie............................. 388

Bilder... 397

FÜNFTER TEIL

Böse Absichten 403

1. Der Schmerz der Ewigkeit..................... 405
2. Rationales Gelächter 415
3. Todesopfer..................................... 424
4. Bergung 428
5. Das Meer aus Sand............................. 438
6. Fresser des Sturms 452
7. Versiegende Ströme 459
8. Phantome...................................... 465

NACHWORT DES AUTORS 473

*Für Joan –
für ewig*

PROLOG • DAS WAHRE ZENTRUM

Toby sah, wie sein Vater über die Hülle des Schiffs ging. Killeen erschien als eine silbrige Gestalt. Sein Anzug war so eingestellt, daß er so viel Strahlung wie möglich reflektierte. Ein Spiegel-Mann. Bei jeder Bewegung spielte Licht über ihn, das durch die phosphoreszierenden Sterne und die galaktischen Gase funkelte. Toby nahm Killeens langsame Fortbewegung als eine wellenförmige Verzerrung des feurigen Hintergrunds wahr.

– Papa! – rief Toby über den Interkom des Hautanzugs.

– Was? Ach... – Trotz des statischen Rauschens des Interkoms hörte er die Überraschung in Killeens Stimme. – Was tust du denn hier draußen? –

– Die Besatzung fragt sich, was *du* so lange hier draußen tust. –

Als Käpt'n der *Argo* war Killeen natürlich niemandem Rechenschaft schuldig. Doch Toby hatte die zunehmende Unsicherheit der Offiziere gespürt. Jemand mußte etwas sagen, etwas tun – also hatte er sich den hautengen Anzug übergestreift und war nach draußen gegangen. In letzter Zeit hatte Käpt'n Killeen sich von der Besatzung isoliert und war über die üppigen Rundungen der Schiffswandung gewandert, wobei er oft sogar den Interkom abschaltete.

– Ich navigiere und spähe –, sagte Killeen entrückt.

Das verschwommene Bild des großen Mannes floß wie eine Lichtgestalt, während Killeen über den stumpfen Bug der *Argo* auf Toby zukam. Für einen Moment reflektierte sein Anzug die schwarzen Tiefen einer nahen molekularen Wolke, so daß er vor dem trüben organgefarbenen Glühen des sternengesprenkelten Gases wie ein unheimlicher Schatten-Mann auf Toby wirkte.

– Das kannst du doch auch von der Brücke aus tun –, sagte Toby.

– Hier draußen habe ich aber ein besseres Gefühl dafür –, sagte Killeen und trat so dicht an Toby heran, daß dieser durch den Sehschlitz des Anzugs das ernste Gesicht seines Vaters sah.

Toby wußte, in welcher Stimmung sein Vater sich mit diesem verkniffenen Gesichtsausdruck befand und beschloß deshalb, gleich zur Sache zu kommen. – Es haben sich schon wieder fast ein Dutzend Leute krankgemeldet. –

Killeen preßte den Mund zu einem Strich zusammen, sagte aber nichts. Nach anfänglichem Zögern faßte Toby sich ein Herz und sagte: – Papa, wir verhungern! In den Gärten, die wir verloren haben, gedeiht nichts mehr. Du mußt dich den Realitäten stellen! –

Mit choreographischer Präzision wirbelte Killeen in der Schwerelosigkeit mit den Magnetstiefeln über die Hülle und wandte sich Toby zu.

– Ich *stelle* mich den Realitäten! Wir haben keine Techtricks mehr auf Lager. Nicht einmal den Spezialisten, den Leuten mit dem grünen Daumen, gelingt es, die Schiffsgärten wieder fruchtbar zu machen. Sie sind uns auch keine Hilfe. Also *denke ich nach*, ist das klar? –

Bei Killeens Zornausbruch wich Toby unwillkürlich zurück. Er atmete durch und sagte zögernd: – Sollten wir nicht ... können wir nicht ... etwas anderes versuchen? –

– Was denn? – fragte Killeen unwirsch.

– Diese Objekte anfliegen? – sagte Toby und wies zaghaft in die entsprechende Richtung.

Weit vor der *Argo* schwebten matte metallische

Kleckse aus Licht. Weder Wolken noch leuchtender Staub. Künstlich.

– Wir wissen nicht, was sie darstellen. Handelt sich vielleicht um Maschinen. Ist sogar wahrscheinlich. Die Mechanos haben viel in der Nähe des Wahren Zentrums gebaut. – Killeen zuckte die Achseln.

– Vielleicht sind es doch Menschen, Papa. –

– Das bezweifle ich. Es ist verdammt lang her, seit Menschen im Weltraum lebten. –

– Das sagen die Historiker. Wir werden es aber erst wissen, wenn wir uns selbst davon überzeugen. Wir haben eine Tradition als Pioniere, Papa! Die Sippe brennt darauf, das Schiff zu verlassen und sich einmal die Füße zu vertreten. –

Nachdenklich schaute Killeen auf das Lodern im Zentrum der Galaxis. – Als Käpt'n lernt man unter anderem, die Nase nicht in einen Bienenkorb zu stecken, nur um den Honig zu riechen. Es handelt sich wahrscheinlich um feindliche Objekte, auch wenn sie nicht mechano sind. Es scheint hier alles feindlich zu sein. –

Toby nahm diese Bemerkung ohne Kommentar zur Kenntnis. Es war schon über ein Jahr her, doch Killeen hatte den Tod seiner Frau Shibo noch immer nicht verwunden. Er kam zwar seinen Pflichten als Käpt'n nach, war jedoch oft abweisend und schlecht gelaunt. Bei einem Mannschaftsdienstgrad wäre das noch verzeihlich gewesen, nicht aber bei einem Käpt'n. Die Moral litt stark darunter.

Dennoch sagte Toby sich, daß Killeen wahrscheinlich recht hatte. Sie nahmen Kurs auf das Zentrum der Galaxis, wo gewaltige Energien wirkten. Riesige, lodernde Sonnen. Leuchtende Staub- und Gaswolken. Kräfte, die bei weitem alles übertrafen, was Menschen zu bändigen vermochten. Und irgendwo gab es hier Intelligenzen, die den wilden Reigen der Sterne beherrschten.

Seine Geschichtskenntnisse waren immerhin so fundiert, daß er wußte, die Menschen hatten sich in der

Nähe eines Sterns entwickelt, der sich auf zwei Dritteln der Strecke zwischen Zentrum und Rand der galaktischen Spirale befand. Die Galaxis war eine rotierende Scheibe – wie ein Kreisel –, nur daß ihre Größe das menschliche Vorstellungsvermögen bei weitem überstieg. Dort draußen auf der Alten Erde, weit entfernt von den Kataklysmen des Wahren Zentrums, war das Leben angenehm und beschaulich gewesen.

In der Ausbildung sollte er sich einmal einen Würfel mit einer Kantenlänge von einem Lichtjahr vorstellen, die Entfernung, die das Licht in einem Jahr zurücklegt. Dort draußen, in der Nähe der legendären Erde, würde dieser Würfel im Durchschnitt nur einen Stern enthalten.

Hier, im galaktischen Zentrum, enthielt ein solcher Würfel eine Million Sterne.

Sonnen drängten sich wie glühende Murmeln am Himmel und wurden von Luftschlangen aus rotem Gas drapiert. Sterne schwärmten wie emsige Bienen um die Zentralachse – den in weißblauem Licht erstrahlenden exakten Mittelpunkt.

– Wir könnten doch an einem von ihnen längsseits gehen und nachschauen –, sagte Toby leise.

Killeen schüttelte den Kopf. – Damit geraten wir vielleicht vom Regen in die Traufe. –

– Wir *verhungern*, Papa. Wir müssen etwas *unternehmen*. –

Verärgert wandte Killeen sich ab und ging über die verschrammte Hülle. Die Magnetstiefel klackten bei jedem Schritt und regten die Hülle zu Schwingungen an, die sich auf Tobys Stiefel übertrugen. Er folgte seinem Vater und hüpfte dabei wie ein Känguruh über die Schiffswandung, wobei der Stiefel gerade so lange an der Hülle haftete, bis er genug Drehmoment für den nächsten Hüpfer hatte. Dann riß er den Stiefel los, stieß sich ab und ging wieder in den Gleitflug. Toby beherrschte die Technik zwar recht gut, vermochte jedoch nicht mit seinem Vater Schritt zu halten.

Die *Argo* hatte sie mit hoher Unterlichtgeschwindigkeit hierhergebracht und dabei Plasma in rauhen Mengen durch die Ansaugstutzen gezogen. Je näher sie dem Zentrum kamen, desto reichlicher wurden die Brennstoffvorräte. Die Hülle des Schiffs war unterwegs von vereinzelten Meteoriten eingedellt worden. Nun hatten sie die Geschwindigkeit gedrosselt, und Killeen nutzte die Gelegenheit zu einem halbwegs sicheren Spaziergang über die Hülle. Die *Argo* war nun Teil des Materiereigens, der mit einem Tausendstel der Lichtgeschwindigkeit um das Wahre Zentrum wirbelte.

Killeen erreichte einen Buckel in der komplexen Hülle der *Argo* und blieb stehen; als ob er auf dem Grat eines Bergs auf dem Heimatplaneten stünde. Dieses Schiff, groß wie ein Berg, war die letzte große Konstruktion ihrer Vorfahren. Hinter ihm dräute eine riesige Dunkelwolke wie ein Tintenklecks vor den lodernden Sternen.

Killeen drehte sich zu seinem Sohn um. Beim Näherkommen sah Toby, daß Killeen einen Ausdruck der Sehnsucht auf dem Gesicht hatte.

– Wenn es hier nur Planeten gäbe ... –

– Gibt's nicht, habe ich mir sagen lassen –, sagte Toby nüchtern, um seinen Vater wieder mit der Realität zu konfrontieren.

– Wieso nicht? – fragte Killeen barsch.

– Sieh dir doch diese Sterne an! Sie fliegen so dicht aneinander vorbei, daß sie die Planeten vom Zentralgestirn wegreißen würden. –

– Gut, dann würden die Planeten eben frei driften. Na und? – sagte Killeen stur.

– Genau, frei. Und gefroren. Zu weit von einer Sonne entfernt. Kein Pflanzenleben. Keine Nahrung. –

Killeen spähte sehnsüchtig in die Ferne. – Dann gibt es an diesem großartigen Ort keinen Platz zum Leben? –

– Jasag. Jedenfalls keinen für uns –, erwiderte Toby

in schonungsloser Offenheit, um seinem Vater die Illusionen zu rauben und ihn im Idealfall zu veranlassen, diesen irren Flug ins Wahre Zentrum noch einmal zu überdenken.

Killeen sah ihn ernüchtert, fast traurig an. – Wir müssen weiter. –

– Wieso denn? Die Strahlungswerte sind doch jetzt schon so hoch, daß die *Argo* sie kaum noch abzuschirmen vermag. Allein dadurch, daß du nach draußen gegangen bist, setzt du dich einer hohen Strahlenbelastung aus. –

– Ich sage dir, es ist unsere Pflicht. –

– Papa, in erster Linie bist du der *Argo* und der Besatzung verpflichtet. –

– Da ist etwas in der Nähe des galaktischen Zentrums. Wir müssen herausfinden, was es ist. –

Toby schnaufte frustriert. Killeens Augen verengten sich zu schmalen Schlitzen, doch Toby sagte sich, daß er für die Mehrheit der Besatzung sprach. Das war nämlich *seine* Pflicht. – Moldys alte Aufzeichnungen enthalten wohl einen Hinweis – *Hinweis!* – auf irgend etwas –, sagte er bitter. – Das ist alles. Und dafür sollen wir nun ... –

Er verstummte, als Killeen ihm den Rücken zukehrte. Der Käpt'n der *Argo* ließ plötzlich den Kopf hängen, bewahrte sonst aber Haltung. Toby sah, daß sein Vater mit sich kämpfte und mit dunklen Dämonen rang, deren Wesen sein Sohn nie ganz verstehen würde.

Toby nahm sie nur flüchtig wahr – durch die Phrasen während der Unterhaltungen, durch vage Gesten, durch die Körpersprache aus Achselzucken, düsterem Gesichtsausdruck und starren Blicken, die streiflichtartig ungefilterte Emotionen enthüllten. Der Käpt'n war nicht in der Lage, sich jemandem zu öffnen, nicht einmal seinem Sohn. Vielleicht nicht einmal Shibo ... als sie noch gelebt hatte.

Eine schwere Bürde lastete auf Killeen. Der Verlust

von Shibo. Killeens schwieriges Verhältnis zu seinem Sohn. Der näherrückende Mahlstrom des Wahren Zentrums. Toby wußte, daß all das seinen Vater stark belastete. Ein ungesundes Gebräu.

Killeen schaute auf die blauschwarze Masse, die wie eine unüberwindliche Mauer neben der *Argo* aufragte. Es handelte sich um eine tintenschwarze Wolke aus Staub und einfachen Molekülen, sagten die Instrumente des Schiffs. Doch hegte Killeen ein chronisches Mißtrauen gegen die nüchternen Diagnosen, die von der Brücke der *Argo* erarbeitet wurden. Irgendwann hatte er sich dann aus der Umklammerung des Schiffs gelöst und die Angewohnheit entwickelt, sich auf der Hülle als Fernspäher zu betätigen. Zumindest sagte er das. Toby vermutete jedoch, daß er hin und wieder eine ›Luftveränderung‹ brauchte. Wie der Vater, so der Sohn.

Das gleißend helle galaktische Zentrum war mit Wolken wie dieser durchsetzt, Rauchzeichen im stellaren Feuer. Killeen hatte den Kurs der *Argo* bewußt so festgelegt, um diese Wolke als Schild gegen die tödliche Strahlung zu nutzen. Während die *Argo* an schemenhaften Wolkenfingern vorbeiglitt, sah Toby, wie das Gesicht seines Vaters sich zu einem Grinsen verzog – und er plötzlich vor Erstaunen förmlich eine Maulsperre bekam.

– Dort! – Killeen wies in die entsprechende Richtung. – Eine Bewegung. –

Toby drückte auf einen Knopf an der Halskrause. Der Helmcomputer vergrößerte das Gesichtsfeld und wechselte in den infraroten Bereich. Die Wolke explodierte förmlich vor ihm.

Etwas schlängelte sich am Rand des gesprenkelten Nebels dahin.

– Geh auf maximale Vergrößerung –, sagte Killeen knapp und geschäftsmäßig. Er hatte sich wieder gefangen.

Toby schaltete auf maximale Vergrößerung. REICH-WEITE 23 KM, meldete das Helmvisier.

Das schlangenartige Ding krümmte sich im Zeitlupentempo. Die jadegrün schimmernde Haut reflektierte das Glühen der Sterne. Langsam entfaltete es hauchzarte Hautlappen über die ganze Länge des Körpers.

– Es lebt! – rief Toby.

Die grüne Schlange war mit Segeln bestückt. Mit organischen Segeln, die an Rahen aus Fasern aus dem Körper wuchsen. Die Segel fingen bernsteinfarbenes Sternenlicht ein. Toby wußte, daß in der Schwerelosigkeit schon der schwache Lichtdruck genügte, um für Vortrieb zu sorgen. Ungehindert nahm die krumme Kreatur Fahrt auf.

– Schau –, flüsterte Killeen. – In der Wolke steckt noch mehr. –

Das schlangenartige Geschöpf hatte keinen Kopf, nur einen langen schwarzen Schacht an einem Ende. Toby sagte sich, daß das ein Maul sein mußte, denn das geschlitzte Ende zeigte in Flugrichtung. Die Kreatur verfolgte mit geblähten Segeln eine blaue Kugel.

Schweigend beobachteten sie, wie die Schlange aufholte – und das Schacht-Maul aufsperrte. Etwas Orangefarbenes schoß heraus und fing die blaue Kugel ein. Dann schnellte die ›Zunge‹ wieder ins klaffende Maul zurück. Mit zwei Schlucken verschwand die Kugel.

– Jäger –, sagte Killeen. – Und Gejagte. –

– Jäger? – sagte Toby verwundert. – Wie ist es möglich, daß etwas in einer Wolke lebt? Im freien Raum? –

Ein Grinsen erschien auf Killeens vom Sternenlicht getöntem Gesicht. – Im freien Raum? Gar nichts ist frei, mein Sohn. Molekulare Wolken bestehen aus organischen Molekülen, nicht wahr? Das sagen jedenfalls die Astro-Typen. –

– Jasag, ich kenne diese Namen. – Toby hörte wieder die Stimme seines Lehrers Aspekt, Isaac, bei dem er einen anspruchsvollen Unterricht genossen hatte. – Sauerstoff. Kohlenstoff. Stickstoff. –

Killeen machte eine ausladende Geste. – Dann füge man noch das Sternenlicht hinzu und lasse das Ganze für ein paar Milliarden Jahre köcheln. Voilà! –

Toby blinzelte. – Das Leben versteckt sich in dieser Wolke? –

– Ich wette, am Rand der Wolke gibt es gute Jagdgründe. Manche Wesen haben sich wahrscheinlich ins Innere der Wolke zurückgezogen, wo sie geschützt sind. Hin und wieder kommen sie heraus, um im Sternenlicht zu baden und sich aufzuwärmen. –

Toby nickte. Das hatte ihn überzeugt. – Dieses Schlangen-Vieh weiß das und geht auf Beutezug. –

– Die Segel-Schlange frißt die blauen Kugeln. Aber was fressen die blauen Kugeln? –

– Etwas Kleineres. Etwas, das wir von hier aus nicht sehen. –

– Richtig. – Killeen kniff die Augen zusammen. – Es muß noch Kroppzeug geben, das sich nur von Sternenlicht und Molekülen ernährt. –

– Pflanzen? – sagte Toby. – Weltraum-Pflanzen. Ich wette, ein paar von ihnen sind eßbar. –

Killeen klopfte seinem Sohn auf den Rücken. – Sollte mich wundern, wenn es nicht so wäre. Wir wissen, daß diese Wolken die gleiche chemische Grundstruktur haben, wie sie überall in der Natur vorkommt. Die wissenschaftlichen Programme der *Argo* haben uns das gesagt, weißt du noch? Also wird von dem Zeug, das sich dort drin verbirgt, mit Sicherheit etwas genießbar sein. –

Toby blinzelte und sah, daß die Jade-Schlange noch mehr Segel setzte. War sie so grün wie eine Pflanze, um auch Sonnenlicht in allen Farben außer Grün aufzusaugen? Nun wendete die Kreatur im Zeitlupentempo, wobei sie schwarze Schlangenlinien zeigte. Hatte sie das Schiff etwa gesehen? Vielleicht sollten sie das Vieh erlegen und es kosten. Sein Magen knurrte bei dieser Vorstellung.

Jedoch hatte das Geschöpf mit der glitzernden Haut und den geschmeidigen Bewegungen auch etwas Majestätisches an sich. Wie ein Schwimmer in einem schwarzen Pool. Vielleicht würden sie es leben lassen.

– Von der Brücke aus hätten wir sie nie gesehen. Die Instrumente hätten herausgefiltert, was sie für unwichtig hielten. – Killeen unterdrückte das Staunen und gab sich sachlich und nüchtern. Das war der Preis, den man als Käpt'n zahlen mußte.

Toby indes war von der Segel-Schlange fasziniert und starrte sie mit offenem Mund an. Er wußte, daß sein Vater recht hatte. Wenn sie sich im Schiff aufgehalten hätten, wäre ihnen dieser Anblick entgangen. Doch Killeen war immer wieder nach draußen gegangen und hatte über den Problemen eines Käpt'ns gebrütet. Er war über die Hülle gestiefelt, ohne zu wissen, wonach er eigentlich suchte. Ein paar Besatzungsmitglieder hatten schon an seinem Verstand gezweifelt.

Toby hörte, wie Killeen die Brücke rief und befahl, daß die *Argo* Kurs auf die Wolke nahm. Es dauerte eine Weile, bis die Besatzung sich der veränderten Lage überhaupt bewußt wurde. Er hörte über den Interkom, wie das Schiff von aufgeregten Stimmen widerhallte, in denen Hoffnung und Freude mitschwang.

– Papa? – fragte er schließlich.

Killeen erteilte eine Reihe von Anordnungen. Die Besatzung mußte sich darauf vorbereiten, zu jagen, zu räubern und seltsame Spiele in den tintigen Tiefen des Vakuums zu spielen. Sie würden Dinge tun müssen, die sie nie zuvor getan hatten. Sich nicht einmal vorgestellt hatten.

– Jasag? – fragte Killeen nach einer kurzen Pause.

– Wir können uns für eine Weile in der Wolke aufhalten. Ausruhen. Die Position bestimmen. –

Killeen schüttelte heftig den Kopf. – Neinsag. Vorräte

aufnehmen, mehr nicht. Dort ist das Wahre Zentrum. Seht hin! Wir sind schon so nah. –

Toby schaute nach vorn, durch Zusammenballungen von Staub, die über die Hülle der *Argo* strichen, während das große Schiff in die Ausläufer der gigantischen Wolke vorstieß. Bei maximaler Vergrößerung erkannte er den exakten Mittelpunkt der Galaxis. Weißglühend. Schön. Gefährlich.

Nun wurde ihm auch bewußt, daß sein Vater sich nie von diesem Ziel würde abbringen lassen. Nicht durch Hunger. Nicht durch tödliche Risiken. Nicht durch Kummer.

Sie würden direkt ins Zentrum dieses kaleidoskopartigen, wirbelnden Chaos hineinfliegen. Auf einer unglaublichen Reise. Auf der Suche nach etwas, von dem sie keine klare Vorstellung hatten.

Killeen grinste breit. – Komm, Sohn, das ist unsere Bestimmung. Wir gehen weiter. Immer weiter. Irgendwo hier draußen liegt die Vergangenheit unserer Sippe. Wir werden herausfinden, was geschehen ist und wer wir sind … –

– Die Besatzung wird das aber gar nicht gern hören, Papa. –

Er runzelte die Stirn. – Wieso nicht? –

– Dies ist ein unheimlicher Ort. –

– Ach ja? Sie haben seine Schönheit nicht gesehen, haben es nicht in letzter Konsequenz durchdacht. Wenn die Zeit kommt, werden sie mir schon folgen. –

– Wir riskieren unser Leben, Papa. –

– Wirklich? – Killeens Grinsen war eine unbeschwerte menschliche Geste vor der überwältigenden Kulisse aus galaktischem Licht. – Das haben wir doch immer schon getan. –

TEILCHEN∫TURM

Der Panzer gleitet mit der Gewandtheit einer jagenden Hornisse dahin.

Der Kehlkopf besteht aus schlagfester Steinkeramik. Elfenbeinfarbene Gitter imitieren Rippen. Speicherballons blähen sich wie Lungen, während es Plasma austauscht. Langsam hebt und senkt der Atmungstrakt sich.

Es ist eine Illusion. Sein Körper ist ein Relikt uralter, schwereloser Konstruktionen, die nichts mehr von Planeten wissen. Evolution verläuft unabhängig vom Substrat, sei es organisch, metallisch oder plasmisch. Das Design folgt kühlem konstruktivem Kalkül, das inzwischen zur Gewohnheit geworden ist. Die Funktion folgt der Form. Kommunizierende Röhren, fleischliche Metaphern des Maschinenbaus.

Der riesige, zerklüftete Leib ist mit grauen Auswüchsen besetzt. Konkave Formen in der Farbe angelaufenen Silbers. Linien laufen zusammen, bilden Knotenpunkte schiefer Achsen. Diese Geometrie wäre unmöglich unter dem Diktat der Schwerkraft.

Es verwindet sich. Gravitätisch und gemächlich. Bewegung ist ein verzichtbarer Luxus, wenn das, was sich eigentlich bewegt, Daten sind.

Sein kinästhetischer Sinn ist kaum ausgeprägt. Statt dessen lebt es in codierten inneren Universen. Netzwerke, Logik, Filter. Wahrnehmungen sind rasende Muster zwischen Werden und Vergehen von Sternen und Leben.

Daten fließen durch diese Räume. Digitale Ströme verzweigen sich und suchen nach Rezeptoren. Stockend und zonencodiert, endlos wie der Regen der Protonen.

Unaufhörlich branden die Daten-Ströme gegen milchige Titan-Schalen. Doch es spürt nicht die Teilchenflut, die vergebens gegen massive Schilde prallt: Schichten von gehärtetem, rotierendem Cismetall.

Masse ist brutal. Im Innern der kristallinen Bollwerke gibt es nichts, das wie eine Maschine aussähe. Weder erkennbare Bewegung noch mechanische Kraftübertragung. Dies ist ein Ort der Statik, der Ewigkeit, ein Drehpunkt starrer Kräfte.

Gedanken sind grenzenlos. Das innere Bewußtsein flitzt durch winzige Noppen aus dunklem Diamant, gefertigt aus den Kernen uralter Supernovas. Codes in Form zerstäubter Atomkerne breiten sich rasend schnell aus und tanzen bis in alle Ewigkeit im Takt der Felder. Elektronen sind die Überbringer brillanter Ideen.

Aus der Ferne kommt spektrales Lametta eines Roten Riesen, der an der Schwelle zur Supernova steht. Plasma wirft stroboskopartiges rubinrotes Licht auf die langsam rotierenden Ebenen. Die zuckenden Lichtblitze erhellen die abgeschliffenen Ränder von Kratern. Sie künden von längst vergessenen Einschlägen. Narben und Schrammen überziehen die massiven Schäfte. Sie erzählen seltsame Geschichten, unlesbar nun.

Der Tod krönt das Rückgrat: quittengelbe Antennen. Sie durchdringen das galaktische Rauschen und schießen elektromagnetische Nadeln in Lichtminuten entfernte Beute.

Im Moment hält es Zwiesprache. Die inneren *Selbsts* haben den Primat der Selbsterhaltung zurückgestellt. Ihre Aufgabe besteht nun darin, weit in die Zukunft zu denken. Im Reigen der Daten.

Die Anthologie-Intelligenz spricht zu anderen, die weiträumig über die galaktische Ebene verteilt sind – obwohl die Trennung in (selbst, hier) und (andere, dort) eine Konvention ist, eine unerhörte Vereinfachung für dieses langsam rotierende Konstrukt.

Etwas wie eine Auseinandersetzung verdichtet sich. Gleitende Perspektiven mit digitalen Nuancen. Binäre Gegensätze sind hier illusorisch – du/ich, pro/kontra –, doch bestimmen sie die Kommunikation in dem Maß, wie ein Rahmen ein Bild definiert.

Es beginnt. Sprache überbrückt die stürmischen Massen, das wendische Wetter. Schneidet ein. Dringt ein.

*Mit Halb-Intelligenzen sollten
wir uns gar nicht erst abgeben.*

    Müssen wir aber. Sie sind
    ein Störfaktor.

*Ihr bezeichnet sie als
›Primaten‹?*

    Sie gehören zur Klasse
    träumender Wirbeltiere.

*Ich/Du betrachte/st sie als
irrelevant.*

    Aber die zugrunde liegende
    Problematik ist immer noch akut.

*Sie sind gar nichts! Abfall,
Schmutz.*

    Sie kommen näher. Bald
    werden sie das Zentrum
    erreicht haben.

*Wir/Ihr haben/habt die
Menschen fast ausgelöscht.
Nur versprengte Horden haben
überlebt. Unsere Pläne,
die historisch überliefert sind,
verlangen eine Endlösung
dieser uralten Aufgabe.*

    Diese Politik ist e>/~*~\< alt.
    Wir/Ihr sollten/solltet sie
    einer Revision unterziehen.

*Sie sind fast ausgerottet.
Geben wir ihnen den Rest.*

    Ihre Ausrottung ist jedoch
    schwer zu bewerkstelligen.
    Sie wehren sich. Deshalb
    sollten/solltet wir/ihr
    unsere/meine Annahme noch
    einmal überprüfen.

*Sie sind Ungeziefer. Evolution
auf Kohlenstoff-Basis bringt*

nur Kroppzeug hervor. Sie kommunizieren noch immer linear!

Manch einer würde sagen, daß sie und ihr/wir relativ auf der gleichen evolutionären Stufe steht/stehen.

Blödsinn. Wir/Ihr gestalten/gestaltet unsere Veränderungen selbst. Sie sind dazu nicht in der Lage. Das ist der entscheidende Nachteil chemischen Lebens.

Sie waren einmal imstande, ihre Signatur zu ändern. Änderungen im Kohlenstoff-Code vorzunehmen.

Diese Fähigkeit haben sie verloren, als wir/ihr sie dezimierten/dezimiert. Nun sind sie so dumm wie Tiere – geformt von zufälligen Kräften.

Einst spielten sie hier eine wichtige Rolle. Wir/Ihr sollten/solltet die Bedrohung, die sie für uns darstellen, begreifen, bevor wir sie auslöschen.

Möglicherweise verfügen sie über Informationen, die uns/euch schaden – das geht aus unseren stabilsten Aufzeichnungen hervor.

Sie sind gegen den Strahlensturm des *Masse-Fressers* abgeschirmt und sollten bleiben, wo sie sind.

Naturgemäß wissen wir/ihr nicht, was diese versteckten Informationen besagen.

Da gibt es viele Theorien.

Wieso ›naturgemäß‹?

Genau. Ist es nicht komisch, daß etwas in unserer/eurer Struktur verhindert, daß wir/ihr erfahren/erfahrt, welche Informationen diese Menschen tragen? Daß dieses Wissen uns verborgen bleibt? Ein seltsamer Aspekt unserer profunden Programmierung.

Vielleicht tragen. Diese alten Aufzeichnungen sind mit Vorsicht zu genießen.

Wir/Ihr dürfen/dürft nicht riskieren, sie in Frage zu stellen.

Vor langer Zeit hat der Philosoph [|-] solche Fragen beantwortet. Wir/Ihr sind/seid in unserem Erkenntnisraum gefangen. Es wird immer Dinge geben, von denen ihr/wir nichts wißt/wissen.

Und wenn diese Dinge uns betreffen? Beunruhigend.

Mit Ungewißheiten zu leben, liegt in der Natur der gehobenen Intelligenz. Und um diese Unsicherheit zu verringern, sollten/solltet wir/ihr die restlichen Horden exterminieren.

Und ihre Informationen verlieren?

Na gut – archivieren wir sie vorher. Ich weise nochmals auf die Eindringlinge hin – sie nähern sich bereits dem Wahren Zentrum.

Ihre Vernichtung ist vielleicht mit Risiken behaftet.

Unsinn. Ihr/wir habt/haben schon viele solcher Expeditionen vernichtet.

Dann schicken wir zuerst Späher aus, die ihre genaue Position bestimmen. Die Primatenjäger-Einheiten werden sie aufspüren und vielleicht etwas beschädigen – schließlich muß man solch niederen Formen eine Belohnungs-Struktur geben.

Ihr/wir plädiert/plädieren für eine Verzögerung?

Nein. Wir sollten Vorsicht walten lassen. Bedenkt, daß höhere Formen als wir über unsere/eure Handlungen richten werden. Kluges Handeln verlangt Sorgfalt. Frühere Ereignisse auf zwei Planeten, in die diese Primaten verwickelt waren, haben Indizien geliefert, daß sie eine wichtige, wenn auch unscharf definierte Rolle spielen. Sie tragen vielleicht Informationen – doch was sind sie sonst, wenn nicht Information? Und was sind wir? –, welche die

*Gut, dann lassen wir eben
Vorsicht walten. Aber wie?*

Aufmerksamkeit höherer
Intelligenzen erregen.

Eine Falle.

ERSTER TEIL

FERNE VERGANGENHEIT

1 · TECHNO-NOMADEN

Toby hatte gerade wieder die Luftschleuse betreten und entledigte sich des Anzugs, als Cermo auftauchte. Toby trug nur eine kurze Hose unter dem Anzug, und im Schiff kam es ihm kälter vor als draußen. Bibbernd kramte er im Spind nach dem Overall. »Wo bist du gewesen?« fragte Cermo.

»Wonach sieht's denn aus?«

Der große Mann überragte Toby. Cermo war in früheren Jahren als Cermo der Langsame bezeichnet worden, doch nun war er schlanker und flinker. Ein breites, von Vorfreude kündendes Grinsen erschien auf seinem Gesicht. »Hab von dem ganzen Buhei gehört. Der Käpt'n hat uns was zum Essen besorgt, nicht?«

»Schau'n wir mal.«

»Dadurch ändert sich trotzdem nichts für dich«, sagte Cermo mit einem glucksenden Lachen. Der Mann hatte ein fröhliches Gesicht und sanfte Augen, so daß Toby das Lachen nicht als boshaft empfand.

»Was soll das heißen?«

»Du bist heute für Wartungsarbeiten eingeteilt.«

»Ach ja? Dann werde ich wohl wie gehabt die Biotanks kontrollieren.«

»Heute läuft's aber nicht wie gehabt.« Wieder dieses verschmitzte Grinsen.

»Stimmt etwas nicht?«

»Die Abwasserdichtungen sind defekt.«

»*Schon wieder?* Das gibt's doch nicht! Sie hatten doch schon den Geist aufgegeben, als ich das *letztemal* in der INST war.«

»Dann bist du der Experte.« Cermo reichte Toby einen Mop. »Wende dein Wissen an.«

Die Dichtungen platzten ständig, weil die Druckregler nicht richtig eingestellt waren. Die Biotanks wurden mit Fäkalien beschickt, die verdichtet und gefiltert wurden. Das Endprodukt wurde dann zu Matten gepreßt, die von den Agrar-Teams in den großen schalenförmigen Anbauzonen ausgelegt wurden. Die *Argo* war ein hermetisch abgedichtetes Fernraumschiff, aus dem kein Tropfen Wasser und kein Lufthauch entweichen sollte.

Leicht gesagt. Die meisten Besatzungsmitglieder der *Argo* waren miteinander verwandt – das, was von der Sippe Bishop noch übrig war. Sie stammten von Snowglade, einer öden Welt, die Toby dennoch in ziemlich guter Erinnerung hatte. Toby gehörte der jüngsten Generation der Sippe Bishop an. Dadurch erfreute er sich zwar jugendlichen Elans, doch die Kehrseite war die, daß er nicht für eine leitende Position an Bord der *Argo* qualifiziert war.

Alle Sippen waren Techno-Nomaden gewesen, die sich gerade soviel Wissen angeeignet hatten, um zu überleben, wenn sie auf Wanderschaft waren. Sie waren ständig in Bewegung und schlugen Haken, um die Mechanos abzuhängen. Nicht daß die Mechanos ihnen große Beachtung geschenkt hätten. Menschen im galaktischen Zentrum glichen eher Ratten in ihren Löchern und spielten keine herausragende Rolle.

Die *Argo* bot ihren Passagieren ein Höchstmaß an Komfort. Das Schiff war ein Artefakt aus der Ära der Hohen Bogenbauten. Das Problem war nur, daß die Systeme bei den Passagieren einen Kenntnisstand voraussetzten, über den die Sippe Bishop nicht annähernd verfügte.

Zum Beispiel die Kläranlage: Weder Käpt'n Killeen noch Cermo oder sonst jemand wurde aus der Bedienungsanleitung für das Drucksystem schlau.

Die theoretischen Grundlagen des Handbuchs beruhten auf etwas, das als Allgemeines Gasgesetz bezeichnet wurde. Das faulige Zeug, das statt dessen durch die Röhren strömte, war alles andere als ein ideales Gas und gehorchte auch keinem der üblichen Gesetze. Es trat unversehens aus und kam oft so ungelegen, daß man den Vorgang schon als Affront werten mußte. In der Woche zuvor wurde die Sippe von einer übelriechenden braunen Wolke eingenebelt, als sie sich gerade zu einer Hochzeit versammelte. Das verlieh der Feier eine ganz besondere Note.

Toby schloß sich den anderen armen Tröpfen an, welche diese Woche Dienst in der INST schieben mußten. Er atmete durch den Mund, doch das half auch nur solange, bis der Geruch ihm in den Kopf stieg. Er hörte wieder die Stimme seines Lehrers Aspekt, Isaac, während er sich bückte und die stinkende Brühe mit einem Schwammtuch aufwischte.

Ich habe die ältesten Unterlagen befragt, die ihr in der Chip-Bibliothek habt. Interessanterweise leitet der Begriff, den ihr verwendet, sich vom Namen des Manns auf der Alten Erde ab, der die Toilettenspülung erfunden hat. Der Engländer, so sagt die Legende, hat ein Vermögen gemacht und die ganze Menschheit beglückt. Sein Name, Thomas Crapper, ist zu einem ...

»He, halt mal die Luft an.«

Ich sagte mir, daß die Arbeit dir mit etwas Ablenkung vielleicht besser von der Hand geht.

»Wenn ich Ablenkung will, lege ich eine CD mit der Musik von Mose auf.«

Der Name stimmt leider nicht. Es müßte Wolfgang Ama ...

Toby verstaute den quasselnden Aspekt wieder im mentalen Speicher. Aspekte waren gespeicherte Personalitäten aus der Vergangenheit der Sippe Bishop, von denen manche – wie Isaac – ziemlich alt waren. Eigentlich handelte es sich dabei um interaktive Informationsbasen auf Chips, die in Tobys Halsschlitzen steckten. Isaac war natürlich nur das Fragment einer realen, seit langem toten menschlichen Persönlichkeit und bestand überwiegend aus ›mundgerechten‹ Datenhäppchen. Isaac hatte immer wieder versucht, Toby das Allgemeine Gasgesetz zu erklären, doch dieser hatte es nie richtig verstanden.

Die Informationen über Thomas Crapper besaßen zwar keinen Nutzwert für Toby, doch zumindest entlockten sie ihm ein Lächeln. Insofern waren sie doch für etwas gut. Die Sippe bediente sich der Aspekte, um Probleme zu lösen und auf das Wissen zuzugreifen, das sie fürs Überleben in einer ansonsten unbegreiflichen HighTech-Umgebung benötigten.

»He, bist du etwa ein Schlafwandler?«

Toby schreckte auf. Die attraktive Besen stand neben ihm. Sie hatte ihren Teil der Arbeit schon erledigt. Toby mußte noch den halben Gang wischen. »Äh ... ich war ganz in Gedanken versunken.«

Besen rollte die Augen. »Na klar.«

Er wies mit dem Mop auf die braunen Flecken auf dem Boden. »Ich wette, du weißt nicht, wonach dieses Zeug benannt ist.«

Besen schaute skeptisch, als er sie aufklärte. »Ehrenwort«, sagte er.

Besen grinste ihn an. Ihre Schönheit betörte ihn. Obwohl sie das kastanienbraune Haar zu einem Knoten gebunden hatte und einen schmutzigen Overall trug, hatte sie noch immer eine faszinierende Ausstrahlung. Mädchen erblühten nur einmal, bevor sie zur Frau wurden – doch das genügte schon. Besen wirkte frisch, lebendig und lebenslustig.

»Ich habe mich nur an ein paar Stücke erinnert, die wir uns anhören mußten«, sagte er. »Sie treffen hier zu.«

»Wirklich?« fragte sie skeptisch.

»Du erinnerst dich sicher: ›Gute Nacht, Gute Nacht! Hab Sonne im Herzen und Zwiebeln im Bauch.‹ Das ist wirklich romantisch.«

»›Sonne im Herzen‹ stimmt schon, aber wie kommst du auf ›Zwiebeln im Bauch‹? Du bist mir ein schöner Romantiker!«

Eines ihrer privaten Spiele stammte von einem uralten Chip, den Besen trug. Auf ihm waren Texte von der Alten Erde gespeichert, unter anderem von einem alten Opa namens Schüttel-Speer. Ein großer Dichter einer primitiven Jäger-und-Sammler-Gesellschaft, sagte Besen sich. Dieser Schüttel-Speer war eines der Relikte, welche die Menschen über den Großen Golf, der sie von den Kulturen der Alten Erde trennte, hinübergerettet hatten. Besen zitierte oft Fragmente aus diesem Kram, nur um sich wichtig zu machen.

»Immerhin war es beinahe richtig.« Er grinste. »Warte, bis ich hier fertig bin. Dann vergnügen wir uns in der Null-G-Sporthalle.«

Toby hielt sich gern in den Null-G-Zonen der *Argo* auf. Die meisten Sektionen des Schiffs rotierten und erzeugten dadurch eine künstliche, zentrifugale ›Schwerkraft‹. In der Null-G-Sporthalle konnte man sich von Trampolinwänden abstoßen und mit Karacho in schimmernde Sphären aus Wasser eintauchen.

Besen schüttelte den Kopf. »Genau dafür brauche ich dich. Es ist schon wieder eine Dichtung geplatzt.«

»O nein!«

»O doch. Und wir sind als Reinigungskräfte auserkoren worden.«

»Wo?« Er hoffte, daß es nicht in einer schwerelosen Zone war. Was einerseits großes Vergnügen bereitete, erschwerte andererseits das Putzen ungemein. Der Siff pappte nämlich an jeder nur denkbaren und auch an ein paar undenkbaren Oberflächen.

»Auf der Brücke. Spute dich!«

Als sie die weitläufige, schummrige Brücke betraten,

hätte Toby angesichts des Lecks fast eine Krise gekriegt. Zäher Schmodder lief an einer Wand herab – zum Glück befanden sich dort weder Elektronik noch Monitore. Es stank bestialisch. Er wußte sogar, wie die Offiziere mit Vornamen hießen. Natürlich waren sie ihm geläufig; immerhin gehörten sie zur Sippe, doch sie ignorierten ihn geflissentlich. Sie standen mit gerunzelter Stirn da, die Hände hinter dem Rücken verschränkt, und widmeten sich Aufgaben, die ihrem würdevollen Status als Offiziere angemessen waren.

Die Brücke war ein geheiligter Bezirk der *Argo*, wo – oftmals in Sekundenbruchteilen – Entscheidungen über die Zukunft der Sippe Bishop getroffen wurden. Dabei von übelriechendem Abfall gestört zu werden, betrachteten die Offiziere als einen Affront durch den hämischen Gott des Unrats.

Bilder flimmerten über die Monitore der Brücke. Auf den Bildschirmen erschienen Textblöcke mit Informationen und Prognosen sowie Vierfarben-Projektionen, die von den emsigen Computern der *Argo* erstellt wurden. Bei diesem Grad der Automatisierung wurde die Sippe Bishop auf ihr wahres Format zurechtgestutzt – einen Nomadenstamm, kaum des Lesens und Schreibens mächtig, der das Glück gehabt hatte, in ein komfortables Schiff verfrachtet zu werden.

Dennoch war ihr Aufenthalt nicht spurlos an der *Argo* vorbeigegangen. Der Teppichboden hatte einen großen gelben Fleck und war verschlissen. Hier hatte jemand ein Loch in die Wand gebohrt, und dort drüben hatte ein hilfreicher Reparaturtrupp die Wand aufgestemmt und die Lücke nicht wieder geschlossen. Servogeräte und elektronische Bauteile waren wahllos auf den Konsolen verstreut. Als Nomaden waren sie immer auf dem Sprung – bereit, die Zelte abzubrechen und weiterzuziehen. Ordnungssinn wurde von solcher Mentalität nicht eben befördert.

Während Toby und Besen saubermachten, versuchten sie, ein paar Brocken von den Gesprächen auf der Brücke aufzuschnappen. Das Schiff stieß in die molekulare Wolke vor. Ein Brummen ertönte, ein Baß, der durch die Reibung des Staubs der Wolke mit den ballonartigen Lebenszonen des Schiffs verursacht wurde. Es war, als ob das interstellare Gas auf der *Argo* wie auf einem Instrument spielte und ihr traurige Töne entlockte.

»Unheimlich, nicht?« fragte Besen.

»Wie Trauermusik«, flüsterte Toby.

»Die Stimme der Wirklichkeit«, sagte Besen theatralisch. »Eine Symphonie des Weltalls.«

Auf den Bildschirmen sahen sie scheckige Staubfahnen. Hie und da schossen Strahlen naher Sterne durch den Staub und tauchten den pechschwarzen Nebel in blaues und orangefarbenes Licht.

»Dort ist sie!« rief ein Offizier.

Andere Offiziere drängten sich um die Bildschirme, um auch einen Blick auf die Segel-Schlange zu werfen. Das glitzernde Geschöpf wand sich und versuchte, vor der *Argo* zu fliehen. Aus dem Jäger war ein Gejagter geworden. Toby stellte sich auf die Zehenspitzen, doch er sah nichts. Die Menge war zu dicht, und er war zu klein. Dann bemerkte ein Leutnant, wie Toby und Besen den Hals reckten. Er packte die beiden am Schlafittchen und schickte sie wieder an die Arbeit.

Die Bildschirme zeigten ein lichterfülltes Panorama, das durch die Dunkelwolke gefiltert wurde. Schönheit. Staunen. Ehrfurcht. Ein grandioses Schauspiel, das dem Menschen vor Augen führte, wie klein und unbedeutend er doch war.

Toby rückte derweil mit dem Wischmop dem klebrigen und stinkenden Siff zu Leibe.

»Scheiße und Kosmos«, murmelte er.

»Was?« fragte Besen.

»Ich versuche nur, die Dinge ins rechte Verhältnis zu setzen.«

2 · DIE SEGEL-SCHLANGE

Toby bekam am nächsten Tag die Gelegenheit, die Segel-Schlange aus der Nähe zu betrachten. Allerdings hatte er nicht mit einer der Jagdgruppen nach draußen gehen dürfen. »Jagen ist etwas für Erwachsene und nicht für Kinder«, hatte Cermo Toby und Besens entsprechende Frage hochnäsig abgeschmettert.

»Blas dich nicht so auf!« sagte Besen und verzog den Mund.

»Wir sind bei Arbeiten in der Schwerelosigkeit besser als ihr«, sagte Toby.

»Und schneller«, ergänzte Besen.

»Worauf es hier ankommt, ist Erfahrung«, sagte Cermo mit gleichmütigem Gesichtsausdruck – was bedeutete, daß er die Befehle befolgen würde, ob er sie nun billigte oder nicht. Schließlich hatte Käpt'n Killeen die Befehle erteilt.

»Erfahrung worin?« fragte Toby störrisch, als ihm bewußt wurde, daß Cermo nicht nachgeben würde. Niemand war bisher im Weltraum auf die Jagd gegangen.

»Im Überleben«, sagte Cermo milde.

Toby und Besen hatten sich auch zuvor schon an widrigen Örtlichkeiten aufgehalten, wie alle Angehörigen der Sippe Bishop – doch er mußte zugeben, daß Cermo recht hatte. Erfahrung zählte durchaus, wenn Älterwerden bedeutete, daß man vielen Schwierigkeiten aus dem Weg gegangen war.

Doch selbst erwachsene Besatzungsmitglieder, Männer und Frauen gleichermaßen, zögerten. Die Sippe Bishop hatte bisher nur einen einzigen Jagdausflug unternommen, und zwar auf der Heimatwelt Snowglade, wo sie festen Boden unter den Füßen gehabt und das Wild gekannt hatten, dem sie nachstellten. Sie hatten Mechanos wegen ihrer organischen Nahrungs-Brennstoffe erlegt und ausgeschlachtet. Und das war vor langer Zeit gewesen.

Draußen dräute der unendliche, geheimnisvolle Weltraum. Obwohl bei Sippe Bishop seit langer Zeit Schmalhans Küchenmeister war, wußten sie noch immer, wo Barthel den Most holte. Sie wogen die Risiken nüchtern ab. Sie hatten überlebt, wo andere Sippen im Großen Ensemble – die Rooks, Knights, Pawns und andere – längst untergegangen waren. Die Bishops hatten Bedenken, sich in diese Weiten hinauszuwagen und mit Nußschalen von Schiffen zwischen zerklüfteten Bergen aus Staub und Gas dahinzutreiben.

Also sandten sie eine Botschaft an ihren einzigen Ratgeber, das Alien Quath. Doch Quath war ein seltsamer Kauz und antwortete nicht. Vielleicht besagte das, daß Quath auch nichts wußte. Oder vielleicht wußte sie doch etwas. So war Quath eben. Wie Käpt'n Killeen zu sagen pflegte, der Haken bei den Aliens war halt, daß sie *alien* waren. Sie waren immer für eine Überraschung gut.

Zumal Quath auch nicht mit jedem redete. Toby hatte ein ziemlich gutes Verhältnis zu dem großen, insektenartigen Geschöpf – zumindest ein so gutes, wie es unter diesen Umständen möglich war. Begriffe wie Freundschaft waren in Quaths Mentalität nicht unbedingt verankert.

Also beauftragte Cermo Toby, mit Quath zu reden, denn das Alien reagierte nicht auf Interkom- oder sonstige Anfragen. Was bedeutete, daß er in den Anzug schlüpfen und nach draußen gehen mußte, wo die Jagdgruppen gerade mit der Montage der Raumfähren beschäftigt waren.

Quath lebte nämlich nicht im Schiff. Sie lebte *auf*

ihm – in fremdartigen Aufbauten aus Blöcken und Türmen auf der Hülle, welche sie aus Trümmern und Schutt errichtet hatte, die von der *Argo* aufgesammelt worden waren. Toby wußte, daß das Alien sogar menschliche Abfälle verbaut hatte, denn er hatte selbst gesehen, wie Quath die Fäkalien sorgfältig zu Bausteinen geformt hatte. Das im Vakuum und vom ultravioletten Sternenlicht gebackene Zeug härtete schnell aus und ergab ein gutes Baumaterial. Natürlich nicht nach dem Geschmack der Menschen, doch das war nicht der Punkt. Zumal das Material im Weltraum nicht roch – jedenfalls nicht für menschliche Nasen. Quath indes bewegte sich ohne Anzug im Weltraum, so daß die Bausteine für sie vielleicht doch rochen. Womöglich hatten sie für Quath den Duft von Parfüm.

Toby stieg durch die Luftschleuse aus und stand auf der Hülle. Es dauerte einen Moment, bis das Innenohr sich auf die Schwerelosigkeit eingestellt hatte und die Meldung unterdrückte, daß er über einem unendlich großen Tropfen hing. Der Kopf mußte sich an die Vorstellung gewöhnen, daß ›oben‹ und ›unten‹ zwar nützliche Orientierungshilfen waren, doch im Grunde keine Bedeutung hatten.

Die Magnetstiefel verschafften ihm einen sicheren Halt, und der Hautanzug glich Druckunterschiede automatisch aus und glättete Falten. Der Anzug war in gewisser Weise auch lebendig. Er verfügte über ein eigenes Nerven-Netzwerk, um Probleme zu erkennen. Organische Muskelstränge und in die Armbeugen integrierte Mikrochips verliehen dem Anzug ein Eigenleben. Es war ein Wunderwerk der Technik, doch Toby hielt das für selbstverständlich und ärgerte sich auch noch, als eine Falte sich partout nicht glätten wollte.

Er stapfte über die sanft gekrümmte Hülle der *Argo*, schaute nach ›oben‹ – und erstarrte.

Die Segel-Schlange dräute vor ihm. Sie schlängelte sich träge und drehte sich im blaßblauen Licht – und

Toby sah, daß sie halb so groß wie die *Argo* war. Beim Blick durchs elektronisch verstärkte Teleskop hatte ihm damals ein Vergleichsmaßstab gefehlt. Er hatte nicht bedacht, welche Größenordnungen das Leben im schwerelosen Raum erreichte.

Die Segel-Schlange war eine lange Röhre, die aus identischen sechseckigen Segmenten zusammengesetzt war. Durch die transparente Haut sah Toby ein gespinstartiges Skelett, das Kammern mit Flüssigkeiten und Gasen einrahmte. Es war eine komplexe, verzahnte Anordnung aus orangefarbenen Schubstangen und geschmeidigen grauen Muskeln. Die kraftvollen Muskeln trieben die Schlange an und erhöhten den Vortrieb, den die schimmernden breiten Dreieckssegel erzeugten. Durch die jadegrün glänzende Haut sah Toby milchige Flüssigkeiten schwappen. Blasen stiegen in dünnen Adern auf.

Die Beute war zum Greifen nahe. War sie eßbar? Oder war ein so fremdartiges Ding doch unverdaulich?

Über den Interkom verfolgte er die Gespräche der Jagdtrupps. Sie machten die Fähren startklar, und die Stimmen erinnerten ihn wieder an seine eigene Aufgabe. Er ging über die Hülle und stieg in ein kleines Tal hinab, das durch die Ausbuchtung der *Weizen-Kuppel* geformt wurde. Durch die Kuppel sah er die vertrockneten schwarzbraunen Felder – Ausweis ihres Unvermögens, das Potential der *Argo* trotz all der Computerprogramme voll auszuschöpfen.

Im Tal befand sich Quaths Domizil. Es sah aus wie ein Wespennest und war von wabenförmigen Tunnels durchzogen. Mit diesem Grundmuster kontrastierte ein Chaos aus Kanten, Verzierungen, Vorsprüngen und Verstrebungen.

Toby durchschritt das nächste Portal, eine kreisrunde Öffnung. Grüne phosphoreszente Stalaktiten wiesen ihm den Weg: sie leuchteten auf, wenn er sich ihnen näherte und erloschen wieder, nachdem er sie passiert hatte. Er wußte nicht, wohin er ging. Er war zwar schon oft hier gewesen, doch die Architektur schien sich laufend zu ändern. Er vermutete, daß Quath viel Zeit mit der Umgestaltung des Labyrinths verbrachte, vielleicht als einer Art Kunstform. Was sonst hätte ein Alien hier draußen mit seiner Zeit auch anfangen sollen? Oder war Kunst ein menschlicher Begriff, den Quath nicht kannte? Die wahllos verteilten, verschieden großen Löcher, die in exzentrischen Winkeln klafften, verliehen dem Kunstbegriff jedenfalls eine gewisse Plausibilität. Oder vielleicht, so sagte Toby sich, erlaubte Quath sich auch einen Scherz mit ihm. Wer wollte das schon sagen?

Er blieb vor einer Abbruchkante stehen und sah in die düstere Tiefe – und dann flammten hellblaue Leuchtplatten auf und erhellten eine sphärische Gruft. Die hatte er noch nie zuvor gesehen – und auf dem Boden der Schale stand Quath. Sie erwartete ihn schon.

<Du hast den Berg erklommen.>

Die Übertragung von Quath hatte einen Nachhall, wie entferntes Glockengeläut. Dennoch waren die Worte klar zu verstehen. Toby hörte sie nicht mit den Ohren, sondern mit dem Bewußtsein. Jedes Sippenmitglied verfügte sozusagen serienmäßig über eine im Nacken und in der Schädelbasis integrierte Kommunikationsausrüstung. Quath hatte gelernt, diese Kanäle anzuzapfen, und Tobys Systeme artikulierten sich mit glockenheller Stimme.

»Hallo, clownsgesichtige Quath'jutt'kkal'thon.« Er benutzte den formalen, vollen Namen. Er bedeutete *Tapferer Kriecher mit Träumen*; jedenfalls sagte Killeen das. Aus Erfahrung wußte er, daß das große Ding sich sonst vielleicht abwandte und davonging. Und Toby würde Quath im Labyrinth niemals finden, wenn Quath das nicht wollte.

<Du wimmelst von Maden.>

»Muß sie mir von deinem verfaulten Kadaver eingefangen haben. Was hat es mit diesem Berg auf sich?«

<Das ist mein Berg, Wurmstichiger.>

»Schöner Berg. Eher eine Sickergrube, würde ich sagen. Apropos Maden: du siehst selbst aus wie eine Riesenmade.«

<Willkommen, Von-Maden-Zerfressener.>

War schon ein bemerkenswertes Alien, das ein Faible für Beleidigungen hatte. Quath zeigte jedem, der sich dazu verstieg, ihr Komplimente zu machen, die kalte Schulter. Die Maden hatten es Quath besonders angetan; vielleicht deshalb, weil Quath wie ein ekliger Wurm aussah – und wohl wußte, daß die Menschen sie genauso sahen.

Sie war eine seltsame, in steter Metamorphose begriffene Kombination aus einer buntscheckigen Eidechse und einem Insekt mit vielen Beinen. Quaths ganzer Körper, nicht nur der schwellende Kopf, war mit glasigen Augen besetzt. Gelbe Arme wie Stäbe aus Hartplastik. Fleischige purpurne Hautlappen. Aber auch Metall, denn Quath war ein Verbund-Wesen. Auswüchse aus gehärtetem Stahl. Kupfernieten – oder waren es gar keine Nieten, sondern Warzen? Verkrustete Flanken oberhalb der Beine sahen aus wie Keramik, schienen sich jedoch zu dehnen und zu strecken, wenn Quath sich bewegte. »Genug der Höflichkeiten, Glupschauge. Cermo der Langsame hat mich geschickt. Wir fragen uns, ob du weißt, wie man Nahrung aus diesen Wolken gewinnt.«

<Du Wicht, ich habe solche schon geerntet, an ähnlichen Orten. Ich kenne diese alkalische Chemie.>

»Toll – dann sag uns, wie das geht.«

<Die Sphäroide würden euch vergiften.>

»Die blauen Kugeln? Gut, dann weichen wir ihnen eben aus.«

<Der Jäger wird euch zu fruchtbaren Zonen führen.>

»Die Segel-Schlange? Ist die Schlange selbst auch eßbar?«

<Sie ist von höherer Ordnung. Ihr Spezies würdet sie wirklich erlegen?>

»Hmmm. Wir töten keine Tiere mehr, obwohl wir das auf unserer Heimatwelt durchaus getan haben.«

<Was hat sich geändert?>

»Ich schätze, die Mechanos.« Toby erinnerte sich daran, unter welch schrecklichen Umständen die Bishops aus der Heimat vertrieben worden waren. Die Mechanos waren eine mechanische Zivilisation, welche dieses Raumgebiet kontrollierte. »Sie kamen nach Snowglade, bevor ich geboren wurde. Die Mechanos haben alles getötet, was ihnen über den Weg lief – sogar die Wälder. Weshalb die Sippe Bishop beschloß, ihnen die Existenzgrundlage zu entziehen, indem wir alle unsere Mitgeschöpfe aufaßen. Heute essen wir nur noch Pflanzen.«

<Offensichtlich sind die Mitglieder eurer Spezies nicht von Natur aus Vegetarier.>

»Woher weißt du das?«

<Eure Vorderzähne sind dazu geschaffen, in Fleisch geschlagen zu werden. Die Backenzähne hingegen sind am besten zum Zermahlen von Körnern geeignet. Was die Nahrungsaufnahme betrifft, hat die Evolution euch zu Opportunisten gemacht.>

»Dann sind wir also ziemlich vielseitig – hast du etwa Probleme damit?«

<Nein, du Zwerg. Nichtsdestoweniger sollte man wissen, wer man ist.>

»Aber diese Segel-Schlange – sie ist ganz anders als wir. Ich meine, vielleicht können wir die Regeln etwas dehnen.« Er fragte sich, inwieweit diese Überlegungen vom knurrenden Magen diktiert wurden.

Quath schwenkte die Augenstiele, was aufgrund von Tobys Erfahrung bedeutete, daß sie zum Handeln entschlossen war. <Solche Dinge sollten durch Erfahrung entschieden werden und nicht durch Sinnieren.>

Toby mußte sich an seinen Lehrer Aspekt, Isaac, wenden, um sich die Bedeutung von ›Sinnieren‹ zu erschließen. Es war schon peinlich, wenn ein Alien die Sprache besser beherrschte als er selbst.

Während Toby noch die Definition abfragte, kletterte Quath aus der Schale. Ihr grüner Kehlsack pulsierte. Überraschend packte sie Toby mit zwei Teleskoparmen aus Kupfer. Quath legte einen Zahn zu, ohne Tobys Quengeln zu beachten. Dicke Polster hielten ihn umklammert, während sie durch gewundene Gänge und einen Schacht rannten. Auf einmal befanden sie sich im freien Raum.

Die Perspektiven wirbelten wie in einem Kaleidoskop. Toby spürte einen harten Beschleunigungsschub.

»He, was soll das – wohin ...«

<Nur die Daten entscheiden.>

Toby stieß zusammenhanglose Proteste aus, doch Quath ließ sich von seinem verletzten Stolz nicht beeindrucken. Statt dessen verstärkte das riesige Alien den Griff noch, während sie sich von der *Argo* entfernten.

Er war nun fast vollständig von den dicken, weichen Polstern eingehüllt. Irgendwie war es tröstlich zu wissen, daß Quath, wenn auch in recht ungestümer Manier, sich um ihn kümmerte – sich im Grunde um die ganze Sippe Bishop kümmerte. Toby hatte schon lang niemandem mehr erlaubt, sich ihm derart überzustülpen. Die Gedanken schweiften wieder nach Snowglade ab, zu besseren Zeiten.

Er erinnerte sich an entfernte, verschwommene Bilder, die von der sanften Stimme seiner Mutter untermalt wurden. Vor langer Zeit, in der verlorenen, verborgenen Zitadelle, hatte er nachts im Bett gelegen, in die Laken gewickelt, und war von irgendeinem Geräusch geweckt worden. Er hatte das Gemurmel seiner Eltern gehört. Die Tür war angelehnt, so daß ein schwacher Lichtstrahl ins Zimmer drang. Das warme Glühen und das entfernte Gespräch waren beruhigend gewesen, als ob seine Eltern die gleichen leisen, schabenden Geräusche wie seine Stofftiere erzeugten oder von denen er sich vorstellte, daß sie sie erzeugten, während er zwischen ihnen schlief. Er hatte die Stofftiere geknuddelt, Gustav Großschnauze und Alwin Apfelfresser, und ihnen ein Liedchen gesungen. Die Eltern hatten das gehört und waren in sein Zimmer gekommen, und sein Vater hatte gesagt: »Er spielt immer noch mit Stofftieren. He, Junge, du wirst allmählich zu alt für diese Spielsachen.« Worauf die Mutter vorwurfsvoll gesagt hatte: »O nein, o nein, er ist doch noch ein kleiner Junge. Er darf noch lange mit Billy-Bär spielen.« Ihre Wärme fächelte zart über sein Gesicht, und ihr Geruch glich dem Blumenduft im Frühling.

So lange her. So weit entfernt.

Vor der Katastrophe, als die Mechanos von Snowglade der lästigen menschlichen Überfälle auf ihre Fabriken endlich überdrüssig wurden. Bevor sie die letzten menschlichen Vorposten überrannten und die Bishops die Flucht ergreifen mußten.

Heftiges Abbremsen. Sie kamen zum Stillstand, und Quath gab ihn frei. Toby stürzte in den hellen Raum. Die *Argo* war eine entfernte Masse aus glänzenden Kurven und grünen Kuppeln. Toby wandte sich um ...

Und stand vor einer Wand aus Jade. Die Wand pulsierte.

<Die Segel-Kreatur fürchtet sich vor uns.>

»Vor dir fürchtet sich doch *jeder*, Quath.«

<Es muß doch eine Möglichkeit geben, sich einer so großen Kreatur zu bedienen, ohne sie gleich zu töten.>

»Die umgekehrte Möglichkeit macht mir mehr Sorgen.«

<Sie flieht. Wir können sie leicht überholen. Wenn wir uns vom Maul fernhalten, müssen wir nicht befürchten, von ihr verschluckt zu werden.>

Das schien noch das geringste Problem zu sein. Das andere Ende der Schlange zeichnete sich als entferntes strichförmiges Maul und ein Wald peitschender rosiger Tentakel ab. Toby ging näher heran und sah, daß es sich bei einigen um Augen handelte, bei anderen um etwas wie unförmige Hände. Es war faszinierend, ihre Bewegungen zu verfolgen. Dennoch war die Neugier nicht so groß, daß er sich näher heranwagen wollte.

Er betrachtete die schimmernde Flanke der Kreatur. Dann schaute er *in sie hinein*, durch die Haut und in das Gitter aus beweglichen orangefarbenen Stangen, Röhren und Säcken, aus denen die Segel-Schlange bestand.

»Was sich wohl darin befindet?« Er zeigte auf ein großes Gefäß, das wie ein Plastikbeutel aussah. Es enthielt eine rote Flüssigkeit.

<Ich vermag keine chemische Analyse zu erstellen.>

Toby dachte an den warmen Atem seiner Mutter. So lang war es nun schon her, seit sie in diesen dunklen Ort eingegangen war, wo die Toten wohnen. Er hatte sich seither prächtig entwickelt. Was würde sie nun von ihm denken? Wäre sie stolz auf ihn?

»Sehen wir mal nach«, sagte er plötzlich.

Er glitt zu der Wand aus grüner Haut hinüber. Er zog das Messer aus der Stiefelscheide. Es gibt nichts Gefährlicheres im Weltraum als eine spitze Klinge, und Toby handhabte das lange Messer entsprechend vorsichtig. Er schätzte die Entfernung zur Haut und brachte einen schnellen Schnitt an – dann zog er sich zurück.

Kein Angriff erfolgte. Nicht einmal ein Gaswölkchen entwich, womit er fast schon gerechnet hatte.

<Winzling, ein Eindringen wäre nicht unbedingt ratsam ...>

»Papperlapapp. Du hast uns hierhergebracht. Also an die Arbeit.«

Toby gab gerade so viel Schub auf die Düsen, daß er durch den Schnitt eindrang.

Die Kreatur war kompliziert aufgebaut. Toby trat probeweise gegen eine der orangefarbenen Verstrebungen des Skeletts. Dann schob er ein Bündel flexibler

Röhren beiseite und stand vor dem Beutel mit der roten Flüssigkeit.

<Zu meinem Bedauern vermag ich dir nicht zu folgen.>

»Du bist auch zu fett, um hier reinzukommen, Stielauge. Ich werde eine Probe von dem Zeug nehmen.«

Er stach eine Nadel in den dickwandigen Sack und zapfte so viel von der roten Flüssigkeit ab, bis die Flasche voll war. Dann klebte er ein Pflaster auf das Loch. Es war nicht nötig, das Ding verbluten zu lassen, nur weil er ihm ein paar Tropfen abnehmen wollte.

Auf dem Weg nach draußen hätte er sich fast in den Röhren verfangen. Sie schienen seine Position bestimmen zu können, und Toby erkannte, daß es sich um einen Schutzmechanismus handelte, der jedoch nur langsam reagierte. Die Röhren sollten den Eindringling festhalten und warten, bis er von einer Wache abgeholt wurde. Eine innere Stimme sagte ihm, daß er sich vorher lieber vom Acker machen sollte.

Quath nahm die Flasche und erstellte auch gleich eine Analyse: <Organische Materie, lösliche Nährstoffe, Spuren von Eisen und Kalium.>

»Sind sie für uns verwertbar?«

<Euer Metabolismus wird sich darüber freuen.>

»Ich bereite ein wohlschmeckendes Süppchen aus allem, was uns nicht umbringt.«

Kleine Kugeln rollten über die Jadehaut. Sie waren nicht größer als seine Hand, aber zahlreich, und kamen über die ganze Länge der Segel-Schlange. Ein paar erreichten die Haut dicht unterhalb der Stelle, wo Toby im freien Raum hing.

»Komm – unser Besuch dauert schon zu lang.«

Er hatte das kaum gesagt, als zwei Kugeln die Lücke überbrückten. Sie blieben erst an den Stiefeln haften und rollten dann schnell den Hautanzug hinauf. Er hatte das Gefühl, als ob heiße Nadeln durch den Anzug stächen.

Quath summte wie eine gereizte Hornisse. Toby versuchte, die Kugeln mit dem Messer zu erwischen. Eine stach er auf, doch die andere rollte auf den Helm. Dort verlief sie wie ein Ölfleck.

»Es frißt sich durch!« Toby versuchte das Zeug zu beseitigen, doch es klebte am Helm.

Quath packte seine Stiefel mit einem Teleskoparm. Dann fuhr sie einen Schlauch aus und richtete ihn direkt auf Tobys Gesicht. Ein Luftschwall erfaßte ihn. Das graue Öl kräuselte sich zwar, blieb aber noch haften. Dann löste es sich in Tropfen auf – und war auf einmal verschwunden.

<Gegensätze stoßen sich ab. Ein Wesen, das im Vakuum lebt, verträgt keine Luft.>

Toby schnaufte erleichtert. »Das muß ich mir merken.«

<Sauerstoff ist korrosiv, obwohl wir das kaum bemerken. Er zerfrißt Stahl und wandelt ihn im Lauf der Zeit in Rost um.>

»Ich werde dem Zeug abschwören müssen«, sagte er und wich einer näherkommenden Kugel aus. »Komm, laß uns von hier verschwinden.«

Quath half ihm, sich zu befreien. <Ich glaube, dieser Kreatur kann eine beträchtliche Menge an Flüssigkeit entzogen werden, ohne ihren Metabolismus zu gefährden.>

»Wie eine Bluttransfusion?«

<Eher nicht. Ich glaube nicht, daß diese Flüssigkeiten wie Blut zirkulieren.>

»Dann schadet es auch nichts, sie zu entnehmen?«

Die Gruppe, die im Schiff zusammengestellt wurde, sollte nach Pflanzen suchen oder auch Mechanos jagen, falls es hier welche gab – aber bestimmt keine Tiere abschlachten. Die Sippe Bishop befolgte einen strikten Moralcodex, der unter anderem den Konsum tierischer Produkte verbot; es sei denn, die Tiere kooperierten – wie zum Beispiel Milchkühe. Wenn sie Lebewesen Leid zufügten, waren sie auch nicht besser als Mechanos.

<Diese Kreatur ernährt sich von anderen. Dann darf es sich auch nicht beschweren, wenn wir das gleiche tun, solange wir es nur am Leben lassen.>

»Ähem. Dann bist du auch noch ein Moralphilosoph.«

<Sind wir alle. Es ist eine Lebensbedingung.>

Sie hatten die Hälfte der Entfernung zur *Argo* bewältigt, als Cermo sich über den Interkom meldete: »He! Was, zum Teufel, tut ihr ...«

»Haben einen Saft besorgt, den du dir mal anschauen solltest«, sagte Toby.

»Du hast dieses Alien benutzt, um das Schiff zu verlassen. Das ist ein klarer Fall von Ungehorsam.«

»Ich habe den Flug nicht freiwillig unternommen, Cermo.«

<Er ist von Wahrheit erfüllt>, bestätigte Quath.

Quath schaltete sich fast nie in die Kommunikation der Menschen ein. Um so mehr staunte und freute Toby sich.

»Er ist mit etwas ganz anderem erfüllt«, sagte Cermo verärgert. »Wie dem auch sei, kommt zurück. Wir müssen Nahrung suchen und dann weiterfliegen.«

»Wieso erforschen wir denn nicht diese ...«

»Diese großen Dinger auf einer Umlaufbahn in der Nähe des Zentrums? Die Brücke hat gerade eine Spektralanalyse erstellt. Sie sagten mir, das Objekt, dem wir uns nähern, sei doch nicht das Werk der Mechanos, wie wir erst angenommen hatten.«

»Was ist es dann?«

»Menschlichen Ursprungs. Ein uralter Kandelaber.«

3 · DIE HERRSCHAFT DER ZAHL

Besen ging zu Tobys Koje, um ihn zu fragen, ob er sie zum Observatorium begleiten wolle.

Sie war verschwitzt von der Arbeit auf den Gemüsefeldern in der einzigen fruchtbaren Kuppel, die ihnen noch verblieben war. Der Overall war verschmutzt, und das zu einem Knoten gebundene Haar franste aus. Dennoch strahlte sie ihn voller Energie an.

»Tut mir leid, kann nicht«, sagte Toby bedauernd. Er lag in der Koje und führte einen Stift über eine Schreibtafel, ohne jedoch große Fortschritte zu erzielen.

»Ach, komm schon! Das hat Zeit.«

»Cermo hat mir eine Strafarbeit aufgebrummt. Ich muß fünf Lektionen durcharbeiten, bevor ich das Schiff wieder verlassen darf.«

»Das ist grausam.« Sie lächelte mitfühlend. Nachdem die Besatzung jahrelang im Schiff eingesperrt gewesen war, wollte jeder nach draußen, doch Toby ganz besonders.

»Ich hinke schon hinterher.«

Indigniert warf Besen den Kopf zurück. »Schau'n wir mal, was du – oh, Zahlen. Goil!«

»Sie haben schon ihren Reiz – aber nicht jetzt.«

»Ich weiß nicht, wozu sie überhaupt gut sein sollen. Ich meine, Maschinen denken in Zahlen – wieso sollten wir uns dann damit abplagen?«

»Schau, jemand, der nicht mit Zahlen umgeht, steht genauso schlecht da wie jemand, der nicht mit ihnen umzugehen *versteht*.«

»Aber die Mechanos denken so.« Besen lehnte alles,

was irgendwie mit den Mechanos in Zusammenhang stand, von vornherein ab.

»Und die *Argo* auch – ohne ihre Computer wären wir längst tot. Gewiß, die Mechanos sind böse. Aber wegen ihrer Taten, nicht wegen ihrer Hilfsmittel. Zahlen sind wie Worte – eine Möglichkeit, etwas über die Welt auszusagen.«

»*Mir* sagen sie aber nichts.«

»Außerdem dürfte ich gar nicht mit dir sprechen. Ich muß diese Lektionen büffeln, oder ich bekomme den Kandelaber nie mehr zu sehen.« Toby seufzte und streckte sich, wobei er mit den Füßen gegen das keramische Schott stieß. Die Koje wurde allmählich zu kurz für ihn. Er würde sich in einem der Schlafsäle für unverheiratete Sippenmitglieder eine größere suchen müssen.

»Hat Cermo das gesagt? Er wird immer strenger.«

»Ich glaube, mein Vater hat dafür gesorgt.«

Besen schnaubte frustriert. »Unser geliebter Käpt'n. Wieso läßt er nicht einmal seinen eigenen Sohn in Ruhe?«

»Ich weiß nicht«, sagte Toby, obwohl er den Grund sehr wohl ahnte. Allerdings wollte er nicht darüber sprechen, nicht einmal mit Besen.

Ihr Blick schweifte in die Ferne. »Weißte, zuerst schien er über Shibos Tod hinweggekommen zu sein. Doch in letzter Zeit zieht er sich wieder zurück. Er brüllt nur Befehle, und niemand weiß, was in ihm vorgeht. Und er verhält sich dir gegenüber merkwürdig.« Sie schaute ihn um eine Antwort heischend an.

»Vielleicht gibt es immer Probleme zwischen Vätern und Söhnen«, wich Toby aus.

»Bei deinem Vater steckt aber mehr dahinter«, sagte Besen vielsagend.

»Konkret?«

»Er ist schroff zu allen. Richtig eklig.«

Toby grinste sie sarkastisch an. »Vielleicht will er nicht, daß jemand sich übergangen fühlt.«

»Sehr witzig.« Besen hatte etwas von ihrem anfänglichen Elan verloren. »Aber das meine ich wirklich so. Käpt'n Killeen nimmt uns hart ran, und den Leuten gefällt das nicht. Außer den Cards vielleicht. Die hatten schon so lang unter harten – sogar verrückten! – Führern gedient, daß ihnen das nichts mehr ausmacht.«

»Hmm. Das Leben in diesem gemütlichen Schiff hat uns zu Schlaffis gemacht.«

»Gemütlich? Ich bin heute den ganzen Tag auf Knien gerutscht und habe jede einzelne Tomatenpflanze gehegt und gepflegt.«

»Weil wir die anderen Kuppeln haben verkommen lassen. Die *Argo* würde prächtig funktionieren, wenn wir nicht so blöd wären.«

»Und dein Vater macht uns das Leben nicht gerade leichter«, sagte Besen knurrig.

Toby nickte düster. Er hatte seinen Vater pflichtgemäß verteidigt, doch war er selbst nicht davon überzeugt. Er hatte oft genug erlebt, daß sein Vater wegen geringfügigen Fehlverhaltens die Beherrschung verloren, harte Strafen für Müßiggang verhängt und die Arbeitsnormen heraufgesetzt hatte. Das war nicht mehr der alte Killeen, der umgänglich gewesen war und nicht auf seinen Rang gepocht hatte.

»Wir schweben ständig in Gefahr. Er trägt für uns alle die Verantwortung. Hab doch ein wenig Verständnis für ihn.« Toby hatte zwar selbst kein Verständnis für dieses Verhalten, doch brachte er es nicht übers Herz, seinen Vater zu verurteilen. Schließlich war Killeen der einzige gewesen, der sich um Toby gekümmert hatte, nachdem die Mechanos seine Mutter getötet hatten.

Besen spürte, in welcher Stimmung Toby sich befand. Sie beugte sich zu ihm hinüber und küßte ihn sanft. »Tut mir leid, wenn ich dir die Laune vermiest habe. Um so mehr, wenn ich bedenke, was du da lernen mußt.«

»Ach, vergiß es. Geh und bestaune den Kandelaber.«

Sie verzog das Gesicht. »Genau das werde ich auch tun.«

Die Sippe Bishop näherte sich langsam und vorsichtig dem Kandelaber und nutzte dabei kleine Wolken als Deckung. Die riesige, komplexe Masse war sogar noch größer als die mechano-Städte auf Snowglade – doch Menschen hatten die Kandelaber vor langer Zeit erschaffen. *Menschen.* Diese Vorstellung erschien Toby unmöglich, während er die entfernten Spiralschwingen studierte, die sich kreuzenden Arme und die elegant geschwungenen Bögen.

Kein Angehöriger der Sippe Bishop hatte bisher ein solches Gebilde besucht. Sie spürten Vorfreude – und so etwas wie Angst.

Sie würden in einem Tag an Bord gehen. Die *Argo* hallte vom Lärm der Vorbereitungen wider. Toby ignorierte die Geräuschkulisse und konzentrierte sich widerwillig auf den Lehrstoff. Er spürte, wie sein lehrender Aspekt, Isaac, im Hintergrund des Bewußtseins rumorte und darauf wartete, daß er aufgerufen wurde. Aspekte waren schon lange tot und drängten aus den engen zerebralen Räumen, in denen sie gespeichert waren. In gewisser Weise waren sie nur lebendig, wenn Toby sich mit ihnen unterhielt. In anderer Hinsicht waren sie immer präsent, wenn auch auf einer sehr niedrigen Stufe – wie ein Greis, der in der Sonne döste. Welches Bild auch immer Toby benutzte, er verglich seine Aspekte mit Wäsche – sie roch besser, wenn sie ab und zu gelüftet wurde. Nun meldete Isaac sich:

Ich freue mich über dein Interesse an der Mathematik. Hast du die Probleme schon gelöst?

»Ein paar. Aber sie waren so langweilig.« Isaac sagte streng:

Ich glaube kaum, daß du die Aufgaben kritisieren solltest, die ich dir stelle, wenn ich bedenke, wie selten du mit mir sprichst oder ...

»Schon gut – dann stell mir halt eine andere Aufgabe.«

Sehr gut. Angenommen, du schreibst alle Zahlen von eins bis hundert auf. Eins, zwei, drei ... und so weiter, bis einhundert.

»*Das* soll interessant sein?« Dieser Aspekt war wohl schon weich in der Birne geworden.

Du wirst schneller lernen, wenn du mich nicht ständig unterbrichst. Ich möchte nun, daß du einen Weg findest, diese Zahlen zu addieren.

»Du meinst eins plus zwei plus drei – in der Art?«

Das ist die primitive Methode. Umständlich und phantasielos. Ich möchte, daß du schlauer bist.

»O nein«, stöhnte Toby. Auf Kommando schlau zu sein war genauso leicht, wie auf Kommando lustig zu sein. Er wünschte sich, draußen zu sein, im Schiff zu arbeiten und nicht im Kopf.

Toby war kein Akademiker von hohen Graden, doch er löste das Problem. Er kritzelte auf der Schreibtafel herum, und dann erkannte er eine gewisse Systematik in den Zahlen. Ein Muster. Er notierte die Zahlen als Paare:

```
    1           100
    2            99
    3            98
    •             •
    •             •
   49            52
   50            51
```

Jedes Paar ergab in der Summe 101. Und weil es 50 Paare waren, betrug das Produkt 5050.

Toby blinzelte. Wer hätte gedacht, daß die Zahl so groß und interessant wäre?

Es war auf eine seltsame Art bewegend, daß Zahlen so einfach und doch so majestätisch waren.

Vermutlich hatte Isaac das mit Absicht getan.

Ausgezeichnet! Der Sinn dieser Aufgaben besteht darin, das Bewußtsein zu erweitern. In neuen Bahnen zu denken. Du verstehst?

»Mir scheint's, als ob wir jetzt schon ziemlich weit sind. Du hast doch diese Segel-Schlange gesehen, oder? Ihr Aspekte sammelt noch immer Daten, obwohl ihr schon so lang in der Zwischenablage steckt.«

*Ich sehe eine schwache Spur dessen, was du tust. Ja, das war eine interessante Kreatur. Ich erinnere mich an eine historische Aufzeichnung aus dem **Kandelaber-Zeitalter**, die von Expeditionen in die molekularen Wolken berichtet. Die Menschheit hat solche Vakuum-Wesen durch Räume so groß wie Sonnensysteme gejagt, nur so zum Spaß.*

»Schwer vorzustellen, daß jemand diese Dinger nur zum Spaß jagt.«

*Die Menschen lieben die Gefahr. Die Legenden und Geschichten der **Sippe Bishop** – was sind sie denn anderes als Geschichten von Leuten, die in Schwierigkeiten gesteckt haben?*

»Ja, aber Gefahren aus sicherer Entfernung.«

So jung und schon so zynisch.

»Ich bin nur realistisch, Isaac. Für dich ist es leicht, die Dinge von kosmischer Warte zu betrachten. Schließlich tangiert mein Schicksal dich nicht. Man zieht mir nur deinen Chip aus dem Rückgrat, und du erwachst in jemand anders zu neuem Leben.«

Die Unterstellung, dein Schicksal sei mir gleichgültig, schockiert mich. Ich bin ein loyaler Aspekt im Dienst der Sippe Bishop.

»Schon gut, spar dir den Atem. Gehen wir wieder an die Arbeit.«

Die Mathematik wurde um so interessanter, je intensiver man sich mit ihr befaßte. Im Grunde war es ein Spiel mit ein paar schönen Überraschungen, die sich aus der Struktur ergaben. Die Beschäftigung mit dieser Materie war auch dann erfüllend, wenn sie nicht zweckbestimmt war – ähnlich der Musik. Nachdem er Quath von dem Trick erzählt hatte, klapperte sie beifällig und bemerkte, daß es Anwendungen seiner Idee im Wahren Zentrum gab – und weigerte sich dann, die Sache weiter zu erörtern, denn sie mußte diese Information von den Erleuchteten selbst erst einmal verdauen.

Doch das eigentlich Erstaunliche war, wie Toby nach eingehender Betrachtung erkannte, die Praxisbezogenheit der Mathematik. Die Welt unterlag dem Gesetz der Zahlen. Mathematik beschrieb die Umlaufbahn von Sternen, die Arbeitsweise von Schaltkreisen und sogar, wie körperliche Merkmale wie eine Hakennase oder rote Augen in der Sippe von einer Generation zur nächsten weitergegeben wurden.

Wo die Zahlen jedoch nichts bewirkten, war Cermo.

Der große Mann hatte sich schon darüber geärgert, daß Toby mit Quath ›durchgebrannt‹ war. Und sein Verdruß wurde noch größer, als die rote Flüssigkeit, die sie mitgebracht hatten, sich nicht nur als reich an Nährstoffen, sondern auch als wohlschmeckend erwies. Toby und Quath hatten ihm die Schau gestohlen.

Also mußten sie im Schiff bleiben, während die Sippe über die ganze Länge der Segel-Schlange ausgeschwärmt war und so viel wie möglich von dem roten Elixier abgezapft hatte. Natürlich auch nicht zuviel; der Codex der Sippe Bishop würde es niemals erlauben, das Leben einer so großen Entität zu gefährden.

Ein paar Sippenangehörige drangen tiefer in die tintigen Tiefen der molekularen Wolke vor. Besen hatte sie begleitet, und ihre Berichte von exotischen Lebensformen hatten Tobys Neid geweckt. Obwohl dieser molekulare Nebel relativ klein war, wimmelte er von bizarren Lebensformen. Dreieckige Kreaturen mit gespreizten Häuten, die das Sonnenlicht auffingen. Große, aufgeblähte Wesen, die wie die legendären Segelschiffe aussahen. Räuber mit fiesem Blick und schmalen, ledrigen Mäulern, die sich durch den Rückstoß innerer Gase vorwärts bewegten. Quallen mit riesigen Augen, mit denen sie im Wechselspiel des Sternenglühens nach Nahrung spähten. Grasbüschel, die aus wäßrigen Taschen wuchsen. Wälder aus im Takt sich wiegenden gelben Blättern. Spindelförmige Bäume, die sich teleskopartig nach dem Sternenlicht reckten. Mit Warzen übersäte lebende Häute, die sich um dürre purpurne Stämme wickelten, Symbionten in einem geheimnisvollen Prozeß des Lebens.

Sie stießen auf eine große rostrote Pyramide mit integriertem Antrieb, die den Eindruck eines friedlichen Pflanzenfressers erweckte, der sich an riesigen grauen Spinnennetzen labte und die Stränge wie Spaghetti in sich hineinschlürfte. Diese filigranen Netze fingen die Moleküle ein, die von den großen Wolken abgedriftet waren. Sie sahen recht appetitlich aus, doch niemand von der Sippe vertrug das Zeug. Vielleicht mußte man sie mit einem Dressing servieren, sagte Besen sich.

Das eigentliche Problem war jedoch, daß die Pyramiden-Kreatur nicht damit einverstanden war, daß winzige Wesen ihr die Jagdgründe streitig machten. Sie war so groß wie die Segel-Schlange, und mit ihr war nicht gut Kirschen essen. Sie jagte die Störenfriede den ganzen Weg bis zum Schiff zurück und drehte erst ab, als sie sah, daß die *Argo* kein Artgenosse war.

Besen sagte sich, daß es ein Kampf mit ungewissem Ausgang geworden wäre, falls die Pyramide und die *Argo* sich ein Gefecht geliefert hätten. Wer wußte schon, mit welchen Tricks eine molekulare Wolke nach einer Evolution von ein paar Milliarden Jahren arbeitete?

Doch all das geschah, während Toby im Schiff interniert war. Er knirschte mit den Zähnen, fluchte, nur um sich Luft zu machen und ging wieder an die Arbeit.

Nachdem er den Stoff durchgearbeitet und Isaac die Arbeit bestätigt hatte, machte er Cermo Meldung, nahm den Tagesbefehl für den nächsten Tag entgegen und wandte sich zum Gehen.

»Halt«, sagte Cermo. »Du sollst dem Käpt'n Meldung machen.«

»Hä? Ich wollte eigentlich nach draußen gehen und mir den Kandelaber ansehen.«

»Die *Argo* ist kein Vergnügungspark«, sagte Cermo streng. »*Geh!*«

Käpt'n Killeen hatte die Arme auf dem Rücken verschränkt und musterte die Bildschirme an den Wänden der Kabine. Sie zeigten Großaufnahmen des Kandelabers, die von den Drohnen der *Argo* übertragen wurden. Massive Spiralarme. Weit ausgreifende Netze, die sich in der Vergrößerung als verbundene Apartments entpuppten. Toby versuchte sich vorzustellen, an einem solchen Ort zu leben, zwischen endlosen Linien, die sich perspektivisch verkürzt in der unendlichen Weite verloren.

»Glaubst du, daß es bewohnt ist, Papa?«

Langsam wandte Killeen den Blick von den Bildschirmen ab. Sein Blick war verhangen. »Nein. Die Mechanos haben die Kandelaber vor Tausenden von Jahren gestürmt. Dieser hier ist besser erhalten; also war er vielleicht nicht so stark umkämpft.«

»Bist du sicher?«

Killeen schüttelte den Kopf; offensichtlich konsultierte er gerade einen Aspekt. »Muß so sein. Aber es existieren kaum Aufzeichnungen.«

»Irgend jemand muß noch Aspekte aus jener Zeit haben.«

»Aber niemand aus diesem Sektor, so nah am Wahren Zentrum.«

Toby wußte, daß die Aspekte im Alter tüdelig und verschroben wurden. Die Kandelaber-Aspekte mußten über Dolmetsch-Programme verfügen, damit man sie überhaupt verstand. Und die Veränderungen in der Sprache waren noch das geringste Problem. Am schwersten zu vermitteln waren die Begrifflichkeiten. Niemand vermochte die Mentalität der Kandelaber-Leute mit letzter Gewißheit zu ergründen. »Wenn wir wüßten ...«

Killeen schüttelte den Kopf. »Die Menschen waren damals überall verteilt. Dieser Kandelaber wirkt unversehrt, aber vielleicht war er nur ein unbedeutender Außenposten.«

»Hä? Aber er ist ... ist *schön*.«

Killeen grinste. »Sichersag – zumindest für uns. Für die Leute der Großen Zeiten war er vielleicht überhaupt nichts Besonderes.«

Toby blickte skeptisch, und Killeen zeigte auf die Bildschirme, wo Wunder sich entfalteten. »Schau, nachdem die Leute sich aus den Kandelabern zurückgezogen hatten, ließen sie sich wieder auf Planeten nieder. Aber es war ein hartes Leben. Wir verzichteten auf architektonische Wunderwerke und errichteten statt dessen leicht zu verteidigende Bollwerke gegen die Mechanos. Die Sippe aller Sippen breitete sich zwischen den Sternen aus und suchte nach sicheren Verstecken.«

»Das war der Untergrund, nicht?«

»Der Anfang. Sie wollten sich auf Planeten verstecken. Glaubten, die Mechanos hätten keine Verwendung dafür.«

»Weil die Mechanos sich im Weltraum am wohlsten fühlen?«

Killeen schnitt eine Grimasse. »Glaubten sie jedenfalls. Auf Snowglade und Trump errichteten wir dann die Hohen Bogenbauten – Städte wie Kandelaber, aber kleiner wegen der Schwerkraft. Die verdammten Mechanos zerstörten sie. Das technische Niveau sank, und wir bauten die Späten Bogenbauten. Immer noch verdammt groß, kann ich dir sagen. Ich habe die Ruine eines dieser Bauwerke gesehen.«

»Du hast es mir schon gesagt. Groß wie ein Berg.«

»Nun ja, vielleicht nicht ganz so groß. Aber immer noch zu groß für die Mechanos. Sie durchbrachen die Verteidigung und machten auch die Späten Bogenbauten platt.«

»Also bauten wir die Zitadellen«, sagte Toby mitfühlend, als er den Zorn in Killeens Stimme hörte. »Wir haben nicht aufgegeben.«

»Jasag – und wir tarnten sie gut; das glaubten wir zumindest. Wir sicherten unseren Lebensunterhalt, indem wir die Mechano-Fabriken überfielen. Dann sandten die Stadt-Bewußtseine der Mechanos Rattenfänger aus, welche die Zitadellen der Sippen in die Luft jagen, die Menschen entwurzeln und in alle Winde zerstreuen sollten. Bis nur noch die Zitadelle Bishop übrig war. Und dann waren wir dran – weißt du noch?«

Toby erinnerte sich schaudernd an die Flucht aus der Zitadelle Bishop. Er war damals noch ein Junge gewesen, verwirrt und verängstigt. Feuer und Rauch und Tod. Seine Mutter, die von den Mechanos mit maschineller Routine getötet worden war ... Wenigstens war sie einen schnellen und gnädigen Tod gestorben.

Er schüttelte sich. »Cermo hat gesagt, ich soll mich bei dir melden.«

Killeen nickte stumm. Toby wußte, daß auch er Mühe hatte, die Schatten der Vergangenheit abzuschütteln. Killeen drehte sich abrupt um und setzte sich an den großen, aufgeräumten Schreibtisch. »Du erlaubst dir in letzter Zeit ziemlich viele Eigenmächtigkeiten.«

»Ach, die Sache mit der Segel-Schlange? Das war nicht meine Idee.«

»Du solltest Quath nicht stören. Sie ist unberechenbar.«

»Quath hat mich dorthin gebracht. Ich war machtlos.«

»Du hättest uns signalisieren können, was los ist.«

Toby zuckte die Achseln. »Daran hatte ich gar nicht gedacht.«

»Wenn du in Schwierigkeiten gerätst, konsultiere deine Aspekte.«

»Daran hatte ich auch nicht gedacht.«

»Diese Aspekte verfügen über viel Erfahrung. Laß dir von ihnen helfen.«

»Aber sie gehen mir ziemlich auf die Nerven.«

Killeen lächelte. »Das mußt du in Kauf nehmen. Reden ist schließlich ihre einzige Beschäftigung. Versetz dich mal in ihre Lage.«

»Lieber nicht«, sagte Toby. Ihm gefiel nicht, welche Wendung das Gespräch nahm.

»Du mußt dich daran gewöhnen, mit ihnen zu arbeiten. Bis du sie mit der gleichen Selbstverständlichkeit zu Rate ziehst, mit der du dich zum Beispiel am Kopf kratzt.«

»Damit tue ich mich noch ein bißchen schwer«, gestand Toby unbehaglich.

Killeen schaute ihn für einen ausgedehnten Moment an. »Wie ... geht es ihr?«

Es war wieder einmal soweit.

»Wie immer ... natürlich.« Killeens verlorene Liebe,

Shibo. Die Frau, die in Killeens Leben getreten war, nachdem Tobys Mutter gestorben war, eine Frau, die Toby fast als Stiefmutter akzeptiert hatte. Die lebensfrohe Shibo existierte nur noch als Aspekt, dessen Träger Toby war.

Sie war auf Trump getötet worden, niedergemäht von feindlichem Feuer. In einer Falle, die Seine Hoheit ihnen gestellt hatte, ein mechanisch-menschlicher Hybride. Toby und Killeen war es gelungen, sie zur *Argo* zurückzubringen. Im Aufzeichnungsraum hatten die Instrumente des Schiffs etwas von einem Kaliumspiegel, neurologischen Amalgamen und digitalen Abgleichsmatrizen gemunkelt – Begriffe, die der Sippe Bishop völlig unbekannt waren. Und die Aspekte wußten damit auch nichts anzufangen.

Die uralten Instrumente hatten soviel wie möglich von Shibo gerettet. Sie hatten die neuralen Betten ihres Bewußtseins ausgelesen, die Form eines einzigartigen Bewußtseins. Sie hatten eine Kopie erstellt. Dann hatten sie die Daten auf einen Chip gepreßt, der von einem menschlichen Rückgrat-Lesegerät gelesen werden konnte. Zusammen mit Zellproben aus ihrem Körper zum Zwecke langfristiger genetischer Dokumentationen der Sippe. Tobys Shibo-Aspekt war alles, was von ihr noch übrig war.

Normalerweise schlummerte ein Aspekt, bis er das Trauma des Todes bewältigt hatte; oftmals für eine Sippen-Generation. Doch die Sippe war auf Shibos Fähigkeiten, Urteilsvermögen und praktische Erfahrung angewiesen. Killeen hätte ihren Aspekt natürlich nicht tragen dürfen; das hätte nicht nur einen emotionalen Aufruhr beim Käpt'n verursacht, sondern gegen alle moralischen Grundsätze der Sippe verstoßen.

Toby war das einzige Besatzungsmitglied mit einem offenen Wirbelsäulen-Schacht und den kompatiblen Persönlichkeitsmerkmalen, um Shibo zu adaptieren. Während der langen Reise hatte die Besatzung ihre Kenntnisse der Systeme des Schiffs schon unzählige Male in Anspruch genommen. Shibo hatte ein Faible für Techno-Gerät. Ihr Rat war sogar noch fundierter als der älterer Aspekte aus der Ära der Späten Bogenbauten.

Doch Killeen hatte einen hohen Preis bezahlt. Erneut trat ein langes Schweigen zwischen den beiden ein, bis Toby schließlich das Gefühl hatte, aufspringen und aus der Kabine rennen zu müssen. Er wollte einfach nur weg und die Last abschütteln, die ihm aufgebürdet worden war. »Ich ...« Killeen zögerte. »Darf ich mit ihr sprechen?«

»Ich glaube nicht, Papa.«

Killeen öffnete den Mund und schloß ihn dann so abrupt, daß Toby das Klacken der Zähne hörte. »Ich wollte nur ein paar Worte mit ihr sprechen.«

»Ich halte das nicht für eine gute Idee.«

»Wieso?«

»Du weißt doch, wie du dich hinterher fühlst.«

»Ich wollte doch nur ein bißchen ...«

»Papa, du mußt dich von ihr lösen.«

Ein Ausdruck der Verzweiflung lag in Killeens Blick. »Das habe ich doch längst.«

»Nein, hast du nicht. Sonst hättest du nämlich nicht gefragt.«

Sein Vater preßte die Lippen so stark zusammen, daß sie fast nur noch ein weißer Strich waren. Toby wußte, daß Killeen unter starkem Druck stand, wobei die Verantwortung der Führung am stärksten auf ihm lastete. Doch in diesem Punkt konnte er nicht nachgeben.

Er hatte es früher einmal getan. Killeen hatte ihn so lange bedrängt, den Shibo-Aspekt durch seinen Mund sprechen zu lassen, bis er ihm schließlich nachgegeben hatte. Einmal. Zweimal. Dann wieder und immer wieder, bis Killeen diesen virtuellen Kontakt, so unbefriedigend er auch war, jeden Tag verlangte.

»Du bist wohl eine Art Experte?« fragte Killeen schroff.

»Jedenfalls in dieser Hinsicht.«

»Was hat dein Sippen-Berater dir denn erzählt?«

»Was ich gerade gesagt habe. Daß ich Shibo nicht für dich manifestieren soll.«

Killeen hieb auf den Schreibtisch. »Und wenn ich es dir nun befehle?«

»Einen solchen Befehl muß ich verweigern.«

»Ich werde dich zwingen, mir zu gehorchen.« Killeen verzog bösartig den Mund.

Toby holte tief Luft und sagte mühsam beherrscht: »Nein, das wirst du nicht. Ich werde die Angelegenheit vor die Sippenversammlung bringen.«

Killeens Gesicht verlor den angespannten und gequälten Ausdruck und wirkte nun eingefallen, bleich und müde – ein Ausdruck, der Toby noch weniger gefiel.

»Das würdest ... du tun.« Das war keine Frage, sondern eine Feststellung.

»Wenn es sein muß«, sagte er heiser. Er hatte einen schalen Geschmack im Mund. »Wenn ich Shibo manifestieren würde, bekämst du doch nur wieder eine Krise.«

»Nur ... nur ein bißchen ...« Killeens Mund zuckte, und die Kiefer mahlten. Toby haßte den Anblick, wie ein Mensch, den er liebte, sich vor lauter Herzeleid derart erniedrigte. Es war, als ob Killeen einer schrecklichen Droge verfallen wäre, gegen die keine Entziehungskur half.

Aber er mußte von ihr loskommen. Und Toby mußte ihm dabei helfen. »Nein. Nein, Papa.«

»Wenigstens für eine ...«

»Eine kurze Zeit ist noch schlimmer als eine lange Zeit. Das *weißt* du.«

Killeen starrte auf den Schreibtisch und nickte dann. »Jasag ... Schlimmer als eine lange Zeit.«

»Papa, ich nutze Shibos Talente jeden Tag. Sie kennt sich mit der Elektronik des Schiffs aus und weiß, wie die Systeme miteinander gekoppelt sind – sie ist einfach großartig. Aber das ist es nicht, was du von ihr willst. Du hast Shibo als *Frau* geliebt. Doch sie existiert nicht mehr. Übrig ist nur noch ein schwacher Abglanz. Ein Aspekt eben.«

Killeens Wangen waren eingefallen, und der Blick war leer. »Nicht ganz.«

»Wie bitte?«

»Die Aufnahmegeräte haben eine Tiefenkopie von ihr erstellt. Der Chip, den du trägst, ist eine Personalität.«

»Was?« Toby war perplex. Eine Personalität war eine vollwertige Verkörperung der neuralen Betten. Sie verfügte über Merkmale der ursprünglichen Person, die weit über ihre Fähigkeiten beziehungsweise ihr Wissen hinausgingen.

»Ich hatte befohlen, es vor dir geheimzuhalten.« Killeen zuckte die Achseln. »Ein Junge deines Alters ist nämlich noch nicht in der Lage, mit einer Personalität umzugehen.«

»Aber ... aber es ist das gleiche *Gefühl* wie bei einem Aspekt.«

»Ich hatte veranlaßt, daß die Personalität integriert wurde. Anfangs hatte sie Schwierigkeiten, sich durch dich zu artikulieren.«

»Das ist ... ich habe noch nie gehört, daß ...«

»Es kommt auch selten vor. Nur in Notfällen.«

»Aber weshalb?«

Killeen nahm wieder den Habitus eines Käpt'ns an. »Es ist Sippenpolitik, so viel wie möglich von einer Person zu retten.«

»Aber es gibt Grenzen. Ich meine, wir bewahren doch keine Körper auf, oder, oder ...«

»Ich wollte es so.«

»*Du* wolltest es so. Toll! Und was ist mit *mir*?«

»Die Sperren müßten noch für eine Weile halten und dann aufgehoben werden. Ihre volle Personalität wird bald zum Vorschein kommen.«

»Angenommen, etwas geht schief? Angenommen, diese Shibo-Personalität macht Ärger?«

Toby war besorgt. Es war schon vorgekommen, daß Aspekte sich gegen ihren Träger verschworen hatten. Wenn sie in einem schwachen Moment angriffen, verursachten sie im schlimmsten Fall einen Aspekt-Sturm, der den Träger in einen traumatischen Zustand versetzte, eine Form der induzierten Geisteskrankheit. Hatten die Aspekte einen Träger erst einmal in ihre Gewalt gebracht, kontrollierten sie Motorik und Sprache, überhaupt das ganze Verhalten. Manchmal beherrschten Aspekte eine Person für Tage, sogar Jahre, ohne daß jemand etwas merkte.

Und eine Personalität war noch stärker als ein Aspekt...

»Ich habe Vorkehrungen getroffen. Ihre Personalität ist an Sicherungsmechanismen gekoppelt.«

»Trotzdem, Papa, falls sie jemals...«

»Es ist *Shibo*, von der wir hier reden!« Er hieb wieder auf den Schreibtisch. »Du weißt ganz genau, daß sie sich niemals gegen dich wenden würde. Sie hat dich wie einen Sohn geliebt.«

»Dieses Ding, das ich trage, ist nur eine *Version* von Shibo. Ein Todestrauma inklusive.«

Killeen blinzelte. »Was willst du damit sagen?«

Toby zuckte nervös. »Der Tod verändert die Menschen.« Fast wäre er ob der Absurdität dieser Aussage in Gelächter ausgebrochen. *Der Tod verändert die Menschen*. Aber waren sie überhaupt noch Menschen? Oder nur noch beschädigte, geänderte Aufzeichnungen?

Erneut trat ein längeres Schweigen zwischen ihnen ein. »Ich hätte es dir schon früher sagen sollen«, sagte Killeen steif.

Sein Vater verschanzte sich wieder einmal hinter der Position des Käpt'ns und kaschierte seine Gefühle mit einer Uniform. Toby interpretierte diese letzte Äußerung als Entschuldigung, wobei er wußte, daß sein Vater zu weiteren Konzessionen nicht bereit wäre.

Toby, der noch immer einen Widerstreit der Gefühle verspürte, zuckte die Achseln. »Ich mache mir eben Sorgen deswegen.«

»Das habe ich mir schon gedacht. Mein Sohn, ich bin ... es tut mir leid, daß ich von dir verlangt habe, sie zu manifestieren. Ich weiß, daß es falsch ist.«

»Schon gut, Papa.«

»Es tut mir leid. Es tut mir wirklich leid.«

Toby stand auf. Er war noch immer nervös. Sein Vater kam um den Schreibtisch herum und umarmte ihn. Keiner von beiden war imstande, seine Gefühle auszudrücken, und für lange Zeit hielten sie sich einfach nur umarmt, wobei Arme das sagten, was Worte nicht zu sagen vermochten.

4 · FAHLE WEITEN

Toby sah, wie der Kandelaber vor der Fähre immer größer wurde. Er war jetzt schon riesig und schwoll immer weiter an, bis er schließlich den ganzen Raum ausfüllte. Das gigantische fahle Bauwerk erstreckte sich in alle Richtungen und enthüllte glitzernde Flanken, Türme und Portale. Die sich verkürzenden Perspektiven entführten das Auge in unendliche Tiefen.

– *Das* ist von Menschen geschaffen worden? – fragte er über Interkom.

– Einst waren wir viel mächtiger –, erwiderte Killeen düster.

Der Käpt'n befand sich in derselben Fähre. Seit ihrem letzten Gespräch schien der Käpt'n Toby nach Möglichkeit ständig in seiner Nähe haben zu wollen. Cermo fungierte als Pilot, denn dies war die Führungs-Fähre. Es war Toby nicht entgangen, daß dieser Einsatz ihn quasi auf Eis legte, ihn davon abhielt, ›herumzustreunen‹, wie Cermo seinen Ausflug mit Quath bezeichnet hatte. Andererseits würde diese Fähre wahrscheinlich die spektakulärsten Entdeckungen machen.

Die Wälle und Flanken des Kandelabers zeigten nun ihr wahres Alter, während die Fähren der Sippe näher kamen. Die massiven Wände, die eine keramische Härte zu haben schienen, waren von schwarzen Narben verunstaltet und wiesen Einschläge und Kraterränder auf. Das galaktische Zentrum wurde von einem stetigen Hagel aus Trümmern von der Peripherie der Galaxis umkreist. Selbst winzige Flocken, die mit einer Geschwindigkeit von nur ein paar hundert Kilometern pro Sekunde anflogen, schlugen tiefe Krater.

Je näher sie kamen, desto mehr Einzelheiten erkannte Toby an der zernarbten Fassade. Er hatte das gleiche Problem, die Pickel, die ihn seiner Würde beraubten, doch die würde er wohl bald wieder loswerden. Ein typisches Teenager-Problem. Es war, als ob das Alter dem Kandelaber eine kosmische Akne beschert hätte, die ihn für immer entstellte. Aber bedeutete das auch, daß niemand mehr hier lebte?

Sie waren inzwischen dicht herangekommen. Aus den über Interkom geführten Gesprächen war eine gewisse Ungeduld herauszuhören. Die Besatzungen gaben mit abgehackten Stimmen ihre Klarmeldungen. Vom Kandelaber indes wurde nicht das geringste Signal aufgefangen.

Er bediente sich der Shibo-Personalität, um die Funksprüche zu integrieren. Es war hilfreich, über einen inneren Diener zu gebieten, der einen Funkspruch abhörte, während Toby sich auf einen anderen konzentrierte.

Toby wußte, daß Quath allein zurechtkam. Das Bewußtsein der Außerirdischen war nämlich so organisiert, daß sie die eingehenden Informationen parallel verarbeitete. Quath sagte, daß sie über sogenannte ›Sub-Intellekte‹ verfüge. Sie funktionierten ungefähr so, wie wenn Toby gleichzeitig einen Apfel aß und ein Buch las. Doch Quaths Bewußtseine speicherten alles und hielten die Informationen auf Abruf bereit.

Also wäre Quath für diesen Auftrag qualifiziert gewesen – nur daß sie nicht mitkommen wollte. <Bei einer so emotionsbeladenen Heimkehr möchte ich nicht stören>, hatte das große Alien gesendet.

Killeen hatte ihr gesagt, daß dieser Kandelaber nicht die Heimat der Sippe Bishop war, denn er war unglaublich alt. Dennoch war Quath nicht dazu zu bewegen, mitzukommen. Sie sendete etwas über ›intime Zeremonien‹ und ließ es dabei bewenden.

Nun machte Tobys Shibo-Personalität sich in Form eines Kitzelns bemerkbar.

Der 3-D-Scanner zeigt, daß die Fähren sich in optimaler Position befinden. Keine unidentifizierten elektromagnetischen Emissionen. Der Kandelaber scheint tot zu sein.

Toby hatte sich inzwischen daran gewöhnt, daß Shibo ihm nüchterne, unpersönliche Daten übermittelte. Sie war eine gute Freundin gewesen, als sie noch lebte, doch ihre Personalität war reserviert. Sie hatte auch nicht seine Unterhaltung mit Killeen erwähnt. »Sag, hältst du das wirklich für eine gute Idee?« sprach er im Geiste zu ihr.

Nicht unbedingt. Die Mechanos rechnen aber wohl damit, daß ein so großer Ort hin und wieder besucht wird. Und die Mechanos planen in großen Zeiträumen.

»Was würdest du tun?«

Eine Person reinschicken. Geringeres Risiko.

»Hmmm, klingt vernünftig. Ist aber nicht unser Stil.«

Die Sippe Bishop ist immer schon wagemutig gewesen. Vielleicht ist das auch der Grund, weshalb ihr bisher überlebt habt.

Toby erinnerte sich, daß Shibo von der Sippe Knight zu ihnen gekommen war, nachdem die Sippe fast von den Mechanos ausgelöscht worden war. Und sie war in die Sippe Pawn hineingeboren worden. »Nun, ich wollte immer schon mal einen Kandelaber sehen. Das gilt wahrscheinlich für uns alle.«

*Die **Mechanos** wissen das auch. Aber ich vermute, daß dein Vater Motive hat, die über reine Neugier hinausgehen.*

»Und die wären?«

Nur eine Vermutung. Wir werden sehen.

Diese Ruhe und Distanz war typisch für Shibo. Die meisten Aspekte waren redselig und freuten sich, wieder am Leben teilhaben zu dürfen. Shibo hingegen hatte ein ruhiges Wesen, das Isaac und den anderen abging. Vielleicht war das auch ein Attribut der Personalitäten schlechthin, doch Toby glaubte, daß es eine charakterliche Eigenschaft der bemerkenswerten Frau darstellte, die sie gewesen war. Obwohl seine leibliche Mutter noch stark in der Erinnerung präsent war, war Shibo in den langen Jahren, in denen die Sippe sich auf Wanderschaft befunden hatte, wie eine Mutter für ihn gewesen.

Toby zuckte die Achseln und meldete, daß die Fähren in Position waren.

Killeen nickte knapp und befahl – Teams rein! –

Die Fähren flogen den Kandelaber an. Es erfolgte keine erkennbare Reaktion.

Die Fähren flogen durch die Portale. Toby sortierte die Funksprüche und legte Killeen die wichtigsten vor. Die Leute redeten durcheinander. Die *Bishops* waren nämlich eine geschwätzige Sippe:

– Hier sieht es aus wie in einem großen offenen Hörsaal. Geringe Brandschäden. In diesem Abschnitt müssen Kämpfe stattgefunden haben. Große Löcher in den Wänden. –

– Hier ist eine ganze Sektion zerstört. –

– Hier ist nur Vakuum, kein Luftdruck. –

– Ausgebrannte Unterkünfte. Der Türhöhe nach zu urteilen würde ich sagen, daß es ziemlich kleine Leute waren. –

– Keine Anzeichen, daß die Anlage in letzter Zeit genutzt wurde, würde ich sagen. –

– Richtig. Ich habe eine Probe von ein paar verbrannten Möbeln in einem Appartement genommen. Mein Aspekt sagt, aus der Isotopenanalyse gehe hervor, daß die Objekte *alt* sind – mindestens 20 000 Jahre. –

– Hat jemand irgendwelche Unterlagen gefunden? –

– Nein. Jemand muß hier aufgeräumt haben. –

– Ich fange Spuren elektrischer Aktivität auf. Irgend etwas arbeitet hier noch. –

– Seid vorsichtig –, sagte Killeen. – Vielleicht lungern hier noch Mechanos rum. –

Toby hielt es für unwahrscheinlich, daß Mechanos sich in einem menschlichen Artefakt aufhielten, selbst wenn es sich um eine so große Ruine wie diese handelte. Auf der anderen Seite hatte er auch weniger Erfahrung als sein Vater und die anderen Veteranen der Sippe Bishop. Er kannte die lange Geschichte von Verrat, von gebrochenen Verträgen, von Hinterhalten und Überfällen und sporadischen Vernichtungsaktionen – das war Geschichte. Diese Männer und Frauen hatten einen großen Teil der Geschichte miterlebt. Ein paar waren schon über hundert Jahre alt und kämpften noch immer; noch immer kompromißlos entschlossen, sich gegen die Mechanos zu behaupten.

– O Gott, hier wurde überall gekämpft. –

– Ja, hier ist alles zerstört. Die ganze Einrichtung fehlt. –

– Jemand hat das ganze Metall rausgerissen. Sieht so aus, als ob die Mechanos hier gehaust hätten. Ich sehe Spuren ihrer Klauen an den Wänden. –

– Die Stadt ist ein einziger Friedhof. –

– Sie haben alles mitgenommen. Wie der Blaine-Bogenbau auf Snowglade, wißt ihr noch? –

Natürlich erinnerte Toby sich. Er hatte eine Zweitages-Reise dorthin unternommen, sein erster großer Ausflug mit Killeen und seinem Großvater, Abraham.

Der Blaine-Bogenbau war ein Wallfahrtsort für die *Bishops* und rechtfertigte den halbtägigen Umweg zu ihrem Ziel, einer Mechano-Fabrik mit Substanzen, die einen Nährwert hatten. Die gewaltige Ruine hatte Toby stark beeindruckt. Sie hatten dort übernachtet, obwohl Abraham vor der Gefahr eines Hinterhalts der Mechanos gewarnt hatte. Er war die mit Schutt übersäten Straßen entlanggegangen und hatte in den Schatten nach Hinweisen auf das frühere Leben gesucht. Der Bogenbau war ihm als ein Ort der Geborgenheit, der Stille, des weiten Raums und unwiederbringlich verlorener Erinnerungen erschienen. Erinnerungen an belebte Straßen und Nachbarn, an gemütliche Nachmittage, an Freizeitvergnügen und Gesellschaftsleben – eine *Stadt* eben. Er hatte versucht, diese Impressionen Killeen und Abraham zu vermitteln, und während Toby über die Pracht dieses Ortes sprach, hatten beide Männer betrübt den Blick abgewandt. Als Toby sie nach dem Grund fragte, hatte Abraham traurig gesagt, ein alter Aspekt hätte ihn soeben daran erinnert, daß Blaine nicht repräsentativ sei für die Ära der Hohen Bogenbauten. Es hatte lediglich als eine Art Flüchtlingslager gedient, nachdem die wahrhaft großen Orte zerstört worden waren. Und Killeen hatte nur dazu genickt.

Ein Flüchtlingslager. Und doch war es so groß gewesen, daß man die Zitadelle *Bishops* im Sportstadion hätte aufstellen können.

An diesen lang vergangenen Moment erinnerte Toby sich nun. Und dann verschwand die Erinnerung wieder, wie der Wind Gesprächsfetzen heranträgt und verweht.

– Hier gibt es alles. Konzerthallen, Märkte, Fabriken, Krankenhäuser, große Aufzugsschächte. –

– Und ruinierte Parks. Muß schön hier gewesen sein. –

– Wartet eine Sekunde, hier ist eine Luftschleuse. –

– Überprüft sie auf ihre Funktionsfähigkeit –, sendete Killeen.
– Kein Strom. –
– Überprüft die Dichtungen –, sagte Killeen.
– Sie scheinen in Ordnung zu sein. Intakt. –
– Schickt einen Robot-Mechaniker vor und zieht euch zurück, weit zurück. Dann brecht die Dichtung auf. –
– Jasag, wird gemacht ... –
Meldungen von stärker beschädigten Bereichen gingen ein. Toby hörte aufmerksam zu und filterte die Wiederholungen heraus. Dann konzentrierte er sich auf das Team in der Luftschleuse. Wie gern wäre er bei ihnen gewesen und hätte sich ein wenig umgesehen.
– Wir haben die Schleuse geöffnet. Sie funktioniert. –
– Welches Gas? – fragte Killeen.
– Normale Luft. Die Chemo-Sensoren sagen, sie sei in Ordnung. Nicht vergiftet. –
– Die Luft soll nach dieser Zeit noch gut sein? – fragte der neben Toby sitzende Cermo skeptisch.
– Vielleicht funktioniert die Luftaufbereitung noch –, sagte Toby.
– Und vielleicht funktionieren andere Dinge auch noch –, sagte Killeen unbehaglich.
– Scheint alles in Ordnung zu sein, Käpt'n. Können wir reingehen? – fragte das Luftschleusen-Team. – Jasag. Aber laßt es langsam angehen –, sagte Killeen.
– Käpt'n, das Team besteht nur aus drei Leuten –, sagte Cermo. – Sie werden sich teilen müssen. –
– Richtig. – Killeen zögerte für eine Sekunde. – Aber wir haben sonst keine Leute mehr. Du gehst, Cermo. Halte über den Interkom Kontakt mit uns. –
– Ich erledige das, Papa –, sagte Toby. – Ich kann mich bewegen und gleichzeitig beobachten. –
Killeen schüttelte den Kopf. – Von mir aus soll er ruhig mitkommen –, sagte Cermo zu Tobys Überraschung. – Ich könnte seine Hilfe gebrauchen. –

Toby erkannte, daß Cermo anscheinend versuchte, die Spannung zwischen den beiden abzubauen, indem er Toby dem direkten Zugriff seines Vaters entzog. Und vielleicht war das auch in Killeens Sinn, denn er wirkte erleichtert. –Ähem. Na schön. – Verdächtig schnell richtete der Käpt'n seine Aufmerksamkeit wieder auf andere Dinge.

Im Kandelaber angekommen, beschleunigte Tobys Puls sich. Sie folgten Leitsignalen, welche auf die Innenseite der Helme projiziert wurden. Anhand der vom Stoßtrupp übermittelten Daten hatten die Computer der *Argo* bereits eine grobe dreidimensionale Karte dieser riesigen Ruine erstellt. Sie lotsten Cermo und Toby über dunkle Wege, Schächte hinab, durch die maroden Korridore der entfernten Vergangenheit. Sie tauchten in absolute Schwärze ein, geleitet von den Helmlampen.

Toby erhaschte Blicke auf zerrissene Kleidungsstücke, zerstörte Fabriken und verwüstete Büros. Jeder Blick war eine Momentaufnahme eines vor Jahrtausenden erloschenen Lebens, von dem nur noch traurige Überreste kündeten.

Schließlich erreichten sie die klaffende Luftschleuse. Im Lichtstrahl der Helmlampen sahen sie ein weibliches Besatzungsmitglied, das sie hineinwinkte. – Ist das zu glauben? – sendete sie. – Es war noch Luft in der Schleuse. Als wir sie öffneten, wäre ich fast davongeweht worden. –

Die undurchdringliche Schwärze wurde von einem großen, phosphoreszierenden Loch durchbrochen. Das Team machte sich gerade an irgendwelchen Maschinen zu schaffen. Cermo befahl ihnen, die Gegend abzusuchen. Toby lauschte derweil den Meldungen der anderen Teams. Niemand sonst hatte eine so spektakuläre Entdeckung gemacht.

– Was glaubst du, weshalb die Beleuchtung nur hier und nirgends sonst funktioniert? – fragte Toby Cermo.

– Vielleicht gibt es hier noch eine Energiequelle. –
– Nach zwanzigtausend Jahren? – blökte jemand.
Doch es stimmt. Ein Besatzungsmitglied fand hoch oben einen stromdurchflossenen Leiter. – Keine Leichen bisher? – fragte Cermo.

– Es wurden keine gemeldet –, antwortete Toby. – Sie sind wohl zerfallen. Verdampft wie die Pflanzen in den Parks. –

– Aber wieso nicht hier drin? Ich meine, dieser Bereich war doch hermetisch abgedichtet. –

Toby fragte sich, weshalb die Mechanos den Luftdruck in dieser Kammer aufrechterhalten hatten, wenn sie hier die letzten gewesen waren. Er ging zwischen den schemenhaften Maschinen auf und ab und fragte sich, welchem Zweck sie wohl gedient hatten. Die massiven Bänke hatten eine besondere Anmutung, einen Stil, der sich von den mechano-Maschinen unterschied, die er fürchten und hassen gelernt hatte.

Dann wurde ihm bewußt, daß es sich um *menschliche* Maschinen handelte, bei weitem die größten, die er je gesehen hatte. Er lächelte stolz. Männer und Frauen waren den Mechanos einst ebenbürtig gewesen. Er hatte bisher vorausgesetzt, daß nur die bösartigen, intelligenten Maschinen zu großen Leistungen befähigt wären. Die *Argo* war natürlich auch von Menschenhand geschaffen worden, doch stammte sie aus der Ära der Bogenbauten und hatte zwischen den Exil-Kolonien auf den weit verstreuten Planeten gekreuzt. Zumal man viele Teile, die aus Mechanos ausgeschlachtet worden waren, in der *Argo* verbaut hatte. Diese alten menschlichen Artefakte waren anders. Er hat sie sich ›schöngesehen‹.

– Team Lambda hat eine Inschrift in einer Wand gefunden. Ich möchte Spektro-Kopien davon haben –, sendete Killeen.

Toby verfügte über die entsprechende Ausrüstung. – Jasag, komme. –

Er wandte sich zum Gehen, und plötzlich plärrte eine Sirene über die Interkomverbindung.

ICH BIN EINE BOMBE. ICH BIN SO EINGESTELLT, DASS ICH IN DREIHUNDERT ZEITINTERVALLEN EXPLODIERE. *PIEP* DIES MARKIERT DEN BEGINN EINES ZEITINTERVALLS. VON NUN AN SIND ES NOCH ZWEIHUNDERTNEUNUNDNEUNZIG.
ICH BIN EINE BOMBE. ICH BIN SO EINGESTELLT, DASS ICH IN DREIHUNDERT ZEITINTERVALLEN EXPLODIERE. *PIEP* DIES MARKIERT DEN BEGINN EINES ZEITINTERVALLS. VON NUN AN SIND ES NOCH ZWEIHUNDERTACHTUNDNEUNZIG.

Das Signal ertönte überall in der Kammer, sagte Tobys Lokator. – Raus hier! – rief er und rannte zur Schleuse.

Sie schloß sich bereits. Cermo befand sich vor ihm. Er bewegte sich mit einer für seine Größe erstaunlichen Geschwindigkeit und Gewandtheit. Cermo richtete seine Waffe auf die Schleuse und schoß eine Angel weg. Das Schott blockierte.

Toby lief durch den Eingang und blieb dann stehen. – Glaubst du, es ist eine Atombombe? –

– Kann sein –, sendete Cermo. – Beweg dich! –

– Hilf mir, das Schott zu schließen. Vielleicht ist es auch keine Atombombe. –

Cermo fluchte zwar, kam der Bitte aber nach. Mit Hilfe von drei weiteren Besatzungsmitgliedern schlossen sie das Schott. Einen Zeitverlust bedeutete das indes nicht, weil noch immer Leute nachkamen. Das letzte Besatzungsmitglied, eine Frau, zwängte sich durch den Spalt, und dann knallten sie das massive Stahlschott zu.

Sie gönnten sich keine Verschnaufpause, sondern rannten stumme, dunkle Korridore entlang. Einsatzgruppen strömten aus dem Kandelaber. Toby gelangte in dem Moment nach draußen, wo der Sender, den sie in der Schleusenkammer deponiert hatten, übermittelte:

PIEP ICH BIN EINE BOMBE. HIERMIT BEENDE ICH MEINE HISTORISCHE MISSION. ICH VERABSCHIEDE MICH VON DENEN, DIE MICH GESCHAFFEN HABEN UND DIE MIR DIE GELEGENHEIT GEGEBEN HABEN, MICH NÜTZLICH ZU MACHEN. DANK AUCH AN JENE, DIE MICH AUSGELÖST HABEN. ICH DETONIERE NUN LAUT UND DEUTLICH. *PIEP*

Die Übertragung brach ab.

Der Kandelaber erbebte. Türme wurden abgeschert. Wände rissen auf.

Ein spindelförmiger Turm stürzte ein. Dann zerfiel die ganze Struktur wie in Zeitlupe, wölbte sich und zerfiel in Trümmer, die in alle Richtungen davonwirbelten. In der Stille des Raums hatte man den Eindruck, ein Vulkan würde ausbrechen.

Aus der mit Höchstgeschwindigkeit fliehenden Fähre betrachtete Toby die Trümmer. Sie hatten den Kandelaber im letzten Moment verlassen, doch die Wucht der Explosion war verhältnismäßig gering.

Die *Argo* entfernte sich mit hoher Geschwindigkeit. Der Schaden würde sich wohl in Grenzen halten.

– Da haben wir noch mal Glück gehabt –, sagte er.

– Vielleicht –, erwiderte Killeen.

– Ich glaube nicht –, sagte Cermo, – daß dieses Zeug uns großen Schaden zufügt. –

– Ich auch nicht –, sagte Killeen. – Aber vielleicht war das auch gar nicht beabsichtigt. –

– Hä? – fragte Toby verwirrt. – Welchen Sinn hätte es denn sonst haben sollen? –

– Wünschte, ich wüßte es. Aber wenn man uns hätte töten wollen, hätte man uns wohl kaum vorher gewarnt. –

Toby blinzelte. – Und die Bombe in einer Luftschleuse deponiert ... –

– Mechanos hätten sich nicht in eine Atmosphäre begeben. Ihre Heimat ist das Vakuum. Also hat man uns dorthin gelockt. –

– Das glaube ich auch –, sagte Killeen. – Wir haben einen auf Menschen programmierten Alarm ausgelöst. –

Schweigend beobachteten sie, wie die uralte Heimat ihrer Vorfahren sich auflöste. Tobys älteste Aspekte wurden unruhig, bewegt von Erinnerungen, die er wahrscheinlich nie erfahren würde. Er hörte auch den unausgesprochenen Schmerz aus den Interkom-Gesprächsfetzen heraus. Obwohl der Ort der ganzen Einrichtung beraubt worden war, hatte er dennoch eine besondere Aura gehabt und ihnen ein Gefühl vermittelt, wie die Menschen vor vielen Jahrtausenden gewesen waren. Eine Aura der Vergangenheit, schwach und nachhallend. Bittersüß – und dann für immer verloren.

– Zu dumm, daß ich diese Inschrift nicht gesehen habe –, sagte Toby.

– Jasag. Wenigstens hat Team Lambda noch ein paar Schnappschüsse gemacht. – Killeens Miene war düster, und tiefe Falten hatten sich in sein Gesicht gegraben.

– Ich verstehe das nicht. Wieso haben sie etwas so Schönes zerstört? Zumal sie uns nicht einmal erwischt haben. –

– Keine Ahnung –, sagte Cermo. – Ich persönlich glaube, daß die Mechanos vielleicht Spaß daran haben, alles Menschliche wegzupusten. Alles, was uns etwas bedeutet. –

– Hoffen wir, daß es nur an dem ist –, sagte Killeen verdrossen.

5 · ALTE GEWÜRZE

Toby arbeitete gern im Freien. Die Arbeit in der Schwerelosigkeit hatte mehr Ähnlichkeit mit Tanzen als mit richtiger Arbeit und verlangte ein beträchtliches Maß an Körperbeherrschung – doch gab es auch Momente, wo pure Muskelkraft gefragt war.

›Von der Stirne heiß / rinnen muß der Schweiß‹ – nach diesem Motto arbeitete er die Frustrationen ab, mit denen er reich gesegnet war. Doch selbst im besten Hautanzug schwitzte man nach einer Weile, und weil das Pinkeln so umständlich war, trank man ein paar Stunden vor dem Aussteigen nichts mehr. Das hatte zur Folge, daß die Kehle ausdörrte und man sich mit sporadischen Schlucken von Tomatensaft über die Runden rettete.

Diese Arbeit indes war härter. Während der Passage durch die molekulare Wolke waren ein paar Sensoren des Schiffs ausgefallen. Cermo sagte, das hätte an diesen Staubbänken gelegen. Dann hatte die Explosion des Kandelabers die Hülle perforiert. Die meisten Löcher waren nur klein, doch jedes Leck mußte abgedichtet werden. Ebenso mühselig wie notwendig, wie die meisten Arbeiten in einem Raumschiff. Wenn man nur eine dünne Haut zwischen sich und dem Vakuum hat, pflegt man sie besonders gut.

Toby bog eine Antenne wieder gerade, wobei er von einem Gesicht angeleitet wurde. Ein Gesicht war sozusagen ein abgespeckter Aspekt und eigentlich nur ein besseres Handbuch. Toby ließ sich vom Gesicht erklären, welche Werkzeuge er benutzen und welche Anschlüsse er herstellen müsse. Das verschaffte ihm eine

Atempause. Techno-Denken war schwierig und ermüdend. Doch die Reparatur-Routinen wurden vom Muskelgedächtnis gespeichert, so daß er es beim nächsten Mal besser machen würde.

Als dann eine offizielle Pause eingelegt wurde, machte er einen Spaziergang über die Hülle, während die anderen Arbeiter sich hinsetzten. Allmählich begriff er, weshalb sein Vater sich so gern hier draußen aufhielt, unter dem aufgewühlten Himmel. Eine Million stecknadelkopfgroßer Feuer schienen durch die Kleckse und Schlieren der zwielichtigen Strahlung – Staub und Gas, das durch starke elektrische Ströme zum Glühen angeregt wurde.

Während er für lange Momente gen Himmel schaute, spürte er förmlich das langsame Rotieren der Scheibe der Galaxis. Alles wirbelte um einen einzigen Punkt, den niemand sah: das Schwarze Loch im Wahren Zentrum.

Der Fresser. Als Kind hatte er ihn auf Snowglade gesehen, eine glühende Erscheinung hinter mahlenden molekularen Wolken. Manche Legenden nannten ihn auch das *Auge* und bezogen sich dabei auf ein Zeitalter, in dem er wie ein Racheengel oder Teufel oder beides auf die Sippen herabgeschaut hatte.

Toby erhaschte nur einen kurzen Blick auf die gleißende Helligkeit – die Scheibe aus eingefangener Materie, die spiralförmig um das Loch wirbelte. Dann mußte er den Blick abwenden, oder die körpereigenen Systeme hätten die Optik blockiert, um Augenschäden zu verhindern. Dennoch war es ein unheimlicher Anblick, wie die Staubwolken in den tödlichen Sog dieses ebenso winzigen wie gierigen Mauls gerieten. Ein Maul war immer hungrig, immer gierig.

Er wandte sich von dem Anblick ab und stieg wieder ins kleine Tal hinab, das von zwei Buckeln in der Hülle der *Argo* gebildet wurde. Wie in einem Tagtraum nahm er das Bild in sich auf – und blieb wie vom Donner gerührt stehen. Quaths Bienenkorb lag in Trümmern.

Und Quath stapfte in den Ruinen umher. Die Doppelgelenk-Beine verwanden sich in den Stahlgelenken, während Quath sich gegen eine Wand aus grauen Ziegelsteinen stemmte. Erschrocken trottete Toby mit klackenden Stiefeln weiter.

– Was ist geschehen? Ist ein Brocken vom Kandelaber eingeschlagen? –

<Nein, warmblütiger Ausputzer.>

– Aber ein so großer Schaden ... he! –

Quath drückte kräftig, und die Wand stürzte ein. Zu Blöcken gepreßte Fäkalien und Müll wirbelten umher. Dann sah Toby, daß die taumelnden und rotierenden Klötze sich auf der Hülle zu ordentlichen Stapeln auftürmten, wobei sie in der Schwerelosigkeit lange, gekrümmte Bahnen beschrieben. Dann fügten sie sich paßgenau zusammen.

– Wie machst du das? –

<Futter-für-Maden, ich errichte meine Berghütte aus eurer entsorgten Materie – wohl wahr. Doch diese Materie enthält Eisen, und das haftet an der Hülle.>

– Gut, aber wie ist es möglich, daß die umherfliegenden Brocken auf dem richtigen Stapel landen? –

<Angewandte Mechanik.>

Toby schaute schielend zu dem großen Wesen auf, derweil sie mit dem Abbruch ihrer Behausung fortfuhr. Er kannte Quath inzwischen so gut, um zu wissen, daß er keine nähere Erklärung für das ›wie‹ bekommen würde; also fragte er nun nach dem ›wieso‹. <Ich glaube nicht, daß mein Berg unserer Trajektorie standhalten wird>, sagte Quath.

– Welche Trajektorie denn? Wir haben doch noch gar nicht entschieden, wohin die Reise geht. –

<Die Seele einer Spezies offenbart sich für einen Außenstehenden am besten. Ich bereite mich nur vor.>

Mehr ließ Quath sich nicht entlocken. Sie arbeitete

zügig und für ihre Größe mit einem unglaublichen Fingerspitzengefühl. Toby rief sie noch einmal an, erhielt aber keine Antwort.

Er zuckte die Achseln und ging davon, wobei er sich sagte, daß er das nicht persönlich nehmen dürfe. Quath war keine Frau in einem Insekten-Anzug. Ebensowenig war sie eine ungezähmte und unbeherrschbare Naturgewalt. Sie war schlicht und einfach ein Alien, auf das menschliche Metaphern nicht anwendbar waren. Das mußte man sich immer wieder vor Augen führen, wenn man gerade eine Abfuhr erhalten hatte. Toby drehte sich um und rief: – Soviel zu deiner Müll-Burg, du Kakerlake! –

Quath hielt inne, wedelte mit zwei Fühlern und sagte <[keine Entsprechung]>. Vielleicht war das nach den Begriffen von Quaths Rasse eine obszöne Geste – doch würde Toby das wohl nie erfahren.

Er ging weg und baute den Ärger ab, indem er noch härter und schneller arbeitete. Nach getaner Arbeit überkam ihn eine angenehme Müdigkeit, und als er wieder im Schiff war, gönnte er sich eine ausgiebige Dusche.

Er wäre zwar erst in drei Tagen an der Reihe gewesen, doch hatte er das Gefühl, daß er sich die Dusche redlich verdient hätte. Er drehte die Brause voll auf und wählte Badezusätze und ein Deospray. Zum Glück war es der erste Tag eines Zyklus, so daß das Wasser noch frisch war. Es roch nicht nach anderen *Bishops* oder dem Filter, der die Gerüche nie ganz beseitigte. Er genoß die wunderbare Wärme und stellte die Brause auf Massagestrahl, so daß Muskeln und Kopfhaut ordentlich massiert wurden. In der Zitadelle *Bishops* hatten sie viel mehr Wasser gehabt; einmal hatte er sogar in der Badewanne geplanscht. Normalerweise war die Badewanne Ehepaaren vorbehalten, als Teil der Hochzeitszeremonie.

Er verspürte Bedauern, als sein Vorrat verbraucht

war und die letzten Tropfen gurgelnd im Abfluß verschwanden. Es würde Wochen dauern, bis er wieder in den Genuß einer Dusche kam.

Seufzend plumpste er in die Koje – und dann ertönte sein Piepser. Cermos Stimme hallte im linken Ohr. »Melde dich beim Kommandanten, Toby.«

Toby stöhnte. Er und Besen hatten sich eigentlich zusammen ›ausruhen‹ wollen; das war Sippen-Jargon und bedeutete, es sich für eine Weile in einer Koje in den Gemeinschaftsquartieren gemütlich zu machen. Ledige Sippenangehörige erfreuten sich einer Phase sexueller Freizügigkeit, ehe die Notwendigkeit des Kinderkriegens akut wurde, und Toby war in dieser Hinsicht überaus aktiv. Diese Seite des Schiffslebens gefiel ihm am besten – Zeit, das Tier im Mann zu befriedigen. Leider würde das warten müssen.

Er rief Besen an und erklärte es ihr. Sie stöhnte. »He, und ich hab uns außerdem Zeit in einer Null-G-Sektion reserviert!«

»Die Pflicht ruft, meine Julia.«

»Dann kennst du das Stück also. Es ist der *Abschied*, der diesen süßen Schmerz verursacht.«

»In diesem Fall ist es eine Trennung ohne Abschied.«

»Beeil dich, Romeo. Vielleicht können wir wenigstens noch die Zeit nutzen, die ich reserviert habe.«

Zu seinem Erstaunen waren nur sein Vater und Cermo in der Kommandozentrale. Die beiden Menschen wurden von den gewaltigen Computerbänken mit Keramikverblendung und den phosphoreszenten Bildschirmen zu Zwergen degradiert. »Wir brauchen deinen Shibo-Aspekt.«

Toby musterte das Gesicht seines Vaters im Schimmer der blauweißen Bildschirme und erinnerte sich an das letzte Mal, als sie über Shibo gesprochen hatten. Doch diesmal war Killeen ganz und gar Käpt'n. Seine dunklen Augen waren ausdruckslos. »Äh ... in Ordnung. Was liegt denn an?«

»Eigentlich zwei Dinge.« Killeen wirkte energisch und dynamisch. »Diese Inschrift im Kandelaber, weißt du noch? Wir versuchen, sie zu entziffern. Wirf mal einen Blick darauf.«

SIE,
MI TAH ,TSI TENHCIEZREV MHUR RESSORG NETSÜRB NERED FUA
WEITEN REICH VON STAUB UND GAS GEKÄMPFT UND UNGESTÜME
.TRHEWEGBA EFFIRGNA
SIE,
FNÜF EID DNU TLIETEG NEKSETORG NOV TULF ENIE NHÜK EID
ARTEN DER LEBENDEN TOTEN IM NOCH IMMER GLÜHENDEN HEILIGEN
.TAH TRHEZREV REUEF
SIE,
NETHCEREG RED NIRETHCEFREV DNU TIEHHCSNEM RED NIREZTÜHCSEB
SACHE, SCHRECKEN IHRER FEINDE, HAT SICH AN DEN ORT DER
TIM REMMI HCON REBA ,RAWZ TETTAMER – NEBEGEB SISATS
GLÜHENDER LEIDENSCHAFT FÜR DIE PERLENPALÄSTE DER
.TIEHHCSNEM
SIE,
TNNERB ,TETIERBREV NERUTLUK ELLA REBÜ HCIS EDNUK NERED
NOCH IMMER VOR LEIDENSCHAFT UND GLEITET DURCH DIE ZEIT UND
.SMUAR-RU SED NEGNURREZREV EID
SIE,
UNERSCHÜTTERLICHE VERTEIDIGERIN DES PERLENPALASTS, HAT
MI NUN TLIEW DNU NEBEGEGFUA ZNETSIXE EHCILBIEL ERHI
GEFLECHT DER ZEIT, IM HORT DER EWIGKEIT. NACHDEM IHRE
ERHI TREITSEFINAM ,TSI NEGNAGREV TLATSEG EHCILREPRÖK
ÜBERLEGENE SOUVERÄNITÄT SICH IN EREIGNIS-WIRBEL-DRIFTEN,
DNU ETHCIHCSEG-RU RED NEGNUZ NEHCILTSÖK TIM NEGNURDHCRUD
DER OMEGA-ZUKUNFT.
EIS
IST WAS SIE WAR UND TUT WAS SIE TAT. MIT WOHLGERÜCHEN UND
RED NI DNU THETS NEBEIRHCSEG SE EIW ,NEMROF NEGIPPÜ
AUFERSTEHUNG, DIE DA KOMMEN WIRD, VERKÜNDET WERDEN MÖGE.
EIS
MÖGE AUFERSTEHEN WIE WIR ALLE, DIE WIR NACH INNEN INS

TIEZ RED SIERK RED.NEZRÜTS KEHTOILBIB EID DNU KCETSREV SCHLIESST SICH NUN UND SOLL FÜR IMMER SEIN.

»Hmmm.« Toby war verwirrt. Er rief die Shibo-Personalität auf. Ihre kühle Präsenz ließ sich für einen langen Moment Zeit und sagte dann:

Diese ›Sie‹ muß eine Frau von Format gewesen sein.

»Aus einigen Passagen werden wir nicht schlau«, sagte Killeen.

Toby runzelte die Stirn. »Was hat das wohl zu bedeuten, daß die Zeilen abwechselnd richtig und spiegelbildlich geschrieben sind?«

Cermo zuckte die Achseln. »'ne Art Code? Nein. Das wäre zu primitiv.«

Er spürte, wie Shibo sich mit den ältesten Aspekten verquickte und Erinnerungsfetzen aufrief. Sie faßte sie zusammen und meldete:

Dies ist eine uralte Fähigkeit. Ich bin ihr als Mädchen bei der Sippe Knight begegnet. Dies wurde geschrieben, um digital gelesen zu werden. Anstatt zum Abtasten jeder Zeile wieder nach links zu gehen, liest ein digitales Bewußtsein die Zeichen einfach in umgekehrter Reihenfolge und in konstanter Blickrichtung weiter von rechts nach links.

Toby leitete das weiter. »Ziemlich umständlich«, sagte Cermo.

Es spart Zeit. Unsere Praxis, beim Lesen ständig zum linken Seitenrand zurückzukehren, ist nur etwas für schlichte Gemüter.

»Die Bewohner des Kandelabers waren dazu imstande?« fragte Killeen skeptisch.

Die Sippe Knight vermochte es einstmals. Ihre alten Schriftrollen waren so geschrieben. Als Mädchen habe ich ein paar gesehen.

Toby wiederholte das. Der Ausdruck auf Killeens Gesicht sagte ihm, daß Shibos Aussagen großes Gewicht für ihn besaßen. Es war die Bürde aller Sippen, ständig auf der Flucht zu sein und ein Leben in Verzweiflung zu führen, im Bewußtsein, daß ihre Art einst das *Galaktische Zentrum* beherrscht hatte. Erschaffer der Kandelaber, Forscher, Jäger von Vakuum-Bestien, Sieger über schwere Stürme. Doch das war schon so lang her, daß selbst die Legenden nur noch vage von den Großen Zeiten der fernen Vergangenheit kündeten.

»In der Zitadelle *Bishops* hat es keine derartigen Rollen gegeben«, sagte Killeen verdrossen.

Toby erinnerte sich an eine Wand, die er in der Ruine des Blaine-Bogenbaus gesehen hatte und an der eine solche Botschaft geschrieben stand. Er wollte Killeen das schon sagen, doch Cermo schnitt ihm mit einer Geste das Wort ab. »Wie verdreht ihr Alphabet auch ist, ich erkenne den Sinn. Es ist die Geschichte einer Frau, welche die Menschheit anführte. Sie haben gewonnen. Aber was hat es mit diesen Perlen-Palästen auf sich?«

»Ich vermute, das ist der Kandelaber«, sagte Killeen abwesend.

»Ergibt einen Sinn«, sagte Toby und befragte schnell den Isaac-Aspekt. »Das Wort ›Perle‹ steht für ein Juwel – matt wie Katzen-Bier.«

Nun war Shibo verwirrt.

Was ist ›Katzen-Bier‹?

»Milch. Entschuldigung, das ist nur so ein Kinderscherz«, flüsterte Toby ihr zu.

Er hatte es unbedacht gesagt. Er wollte um seinetwegen ernstgenommen werden und nicht nur als Sprachrohr für Shibos Expertise. Er hatte nicht zugelassen, daß Cermo oder Killeen über eine Interkom-Schnittstelle direkten Kontakt mit Shibo aufnahmen, was ein leichter Techno-Trick gewesen wäre. Dann hätten sie ihn nämlich ganz übergangen und zu einem Kind degradiert, das mit den Händeln der Erwachsenen nichts zu tun hatte.

»Da ist noch vieles, was ich bei dieser Inschrift nicht verstehe«, sagte Killeen. »Zunächst möchte ich wissen, ob du in der Lage bist, das Schriftbild zu korrigieren?«

Für Shibo war das eine leichte Übung. Nach kurzer Zeit erschien auf einem der großen Wandbildschirme folgender Text:

SIE,
AUF DEREN BRÜSTEN GROSSER RUHM VERZEICHNET IST, HAT IM
WEITEN REICH VON STAUB UND GAS GEKÄMPFT UND UNGESTÜME
ANGRIFFE ABGEWEHRT,
SIE,
DIE KÜHN EINE FLUT VON GROTESKEN GETEILT UND DIE FÜNF
ARTEN DER LEBENDEN TOTEN IM NOCH IMMER GLÜHENDEN HEILIGEN
FEUER VERZEHRT HAT.
SIE,
BESCHÜTZERIN DER MENSCHHEIT UND VERFECHTERIN DER GERECHTEN
SACHE, SCHRECKEN IHRER FEINDE, HAT SICH AN DEN ORT DER
STASIS BEGEBEN – ERMATTET ZWAR, ABER NOCH IMMER MIT
GLÜHENDER LEIDENSCHAFT FÜR DIE PERLENPALÄSTE DER
MENSCHHEIT.
SIE,
DEREN KUNDE SICH ÜBER ALLE KULTUREN VERBREITET, BRENNT
NOCH IMMER UND GLEITET DURCH DIE ZEIT UND DIE VERZERRUNGEN
DES UR-RAUMS.
SIE,
UNERSCHÜTTERLICHE VERTEIDIGERIN DES PERLENPALASTS, HAT
IHRE LEIBLICHE EXISTENZ AUFGEGEBEN UND WEILT NUN IM
GEFLECHT DER ZEIT, IM HORT DER EWIGKEIT. NACHDEM IHRE
KÖRPERLICHE GESTALT VERGANGEN IST, MANIFESTIERT IHRE

ÜBERLEGENE SOUVERÄNITÄT SICH IN EREIGNIS-WIRBEL-DRIFTEN,
DURCHSETZT MIT KÖSTLICHEN ZUNGEN DER UR-GESCHICHTE UND
DER OMEGA-ZUKUNFT.
SIE;
IST WAS SIE WAR UND TUT WAS SIE TAT: DUFTEND UND MIT
ÜPPIGEN FORMEN; WIE ES GESCHRIEBEN STEHT UND IN DER
RESTAURATION; DIE DA KOMMEN WIRD; VERKÜNDET WERDEN SOLL:
SIE
MÖGE AUFERSTEHEN WIE WIR ALLE, DIE WIR NACH INNEN IN DAS
VERSTECK UND DIE BIBLIOTHEK STÜRZEN. DER KREIS DER ZEIT
SCHLIESST SICH NUN UND SOLL FÜR IMMER SEIN:

»Dann hatte ich also recht«, sagte Killeen und hieb mit der Faust auf den Schreibtisch. »Es gab eine Ära, wo sie die Mechanos besiegten – das sind die ›Fünf Arten der Lebenden Toten‹. Ich habe das vor Jahren als Inschrift auf einem Monument gesehen, in einer Gruft – wißt ihr noch? Ihr wart beide dabei.«

Cermo hob die Stirn. »Hmmm, ich erinnere mich vage ...«

»Ich erinnere mich«, sagte Toby. »Allerdings war in der Inschrift von einem mächtigen ›Er‹ die Rede und ...«

»Das hat sich bestimmt auf die Mechanos bezogen«, fuhr Killeen fort. »Und diese ›Sie‹ war eine große Anführerin – sie haben sie irgendwie fortgeschafft.«

Cermo runzelte zweifelnd eine Augenbraue. »Wie das?«

»Ist doch klar wie Sternenglanz«, sagte Killeen, erhob sich kraftvoll und ging vor dem Bildschirm auf und ab. »Ich will's euch erklären. Diese ›Sie‹ ist an einen ›Ort der Stasis‹ gegangen, nachdem ›ihre körperliche Gestalt vergangen war‹ – verdampft? Sie wird auferstehen wie wir alle, die wir nach innen in das ›Versteck und in die Bibliothek stürzen‹. Sie haben den Kandelaber verlassen, zumindest ein paar von ihnen. Und sind woandershin gegangen, zu diesem ›Versteck‹, wo sie sicher waren.«

Cermo nickte zögernd. »Jasag, ich erinnere mich an eine Gruft. Doch der Rest ...«

»Ist offensichtlich!« Killeen beschleunigte den Schritt. »Schau, ich habe es von einem meiner Aspekte aufzeichnen lassen. Hier ...«

Auf einem Bildschirm erschien folgendes:

Er,
auf dessen Arm Ruhm verzeichnet war, nachdem er den Kampf in den großen Ländern focht und den ersten Angriff zurückschlug. Mit der Brust teilte er die Flut der Feinde – diese furchtbaren, verrückt-mechanischen und gnadenlosen Kreaturen.

Das war noch nicht alles, und Killeen leierte die Passagen herunter und verglich sie mit der Inschrift, die sie in der Nähe einer Gruft gesehen hatten. Jedoch ergab nichts davon für Toby einen Sinn. Zum Beispiel dieses: *Er: Der die Menschheit von den fliegenden Stahlpalästen wegführte,* womit wahrscheinlich die Kandelaber-Ära gemeint war. Andere Passagen waren auch nicht erhellender: *Er: Durch die Brise, mit deren Kühnheit der südliche Ozean noch immer parfümiert ist,* mußte sich auf eine Zeit beziehen, wo es noch Meere auf Snowglade gegeben hatte und nicht nur die ihm bekannten Seen, die mit jedem Jahr schrumpften. Und dann kam etwas völlig Unverständliches: *Er: Der die Menschheit wie Figuren aufgebaut hat.* Zumal der Isaac-Aspekt sagte, daß selbst die Menschen in der Ära der Bogenbauten über den Sinn dieser Worte gerätselt hatten.

Killeen ging auf und ab und redete wie ein Wasserfall. Wenn die berühmte Leidenschaft ihn packte, hatte er eine geradezu hypnotische Energie. Doch Toby spürte, daß sein Vater sich in einen Wahn hineinsteigerte. Das beunruhigte ihn.

Cermo fiel Killeen ins Wort und sagte mit ruhiger

Stimme: »Stecken viele Vielleichts da drin – aber darum geht es auch gar nicht, Käpt'n; stimmt's?«

Killeen blinzelte und holte tief Luft. »Ich ... glaube nicht. Ich hatte gehofft, die Inschrift würde uns einen Weg aus der Klemme weisen, in der wir stecken.«

Toby versuchte, locker und sachlich zu klingen: »Wieso in der Klemme?«

»Wir sollten eine Versammlung einberufen«, sagte Cermo zu seinem Käpt'n.

»Jasag. Dann werde ich der Sippe unsere Optionen präsentieren ...«

»Wieso in der Klemme?«

»Die Explosion im Kandelaber«, sagte Cermo, »war die Energiequelle für einen Strahlungspuls. Wir glaubten erst, er sei auf uns gerichtet gewesen, doch vielleicht war die Emission Selbstzweck.«

Toby versuchte, sich die Überraschung nicht anmerken zu lassen und schaute so ausdruckslos, wie sein Vater es manchmal tat. »Ich habe auf keinem Frequenzband etwas aufgefangen.«

Per Tastendruck rief Killeen auf einem Wandbildschirm eine Spektralgrafik auf. »Kein Wunder. Die Frequenz war nicht im sichtbaren Spektrum. Gammastrahlen. Noch dazu gerichtet – die *Argo* hat sie nur zufällig aufgefangen.«

»Gerichtet wohin?« fragte Toby hartnäckig.

»Nach draußen. Auf ein paar dieser Orte, von deren Besuch Quath uns dringend abgeraten hat.« Killeen sah seinen Sohn düster an.

Toby wurde von einer Woge der Sympathie für seinen Vater erfaßt. Killeen hatte hoch gepokert, und nun würden die Karten aufgedeckt werden. Sie hatten Quaths Rat befolgt, seit sie von Trump zu ihrer langen Reise aufgebrochen waren. Sie hatten diese Welt angesteuert, in der Hoffnung, sie unter dem Namen *Neuer Bishops* zu besiedeln. Doch sie waren vertrieben worden.

Und die Sippe hatte nicht einmal Einwände erhoben,

als Angehörige von Quaths Spezies ihnen gefolgt waren – obwohl sie über eine weite Strecke in einem eigenen, riesigen Raumschiff gereist waren. Es war ihnen gefolgt und hatte die Funktion einer rückwärtigen Sicherung übernommen, ohne daß jemand gewußt hätte, weshalb die Außerirdischen das taten. Um sich dem *Wahren Galaktischen Zentrum* so dicht anzunähern, waren sie einem erratischen Kurs gefolgt; sie mußten vielen Hindernissen ausweichen, die Quath auf den komplizierten Sternkarten ausgemacht hatte. Sie hatten sich Quath im Grunde ausgeliefert und waren fast blind geflogen – ohne zu wissen, was sie hier erwartete.

»Einbruchsalarm«, platzte Toby heraus.

»Wie? Die Emission?« fragte Cermo.

»Sie war auf jemanden gerichtet, der informiert werden wollte, wenn die Menschen zurückkehrten«, sagte Toby mit aufgesetzter Selbstsicherheit – eine Taktik, die er für erwachsen und männlich hielt.

Killeen nickte. »Mechanos.«

»Wieso haben sie dann keine stärkere Bombe gelegt, die uns getötet hätte?« fragte Cermo.

Toby breitete die Hände aus. »Vielleicht wollten sie uns einfangen.«

Killeen schüttelte den Kopf. »Sie beherrschen enorme Energien. Wenn sie uns hätten töten wollen, wären wir schon längst tot.«

»Wieso hätten sie uns überhaupt gefangennehmen sollen?« fragte Cermo.

»Und vielleicht wollten sie uns mit der Explosion nur in Sicherheit wiegen«, sagte Toby schnell.

Killeen, der noch immer auf und ab ging, schürzte die Lippen. »Die Mechanos halten uns für ziemlich doof. Wäre möglich.«

»Noch etwas«, sagte Toby nach einer Einflüsterung von Shibo. »Die Bombe hat unsere Sprache gesprochen. Nicht dieses alte Idiom.«

Killeen blieb stehen und sah seinen Sohn interessiert

an. »Jasag – sie hat keinen Dialekt gesprochen. Jemand muß sie auf unsere Sprache programmiert haben.«

»Dann ... sind sie also hinter uns her?« Kreatürliche Angst schwang in Cermos Stimme mit.

»Kommt darauf an, auf welchem Niveau die Mechanos stehen, mit denen wir es zu tun haben. Der stupide Rattenfänger-Typ, den sie auf Snowglade gegen uns eingesetzt haben ...«

»Sie sind zu primitiv«, sagte Toby. »Aber die Mantis ...«

Killeen und Cermo wechselten Blicke. Die Mantis genoß bei der Sippe Bishop einen legendären Ruf als der intelligenteste Mechano, dem sie jemals begegnet waren. Sie hatte sie gejagt und ihre raffinierten elektronischen Illusionen eingesetzt. Anfangs hatten sie sie nur für einen besseren Jäger gehalten, doch dann hatte die Mantis ihnen drastisch vor Augen geführt, wie sie die Menschen als Werkzeug für ihre ›Kunstwerke‹ benutzte.

»Wißt ihr«, sagte Toby versonnen, »Quath hat mir einmal gesagt, daß die Mechanos gar nicht ihre Besten einsetzen, um uns über die Planeten zu scheuchen. Sie schicken nur die zweite Garnitur vor.«

»Sie schicken sie uns«, sagte Cermo zornig, »und wir töten sie. Ob große Mechanos oder kleine Mechanos, das spielt keine Rolle.«

Killeens Blick schweifte in den Weltraum, und Toby wußte, daß er wieder die lange Geschichte der Demütigungen vor Augen hatte, welche der Sippe Bishop von den Mechanos zugefügt worden waren. Sie waren Augenzeuge gewesen, wie die Mechanos menschliche Körper als Teileträger für Biomaschinen ausgeschlachtet hatten. Als Schmierstoffe. Als Dekoration. Als blutige, verstümmelte Brocken, die den ästhetischen Vorstellungen der Mantis entsprachen.

»Jasag, Cermo – vielleicht wollen sie uns einfangen«, sagte Killeen. »Oder sie haben etwas noch Schlimmeres mit uns vor.«

Andere Sterne waren durch die Gezeiten der Gravitation und durch die Reibung des Staubs in ihn hineingestürzt. Einst waren diese verlorenen Sonnen der Ursprung von Zivilisationen gewesen. Während ihre Muttergestirne in den Schlund gesogen wurden, um dort geröstet, zerkleinert und schließlich verschlungen zu werden, hatten ganze Rassen vor der Wahl gestanden, zu fliehen oder zu sterben.

Isaacs Kenntnisse über diese lang vergangenen Zeiten waren ziemlich dürftig. Das Wissen stand im umgekehrten Verhältnis zur Phantasie. Ein paar Zivilisationen hätten überlebt, sagte Isaac. Sie hatten fremdartige, metallische Kolonien errichtet, welche die großen Energieressourcen anzapften. In Flugrichtung der *Argo* lagen solche Refugien. Städte des Zentrums – fremdartig, riesig, unzugänglich. Noch größer als Kandelaber und viel älter.

Er schauderte und widmete sich wieder seiner Aufgabe – Quath zur Teilnahme an der Versammlung der Sippe Bishop zu bewegen. Das große Alien zog gerade die letzten Wände seines komplexen Domizils hoch, wobei sie die Steine in einem geschützten Winkel an der Nahtstelle zwischen zwei Farmkuppeln aufeinandersetzte.

»Komm schon, du aufgedunsene Küchenschabe, gleich geht es los.«

Quath hob ohne erkennbare Anstrengung einen dicken Brocken an. <Es ist eine Zeremonie *deiner* Spezies. [keine Entsprechung] Ich bekunde meinen Respekt, indem ich nicht daran teilnehme.>

»Es handelt sich eher um eine Talkshow. Jedenfalls möchte der Käpt'n, daß du dort sprichst.«

<Eine Ehre, die ich leider zurückweisen muß, Ungeziefer-Fresser.>

»Schau, Meister des Dungs, es ist *wichtig*.«

<Es ist noch wichtiger, daß du wieder reingehst.>

»Hä? Wieso denn?«

<Nutze das Kleinhirn und Großhirn – lausche dem Lied der Elektronen.>

Toby blickte in die von Quath bezeichnete Richtung und sah, daß die *Argo* in eine elfenbeinfarbene Aureole gehüllt war. Sie tanzte und schimmerte wie ein Nebel, den ein imaginärer Wind in Wallung versetzte.
»Hübsch. Und weiter?«

<Dies sind hochenergetische Elektronen, die gegen die magnetischen Schilde prallen und dabei empört aufheulen. Photonen des Kummers und des Unbehagens.>

»Ja, das Leben ist schon hart. Na und?«

<Wir stoßen nun immer öfter auf solche Elektronen. Ihre Zahl ist Legion in der Nähe des galaktischen Kerns. Die Strahlung wird bald so stark sein, daß ein Spaziergang auf der Hülle ein Risiko für dich bedeutet.>

Toby runzelte die Stirn. Er hatte bisher geglaubt, die Magnetfelder der *Argo* würden das ganze gefährliche Zeug abhalten. Doch waren solche Felder nicht in der Lage, das masselose Licht abzuhalten, zumal er auch wußte, daß das wirklich gefährliche Zeug eine viel höhere Frequenz hatte, die von den Menschen überhaupt nicht wahrgenommen wurde.

»Du siehst die harte Strahlung?«

<Jeder Angehörige meiner Spezies ist dazu imstande. Wir haben uns schließlich nicht auf einer so gemütlichen Welt entwickelt wie du.>

»Ähem. Ich gehe lieber wieder rein. Und du kommst mit – das ist ein Befehl des Käpt'ns.«

<Wenn es ein Befehl ist, muß ich ihn befolgen. Meiner Spezies ist dieser Begriff auch geläufig.>

»Quath, du hast dein Wespennest abgerissen, noch bevor wir wußten, daß die Mechanos im Anmarsch waren. Wie ist das zu erklären?«

<Die Gezeiten der Ereignisse stehen schon fest.>

»Meinst du?« Quath sagte nie etwas im Scherz. Oder der außerirdische Humor kam nicht so rüber. Immerhin wußte Toby, daß Quath sich über den Verlust eines

Beins köstlich amüsierte. Toby hatte nämlich gesehen, wie Quath sich einmal selbst ein Bein amputierte und dabei ein seltsam schmatzendes Geräusch von sich gegeben hatte. Er hatte vermutet, daß Quath geweint oder gestöhnt hatte, doch vielleicht war das auch ein Gesellschaftsspiel gewesen.

<Es gibt keinen Ausweg.>

»Ziemlich fatalistisch, oller Müll-Architekt.«

<Aber es gibt einen Einweg.>

Es gelang Toby nicht, Quath weitere Erklärungen zu entlocken, und als er mit dem Alien das Schiff betrat, hatte die Versammlung bereits begonnen. Aces und Fivers zankten sich mit Bishops – obwohl sie viele kulturelle Merkmale gemeinsam hatten und sogar uralte Geschichten.

Zum Glück bestand der erste Teil aus einer Art Rave. Musik dröhnte durch die Halle, wo die Sippe Bishop sich unter die Leute mischte, die sie von New Bishop geborgen hatten; der letzten Welt, von der sie geflohen waren. Es war eine ausgelassene Menge. Natürlich mit Ausnahme der Offiziere von der Wache – die Sippen standen ständig unter einer gewissen Anspannung.

Toby versuchte, sich seelisch auf die Versammlung einzustimmen. Die alles überragende Quath stand in der Ecke und ließ den Blick in die Ferne schweifen. Toby schloß sich einem Ringelpiez an und rezitierte die Worte aus der Kindheit:

> Sie schütteln sich, sie rütteln sich, da
> fliegt mir doch das Blech weg / Komm, steh
> auf, geh aufs Parkett, schüttel was du hast,
> denn du bist kein Brett...

Nicht sehr anspruchsvoll, doch die wenigsten Versammlungen hatten ein gehobenes Niveau. Durch die Beobachtung seines Vaters erfaßte Toby die zugrunde liegende Strategie.

Man sorge dafür, daß die Leute locker werden und ein Zusammengehörigkeitsgefühl entwickeln. Man animiere sie, zu tanzen und zu singen und sich an die alten Feste auf der Heimatwelt zu erinnern. Man spiele laute, schmissige Musik. Man rolle die keramischen Bottiche herein, wo Getreide und Trauben wuchsen und destilliere Schnaps und Bier und Wein. Die Sippe soll dem Alkohol ordentlich zusprechen. Obwohl sie Enzyme im Blut hatten, welche die Wirkung des Alkohols eindämmten, hob das Trinken die Stimmung und machte sie stolz und zuversichtlich – und skrupellos. Man stelle die Musik noch eine Idee lauter. Und dann gehe man ›ans Eingemachte‹ – mit einem Appell an die Ehre und mit der Frage nach den Perspektiven der Familie.

Toby wußte, was Killeen tat, doch gab es keinen Grund, sich darüber zu freuen. Er tanzte mit Besen und trank ein paar Schoppen Wein, bis der Weingeist anklopfte.

Jedoch nicht so stark, daß er benebelt wurde. Sein Vater hatte nach dem Tod von Tobys Mutter ein Alkoholproblem gehabt. Als Killeen dann Shibo kennengelernt hatte, gab er das Saufen auf, riß sich zusammen und wurde Käpt'n. Toby war in Biologie nicht sehr bewandert, doch wußte er um die Möglichkeit, daß eine potentielle Schwäche des Vaters sich auf den Sohn übertrug – also hielt er sich mit dem Trinken zurück. Er wollte sich nicht nur auf die Enzym-Helferlein verlassen.

Es war eine nette Versammlung. Und er empfand sogar Sympathie für Cermo. Wenn man jedoch bedachte, wie Cermo ihn schikaniert hatte, mußte man diese Anwandlungen wohl dem Alkohol zuschreiben.

Cermo hatte eine schokoladenbraune Haut, die im gedämpften Licht glühte. Was Toby unter anderem an der Sippe gefiel, war, daß sie die uralten Unterschiede zwischen den Menschen nicht einebnete. Sie hatten braune, blaue und schwarze Augen, rauhe und glatte, gelbe, rosige und schokoladenbraune Haut, schmale und kurze, breite und lange Nasen und sogar kesse Stupsnasen. Irgend etwas in den Genen sorgte dafür, daß diese Unterschiede über die Generationen Bestand hatten. Das war interessant und reizvoll in einer Zeit, wo die Menschen sich an verschiedene Umgebungen anpaßten, indem sie die Augen zusammenkniffen, um besser zu sehen, sich die Haut eincremten, um sie vor der Sonne zu schützen und die Gesichter spitz zuliefen, damit sie nicht so schnell auskühlten.

Toby wußte nicht, daß die Natur das für sie getan hatte, durch langsame, natürliche Selektion. Die Unterschiede waren wie ein altes Buch mit unverständlichen Botschaften aus einer besseren Vergangenheit, die es zu bewahren galt. Seine breite Nase und die Schlitzaugen waren überaus praktisch. Wie auch die dunkle Haut und der Bartflaum. Das Erbe der Vergangenheit.

Dann ebbte das Stakkato der Musik ab. Nun mußten Entscheidungen getroffen werden.

Killeen hob an zu sprechen. Er war keiner von den brillanten Rednern, die Toby schon gehört hatte, doch seine Art, die Dinge ohne Umschweife auf den Punkt zu bringen, hatte auch einen rhetorischen Charme. Bei der Lagebesprechung befleißigte er sich einer schonungslosen Offenheit. Die Mechanos, die ihnen auf den Fersen waren. Die Brennstoffreserven der *Argo*. Die Luft-, Wasser- und Flüssigkeitsbilanz. Mittelfristig ausreichend, jedoch nicht für einen langen Hochgeschwindigkeitsflug aus dem Galaktischen Zentrum zu einem möglichen Versteck.

Quath bestätigte den wahrscheinlichen Plan der Mechanos. Sie würden die *Argo* einkreisen und in den Mahlstrom in der Nähe des Wahren Zentrums jagen.

Dann bediente er sich des Sippen-Sensoriums. Jedes Mitglied sah mit einem Auge die alte Inschrift, die von Klartext überlagert wurde. Mit dröhnender Stimme zitierte Killeen die jeweiligen Passagen.

»›Verzehrte die fünf Arten der Lebenden Toten im noch immer glühenden heiligen Feuer.‹ Es *gab* einmal eine Zeit, da die Mechanos vor uns krochen!«

Die Sippe geriet in Wallung und ließ die gute alte Zeit Revue passieren.

»›Sie möge auferstehen wie wir alle, die wir nach innen ins Versteck und die Bibliothek stürzen.‹«

Killeen stand auf einem Podest, von dem aus er die Menge dominierte. Seine Stimme wurde noch kraftvoller, und zwar nicht aus rhetorischem Kalkül, sondern aus einer tiefen Überzeugung heraus. »Sie sind dorthin gegangen. Vor langer Zeit. Obwohl sie ›noch immer von Leidenschaft für die Perlenpaläste der Menschheit durchdrungen waren‹, sind sie gegangen.«

Zustimmende Kommentare wurden laut. Es schwang ein wehmütiger Unterton darin mit, der einen Bezug zu ihrer glorreichen Geschichte forderte. Manche schluchzten. Andere fluchten.

»Wir werden nun von Mechanos bedrängt. Sie jagen uns. Aber ...« – Killeen wies auf Quath – »... wir haben Verbündete. Quaths Spezies folgt uns nämlich auch und führt dieses riesige Gerät mit sich, den Kosmischen Reif. Kräfte, die wir nicht beherrschen, jawoll. Wirkungsweisen, die wir nicht verstehen, jawoll. Sie sind lebende Wesen und bieten uns ihre Hilfe an, wegen dieser heiligen Verbindung, an der alle teilhaben, die auf *natürlichem* Weg aus den Atomen der Galaxis entstanden sind.«

Heisere Dankesrufe an Quath. Wüste Flüche gegen die Mechanos.

Er legte eine Pause ein, derweil der Zorn sich legte und die Vernunft sich wieder im markanten Gesicht spiegelte. »Doch trotz ihrer Hilfe müssen *wir* entscheiden, wohin wir gehen.«

Langsam ließ Killeen den Blick über die vertrauten Gesichter schweifen, über dreihundert an der Zahl. »Wir alle hatten Verwandte, die im Kampf gegen

Quaths Rasse gestorben sind. Doch das ist nun vorbei. Nun kämpfen wir an der Seite derer, die wir Cybers nannten und heute als Myriapodia bezeichnen.«

Etwas in seiner Ansprache beschwor die Vergangenheit herauf, und Killeen nutzte diesen Effekt zu seinen Gunsten. Toby erkannte die Wirkung auf die Masse. Killeen war der Mann, der in ein von den Cybers gebohrtes Loch gefallen war, einen ganzen Planeten durchschlagen – und überlebt hatte. Killeen war im Cyber-Quath eingesperrt gewesen – und war entkommen. Er hatte mit einer magnetischen Entität kommuniziert, die den Himmel selbst als Sprachrohr benutzte. Und noch früher hatte Killeen mit der Mantis zu tun gehabt und ihr zur Freiheit verholfen.

Nun neigte die Waagschale sich durch dieses historische Gewicht zu Killeens Gunsten. Seine Augen glühten. Seine Autorität war unanfechtbar. Seine Leute folgten ihm.

»Wir haben die Möglichkeit, uns auf einen Kampf mit ungewissem Ausgang einzulassen. Oder wir versuchen zu entkommen.«

Funkelnde Augen musterten ihn. »Wie? Ist das alles?« Ärgerliche Mienen. »Nein! Nein! Ich sage, es gibt einen dritten Weg – einen Weg, der durch diese Schrifttafel von unseren Ahnen eröffnet worden ist.«

Grimmig sah Toby, daß der Käpt'n den Raum fest im Griff hatte. Die sonore Stimme, welche die Sippe Bishop in den Bann schlug, vermittelte Sicherheit und Gewißheit – jedoch nicht für Toby. Ihm war bewußt, daß sie offenen Auges ins Verderben flogen.

»Wir wollen ihnen folgen – den Alten. Ins Versteck, das sie gesucht haben. Es ist vielleicht noch da!«

Ein Raunen ging durch die Familie.

»Noch einmal: sie verfügten über Kräfte, die uns nicht gegeben sind – jasag. Mechanismen, die wir nicht begreifen – jasag. Also sind ihre Nachfahren – unsere Verwandten! – vielleicht noch dort. Die Sippe aller Sippen – ›im Hort der Ewigkeit‹. Welche Bedeutung das wohl hat? Welche Verheißung es wohl enthält? Laßt uns gehen – und es herausfinden!«

Der brüllende Jubel, der gegen ihn anbrandete, sagte Toby, daß sie sich auf ein Himmelfahrtskommando begaben, und obwohl er seinen Vater liebte und ihm auch folgen wollte, überkam ihn eine kalte Furcht, bei der ihm die Knie zitterten.

Weshalb tat sein Vater das? Hatte er den Verstand verloren? *Er riskiert die Sippe, um es herauszufinden... was eigentlich? Die Vergangenheit. Die Wurzeln der Sippe.*

Die Shibo-Personalität meldete sich unaufgefordert. Ihre vage Präsenz war als leise Stimme vor dem Hintergrund des unbändigen Jubels zu vernehmen.

> *Sie wissen doch gar nicht, was er wirklich will. Weiß er es denn? Ich liebe diesen Mann, wie ich ihn als schwacher Abglanz meiner selbst nur zu lieben vermag. Doch nun habe ich Angst um ihn. Er verspricht ein Versteck. Vielleicht bringt er sie nur ins Grab.*

GEFRORENER ∫TERN

Antennen reflektieren das grelle Ultraviolett der unten liegenden Scheibe. Schemen rotieren. Sie leben zwischen Wolken aus dunkler Materie, die unter einem Schauer aus Strahlung zerbröselt. Infrarote Stacheln, messerscharfe Gammastrahlen.

Zwischen den sich auflösenden Wolken bewegen sich silbrige Gestalten, deren Form der Funktion folgt. Flüssiges Metall fließt und erstarrt. Ein neues Werkzeug entsteht: schlagfestes Titan. Es trägt eine Lagerstätte aus reinem Indium ab. Kaut und verdaut.

Die Erntemaschinen fliegen in langen Ellipsen hoch über der leuchtenden Scheibe. Im Flug gruppieren sie sich zu exakten Formationen, geometrischen Matrizen. Ihre raumgreifende Strategie ist Selbstzweck, rein pragmatisch, ein simpler Algorithmus. Und doch erzeugt es komplizierte Muster, die sich entfalten, ihren Zweck erfüllen und sich wieder elegant zusammenrollen.

Sie haben eine weitere, wichtigere Funktion. Im Verbund bilden sie eine Makro-Antenne. In einem einstimmigen Chor übermitteln sie komplexe digitale Gedankengänge. Sie sind indes nicht eingebunden in die vernetzten Ströme bewußter Überlegungen, genauso wenig wie Luftmoleküle sich der Töne bewußt sind, die sie übertragen.

Die Konversation wogt über eine Distanz von Lichtminuten hin und her.

Sie existieren noch immer,
diese Primaten.

Wir/Ihr haben/habt nichts unternommen, um sie auszurotten.

Noch nicht.

> Richtig; wir/ihr müssen/müßt zuerst noch mehr über sie in Erfahrung bringen.

Die Falle ist zugeschnappt?

> Der Plan hat funktioniert. Wir/Ihr haben/habt die Position ihres Schiffs genau bestimmt, als sie die Masse ihres früheren Wohnorts besuchten.

Ich/Du hatte/st gut getan, diese Struktur so lang zu erhalten.

> Es hat die Anbringung von Mikrosensoren vereinfacht.

Direkte Infiltration?

> Die Explosion hat sie auf das Primaten-Raumschiff gewirbelt. Dann haben sie sich im Innern versteckt.

Dies scheint ein unnötiges Ärgernis zu sein.

> Wir/Ihr haben/habt in der Vergangenheit den Fehler begangen, Expeditionen, die zum Gefrorenen Stern unterwegs waren, gleich zu vernichten.

Eine unangemessene Bezeichnung. Das Schwarze Loch ist viel edler, als diese Worte implizieren.

> Und doch entstand es in der Frühzeit der Galaxis aus dem Samen einer Supernova. Es hat nun das Millionenfache der ursprünglichen Masse, doch seine Natur ist noch immer dieselbe.

*Aber gefroren? Es lebt
im Feuer.*

Nur sein Bild in der Raum-Zeit ist gefroren. Für euch/uns währt es eine Ewigkeit, bis die verzehrte Masse den endgültigen Abstieg in den Schlund des Vergessens vollzogen hat.

Na schön; solche technischen Beschreibungen langweilen mich eher, als daß sie mich erhellen.

Stimmt; zumindest gilt das für ein paar Abschnitte von euch/uns.

Und dennoch fühlen die Primaten sich zu diesem Nexus hingezogen. Was war das noch für eine Sprache, die ihr/wir früher zitiert habt/haben, um ihre Denkweise zu veranschaulichen?

Das Bild hieß *wie Motten ins Licht*.

Die Bio-Logik ist ja so einfach. Wie sollen/sollt wir/ihr uns/euch ihrer Handlungen sicher sein? Ihre Mentalität beurteilen?

Könnt ihr/können wir nicht.

Aber mit Ressourcen ...

Ihr/wir müßt/müssen uns damit abfinden, daß es Dinge gibt, die ihr/wir nicht einmal im Ansatz versteht/verstehen.

Ja, die Erinnerung kehrt wieder. Manche Wahrheiten

sind mit keinem logischen System zu beweisen.

Ich/Du habe/hast mich/dich auch nicht auf ein so offensichtliches Theorem bezogen. Unser Verständnis des Universums hat weiße Flecken. Sie sind auch nicht zu entfernen.

Du/Ich willst/will damit doch nicht etwa sagen, daß unsre/eure Art im Zustand der Unwissenheit verharren soll wie diese Primaten?!

Alle intelligenten Lebensformen filtern die Welt auf ihre Art und Weise. In dieser Hinsicht sind wir alle gleich.

Aber das heißt doch nicht, daß ihr/wir nicht in der Lage seid/seien, niedere Lebensformen und deren primitive Weltsicht in ihrer Gesamtheit zu verstehen?

Vielleicht doch.

Verständnisschwierigkeiten in einer so heiklen Sache sind ein Ärgernis.

Genug der Theorie. In der Praxis bin ich nicht damit einverstanden, diese Primaten-Eindringlinge zu vernichten. Der Preis wäre zu hoch.

Dies bezieht sich auf die Quasi-Mechanischen.

Wir/Ihr haben/habt schon zuvor mit ihrer Art zu tun gehabt.

Sie sind doch nur Werkzeuge! Wir/Ihr benutzen/benutzt die Quasi-Mechanischen, um die Menschen zu verfolgen.

Ich darf uns/euch/sie daran erinnern, daß wir/ihr auch ein paar Diskontinuitäten besessen haben/habt – früher einmal. Zugegebenermaßen gingen sie beim Angriff gegen den Keil in der Ära $e^{(+(-|)}$ verloren.

Du/ich mußt/muß diesen Fehler nicht noch einmal begehen.

Sie folgen dem Primaten-Schiff und beschützen es.

Sie haben größere Schiffe als die Menschen. Ihr/Wir habt/haben unter ihren Fähigkeiten gelitten.

Sie führen einen Reifen aus abgescherter Diskontinuität mit sich. Das erleichtert die Verfolgung. Doch er wäre auch eine höchst unangenehme Waffe, wenn er gegen uns/euch gerichtet werden würde.

Ein schwerer Fehler, über den viele von uns/euch sich empört haben.

Schön gesagt für einen/die vielen, der/die ihn begangen haben.

Solche Unterscheidungen sind ohne Bedeutung. Alle unsere Selbsts haben die Erfahrung absorbiert.

Nicht gelernte Lektionen sind immer wieder schmerzhaft.

Niemand hätte vorherzusehen vermocht, daß der Keil die Diskontinuitäten schlucken und verdauen würde, um sich dadurch zu vergrößern. Um noch undurchdringlicher zu werden.

Vorsicht hätte uns/euch diese instruktive Lektion erspart.

Ihr/Wir wißt/wissen nun, daß niemand auch nur im Ansatz die stochastische Geometrie des Keil-Innern versteht.

Entschuldigungen helfen uns nun auch nicht weiter. Der Preis wird hoch sein, falls wir die Quasi-Mechanischen und ihre Diskontinuität angreifen.

Du/Ich bist/bin vor langer Zeit übereingekommen, Menschen gegen die Quasi-Mechanischen einzusetzen. Und nun stellen/stellt wir/ihr fest, daß sie anscheinend ein Bündnis mit ihnen geschlossen haben. Dies hätten/hättet wir/ihr nicht vorhersehen können. Das Leben auf Kohlenstoff-Basis hat Protokolle, die wir/ihr nicht kennen/kennt. Nicht kennen müssen.

Viele von uns/euch weisen diese These zurück.

Ich/Du wünschte/st, es wäre so. Aber sie waren schon vor unsrer Art hier, und ...

Wie kannst/kann du/ich nur? Die organischen Lebensformen sind zuerst entstanden.

Es existieren Philosophien, wonach Metall und Keramik die ersten Materialien waren, geformt durch elektrolytische Entladungen, organisiert durch die Verschmelzung von Lehm und Eisen. Die Lebensformen auf Kohlenstoffbasis sind daraus entstanden.

Die ihr/wir dann vernichtet habt/haben.

Erbarmungslos.

Stimmt. Aber eure/unsere integrierten Treiber sagen, daß unsere Art sich vor den Menschen hüten müsse.

Ich/Du bestehe/bestehst darauf, sie wenigstens ein bißchen zu demolieren. Um ihre Stärke zu verringern.

Haltet euch aber von der Diskontinuität fern.

Das menschliche Schiff ist recht gut geschützt, aber wir/ihr sind/seid befähigt, es produktiv zu beschädigen. Es gibt keinen Grund, sie ungeschoren davonkommen zu lassen.

Handeln ist das Gebot der Stunde! Ihr/Wir wißt/wissen, daß sie mit einem Mitglied des magnetischen Königreichs kommuniziert haben.

Welches von uns war es?

Und nur wenig Brauchbares gemeldet.

In der Scheibe aus galaktischem Schutt verlieren wir ihr Schiff ständig aus den Augen. Außerdem verzerren die Quasi-Mechanischen und ihre Diskontinuität die ganze Region, was eine exakte Ortung erschwert.

Dies ist eine ungünstige Wendung. Es bestätigt die von einem Unter-Bewußtsein übermittelten Informationen.

Wir/Ihr haben/habt die Studien der übriggebliebenen Primaten an |>A<| delegiert. Es hat sich um den Planeten gewickelt, von dem diese Primaten abstammen.

Richtig. Aber |>A<| hat den Primaten suggeriert, daß sie das Schiff unter Kontrolle und volle Bewegungsfreiheit hätten. Dadurch wurde es viel einfacher – unter Berücksichtigung der Psychologie der Primaten –, sie zu benutzen. Sie gingen ein Bündnis mit den Quasi-Mechanischen ein, die sie dann hierhergebracht haben.

Weshalb sollten die Quasi-Mechanischen sich überhaupt darauf einlassen? Diese Geschichte wirft mehr Fragen auf, als sie beantwortet.

Sie wissen vielleicht etwas, das die Primaten nicht wissen.

Dies ist ein infiniter Betrag.

Ich beziehe mich darauf, was ihr/wir nicht wißt/wissen. Wonach wir suchen.

Ohne zu wissen, worum es sich bei diesem mysteriösen Zeug überhaupt handelt. Ich bin der Rätsel überdrüssig. Hol diesen |>A<|, damit ich/wir ihn anzapfen kann/können.

Wird gemacht. |>A<| reist mit Lichtgeschwindigkeit und wird deshalb einige Zeit brauchen. Dieses Intervall sollten wir nutzen.

Dann konzediert/konzedieren ihr/wir also, daß die Menschen zurechtgestutzt und dezimiert werden müssen.

Ich/Du schlage/schlägst vor, ihnen eine weitere Falle zu stellen? Sie irgendwo hinzulocken, damit wir einen bekannten Vektor von ihnen haben.

Das würde die grundlegende Frage vielleicht klären.

Und die wäre?

Was haben sie hier überhaupt zu suchen? Lebensformen

*auf Kohlenstoffbasis vergehen
doch im Hagel der harten
Strahlung.*

        Stimmt, das hier ist nicht
        ihr Revier.

*Doch die eigentliche Frage
lautet, weshalb wir/ihr uns/euch
überhaupt mit ihnen
befassen/befaßt? Wo wir/ihr
sie einfach töten sollten/solltet.*

        In anderen Worten, weshalb
        existiere/n ich/wir? Ist eine
        kritische Stimme notwendig?
        Existiert unsere geteilte
        Intelligenz nur aus dem Grund,
        um euch/uns Verdruß
        zu bereiten?

*Genug spekuliert. Handle
endlich!*

ZWEITER TEIL

DER FRESSER
ALLER DINGE

1 · DIE WILDE JAGD

Toby beäugte Besen mißtrauisch. Weshalb ließ sie ihn nicht in Ruhe?

Wie die meisten Frauen glaubte sie, daß die Probleme, die einen belasteten, kleiner würden, wenn man darüber redete. Ganz von allein.

Allerdings hatte Toby oft die gegenteilige Erfahrung gemacht. Indem man diffuse Gefühle ans Licht zerrte und sie zerredete, verschärften die Probleme sich nur noch. Zumindest für ihn.

Er seufzte. Sie aßen in der Kantine. Die Leute hatten ernste Mienen und unterhielten sich gedämpft; der große Raum hallte wider von Spekulationen über die Mission.

Seit Killeens dramatischer Rede in der Versammlung war eine Woche vergangen. Und seit einer Woche stießen sie ins lodernde, sternenübersäte Wahre Zentrum vor. Seit einer Woche wurde die *Argo* von den stürmischen Plasmawinden durchgeschüttelt.

Abenteuer, die den Adrenalinspiegel hochjagten, waren immer noch besser, als auf dem Hintern zu sitzen und zu nörgeln. Die Sippe Bishop war des leichten Lebens in der *Argo* überdrüssig. Gewiß, es war ein wunderbares Schiff, ein großes Erbe der entfernten, von der Zeit verklärten Vorfahren – doch letztlich auch nur eine intelligente Blechdose. In Tobys Augen liefen die Bishops nicht zur Höchstform auf, wenn sie bloß redeten. Wie im Moment.

»Ich weiß dein Interesse durchaus zu würdigen«, sagte Toby schließlich diplomatisch. Immerhin hatte Besen versucht, ihn aus dem Stimmungstief herauszuholen. »Aber geh mir bitte nicht auf den Wecker.«

Besen lächelte nachsichtig. »Manchmal bist du so verkrampft wie eine Vakuumdichtung.«

»Ich stehe in letzter Zeit ziemlich unter Druck, das ist alles.«

»Wieso denn?« fragte sie. Ein fragender Ausdruck erschien auf ihrem Gesicht. »Wir lassen die Mechanos doch hinter uns.«

»Ha!« Er schnaubte. »Eine Ratte im Käfig kann noch so viel herumrennen – gefangen ist sie doch.«

»Wir sind gar nicht gefangen!«

»Ich sehe jedenfalls keinen Ausweg – du vielleicht?«

»Natürlich. Wir haben die Akkreditionsscheibe um das Schwarze Loch noch nicht einmal gesichtet. Wir finden dort sicher ein Versteck ...«

»Die Mechanos kennen diesen Ort aber auch. Sicher haben sie dort Ortungsgeräte plaziert. Intelligente Schnüffler.«

»Das ist doch nur eine Vermutung.«

»Die mit hoher Wahrscheinlichkeit zutrifft. Quath sagt, daß die Mechanos irgendwo im Wahren Zentrum einen Fixpunkt hätten.«

»Du glaubst auch alles, was dieser Riesenwurm sagt?«

»Sicher«, sagte Toby unwirsch. »Wenigstens versucht Quath nicht, mich aufzumuntern.«

Besen runzelte kokett die Stirn. »Hmmm. Du bist wirklich nicht gut drauf.«

»Ich bin nur nicht euphorisch.« Toby nippte am Lotussaft und nahm sich einen Müsliriegel. Er klopfte damit gegen den Tisch, und ein weißes Würmchen kroch heraus. »Die einzige Möglichkeit, diese Viecher rauszulocken.«

»Erica hat sie freigelassen.«

»So ein Fehler ist schnell passiert, wenn man nicht in der Lage ist, die Richtung zu bestimmen.«

»Sie hätte ihre Aspekte fragen können.«

Es war Jahre her, seit Erica aus Versehen die sich

selbst erwärmende Phiole mit gefrorenen Humuswürmern fallengelassen hatte, doch die Folgen waren heute noch zu spüren, und ihr Name wurde wie ein Fluch ausgesprochen.

Doch Toby übte Nachsicht mit ihr. Wer hätte auch wissen sollen, daß das Kroppzeug aus dem Behälter schlüpfen und alles auffressen würde? Schließlich war das auch ihre Aufgabe. Die arme Erica hatte vor lauter Schreck die Phiole fallenlassen. Und daß die Würmer sich dann über die Getreidekulturen hermachten, war wirklich nicht absehbar gewesen. Die Würmer waren eigentlich für Gemüsebeete und Apfelbäume bestimmt, wie die in einer toten Sprache verfaßte Bedienungsanleitung sagte. Erica – und sie alle – hatten eben das Pech gehabt, daß sie sich gerade in einer Getreidekuppel aufgehalten hatte, als der Zylinder aufplatzte. Er zuckte die Achseln. »Sie war eine fleißige Säerin.«

»*Ich* finde, der Käpt'n hätte sie dafür auspeitschen lassen sollen.«

»Vom Auspeitschen hält er aber nichts.«

»Die persönlichen Vorlieben eines Käpt'ns spielen keine Rolle«, sagte Besen steif. »Was zählt, ist das Interesse der Familie.«

»Sicher. Und ein schlauer Käpt'n spannt die Besatzung für seine Zwecke ein.«

Besen blinzelte. »Ach, du meinst, der Käpt'n läßt uns nach seiner Pfeife tanzen, nur daß wir es nicht merken?«

»Schon möglich.«

»Und du willst dich öffentlich nicht dazu äußern? Aus Loyalität?«

»Ich möchte mich nicht gegen ihn stellen.«

»Damit würdest du dir sicher keine Freunde machen.«

»Jasag – und ich muß auch zugeben, daß die Leute alle in Hochstimmung sind.« Er wies auf die erregten Gesichter. Die Atmosphäre in der Kantine knisterte förmlich vor Spannung. Nachdem die Leute so lang auf der Flucht gewesen waren, stellte eine Verfolgungsjagd eine willkommene Abwechslung dar; sie verspürten wieder den vertrauten Nervenkitzel.

Besen schürzte besorgt die Lippen. »Du glaubst nicht, daß es nur darum geht, den Mechanos zu entkommen?«

»Ich weiß nicht, worum es wirklich geht.« Ärgerlich klopfte Toby mit dem Müsliriegel auf den Tisch. Noch ein Würmchen kam zum Vorschein. Angewidert zerquetschte er es mit dem Daumen. »Ich sage nur, Vorsicht ist die Mutter der Porzellankiste.«

Besen lächelte. »Gilt das auch für Würmer?«

»Würmer können überall sein.«

Besen straffte sich und versuchte, sie beide auf andere Gedanken zu bringen. »Laß uns ins Observatorium gehen und nachsehen, ob es dort welche gibt.«

»Toll.« Er legte den Müsliriegel hin, überlegte es sich dann anders und klopfte ein drittesmal auf den Tisch. Diesmal erschien kein Wurm mehr, und er biß hinein. »Hmm, nicht schlecht – wenn man am Verhungern ist.«

»Du bist doch immer am Verhungern. Aber seitdem wir die Segel-Schlange und das andere Viehzeug erlegt haben, ist die Speisekammer gut gefüllt.«

»Gehen wir.« Toby war ihr dankbar, daß sie das leidige Thema beendet und ihn auf andere Gedanken gebracht hatte. Er mochte es nicht, wenn seine schlechte Laune auf die Stimmung des Schiffs abfärbte; nicht, wenn sein Vater die Sache so gut im Griff hatte, die Leute zu harter Arbeit vergatterte und dabei noch lächelte.

Sie erreichten die breite gewendelte Rampe im Herzen der *Argo*. Die Besatzung malochte in den Agro-Kuppeln. Die Intensität der von draußen einfallenden Strahlung stieg stündlich an. Heißes Infrarot, beißendes Ultraviolett und andere unsichtbare Spektren setzten dem Getreide zu. Die Polarisationsfilter der Kuppeln waren hochgefahren, doch ließen sie noch immer zuviel schädliche Energie durch. Deshalb war es eine Erleichterung, das alles zu vergessen, sich in die Netze des Observatoriums fallen zu lassen und die gleißende Helligkeit des Alls zu betrachten.

Das Observatorium im kühlen, halbdunklen Kern des Schiffs war überfüllt, und Toby sah die Darstellungen auf dem Bildschirm nur undeutlich. Das glühende, von Schlieren aus strahlendem Gas durchsetzte Sternenfeld glich einem Vexierbild. Als die Brücke dann auf eine Doppler-Frequenz schaltete, wurden Details erkennbar. Die Blauverschiebung filterte die der *Argo* entgegenkommenden Objekte heraus und blendete alles andere aus.

Und da waren sie: strahlend blaue Nadelspitzen, acht an der Zahl, die sich in gleichmäßigen Abständen zu einem Kreis formiert hatten.

»Nicht zu verfehlen«, murmelte Toby.

»Den Mechanos ist es anscheinend egal, ob wir sie sehen oder nicht«, sagte Besen.

»Oder sie wollen sogar, daß wir sie sehen.«

»Wieso sollten sie? Wäre doch sinnvoller, sich zu tarnen.«

»Vielleicht wollen sie uns provozieren.«

»Wozu?«

»Zu dem, was wir bereits tun«, sagte Toby grimmig.

»He, wir entfernen uns ja von ihnen!« rief eine große Frau mit einer Hakennase, die sich links von Toby befand und stieß ihm den Ellbogen in die Rippen. Sie war eine Ace aus der Notzone von Trump. Konditioniert, ihrem Sippen-Oberhaupt bedingungslos zu folgen.

»Jasag, sie schnuppern an unserem Auspuff«, pflichtete ein Mann ihr bei. Ein Fiver.

»Wir hängen jeden verdammten Mechano ab«, verkündete eine andere Frau stolz. Dem scheußlichen Akzent nach zu urteilen, stammte sie aus der Sippe Deuce. Toby verstand sie kaum.

Toby knirschte mit den Zähnen. »Jasag, jasag. Ich hatte mich nur gefragt ...«

»Es ist nicht richtig, daß der *Sohn* des Käpt'ns solche Dinge tut.« Die Geierwally rammte ihm wieder den Ellbogen in die Rippen.

»Tut mir leid, Brüder und Schwestern«, sagte Toby, der zunehmend gereizt wurde. »Äh ... 'tschuldigung.«

Er stand auf und drängte sich durch die Menge. Jeder schien ihn böse anzuschauen. Oder den Blick abzuwenden. Besen folgte ihm und flüsterte: »Diese alte Schachtel ist ein richtiges Klatschweib. Alle Familien von Trump haben eine große Klappe.«

Toby bedauerte den Zwischenfall bereits, und bevor er den Raum verließ, blieb er noch einmal stehen, um einen letzten Blick auf den Bildschirm zu werfen. Die Mitglieder der Sippe Bishop murmelten, stellten Mutmaßungen an, lachten sogar – und nicht nur innerhalb der Leute von Snowglade. Sie verbrüderten sich sogar mit den Sippen von Trump. Die aufgewühlte Menge schien statisch geladen zu sein.

Plötzlich erkannte Toby, daß der Raum nicht deshalb so voll war, weil die Leute die bunten Bilder sehen wollten, sondern weil sie eine Begegnungsstätte brauchten, wo sie sich austauschten und ihren Unmut äußerten. Angesichts des draußen dräuenden Abgrunds mußten sie sich der Identität als zerbrechliche menschliche Familie vergewissern.

Das war lebenswichtig – der Zusammenhalt. Das Gros der Besatzung der *Argo* bestand aus Bishops von Snowglade. Jedoch waren auch Familien von dem Planeten an Bord, den sie zuletzt angeflogen und den die Einheimischen Trump genannt hatten. Diese Familien trugen Namen, die Toby unverständlich waren – Aces und Deuces, Jacks und Fivers. Und dann gab es noch Queens, die von der Logik her die gleichen Sitten und Gebräuche wie die Sippen-Queen von Snowglade hätten pflegen müssen. Nur daß sie es nicht taten.

Killeen bezeichnete diese Trump-Sippen als Cards. Sie waren überaus loyal und wären selbst dem verrücktesten Führer gefolgt. Auf Trump waren manche dem Wahnsinnigen gefolgt, der sich selbst ›Seine Hoheit‹ genannt hatte, ein Typ mit irrem Blick, den die Bishops am Ende liquidieren mußten. Mit der Konsequenz, daß die Cards fortan Killeen treu ergeben waren.

Das ergab zwar keinen Sinn, doch was ergab überhaupt einen Sinn auf Trump. Toby glaubte nicht, daß die Cards ihren Namen einem uralten Spiel verdankten. Vielleicht hatte es einmal ein Spiel gegeben, in dem diese Namen eine Rolle spielten. Doch die Sippen waren altehrwürdig und geheiligt und durften nicht für triviale Anekdoten mißbraucht werden.

Dennoch waren die Trumps Sonderlinge, borniert und ignorant. Andererseits waren die Snowglader bei näherem Hinsehen auch keine Lichtgestalten.

Die Rooks pflegten sich so zu schneuzen, daß der Rotz durch die Gegend flog. Und wenn jemand getroffen wurde, war es eine rechte Gaudi. Die Frau mit der Hakennase mußte deshalb zwangsläufig ein Rook sein.

Die Pawns fanden nichts dabei, in aller Öffentlichkeit ihr Geschäft zu verrichten. Ein ganz natürlicher Vorgang, sagten sie. Weshalb sich also darüber aufregen?

Die Knights rülpsten und furzten selbst bei formellen Anlässen – sie schienen das nicht einmal zu merken.

Die Bishops spuckten bei jeder Gelegenheit aus.

Die Rooks pinkelten auf Pflanzen und begründeten das damit, daß es – weil ein Teil vom Großen Zyklus des Lebens – gut für sie sein müsse.

Und die Kings husteten einem ins Gesicht und lachten dabei. Manche wußten gar zu berichten, daß in den alten Tagen der Zitadelle die Angehörigen der Sippe der Queens es in aller Öffentlichkeit sexuell miteinander getrieben hätten, und zwar in ausgesprochen obszönen Posen. Es gab eine Theorie, wonach das eine Ausdrucksform für den Zerfall der gesellschaftlichen

Bindungen gewesen sein sollte. Das war so phantastisch, daß Toby es für unwahrscheinlich hielt – doch wer wollte schon sagen, was die Leute der tiefen Vergangenheit wirklich geglaubt und getan hatten?

Dennoch sahen die Sippen von Snowglade über diese Unterschiede hinweg, duldeten Handlungen, die andere als groben sozialen Fauxpas werteten und hielten ansonsten zusammen. Ungeachtet geringfügiger Zwischenfälle reichten sie den Trumps brüderlich die Hand, auch wenn diese stur wie Maulesel waren und barbarische Tischsitten hatten. Eben die Sippe *aller* Sippen.

Toby wußte, daß er die Pflicht hatte, das soziale Gefüge zu bewahren. Deshalb mußte es ihm aber noch lange nicht gefallen. Als er den Raum verließ, hieb er mit der Faust auf die Handfläche.

»Sie hat deinen wunden Punkt getroffen?« fragte Besen betroffen.

»Neinsag. Vergiß es.« Doch er wußte, daß er selbst es nicht vergessen würde.

2 · DER ZERRISSENE STERN

Toby bedauerte, daß Quath nicht mehr draußen lebte. Ein so großes Wesen sollte frei zwischen den Sternen umherwandern und nicht eingesperrt sein.

Dessen war er sich sicher, obwohl er wußte, daß Quaths Art sich aus einer maulwurfsartigen Spezies entwickelt hatte, die sich gern in der Erde verkroch. Wie eine solche Rasse Intelligenz entwickelt hatte, war indes ein Rätsel. Es erschien unwahrscheinlich, daß etwas, das sich in dunklen, stinkenden Ritzen verkroch und nur zur Jagd an die Oberfläche kam, einer höheren Intelligenz bedurfte. Auf der anderen Seite, so sagte er sich, hatten die Menschen einst auch in Höhlen gehaust; zumindest hatte Isaac das gesagt. Die Frage, wodurch eine Kreatur Intelligenz erlangte, harrte noch einer Antwort. Schließlich hatten auch die Mechanos einen regen Verstand entwickelt, ohne daß jemand wußte, wann oder wie das geschehen war. Nicht einmal Isaac.

Doch das eigentliche Motiv für Tobys Plädoyer, Quath sollte draußen sein, war, daß er selbst keinen Vorwand für einen Spaziergang auf der Hülle mehr hatte. Er war von einer inneren Unruhe erfüllt, die er auch durch sportliche Betätigung in der Null-Gravo-Halle nicht zu kompensieren vermochte. Wenigstens war Quath in einem so weitläufigen Abschnitt untergebracht, daß er in der Lage war, seine Niedergravitations-Kunststückchen vorzuführen.

Im Moment befand Quath sich in der aufgelassenen Agro-Kuppel. Die hohe Kuppel hallte von Tobys Schnaufen wider, während er die Wände als Trampolin gebrauchte. Er schwebte durch die Kuppel und versuchte, sich vom Luftzug der Ventilatoren treiben zu lassen. Während er auf die gegenüberliegende Wand zuraste, ruderte er mit den Armen. Das bewirkte, daß die Beine herumschwangen, das Drehmoment aufzehrten und wie Sprungfedern vorwärts schnellten. Das machte viel mehr Spaß, als wie eine hirnlose Maschine tote Gewichte zu stemmen.

Quath stand im Mittelpunkt des Kuppelbodens und schwenkte die Augen, um Tobys Kapriolen zu verfolgen. Sie stieß ein verächtliches Zischen aus.

<Du vergeudest nur deine Kräfte.>

»Ich hätte nicht erwartet, daß eine Riesen-Küchenschabe das erkennt.«

<Meine Leute wären sich viel zu schade, sich in euren versifften Küchen aufzuhalten wie ordinäre Schaben.>

»Ihr freßt Zeug, bei dem jeder Kammerjäger, der etwas auf sich hält, sich die Seele aus dem Leib kotzen würde.«

<Meine Leute haben einst solche wie euch gejagt, als Happen für zwischendurch.>

Das hatte gesessen. Japsend klammerte Toby sich an eine Stahlstrebe. »Wirklich?«

<Sie lebten auf unserer Welt und gehörten der Ordnung der Primaten an, wie ihr euch selbst nennt. Aber sie waren nicht so begabt wie eure Art – keine Jäger. Sie fraßen blaugrüne Würmer, die in Trauben an toten Bäumen klebten.>

»Waren sie wie wir?«

<Intelligent? Nein. Sie hatten Ärmchen und Beinchen wie ihr. Und die gleichen feststehenden Augen, die an einer Seite des Kopfs angebracht waren. Und sie waren nicht einmal in der Lage, den Kopf ganz zu drehen. Geschöpfe mit sehr begrenzten Fähigkeiten – wie ihr. Aber sie schmeckten wundervoll, und wenn man ihr Rückgrat lang genug über dem Feuer röstete, platzte es auf,

und ein blauer Geruch strömte aus. Das knusprige Mark aus den geschwärzten Knochen zu schlürfen war ein besonderer Genuß.>

»Argh. Ich bemühe mich wirklich, dich als Kumpel zu betrachten, du aufgeblasene Kakerlake, aber wenn du so weitermachst ...«

<Es war schon eine Ehre, nur ein kleiner Happen für Das Volk zu sein.>

Toby spürte förmlich die Großbuchstaben in Quaths zischender mentaler Stimme und beschloß, die Sache nicht weiter zu verfolgen. Quath meinte es ernst. Vielleicht hielten alle intelligenten Wesen sich für die Krone der Schöpfung – Das Volk –, und alle anderen bestenfalls für intelligente Tiere. Hohe Intelligenz und Egomanie gingen eben Hand in Hand. Zwei Seiten einer Medaille.

Selbst wenn Quath tausendmal intelligenter gewesen wäre, hätte das keine Rolle gespielt – wenn Toby sie aus der Schlafrolle schüttelte, würde er auf sie treten, ohne einen Gedanken daran zu verschwenden. Und schon gar nicht würde er sie um einen Kommentar zur Natur des Lebens bitten.

»Ich könnte auf eine solche Ehre durchaus verzichten. Wie dem auch sei, Glupschauge, du scheinst dich hier ganz gut eingerichtet zu haben.«

<Ich hoffe, meine Exkremente tragen dazu bei, den Boden hier fruchtbarer zu machen.>

»Wie überaus großzügig von dir. Weshalb ich überhaupt hier bin: ich soll dich fragen, ob du eine Ahnung hast, was deine Kameraden in ihren Schiffen so treiben.«

<Ich weiß es nicht. Aber ich kann es mir vorstellen.>

»Sie ziehen noch immer diesen riesigen Reif mit. Er glüht nun stärker, wie Elfenbein.«

<Sie tragen diese große Last zum Schutz vor den Mechanos. In ein paar unserer alten Texte finden sich auch Hinweise auf eine darüber hinausgehende Funktion.>

»Jedenfalls scheint der Reif sie auf Distanz zu halten. Das ist schon mal viel wert. Aber wieso folgen deine Leute uns überhaupt?«

<Sie werden vielleicht noch gebraucht. Der Scheitel-Moment naht nämlich.>

»Äh ... was ist denn ein Scheitel?«

<Ein Knick in einer sonst stetigen Kurve, mein amüsanter Schwächling.>

»Noch mehr Geometrie. Wenn Isaac mit seinen Zahlen loslegt und du mit deinem Mathegelaber, raff ich's nicht mehr ...«

<Im Grunde genommen ist die ganze Realität Geometrie.>

»Ach ja? Wenn ich in einen Apfel beiße, schmeckt's mir einfach nur. Was soll das mit Geometrie zu tun haben?«

<Es ist [keine Entsprechung].>

Toby haßte es, wenn Quath etwas sagte und die Programme in seinem und Quaths Kopf dann nicht imstande waren, eine Verständigung herbeizuführen. Was rüberkam, war Zischen und schlichtweg [keine Entsprechung].

<Aus der Perspektive meiner Art ist es einfach. Die Beziehungen schmecken nach dem [unbekannt] und [keine Entsprechung]. Alles andere würde keinen [unbekannt] ergeben.>

»Es ist ja so offensichtlich. Wie dumm von mir.«

<Mein Programm spürt, daß deinem Sprachmuster noch mehr zugrunde liegt.>

»Jasag, wir nennen das Sarkasmus.«

<Ich verstehe ein solches Muster nicht.>

»Bezeichnen wir es einfach als [keine Entsprechung], mein schleimiger Freund.«

<Ich glaube, ich verstehe. Bei uns ist das vielleicht [unbekannt].>

»Aaahhh!«

Toby ging buchstäblich die Wände hoch. Zum Glück

hatte er die Möglichkeit, sich abzureagieren, indem er die Verstrebungen der Kuppel erklomm, sich von einer Strebe zur andern schwang und Kalorien verbrannte, um wieder einen klaren Kopf zu bekommen. Es wurde allmählich warm hier drin – wie auch in der ganzen *Argo*. Die Kuppeln absorbierten Strahlung vom astronomischen Feuerwerk, das draußen abbrannte.

Brennender Schweiß troff in Tobys Augen. Er hangelte sich von einer Strebe zur andern, holte in der fast nicht vorhandenen Schwerkraft Schwung und stieß sich ab. Dann breitete er die Arme aus und flatterte wie ein kranker Vogel auf Quath zu. Das Alien fing ihn im letzten Moment auf, ehe er unsanft auf dem Deck landete. »Ups! Danke.«

<Du gibst dich für einen aus, der du nicht bist.>

»Das liegt nun mal in der Natur des Menschen, du alte Riesenmade.«

<Ein Element davon ist auch in uns. Sonst hätten wir auf der Suche nicht die Sterne umspannt.>

»Auf der Suche wonach?«

<Nach dem [keine Entsprechung].>

»O nein, nicht schon wieder!«

<Ich glaube, es ist das Wissen um die Dinge, die wir nicht auszudrücken vermögen, was wir gemeinsam haben, winziger Denker.>

Toby schlurfte über den toten Boden, so daß eine graue Staubwolke in der Niedergravitations-Kuppel aufwallte. Er hatte sich noch immer nicht ganz abreagiert und dachte noch immer über seinen Vater nach. Er machte einen Satz und schwang sich auf einen von Quaths Teleskoparmen. »Vielleicht sollte ich ...«

– Toby! Bring Quath sofort auf die Brücke. –

Killeens schneidende Stimme riß Toby so abrupt aus der Konzentration, daß er den Halt verlor und wieder in den Schmutz fiel. »In Ordnung. Aber Quath wird dort nicht hineinpassen ...«

– Beweg dich! –

Am Ende lief es darauf hinaus, daß Quath sich in den zur Brücke führenden Korridor quetschte, zwei Augenstiele ausfuhr und um die Ecke bog, so daß sie die meisten der Wandbildschirme sah. Quath schien sich unwohl zu fühlen; die in Stahlpfannen gelagerten Beine waren unnatürlich verkrümmt und gegen Schotts gepreßt, aber sie beschwerte sich nicht. Killeen wollte, daß Quath intensiver mit ihren Artgenossen, den Myriapoden, kommunizierte. »Schließlich war ich einmal für ein paar Tage in ihrem Leib gefangen«, bemerkte Killeen beiläufig.

Toby blinzelte. Trotz aller Vorbehalte mußte er sich eingestehen, daß sein Vater schon höllische Abenteuer mit Quath erlebt hatte. Vielleicht kommunizierten sie auf eine Art und Weise miteinander, die sein Vorstellungsvermögen überstieg.

Killeen stellte ein paar Subalterne ab, um das Alien bei technischen Problemen zu unterstützen, die beim Einsatz der Langstrecken-Antennen der *Argo* vielleicht auftraten.

Auf der Brücke ging es zu wie in einem Taubenschlag, doch Killeen hielt die Disziplin aufrecht, und die Leute beherrschten sich so, daß die Aufregung sich überwiegend in angespannten Gesichtern und zusammengekniffenen Augen ausdrückte. Die Wandbildschirme zeigten Szenen, die mit rasender Geschwindigkeit wechselten. Der elfenbeinfarbene Reif hing zwischen drei fremdartigen, kantigen Schiffen. Wenn es ihm nicht schon bekannt gewesen wäre, hätte Toby allein aufgrund der Form – schon wieder Geometrie, sagte er sich – darauf geschlossen, daß die Schiffe mit Quaths Artgenossen besetzt waren.

Der Reif flackerte wie ein Stroboskop in allen Farben des Spektrums. Goldene und rote Lichtblitze liefen am Rand entlang und verblaßten dann zu einem milchigen Licht, als ob sie in einem trüben Meer versunken wären.

Killeen ging mit auf dem Rücken verschränkten Händen auf dem Kommandodeck der Brücke auf und ab, wobei die Stiefel auf dem Stahl hallten. Toby wußte, daß er das nur tat, um das nervöse Zucken der Finger zu kaschieren, das den Leuten seine eigene Besorgnis und Anspannung verraten hätte; es war eine Pose, die einem Käpt'n angemessen war.

Toby spürte eine Aufwallung von Mitgefühl und Liebe für den großen Mann, wie er versuchte, die Beherrschung zu bewahren. Um welchen Preis? Würden sie es je erfahren?

Und er hatte auch allen Grund zur Besorgnis, wie Toby sah. Die Bildschirme flackerten und zeigten eine Szene, die so fremdartig war, daß er erst einmal sortieren mußte, was er da sah. Eine orangefarben schimmernde Kugel hing vor einem Hintergrund Tausender Sterne, die sich wie Juwelen am Himmel drängten. Scheckige Schlieren waberten um die Kugel.

Toby ordnete sie als Stern ein, der außer der komischen Farbe keine außergewöhnlichen Merkmale hatte – bis er sich an einer Seite wölbte. Flammen schlugen aus der Beule, und sie schwoll weiter an und verfärbte sich gelb wie eine Banane. Es war, als ob der Stern sich in ein riesiges Ei verwandelte. Doch was würde aus ihm schlüpfen?

Killeen wandte sich um und schaute seinen Sohn an. Der Käpt'n winkte ihn zu sich und sagte: »Selbst die Sterne sind seine Beute.«

»Wie? Was geht hier überhaupt vor?«

»Entschuldige – ich beobachte das schon so lange, daß ich unterstelle, jeder begeistert sich für das Leben der Sterne.«

»Ich wiederhole: Was geht hier vor?« Toby war schon daran gewöhnt, daß sein Vater sich in Monologen erging.

»Dieser Stern wird verschlungen. Siehst du?«

Killeens Finger huschten über ein Sensorfeld. Der

Stern trat in den Hintergrund. Die Flanke blähte sich auf wie die Wangen eines Trompeters. Dann wanderte eine rote Schliere ins Bild und breitete sich wie ein Klecks über die Oberfläche aus. »Die große Scheibe«, sagte Killeen. »Die Legenden der Sippe berichten davon. Manche nennen es das Auge des Fressers.«

»Scheibe?« Der Stern rückte weiter in den Hintergrund.

Und nun sah Toby, daß der orangefarbene Stern sich am Rand einer gewaltigen Fläche aus loderndem Feuer befand. Die Fläche wanderte. Phosphoreszente blutrote und orangefarbene Ströme erstreckten sich in die Ferne und kreisten langsam um eine Achse, die sich dem Blick entzog. »Ach so – der Stern wird angesaugt?«

Killeen verschränkte die Arme und beobachtete, wie die dem Untergang geweihte Sonne sich streckte. Sie wurde nun von purpurnen Adern durchzogen und kräuselte sich. »Ja, aber nicht von der Scheibe selbst. Das Auge des Fressers ist Materie, die früher schon angesaugt wurde.«

Tobys Isaac-Aspekt sagte mit Abscheu:

Er kopiert altes Wissen. Nicht für einen Moment glaube ich, daß er versteht ...

»He, was glaubst du überhaupt, wer du bist?« flüsterte Toby subvokal. »Wir käuen doch nur wider, was ihr Aspekte und Gesichter uns sagt – wir haben doch gar nicht die Zeit, den ganzen Technokram zu lernen!«

Wenn er wenigstens die klassischen Quellen würdigen würde, welche die Theorien entwickelt und die gefährlichen Messungen durchgeführt haben ...

»Halt mal die Luft an! Das Gejammer von euch Aspekten geht mir auf den Geist. Seid ihr denn nie zufrieden?« Isaac zog sich in den Schmollwinkel zurück.

»Die Masse fließt nach innen«, fuhr Killeen fort, »und nähert sich ihm bei jedem Umlauf etwas an. Die Scheibe ist also nur der Zubringer. Den wahren Schuldigen sieht man nicht.«

Bei Toby fiel der Groschen. »Das Schwarze Loch? Reißt es diesen Stern auseinander?«

Killeen nickte. »Ein seltenes Ereignis, und wir kommen gerade zum richtigen Zeitpunkt. Das Loch verschluckt Sterne – doch zuerst macht es sich einen Spaß daraus, sie durchzukauen.«

Das Panorama wurde größer, rückte den Stern weiter in den Hintergrund und brachte einen größeren Ausschnitt der riesigen, mahlenden Akkretionsscheibe ins Bild. Das Auge des Fressers war blutrot gerändert und loderte orangefarben und grellgelb. Jede Lohe glich einem Feuerwerk – doch Toby erinnerte sich, daß dieses Feuerwerk größer war als ganze Planeten.

Als der Maßstab sich verkleinerte, sah er, daß die Scheibe in Richtung des Mittelpunkts immer heller wurde. Rotes Licht verschob sich zu Grün und Purpur. Und in unmittelbarer Nähe zum Zentrum sah er ein grelles blaues Licht. Fast hätte er sich geblendet abgewandt, als die Perspektive sich so veränderte, daß das Zentrum in den Brennpunkt rückte. Die Scheibe drehte sich um eine weißglühende Kugel, die energetisch so aufgeladen war, daß sie Funken sprühte.

»Wo ... wo ist das Loch?«

Killeen wies auf die weiße Kugel. »Dort drin – aber wir sehen es nicht, weil an der Innenkante der Scheibe eine so starke Hitze herrscht.«

Isaac meldete sich wieder:

Ich habe mit den Aspekten der Hohen Kandelaber konferiert – sie werden immer unverständlicher! – und ihre Einwände übersetzt. Ich muß sagen, ich stimme ihnen zu. Die korrekte Zuordnung ist wichtig! Sonst verlieren wir die Vergangenheit. All das wurde im Jahr 3045 von Antonella Frazier entdeckt, die es sogar in Versform gekleidet hat. Eine kosmische Ironie – ›daß der schwärzeste aller Orte einen weißen Mantel trägt‹. Ich erinnere mich vage an dieses großartige Werk und ...

Toby ließ den Aspekt noch für eine Weile quatschen, ohne daß er ihm zugehört hätte. Isaac und Killeens Techno-Aspekt bedienten sich wahrscheinlich der beiden Menschen für ein subtiles Kräftemessen. Kannten solche Chip-Wesen Gefühle wie Eifersucht, Neid und Haß? Er und sein Vater warfen mit technischen Begriffen um sich, was vielleicht daran lag, daß sie sich gegenseitig imponieren wollten. Die alten Aspekte waren in die neueren integriert, um die Kommunikation zu erleichtern. Weil sie außerdem noch ihre Einstellungen und Gefühle artikulierten, ging ein Wust aus Emotionen und Daten von ihnen aus.

Menschliche Motive, die vom gewaltigen Ereignisrahmen zur Bedeutungslosigkeit degradiert wurden. All das war schaurig-schön, aber schwer zu verstehen.

Toby riß sich von diesem grandiosen Anblick los. »Wodurch wird die Hitze überhaupt erzeugt?«

»Reibung. Das ganze Zeug reibt sich an anderer Materie – Gas und Staub und was nicht noch alles –, während es auf einer spiralförmigen Bahn auf das Loch zustürzt. Es heizt sich auf.«

Toby mußte das erst einmal sortieren. Die Scheibe glühte wie ein blutunterlaufenes Auge mit dem weißen Augapfel. Das Starren eines Ungeheuers. Das Auge des Fressers – nur daß man den Fresser nicht sah, das schwärzeste Ding des Universums. So, wie er es verstanden hatte, war es ein Loch im Raum, in das Dinge hineinstürzten. »Dann frißt das Loch also Sterne und zerkaut sie zuerst. Und die Scheibe besteht aus dem Zeug, das zuletzt zerrissen wurde.«

»Und es ist schon am Fressen, seit die Galaxis geboren wurde.«

»Du meinst – diese Platte aus Gas – das waren einmal Sterne?«

Killeen nickte abwesend und betrachtete eine besonders spektakuläre Eruption. Ein blaugrüner Geysir stieg wie eine Kobra unter den Flötentönen des Schlangenbeschwörers von der Scheibe auf und züngelte mit gelben Zungen.

»Ist auch nur angemessen, dem Fresser den Fraß auf dem goldenen Tablett zu servieren«, sagte er mit einem glucksenden, aber freudlosen Lachen.

Toby ließ den Blick über die angespannten Gesichter auf der Brücke schweifen. Leutnant Jocelyn hielt sich in abwartender Haltung etwas abseits, als ob sie das Gespräch zwischen Vater und Sohn nicht unterbrechen wollte – nicht einmal aus dienstlichen Gründen. Nun kam sie mit schnellen Schritten herbei, wobei ihr Schopf in der warmen Luft des Schiffs wehte und sagte: »Käpt'n, die Hülle heizt sich immer stärker auf.«

Der eben noch in den Anblick der Scheibe versunkene Killeen war sofort präsent. »Schon im roten Bereich?«

»Noch nicht, aber ...«

»Kühlkreislauf mit maximaler Leistung?«

»Jawohl, Sir.«

»Wie ist unser Spin?« fragte Killeen düster.

»Alle einzeln aufgehängten Abteilungen des Schiffs rotieren mit höchster Drehzahl.« Die große, muskulöse Jocelyn stand in Habacht-Stellung, doch die zuckenden Finger an der Hosennaht verrieten Toby ihre Nervosität.

Man hatte Sektoren der *Argo* in Rotation versetzt, um die Wärme abzuführen. Das ungestüm anbrandende Gas hätte sonst vielleicht die Hülle versengt und die menschliche Fracht gegrillt. Toby erinnerte sich an Quaths Schwärmerei über geröstete, aufgeplatzte Primatenknochen mit dem süffigen Mark. Er schauderte.

Killeen hieb mit der Faust auf die Handfläche, wodurch er sich eine momentane Erleichterung verschaffte. »Ich wüßte nicht, was wir sonst noch ...«

<Wir bedürfen nun der Besik Bay>, ertönte die zischende Stimme von Quath, die über den Schiffsinterkom übertragen wurde.

Die Brückenbesatzung drehte sich wie ein Mann um und starrte das schemenhafte Alien an, das reglos draußen im Korridor verharrte.

Killeen erlangte als erster die Sprache zurück. »Ich hatte mich schon gefragt, wann du aus dem Nähkästchen plaudern würdest«, sagte er spöttisch.

Quaths Augenstiele schlugen gegen das Schott. <Ihr seid zarte Würmer, welche die Hitze nicht vertragen. Solltet ihr hier geröstet werden, müßte ich allein aufwachsen.>

»Schön zu wissen, daß du so besorgt um uns bist«, sagte Killeen lachend. »Die Antennen wurden ausgerichtet – ich nehme an, die neue Verbindung zu deinem Schiff klappt nun besser?«

<Ich spreche gut und [unbekannt]. Ihr vermögt nicht die volle [keine Entsprechung] dessen zu erkennen, was es bedeutet, mit anderen zu kommunizieren, die wirklich verstehen.>

»Nun, wir lernen schnell«, sagte Killeen grinsend. Toby sah, daß sein Vater Gefallen an der Unterhaltung fand und daß die Falten der Anspannung aus seinem Gesicht gebügelt wurden.

Jedenfalls zum Teil.

<Ihr seid klug für solche Zwerge.>

»Wir brauchen diese Masse auch nicht, die du mit dir herumschleppst.«

<Weisheit kommt aus der Akkumulation. Milben wissen das nicht.>

»Ich habe den Eindruck, daß seit unserem letzten Treffen noch ein paar Augen bei dir dazugekommen sind.«

<Ich bin von der Art der Myriapoden und muß mich nicht wie ihr mit zwei schwachen Sehlöchern begnügen. Wir spähen mit Schlitzaugen und in mannigfachen Spektren. Es gibt viele Spektren an diesem Ort der Zerstörung. Doch bedarf ich keiner weiteren Beine mehr, denn wir fliehen nicht einmal vor den größten Gefahren.>

Toby wußte, daß die Bezeichnung ›Myriapoden‹ nichts anderes als ›vielbeinig‹ bedeutete, doch durch das putzige Trillern, mit dem Quath das Wort aussprach, erlangte es eine Nebenbedeutung von Stärke und Stolz. Killeen hatte Toby erst in aller Eile hierherzitiert, und dann hatte er Quath keines Blickes gewürdigt. Toby erkannte, daß Killeen eine andere – etwa bessere? – Taktik im Umgang mit dem Alien verfolgte.

»Um auf diese Besik Bay zurückzukommen. Willst du dich dort verstecken, Glupschauge?«

Ein Raunen ging durch die Besatzung. Toby wußte, daß die Leute die Füßler verdächtigten, sie für einen unbekannten Zweck zu mißbrauchen, und durch die Nennung dieses Orts bekam ihre Besorgnis neue Nahrung. Doch hatten sie überhaupt eine andere Wahl?

Quath ratterte wieder mit den Augenstielen. <Die Philosophen halten das für weise.>

»Ähem – du hättest Diplomat werden sollen. Aber ich habe dich gefragt, was *du* davon hältst.«

<Der Name stammt aus Legenden, doch sonst gibt es kaum Informationen. Als vor langer Zeit Expeditionen von Myriapoden an diesen Ort gelangten, trug er diesen Namen schon – anscheinend ist er von Menschen vergeben worden.>

»Besik?« warf Toby ein. »Ich kenne keine Sippe mit diesem Namen.«

<Er bezieht sich auf einen alten menschlichen Ort, eine Zuflucht – dort.>

Irgendwie verwackelte Quath die Darstellungen auf den Wandbildschirmen. Sie wirbelten wie ein Kaleidoskop, während die Sensoren des Schiffs ein neues Ziel suchten – und einen ›Tintenklecks‹ hoch über der rotglühenden Scheibe auffaßten.

<Forscher haben den Schatten von Besik Bay genutzt, um der Hitze der Scheibe zu entkommen. So ist es jedenfalls überliefert. Myriapoden suchten dort Schutz, kühlten sich ab und flohen dann aus diesem Trümmerfeld aus Sternen.>

Killeen wies auf Leutnant Jocelyn. »Nehmen Sie Kurs dorthin.« Er pflegte schnelle Entscheidungen zu treffen, und die Brücke führte den Befehl unverzüglich aus. Mit ausdruckslosem Gesicht widmete Killeen sich wieder Quath. »Was haben deine Vorfahren hier gesucht?«

<Eine Waffe, von der unsere Legenden kündeten.>

»Was für eine Waffe?«

<Letztendlich ist Wissen die beste Verteidigung. Wir suchten die [keine Entsprechung].>

»Mehr fällt dir dazu nicht ein?«

<Ich weiß nicht, worin dieses [keine Entsprechung] Wissen besteht.>

»Zum Teufel! Schau, für die Sippe Bishop ist das Wahre Zentrum eine Legende. Fast ein heiliger Ort – nur daß wir nicht wissen, *weshalb*.«

<Für uns gilt das gleiche. Aber ich glaube, daß eure Art schon vor uns hier gewesen ist.>

»Ja sag?« Killeen runzelte die Stirn. »Was auch immer wir damals geleistet haben, es ist verloren.«

<Für uns auch. Doch die Philosophen kannten nicht das wahre Labyrinth dieses Orts. Die Mechanos vernichten alle Aufzeichnungen, die sie aus jener lang vergangenen Epoche finden.>

Düster schaute Killeen in den endlosen Raum. »Daß wir hierherkommen – nun, man könnte es mit der Besteigung des höchsten Bergs des Universums vergleichen.«

<Ich glaube, das hat etwas mit dem Grund zu tun, weshalb ihr gebraucht werdet.>

Killeen zuckte die Achseln, als ob er schon wüßte, daß das Alien ihm nicht mehr verraten würde. »Gut, dann werden wir uns hinter dieser Wolke etwas die Füße kühlen.«

Obwohl Mannschaftsdienstgrade sich auf der Brücke nur selten zu Wort meldeten, wenn der Käpt'n sie nicht ausdrücklich dazu aufforderte, beschloß Toby, seine Position als Sohn des Käpt'ns zu nutzen. Er mußte einfach nachhaken. »Quath, weshalb sind deine Vorfahren wieder abgezogen?«

<Mechanos bewachen diesen Zyklon aus Feuer.>

»Wieso denn? Das ist doch die reinste Höllenpforte.«

<Mechanos fühlen sich hier wohl. Energie im Überfluß. Sie laben sich an solchem Ungestüm.>

»Doch im Moment sind keine Mechanos hier.«

<So scheint es. Das beunruhigt mich.>

»Ein ganzes Rudel ist uns auf den Fersen«, gab Killeen zu bedenken.

<Sie werden versuchen, uns in der Besik-Wolke aufzustöbern.>

»Wo sollen wir uns sonst verstecken?« fragte Killeen mit gerunzelter Stirn.

Toby wußte, daß sein Vater jede Herausforderung annahm, es sei denn, die Lage war von vornherein aussichtslos. Auf der anderen Seite waren die Sippen schon seit langer Zeit auf der Flucht. Sie wußten, wie man einem Gegner entkommt und kannten die Vorzüge eines sicheren Verstecks.

<Meine Artgenossen von den Myriapoden werden die Gelegenheit haben, zu sprechen und zu [unbekannt].>

Erneut zuckte Killeen die Achseln, als ob er wüßte, daß er nichts mehr aus Quath herausbekommen würde. Er tippte auf die Schaltfläche. Die Bildschirme flackerten, und dann erschien wieder der seltsame, verzerrte Stern – der gar kein Stern mehr war.

Während des Gesprächs war die ›Eiterbeule‹ aufgeplatzt. Nun strömten weißglühende Fäden aus, und die gemarterte Sonne wurde schließlich zerkleinert. Gassäulen schossen aus dem aufgerissenen Stern, verdrehten sich und lagerten sich am schwelenden Rand der großen Scheibe ab. Nachdem der Stern wieder in den Hintergrund gerückt worden war, verglich Toby ihn mit einem Tier, das hilflos in der Falle zappelte und aus dem das Leben entwich. Brocken wurden aus dem Stern gerissen, strömten zur Scheibe und lösten dort neue Explosionen aus.

Toby schwankte zwischen Staunen und Furcht. »Wie ist es nur möglich, daß das Loch einen ganzen Stern zerreißt, der so weit draußen steht, wo es doch so klein ist, daß wir es nicht einmal sehen?«

Killeen bückte sich und klopfte seinem Sohn auf die Schulter. Im Gesicht des Käpt'ns sah Toby den gleichen Widerstreit der Gefühle. »So, wie ich es verstanden habe, ist das Loch klein – aber es hat eine ungeheuer große Masse. Diese zusammengepreßte Masse erzeugt starke Gezeitenströme. Die Vorderseite des Sterns versucht, eine Kurve einzuschlagen. Siehst du? Die Rückseite ist eine Idee weiter vom Loch entfernt und will deshalb einen leicht abweichenden Orbit einschlagen.«

»Das leuchtet mir ein. Und weiter?«

»Nun, sie können nicht getrennte Wege gehen und dennoch ein Stern bleiben, nicht wahr?« Aus Killeens verklärtem Gesichtsausdruck schloß Toby, daß sein Techno-Aspekt ihm diese Weisheiten einflüsterte. »Doch sie werden eigene Wege gehen, wenn der Stern zerreißt. Und genau das wird geschehen, sobald die Gezeiten stark genug sind. Der Gezeitenstrom reißt ihn einfach auseinander.«

Toby schaute sich um. Die Brückenbesatzung musterte stumm ihren Käpt'n. Auf den Gesichtern der Leute sah Toby einen Ausdruck der Hoffnung, die indes durch das kosmische Spektakel mit einer gewissen Ernüchterung gepaart war. Killeen lächelte verhalten. Sein Gesicht reflektierte das Lodern der geschundenen, sterbenden Sonne.

Quaths zischende Stimme unterbrach die Stille. <Diese frische Nahrung wird den Fresser laben – doch zuerst die Scheibe.>

Sorgenfalten erschienen in Killeens Gesicht. »Dann wird sie also noch heißer werden?«

<Ja. Laßt uns in die erquickende Kühle von Besik eilen.>

Toby grinste. »Ich dachte, deine Art würde nur spähen, aber nicht fliehen.«

<Schnell und gewandt zu laufen ist eine Kunst. Denn so überlebt man und hat die Gelegenheit, erneut zu spähen.>

»Hmmm. Dünkt mich eine fadenscheinige Ausrede, Riesen-Kakerlake.«

<[keine Entsprechung]>.

3 · BESIK Bay

Toby vermied es normalerweise, den Sohn des Käpt'ns raushängen zu lassen, doch manchmal konnte er einfach nicht an sich halten.

Dies war ein solcher Zeitpunkt. Sie liefen nun um ihr Leben.

Auf jedem Bildschirm der *Argo* war zu sehen, wie dicht die Jäger ihnen auf den Fersen waren. Die Mechano-Schiffe holten auf. Die ohnehin schon schmale Lücke schloß sich weiter. Die kantigen Konstruktionen ließen jeglichen Sinn für Design und Ästhetik vermissen. Wie Jocelyn erläuterte, waren Mechano-Schiffe nicht mit menschlichen Schiffen zu vergleichen. Vielmehr handelte es sich um multiple, verschachtelte Maschinen ohne größere Flächen. Die Basiseinheit organischer Lebensformen war das Individuum. Für Mechanos waren Betriebssysteme von der Größe ganzer Städte die Norm. Und diese Schiffe waren riesige Bündel von Betriebssystemen.

Hinter ihnen kamen die Schiffe der Myriapoden, wobei sie den elfenbeinfarbenen Reif in der Mitte der Formation mitführten. Die Mechanos hüteten sich, die Myriapoden anzugreifen. Nun tauchte die *Argo* in die tentakelförmigen Ausläufer der Besik-Wolke ein.

Der Lärmpegel im Schiff sank. Die Sippen bildeten Grüppchen in der Kantine und unterhielten sich in gedämpfter Lautstärke. Weil Toby nicht untätig herumsitzen und auf Neuigkeiten warten wollte, nutzte er jede sich bietende Gelegenheit, die Kommandobrücke aufzusuchen. Wenn er sich im Hintergrund hielt, bemerkten die Offiziere ihn erst gar nicht, und wenn doch, winkten sie ihm zu und ließen es dabei bewenden. *Wozu sich mit dem Sohn des Käpt'ns anlegen?*

Natürlich wollte Besen auch mitkommen. Toby mußte erst noch Routine im Umgang mit Frauen – im Gegensatz zu Mädchen – erlangen, und Besen war definitiv eine Frau. In der Sippe war eine Frau nur dann eine Frau, wenn sie vielseitig einsetzbar war, und nicht nur in der Küche oder im Bett – was ihrer Weiblichkeit aber keinen Abbruch tat. Mädchen und Jungen indes waren *Kinder* – doch Frauen und Männer stellten die *Besatzung*. Mit angemessenen Ritualen, um den Übergang zu dokumentieren. Deshalb war es ihm nicht möglich, ihr den Wunsch abzuschlagen.

Sie legten einen Zwischenstop in der Vermächtnis-Kammer ein. Dabei handelte es sich im Grunde nur um eine Nische in der Wand des Korridors, die Toby oft aufsuchte. Besen war bisher kaum dort gewesen und sagte ihm das auch. Er war schockiert.

»Aber das sind doch die Vermächtnisse!«

»Ja, sicher«, sagte sie um Entschuldigung heischend – doch dann funkelten ihre Augen trotzig. »Aber es handelt sich nur um ein paar bekritzelte Tafeln, die eh niemand lesen kann, stimmt's?«

»Natürlich. Deshalb bewahren wir sie auch auf. Und vielleicht begegnen wir eines Tages jemandem, der in der Lage ist, sie zu entziffern ...«

»Jasag, jasag – aber bis dahin bleiben sie ein Rätsel, nicht wahr?«

Toby wandte den Blick von ihrem skeptischen Gesicht und betrachtete für eine lange Zeit die großen grauen Tafeln mit der verschnörkelten Schrift. Die Linien waren gewunden wie Schlangen. Weshalb weckten sie in ihm eine solche Sehnsucht?

Besen wurde unruhig. Also gingen sie auf die Brücke. Reinzukommen war kein Problem – ein Kopfnicken und ein Wink genügten. Nebeneinander standen sie im Schatten und betrachteten für lange Stunden die Bildschirme.

Besik Bay. Geheimnisvoll, undurchdringlich, wie die Schlacke aus einem monströsen Hochofen.

Irgendwie umkreiste dieser pechschwarze Ort unbeschadet das Schwarze Loch. Zum Teil verlief der Orbit durch die Scheibe, wo die Dunkelwolke Materie ansaugte. Ein Geflecht aus Magnetfeldern, dicht gewirkt wie Tuch, schützte sie. Dann stieß sie wieder aus der Scheibe hervor, stieg empor und kreiste gemächlich über dem Höllenfeuer. Wie sie das unversehrt überstand, eine Kugel aus Staub in einem Kessel aus gequirltem flüssigem Eisen, wußte niemand.

Die *Argo* durchpflügte nun die tintigen Tiefen der Besik-Wolke und erwartete die Ankunft der Mechano-Schiffe. Die Hülle kühlte sich wieder ab. Die Metallspanten des Schiffs entspannten und verkürzten sich. Das Knacken hallte in den Korridoren wider. Die Luft verlor den stechenden Ozon-Geruch. Doch vermochten die Bänke aus körnigem Staub und Gas sie nicht gegen leistungsstarke Sensoren abzuschirmen.

»Was glaubst du, wieviel Zeit uns noch bleibt?« wisperte Besen.

Toby zuckte die Achseln und gab sich gelassener, als er eigentlich war. Eines hatte er schon als kleiner Junge gelernt – es hatte keinen Sinn, sich zu verkrampfen. Und wenn man trotzdem unter Anspannung stand, zeigte man es zumindest nicht. Beiläufig ließ er die Schultern kreisen, um die Verspannung zu lockern. »Kommt drauf an, welchen Durchblick die Mechanos hier haben. Unsere Technik bietet viele Möglichkeiten zum Tarnen und Täuschen – aber wer weiß, was die Mechanos noch parat haben?«

»Wie ist es möglich, daß diese Wolke überhaupt noch existiert?« fragte Besen und wies auf die riesigen dunklen Wolkenbänke. »Wieso hat das Schwarze Loch sie nicht längst verschlungen?«

»Quath sagte, sie sei künstlich. Ein sicherer Hafen für Schiffe, der noch aus alten Zeiten stammt.«

»Aber wer hat sich wohl die Mühe gemacht, eine solche Staubkugel zu *bauen*?«

Als ob die Wolke ihnen hätte antworten wollen, erschien ein silberner Lichtbogen in der Staubbank voraus. »Und *wieso*?« fragte Besen hartnäckig.

Toby zuckte erneut die Achseln. »Wir müssen es herausfinden«, insistierte sie.

»Schau, wir sind wie Ratten, die in den Wänden dieses Orts leben. Ungeziefer in den Augen der Mechanos.«

»Das ist aber noch kein Grund, um nichts dazulernen zu wollen.«

»Sicher – aber eine schlaue Ratte ist bestrebt, am Leben zu bleiben.«

Killeen stand im Zentrum der Kommandobrücke und bildete einen ruhenden Pol inmitten hektischer Aktivität. Die Offiziere waren damit beschäftigt, die Systeme der *Argo* zu überwachen. Toby wußte, daß sein Vater alle Register zog; was ihm indes mehr Sorge bereitete, war Killeens starrer, beinahe glasiger Blick. Er wünschte, er hätte gewußt, was sich hinter diesen harten Augen abspielte.

Doch als das erste Mechano-Schiff auftauchte, erschien diese Frage ihm plötzlich unwichtig und trivial. Kantig. Mit Verstrebungen wie Rippen. Maschinengrauer Anstrich. Das Schiff brach aus einer dräuenden Wolke hervor – und schwenkte auf die *Argo* ein.

Die Brückenbesatzung wurde nervös. Obwohl das Mechano-Schiff stark vergrößert abgebildet wurde, erkannte Toby keine Anzeichen von Bewaffnung – bis es eine knubbelige Rakete auf sie abschoß.

Der Gefechtsalarm schrillte durch die *Argo*. Auf den Bildschirmen erschienen Prognosen für den Zeitpunkt der Kollision, Verteidigungsoptionen und Ausweichmanöver. Und dann war die Rakete verschwunden, verdampft durch einen Defensivbolzen der *Argo*. Die Brückenbesatzung jubelte, doch Killeen lächelte nicht einmal. Toby merkte, daß er Besens Hand umklammert hatte.

Weitere Mechano-Schiffe tauchten auf. Sie näherten sich der *Argo* auf komplexen Flugbahnen, so daß die simultane Bekämpfung mehrerer Ziele erschwert wurde. Obwohl Killeen befahl, mit Höchstwerten zu beschleunigen, kamen sie immer näher.

Die Sekunden schienen sich zu Stunden zu dehnen. Die Mechanos feuerten nicht. Ein paar Offiziere mutmaßten, daß die Mechano-Schiffe Munition sparen wollten, bis sie auf kürzeste Distanz herangekommen und sicher waren, die Verteidigung der *Argo* zu durchbrechen. Doch das ergab in Tobys Augen keinen Sinn, weil die Menschen ohnehin weit unterlegen waren.

Die Schiffe vollführten tollkühne Manöver. Sie schienen es darauf abgesehen zu haben, die *Argo* auf einer langen Staubpiste aus der Wolke hinauszudrängen. Die Vibrationen der unter Vollast arbeitenden Motoren übertrugen sich auf das Schott hinter Toby. Killeen erteilte mit leiser Stimme und versteinertem Gesicht Anweisungen.

Dann fegte ein glühendes Objekt an der *Argo* vorbei, eine gleißende weiße Linie, die über die Bildschirme zu schaben schien. Die Brückenbesatzung keuchte. Es war der Kosmische Reif, wie die Myriapoden ihn nannten – und nun sah Toby zum erstenmal seine wahre Dimension.

Aus dieser kurzen Entfernung wirkte das Segment wie eine gerade Linie. Toby rief den Isaac-Aspekt auf, während die leuchtende Linie sich langsam auf die Mechano-Schiffe zuschob. Er hatte diesen Reif bereits auf der letzten Welt gesehen, die sie besucht hatten, doch wußte er nicht, was dieses Gebilde darstellte. »Was *ist* das für ein Ding?«

Ich hätte es dir gern erklärt, wenn du mich nur gefragt hättest ...

»Komm schon, spuck's aus – aber faß dich kurz.«

Na schön, obwohl dir dadurch viele interessante Informationen entgehen. Diese Gebilde wurden von den Alten ›kosmische Strings‹ genannt, obwohl sie, wie du siehst, eigentlich Schleifen sind. Meine älteren, integrierten Gesichter lösen diesen Widerspruch nicht auf.

»Und welchen *Zweck* erfüllen sie?«

Sie erfüllen keinen bestimmten Zweck – sie sind natürlichen Ursprungs. Sie sind in der Frühzeit des Universums entstanden, als kompakte Falten in der Raum-Zeit. Wie die Rillen, die sich im Eis eines zugefrorenen Teichs bilden. Sie sind nur ein paar Atome breit, dafür aber sehr lang. Betrachte sie als natürliche Ressource, ein Produkt des Urknalls.

»Ein paar Atome breit?«

Der String schneidet die starken Magnetfelder, wodurch ein elektrischer Strom erzeugt wird und ihn zum Leuchten anregt.

»Das verstehe ich nicht«, flüsterte Toby seinem Aspekt mental zu. »Muß doch eine schwere Last sein, auch wenn er so dünn ist. Wieso schleppen sie ihn mit?«

In vielerlei Hinsicht ist das Messer das beste Werkzeug. Dies ist eine Klinge von der Größe einer ganzen Welt. Stell dir nur mal vor, was man damit alles schneiden kann.

Toby brauchte sich das gar nicht erst vorzustellen. Er hatte nämlich schon gesehen, wie der Reif einen ganzen Planeten durchtrennte. Und nun jagte der Reif auf die Mechano-Schiffe zu, eskortiert von den Stachel-Schiffen der Myriapoden. Der Reif pulsierte vor potentieller Energie.

Plötzlich ließen die Myriapoden ihn von der Leine, und die große Sense schoß vorwärts. Sie krümmte und verzerrte sich so schnell, daß das Auge kaum zu folgen vermochte. Knoten bildeten sich, liefen um den gesamten Umfang und verwandelten sich dann in bernsteinfarbene und blaue Lichtblitze. Die Mechanos ergriffen die Flucht und schlugen Haken.

Zu langsam. Der vibrierende Reif tranchierte sie und verformte sich so, daß er jedes Schiff erwischte. Nach dem Durchgang des Reifs wirkten die Mechano-Schiffe zunächst unbeschädigt, selbst bei starker Vergrößerung. Doch dann sah Toby, wie ein Mechano-Schiff länger wurde. Es war in der Mitte geteilt worden und versuchte die beiden Hälften zusammenzuhalten, wobei es sich des viskosen, glänzenden Metalls bediente, das die Mechanos bevorzugten.

Vergeblich. Das Schiff zerfiel in zwei Teile, wobei Bruchstücke davonwirbelten und eine orangefarbene Gaswolke ausgeblasen wurde. Größere Trümmer lösten sich von den Schiffen ab.

Toby fragte sich, welcher Laune der Natur es wohl zu verdanken war, daß sie schmale, glühende Reifen erzeugt hatte, die wie eine Signatur vom Schöpfer des Universums anmuteten. Und wie das Leben selbst gelernt hatte, sich diese Signaturen für seine Zwecke nutzbar zu machen.

Dann wurde ihm bewußt, daß die Umstehenden jubelten und freudig lachten. Besen umarmte ihn. Er ignorierte den Isaac-Aspekt, der ihn weiter belehren wollte und fiel in den Jubel ein.

Doch ihre Freude währte nicht lange.

Sie befanden sich noch im Siegestaumel, als weitere Mechano-Schiffe auf den Plan traten. Sie hielten sich in respektvollem Abstand. Doch der kosmische String war nicht mehr da. Er war in die Staubwolke eingetaucht, und die Myriapoden waren ihm gefolgt, um ihn einzufangen – mit magnetischen Greifern, wie Isaac sagte.

Die Mechanos rückten näher. Und wieder mußte die *Argo* fliehen. Sie wichen zurück, bis die nachsetzenden Mechanos sie schließlich aus Besik Bay herausdrängt hatten. Wieder röstete die harte Strahlung von der mahlenden Scheibe die Hülle der *Argo*. Bei der Betrachtung der lodernden Scheibe erinnerte Toby sich, daß sie gerade ihre neue Mahlzeit verdaute, den orangefarbenen Stern. Er spürte die Hitze förmlich.

Plötzlich sah er eine Erscheinung, eine schmale Säule aus kühlem Blau. Sie wuchs aus dem Zentrum der Scheibe, der großen weißglühenden Kugel. Er sah, wie kleine helle Wirbel an der Innenseite der Säule entlangrasten. Das Ding bewegte sich auf einer schnurgeraden Bahn. Es floh aus der Hölle des Zentrums.

Das himmelblaue Objekt war schaurig-schön. Wie ein Fluß, erfrischend und einladend, sagte er sich.

Einer der galaktischen Strahlströme. Auf der anderen Seite der Scheibe gibt es noch einen, der in die entgegengesetzte Richtung weist. Beide werden vom Schwarzen Loch ausgestoßen.

Das strahlend schöne, sich stetig wandelnde Objekt wurde durch die profane Erläuterung des Aspekts geradezu entweiht. Toby wollte Isaac schon in sein digitales Loch zurückstoßen, hielt dann aber inne: »Wie ist es möglich, daß etwas aus einem Schwarzen Loch entweicht?«

Das Loch rotiert, weil es das Drehmoment der ganzen Materie, die über Milliarden Jahre hinweg von ihm eingesogen wurde, absorbiert hat. Materie strömt von der Innenseite der Scheibe ins Loch. Die starken Magnetfelder des Lochs fangen diese Masse ein und wirbeln sie immer schneller herum. Durch diese Rotation steigt heiße Materie spiralförmig über den Polen auf und entweicht dann. Und während sie sich abkühlt, gibt sie die hellblaue Strahlung ab.

Für Toby war ein Loch ein Loch, und was hineingefallen war, blieb auch dort. Basta. Er wandte den Blick von dem Schauspiel auf den Wandbildschirmen, dessen Farbenspiel sich auf den hageren Gesichtern der Offiziere spiegelte.

Vor allem auf dem seines Vaters. Killeen beobachtete die Mechano-Schiffe hinter ihnen, deren Zahl stetig zunahm – die kleinen Schiffe formierten sich zu einem komplexen Muster. Seine Augen huschten mit gebändigter Energie über die Darstellungen, und seine düsteren Züge wurden von einer wächsernen Blässe überzogen.

Sie saßen in der Falle. Die *Argo* hatte die Besik-Wolke in Richtung des inneren Rands der Scheibe verlassen. Dann hatte Killeen das Schiff senkrecht hochgezogen, um den Mechanos endgültig zu entkommen – und sie hatten ihm den Fluchtweg abgeschnitten.

»Diese kleinen Schiffe – das sind wahrscheinlich Kamikaze-Mechanos«, murmelte Killeen und schaute Toby mit einem schwachen Lächeln an. »Intelligente Einheiten. Das gleiche Prinzip wie die Bombe im Kandelaber.«

»Können wir ihnen entwischen?« fragte Toby ernst. Auch wenn die Lage noch so aussichtslos erschienen war, hatte sein Vater bisher noch immer einen Ausweg gefunden.

Killeen schüttelte den Kopf. »Zu viele. Zu viele.«

Leutnant Jocelyn hatte an den Kontrollen gearbeitet.

Nun trat sie von der Konsole zurück und betrachtete die Trajektorie-Optionen, die der Computer ausspuckte. Ein Netz aus dreidimensionalen Kurven, Haken und ›Immelmanns‹. Mit hoffnungsvollem Blick überflog sie die Kurven und fixierte schließlich einen Punkt auf dem Monitor. »Eine einzige Option, Käpt'n. Wir müssen nach innen. Diesen Bereich decken die Mechanos nicht ab.«

»Natürlich nicht«, sagte Killeen. »Das würde nämlich den sicheren Tod bedeuten.«

»Einen anderen Pfad gibt es nicht. In diesem Gewirr gibt es keinen einzigen ...«

Killeen nickte. »Dann nehmen wir also diese Richtung.«

Jocelyn starrte Killeen ungläubig an. Es wurde totenstill auf der Kommandobrücke; das einzige Geräusch war das Summen einer offenen Interkomleitung. »Das *können* wir nicht. Die Hitze ...«

Killeen drehte sich langsam um. Er bewegte sich mit einer trügerischen Gelassenheit. Dennoch schien die Luft zu dampfen und zu sieden, so energiegeladen war er. Mit felsenfester Entschlossenheit schaute er jedem Offizier in die Augen. Mit einem dünnen Lächeln sah er Besen an, die hier eigentlich gar nichts verloren hatte – die Stille wurde immer unerträglicher, und er ließ den Blick in jeden Winkel der Brücke schweifen, bis er schließlich auf Toby ruhte.

»Wir müssen. Diese Besik-Wolke existiert nicht ohne Grund. Ein Ort zum Abkühlen vielleicht, eine Raststätte. Aber auf keinen Fall das Ziel – sie ist nur eine Masse aus driftendem dunklem Gas. Die alte Schrift im Kandelaber hat einen Ort hier im Wahren Zentrum erwähnt. Doch hier draußen gibt es nichts außer Mechanos und dem Tod. Also muß dieser Ort tiefer im Innern liegen.«

»Nein!« rief Jocelyn. »Wir würden keinen Tag überleben ...«

»Ruhe!« schnauzte Killeen.

Stille. Der Käpt'n deutete auf den in geisterhaftem Blau schimmernden galaktischen Strahlstrom. »Ich nutze ihn als Leitsystem. Als Kompaßnadel. Und wir werden ihm folgen.«

Toby wurde sich bewußt, daß er den Atem angehalten hatte. Gierig sog er die Luft ein. Ein Raunen ging durch die Besatzung. Die Leute waren perplex. Jocelyn nahm Toby das Wort aus dem Mund, bevor er sich traute, die Frage zu stellen.

Sie schien die dicke Luft auf der Brücke mit den Blicken zu durchbohren. »Der Strahlstrom ist nach außen gerichtet. Folgen wir ihm trotzdem?«

Killeen versteifte sich. »Die Mechanos werden uns den Weg verlegen.«

»Wohin dann?«

»In den Strahlstrom hinein. Vielleicht finden wir dort einen Weg.«

4 · SCHWÄCHLINGE WIE IHR

Toby passierte gerade einen Seitengang, als ihm Rauch in die Nase stieg. Er blinzelte und schnüffelte – und ging dem beißenden Geruch nach.

Der Gang lag im Dunklen, denn die Phosphor-Lampen waren ausgeschaltet worden. Es gab nichts Schlimmeres auf einem Raumschiff als Feuer – das den kostbaren Sauerstoff verzehrte und gleichzeitig die Gefahr barg, daß die Hülle aufplatzte und das Vakuum eindrang. Er beschleunigte den Schritt – und stolperte über einen Mann, der neben dem Feuer hockte.

Nachdem er wieder aufgestanden war, sah er im Schein der Flammen, daß Leute sich um das Feuer aus qualmenden Spelzen und trockenen Ästen versammelt hatten. Doch das Feuer war unter Kontrolle. Die Flammen spiegelten sich in glänzenden Augen, und seine Überraschung wurde mit Gelächter quittiert. »Setz dich! Mach mal Pause«, rief jemand.

Er wußte, das Feuer würde Rußspuren an der Decke hinterlassen; auf diese Art waren schon unzählige Winkel des Schiffs verunstaltet worden. Doch er erkannte auch die Notwendigkeit. Die Sippen waren Vagabunden. Ein Lagerfeuer vermittelte ihnen das Gefühl der Geborgenheit, wenn sie von bedrohlicher Nacht umgeben waren.

Er ließ sich in den Bann ziehen. Es war schön, sich an die langen Wanderungen der Jugend zu erinnern, an die bitter kalten Nächte unter einem sternfunkelnden Himmel. Rauch drang ihm in die Augen. Die knisternden gelben Geister tanzten wie Derwische. Schatten spielten auf Gesichtern, die melancholisch ins unendliche Mysterium des Feuers blickten.

»Du siehst müde aus, Toby-Bub«, ertönte Cermos Stimme aus der Nähe.

Toby war überrascht, Cermo hier zu sehen, und Jocelyn noch dazu. Normalerweise wahrten die höchsten Offiziere des Schiffs eine gewisse Distanz zu den anderen. Doch Cermo war hier und hockte auf den fleischigen Hacken – eine uralte Pose. So war man in der Lage, im Notfall aufzuspringen und davonzulaufen. Hier war das natürlich unnötig, doch war es eine Reminiszenz an ihre gemeinsame Vergangenheit und erinnerte sie an ihre Verletzlichkeit.

»Hab auf den Feldern gearbeitet«, sagte Toby.

»Gute Ernte?«

»Spargel. Hab das meiste davon verloren.«

»Es gab mal eine Zeit«, sagte Jocelyn milde, »da wir jagten und sammelten und die Mechano-Zentren überfielen, wenn wir uns etwas Luxus gönnen wollten.«

Zustimmendes Gemurmel ertönte in der schemenhaften Runde. Toby grinste. »Kommt schon – ich habe es selbst erlebt. Wir mußten aufpassen wie ein Schießhund und jede Minute mit einem Hinterhalt der Mechanos rechnen. Eine Verschnaufpause war vielleicht lebensrettend.«

Cermo schüttelte den Kopf, wobei die pulsierenden Muskelstränge im Nacken den Schein der zuckenden Flammen reflektierten. »Wenigstens mußten wir nicht im Dreck wühlen. Natürlich hatten wir in der Zitadelle Bishop auch etwas Gartenarbeit verrichtet, aber wir hatten uns nicht auf der Scholle abgerackert. Wir waren frei. Die Natur hat gesät, und wir haben geerntet.«

Toby wußte, woher das kam. Die Leute neigten seit jeher dazu, die Vergangenheit im Rückblick zu verklären. Und je trister die Realität, desto stärker wurde diese Neigung. »Jocelyn, erinnerst du dich – wir haben immer über die Schulter geschaut, ob Mechanos hinter uns waren, wir haben Abfälle gefressen und waren von morgens bis abends auf der Flucht ...«

»Ist es heute etwa anders?« fragte sie.

»Die Mechanos haben uns in der Falle«, ertönte eine andere Frauenstimme in der Dunkelheit. Der Akzent einer Fiver.

Toby nickte. »Aber wir sind in einem menschlichen Schiff und werden uns schon durchschlagen.«

»Wir sind auf der Flucht«, sagte Jocelyn. »Diese großen Würmer, sie haben für uns gekämpft. Und nun sind sie ein Stück hinter uns und halten die Mechano-Schiffe zurück – und wir hauen ab.«

»Und wenn schon«, sagte Toby unwirsch. »Die Myriapoden wollen es so. Quath steht mit ihnen in Verbindung, und sie sagt, sie übernehmen die Nachhut. Gebt uns noch ein wenig Zeit, und ...«

»Zeit ist genau das, was wir nicht haben«, sagte Cermo mit ernster Stimme und gequältem Blick. »Das Schiff heizt sich immer stärker auf, und wir haben den galaktischen Strahlstrom noch immer nicht erreicht.«

»Gönnt dem Käpt'n mal 'ne Atempause«, sagte Toby. »Vielleicht ist der Strahlstrom das, wonach wir gesucht haben.«

Jocelyn lachte trocken. »Das Ding? Es ist doch nur eine Säule aus erkaltendem Gas. Schutt, der aus dem Schwarzen Loch entwichen ist.«

Toby spielte nur ungern den Sachwalter seines Vaters, doch irgendwie hatte er das Gefühl, diesem Gequatsche widersprechen zu müssen. »He, gebt ihm etwas Zeit. Das Schiff ist intakt, wir sind wohlauf und ...«

»Er hat uns hierhergeführt, ohne die geringste Ahnung zu haben, was uns hier erwartet.«

»Ich würde sagen«, verkündete ein älterer Mann kichernd, »daß er nicht einmal einen Stiefel voller Pisse ausleeren kann, selbst wenn ein Loch vorne drin ist und die Richtung auf dem Absatz markiert ist.«

Das wurde mit herzhaftem Gelächter quittiert.

»Wir alle möchten Luft in die Lungen saugen«, sagte eine Stimme mit dem Akzent von Trump. »Aber wo ich herkomme, hat man dem Käpt'n die Treue gehalten.«

Toby nickte heftig. »Ich will euch nicht verhehlen, daß die Lage ernst ist. Aber jasag – wir werden ihm die Treue halten.«

Nun wurden aus allen Richtungen Stimmen laut. Manche widersprachen, andere unterstützten ihn. Die Sippen von Trump standen in Treue fest für Killeen. Die Bishops machten Front gegen den Käpt'n, obwohl er einer der ihren war.

Angeregt vom würzigen Geruch der Luft und im Schutz der Dunkelheit hatten die Leute keine Hemmungen, ihre Meinung zu sagen und ein paar deftige Beschimpfungen auszustoßen. Die knisternden und zischenden Maiskolben verströmten einen süßlichen Geruch. Die bisher polemische Unterhaltung wurde sachlicher. Die Leute artikulierten ihre Ängste und fragten sich dann, ob sie aufgrund der realen Situation überhaupt begründet waren. Dann wurden sie wieder mental ›eingelagert‹, wo jeder die dunklen Momente aufbewahrte. Das Feuer entfaltete seine beruhigende Wirkung, und der blaue Rauch machte diesen Winkel des Schiffs zu einem menschlicheren Ort.

Als ein Interkomruf für Toby einging, wäre er am liebsten geblieben. Doch er mußte dem Ruf der Brücke folgen.

Unterwegs kam er an einem Wandbildschirm vorbei. Der pastellblaue Strahlstrom hing nun vor ihnen. Die Farbe des aufsteigenden Gebildes kontrastierte mit den harten Rot- und Goldtönen der weit unterhalb liegenden Scheibe. Die Luft flimmerte vor Hitze. Ein seltsames Summen durchdrang das Schiff, wie ein entfernter Baß. Toby empfand das Geräusch als unangenehm. Als er die Brücke erreichte, wunderte er sich nicht, daß sein

Vater müde aussah, grau im Gesicht war und die Uniform durch den langen Dienst zerknittert war.

»Toby! Du wirst gebraucht.«

»Äh ... wofür?« Die Besatzung machte einen geschäftigen Eindruck, doch auf den Bildschirmen war nichts Neues zu sehen.

»Dafür.« Killeen deutete auf lange rosige Gasschwaden, die der Strahlstrom nachschleppte. Die *Argo* flog durch diese gewaltigen, glühenden Stränge. Sie waren zuvor schon durch solches ›Wetter‹ geflogen, obwohl diese leuchtenden Stränge derart mit Energie aufgeladen waren, daß sie sich verdrillten.

»Na und? Noch ein Feuerwerk.«

»Nicht ganz. Ich habe schon mal mit ihnen gesprochen.«

»Gesprochen?« Sein Vater war völlig überarbeitet.

»Das ist schon Jahre her, und du wirst dich wohl nicht mehr daran erinnern. Die Stimme aus dem Himmel.«

»Was?« Toby schüttelte den Kopf. So viel war geschehen, und sie hatten das wenigste davon verstanden.

»Das Magnet-Bewußtsein.«

Nun erinnerte Toby sich wieder.

... Vor Jahren stand er in einem felsigen Tal, während grüne und gelbe Stränge sich wie tastende Finger durch die Luft schlängelten. Bunte Erscheinungen, die so lange die turbulente Luft durchzogen, bis sie sie endlich gefunden hatten. Heiße Fasern hatten wie Espenlaub gezittert und durch den Eingang des Sensoriums gesprochen, das jede Person am Hinterkopf hatte.

Eine Intelligenz, die sich als silberfarbene Aura manifestierte. Sie hatte zu Killeen gesprochen – mit der ganzen Sippe als Zuhörer, als Zeugen eines kolossalen Intellekts, der eine Botschaft am Himmel verkündete. Toby rief diese Kindheitserinnerung auf, so wie Küchenduft die Stimme der Mutter wieder zum Leben erweckt, lang nachdem ...

Er schüttelte sich. Er war jederzeit in der Lage, die Erinnerungen an die ferne Kindheit und an das glückliche Leben in der Geborgenheit der Zitadelle aufzurufen.

Doch dies war nicht der richtige Moment. Es waren die Erinnerungen eines Jungen, und er mußte nun wie ein Mann denken.

Er richtete den Blick wieder auf die große, fadenförmige Leuchterscheinung, die sich vor der *Argo* ausdehnte und fragte: »Woher willst du das wissen? Ich meine, vielleicht handelt es sich nur um eine Art Blitz oder so.«

Killeen lächelte. »In gewisser Weise stimmt das auch. Lebens-Energie. Du und ich, wir sind im Grunde nur wandelnde Behälter mit kontrollierter Verbrennung. Das ist es, was uns am Ticken hält. Sauerstoff verbrennt unsere Nahrung, wie einer meiner Aspekte zu sagen pflegt. Dieses Ding nutzt die Elektrizität, die von der Scheibe dort unten erzeugt wird.«

»Und wie?«

»Weiß nicht. Aber Energie ist Energie; und so, wie ich es sehe, ist dieses Ding imstande, Magnetfelder zu formen und sie zu einer Art Körper zusammenzufügen.«

Toby bemühte sich vor den Offizieren des Schiffs um ein kompetentes Auftreten, doch erinnerte er sich nicht, so etwas wie die bunten Gebilde vor der *Argo* je gesehen zu haben. »Ich nehme nichts wahr?«

Killeen zuckte die Achseln. »Ich verspüre ein Kribbeln, als ob irgend etwas mich abtastete.« Er schüttelte den Kopf. »Schwer zu erklären, aber es ist wie damals. Das Magnet-Bewußtsein setzt sich aus Magnetfeldern zusammen. Oder vielleicht *ist* sie auch ein Magnetfeld. Und sie lebt hier irgendwo ...«

Niederfrequente Schwingungen wurden über Tobys Füße übertragen. Zuerst glaubte er, das sei das Schiff, das gegen den Zug der Schwerkraft ankämpfte, den dieser Hexenkessel aus Masse und Licht ausübte. Dann bemerkte er, daß die Vibrationen durch einen langsamen Rhythmus geprägt waren. Und nun spürte er es auch in den Ohren und Händen. Ein pulsierender Rhythmus. Schließlich wurden auch die massiven Wände und die Luft auf der Kommandobrücke zu Schwingungen angeregt.

Gebt ein Zeichen, wenn ihr wahrnehmt.

Die Stimme war rauh, hart wie Granit und ertönte aus allen Richtungen gleichzeitig.

»Anders als früher«, flüsterte Killeen. »Damals hat es unsere Sensorien benutzt. Und nun – schau, der ganze Raum vibriert.«

Mir ist der Auftrag zur Identifikation erteilt worden. Wenn ihr vom Stamm der Bishops seid, gebt Laut.

Die Brücke wirkte wie ein riesiger Verstärker für die Grabesstimme. Die Wände vibrierten wie ein Lautsprecher. Toby fragte sich, wie eine Entität, die aus Magnetfeldern bestand, also masse- und substanzlos war, das überhaupt bewerkstelligte.

Der von der Stimme eingehüllte Killeen blickte besorgt. »Wir sind Bishops«, rief er laut. »Ich bin Killeen. Erinnerst du dich?«

Der bist du. Ich vergesse nichts und speichere Ereignisse aus Zeiten, die so weit zurückliegen, daß es euer Vorstellungsvermögen übersteigt, in den Windungen und Knoten meines Seins. Ich erinnere mich an deinen speziellen Geruch und dein deformiertes, windschiefes Selbst. Gut – mir wurde aufgetragen, euch zu inspizieren.

»Von wem?« rief Killeen. Die Brückenbesatzung stand wie vom Donner gerührt. Die Stimme ignorierte ihn.

> **Ich suche noch etwas anderes. Es wird als ›Toby‹ bezeichnet und muß bei dir sein, wenn das Innere Reich sich weiterhin mit dir befassen soll.**

»Ich bin hier«, rief Toby.

> **Bist du? Laß mich schmecken ... Jedes von euch winzigen Wesen hat ein anderes Aroma und eine andere Form. Welch eine Verschwendung!**

»Wir Menschen sind eben verschieden!« rief Toby verärgert.

Pfeile aus Licht durchbohrten ihn, sondierten ihn und versetzten ihm dabei schwache Stromstöße. Und dann waren sie wieder verschwunden.

> **Du bist das Gewürz mit der Bezeichnung ›Toby‹ – deine animalische Signatur entspricht dem genetischen Inventar, so primitiv es auch ist. Die Schöpfung leistet sich einen so trivialen Variantenreichtum und stattet jeden von euch mit schrägen Gen-Düften und Nuancen aus. So eine Verschwendung natürlicher Ressourcen! Details und kunstvolle Verzierungen, sinnlos multipliziert, und die Vernunft bleibt dabei auf der Strecke.**

»Wir sind aber ganz zufrieden mit uns«, erwiderte Toby grinsend.

> **Natürlich seid ihr das. Dennoch muß ich eure Anwesenheit melden. Ich hoffe, daß ich dann von dieser lästigen Verpflichtung entbunden werde.**

»Warte!« rief Toby. »Was meinst du damit? Wer will das wissen?«

Eine Macht, die weiter drinnen sitzt.

»Und was ist das für eine Macht?«

Sie besteht nicht aus der kalten, toten Materie, die ihr bewohnt. Die Macht, die mir diesen Auftrag erteilt hat, spricht zu mir durch meine Füße, die im warmen Herzen der Plasmascheibe ruhen.

»Jasag«, sagte Toby ungeduldig, »dann ist es also eine Plasmawolke?« Was auch immer das war.

Es lebt irgendwo unter mir, in sturmgepeitschter Majestät, doch wird eine so große Entität wie ich niemals erfahren, was es ist.

»Damals, vor vielen Jahren«, rief Killeen, »sagtest du, daß mein Vater irgend etwas damit zu tun hätte.«

Jahre? Ich kenne diesen Begriff nicht ...

»Ein bedeutender Teil unserer Lebenszeit«, sagte Killeen.

Aber in welcher ›Gegenwart‹ lebt ihr denn? Zeitdauer, Entfernung – das sind schwammige Begriffe.

Killeen war verwirrt. »Schau, war mein Vater ...«

Es ist unmöglich, winzige Lebensformen wie euch im Strudel der Energien zu meinen Füßen aufzulösen. Doch solche Begriffe und Namen pflanzen sich durch die Stränge meines Selbst

fort und dringen an die Oberfläche. Wann solche Informationen in mein ewiges Geflecht aus Wissens-Knoten geladen wurden, vermag ich nicht zu sagen. Also ist mir auch das Alter dieser verworrenen Kenntnis unbekannt. Ja, Lebensformen wie ihr waren einst hier – schmutzige Primitive. Ihr Überdauern im Reich gewaltiger Kollisionen-Unwägbarkeiten ist höchst unwahrscheinlich.

»Soll das heißen, er ist tot?« fragte Killeen schroff.

Winziges Leben vergeht wie Flammen unter meinen Füßen. Die einzige Motivation, diese Feld-Form anzunehmen, besteht darin, mich über die Sterblichkeit und ihre nichtigen Probleme zu erheben. Ich vermag keine kleinen Ereignisse zu registrieren, genauso wenig wie Tiere wie ihr die Sandkörner spüren, auf die sie treten.

»Ist er ...?«

Ich gehe. Wenn die Macht unterhalb mehr wünscht, werde ich euch wieder berühren.

»Warte! Wir müssen wissen, welchen Ausweg es von hier gibt ...«

Die Vibrationen der Brückenwände ebbten ab, und es wurde still.

Killeen warf fluchend die Hände in die Luft und hieb dann mit der Faust gegen die Wand.

Das erschreckte Toby mehr als das Verschwinden des Magnet-Bewußtseins. Ihm wurde bewußt, was sich alles in seinem Vater aufgestaut hatte, wie verzweifelt er hinter der ruhigen Fassade war.

»Papa – was hatte das zu bedeuten? Was ...?«

»Ich weiß es nicht. Ich habe keine Ahnung. Das Ding behandelt uns wie Wanzen.«

»Nun, wir unterhalten uns auch nicht gern mit Wanzen«, gab Toby zu bedenken und hoffte, Killeen damit etwas aufzuheitern. *Außer Quath*, sagte er sich nach kurzer Überlegung.

»Ich frage mich, ob das möglich ist. Mein Vater Abraham soll hier sein?«

»Wüßte nicht, wie. Wir haben seine Leiche nicht in der Zitadelle gefunden – allerdings mußten wir schnell verschwinden und hatten kaum Zeit zum Suchen.« In einem Anflug von Erschöpfung schüttelte er den Kopf. »Das war vor langer Zeit und in weiter Entfernung.«

... Und Toby durchlebte es erneut. Zerfetzter Stahl, geborstene Mauern, eingestürzte Decken, zerstörtes Inventar, vernichtetes Leben. Rauch, der von schwelenden Bränden aufstieg. Zerstörte und zu Schlacke geschmolzene Labyrinthe. Blut floß in die Kanalisation. Rote, braun sich färbende Ströme ergossen sich aus eingestürzten Gebäuden. Die gespenstische Stille, nachdem die Mechano-Drohnen abgezogen waren. Wind pfiff um die geborstenen Träger.

... Und sein Vater war in den Ruinen umhergestreift. *Abraham!* hatte er gerufen. Immer wieder. Der Name war ihm von einem hungrigen Wind von den Lippen gerissen worden und hatte sich in den Rauchschwaden aufgelöst.

Dann kehrte er aus den bedrückenden Erinnerungen in die Gegenwart zurück und sah das hagere Gesicht seines Vaters. Killeen blinzelte und straffte sich.

»Ich glaubte, er sei tot«, sagte er mit zittriger Stimme. »Er mußte tot sein.«

Der Ausdruck auf Killeens Gesicht sagte Toby, wie sehr sein Vater sich wünschte, daß Abraham hier wäre, daß das Magnet-Bewußtsein mehr wüßte als sie. Doch offensichtlich fand das Bewußtsein die Menschen abstoßend und würde deshalb nichts für sie tun.

Dann sagte Toby sich, daß das Magnet-Bewußtsein gar keine Finger hatte, sondern nur aus elektromagnetischen Wellen bestand. Aber hatte es nicht gesagt, es hätte Füße?

Als das Bewußtsein zum erstenmal zu ihnen gesprochen hatte, damals auf Trump, hatte es sich als Intelligenz bezeichnet, die sich der Materie entledigt hätte und nun in den Zuständen lebte, die Magnetfelder einzunehmen vermochten. Anscheinend dauern solche Zustände länger an. Das Bewußtsein schien sich für unsterblich zu halten. Er erinnerte sich, wie Killeen lachte und sagte: ›Für immer ist eine lange Zeit‹ – denn trotz seiner Größe und Stärke war das Bewußtsein vielleicht doch den Beschränkungen von Raum und Zeit unterworfen. Was den Umgang mit ihm nicht gerade erleichterte. Ein Gott würde sich zumindest mit Beleidigungen zurückhalten.

»Was hast du nun vor, Papa?« Vielleicht würde Killeen in einem solchen Moment seine wahren Gedanken offenbaren.

»Was ich vorhabe?« Killeen schaute Toby an, als ob er ihn zum erstenmal gesehen hätte. »In diesen Strahlstrom hineinfliegen. Ich will mich dort umsehen.«

»Wieso denn? Bietet er uns einen Fluchtweg?«

Killeen schaute ihn mit verhangenem Blick an. »Das Gas strömt ziemlich schnell nach draußen. Es wird uns Schub verleihen und vielleicht sogar abschirmen. Den Mechanos die Ortung erschweren.«

»Wir können auf ihm nach draußen reiten?«

»Schon möglich.«

Toby grinste. »Toll. Die Besatzung wird sich freuen, das zu hören.«

»Wie das?«

»Die Leute machen sich Sorgen, weil sie glauben, du willst auf Biegen und Brechen weiter ins Zentrum vorstoßen.«

Killeen zeigte keine Regung. »Ich sage auch nicht,

daß die Idee mit dem Strahlstrom funktionieren wird. Es ist nur ein Versuch.«

»Sicher, Papa, sicher – aber es gibt also doch Hoffnung, nicht wahr?«

Killeen blickte seinen Sohn an, wobei die Emotionen kaleidoskopartig und mit solcher Schnelligkeit über sein Gesicht huschten, daß Toby sie nicht zu deuten vermochte. »Wäre möglich. Wäre möglich.«

5 · WINZIGE BEWUSSTSEINE

Als er spürte, daß eine Krise sich bei ihm anbahnte, ging Toby eine Runde joggen.

Wegen der harten Strahlung, die nun auf die *Argo* niederprasselte, war ein Spaziergang auf der Hülle nicht mehr möglich, und er mußte er in den weniger frequentierten Korridoren joggen. Während er die immergleiche Strecke abspulte, befaßte das Unterbewußtsein sich mit seinen Problemen. Vielleicht würden die Tiefenschichten mit einer intelligenten Lösung aufwarten, sagte er sich, wenn auch ohne große Hoffnung. Die Sippe Bishop steuerte auf eine Krise zu, da gab es keine Zweifel.

Er hatte Quath besucht, um sie um Rat zu bitten oder um ein paar deftige Beleidigungen auszutauschen – doch das Alien hatte ihn abblitzen lassen.

<Ich verkehre mit meiner eigenen Art.>

Dann hatte sie mit den Teleskoparmen geklappert, als ob sie die Aussage unterstreichen wollte. Überhaupt schien sich die Anzahl der Arme vermehrt zu haben; vielleicht hatte sie sie aus anderen Teilen des Körpers gebildet. Quath neigte dazu, Umbauten an sich vorzunehmen – vielleicht das Äquivalent der Myriapoden für Mode, sagte Toby sich. Sie fuchtelte mit den Armen, wobei manche mit metallischem Klirren zusammenstießen. Wie eine Brise, die durch einen Wald aus stählernen Bäumen rauschte.

»He, du Schrotthaufen, hör trotzdem zu.«

<Ich habe etliche Bewußtseine, die für mich hören, doch sie sind beschäftigt.>

»Ha! Du glaubst, ein Bruchteil von dir würde genügen, um mit mir zu reden?«

<Zuhören, nicht reden. Ich könnte vielleicht eins meiner beobachtenden Sub-Selbste abstellen, um ...>

»Nur keine Umstände! Ich habe sowieso manchmal den Eindruck, gegen eine Wand zu reden, wenn ich mit dir spreche, Quath.«

<Ich kann nicht [keine Entsprechung].>

»Ja, ich kann's auch nicht.«

Toby war ernstlich böse. Ohne es zu wollen (?), hatte Quath ihn wirklich beleidigt. Zumindest faßte er es so auf. Also stürzte er aus der großen Schüssel, wo Quath in eine Unterhaltung mit ihren Artgenossen versunken war.

Verärgert rannte Toby durch verlassene Korridore und hoffte, mit Muskelkraft zu kompensieren, was ihm auf der Gefühlsebene nicht gelang. Die meisten Mitglieder der Sippe Bishop hatten sich in den Cafeterias versammelt, plauschten und schlemmten und beschworen das Gefühl der Zusammengehörigkeit, mit dem sie bisher noch jede Krise bewältigt hatten. Vielleicht würde es ihnen auch diesmal gelingen, obwohl Toby angesichts der Entwicklung der Lage Bedenken hatte. Zumal er heute durch das Joggen keinen klaren Kopf bekam; abgesehen davon, daß es schweißtreibend war, wurde er sogar noch unruhiger. Es war unangenehm warm. Das übliche Wohlbefinden nach dem Training wollte sich diesmal nicht einstellen.

Also verlangsamte er in einer langen Kurve das Tempo und sah plötzlich wieder den Seitengang und roch den beißenden Qualm. Mit einer gewissen Vorfreude ging er zur – diesmal größeren – Gruppe, die sich um ein knisterndes Lagerfeuer versammelt hatte.

Er gesellte sich zu den anderen und wechselte ein paar Worte. Eine Pulle mit einem fruchtigen Likör ging reihum, und er nahm auch einen Schluck. Der Stoff kratzte zwar im Hals, wärmte ihn aber innerlich. Die Sippe plauderte nett, und er hörte für eine Weile zu, bis er plötzlich Mißtöne heraushörte und Blicke sich auf ihn richteten. Er hatte seinen Vater beim letzten Mal verteidigt, und nun wurden unter den zusammengekauerten Gestalten Stimmen laut, in denen echte Angst mitschwang. Diese Angst schlug in Wut gegen Killeen um, und Toby wurde unbehaglich zumute.

»Die Hüllentemperatur steigt unaufhörlich«, sagte Jocelyn.

»Spüre es überall«, murmelte jemand. »Fühle mich wie eine Muschel bei einem Picknick am Strand.«

Toby hatte bisher weder einen Hummer gesehen noch ein Picknick erlebt und vermochte sich auch nichts darunter vorzustellen. Er hatte nie ein Gewässer gesehen, über das er einen Stein springen lassen konnte – doch der Begriff wurde noch immer von der Sippe verwendet. »Gib das mal rüber«, flüsterte Toby einer kahlköpfigen Frau zu, die in der Nähe saß.

Sie reichte ihm eine Flasche Marillenlikör, dessen Duft ihn in der Nase kitzelte, als er sich einen hinter die Binde goß. Doch als das Zeug ihm zu Kopf stieg, verspürte er ein Gefühl der Leichtigkeit, und die Welt sah nicht mehr so düster aus. Sein Körper würde den Alkohol schnell in Brennstoff umwandeln – die Sippe war seit langem darauf ausgelegt, jedwede genießbare Substanz mit maximalem Wirkungsgrad in Energie umzusetzen –, doch für den Moment entfaltete der Alkohol seine Wirkung. Und diese Wirkung brauchte er jetzt auch. Die Menge wurde zunehmend gereizt, spitze Bemerkungen flogen wie Messer durch den Raum, und nicht einmal der archaische Trost der Flammen vermochte die Stimmung noch zu heben.

»Wie lang dauert's noch, bis wir gegrillt werden?« fragte eine Ingenieurin und warf den Kopf mit der wallenden Mähne zurück.

Jocelyn zuckte die Achseln und schaute Cermo an. »Einen Tag? Zwei?«

Cermo schien sich unwohl zu fühlen. Die Schiffsoffiziere waren quasi der Transmissionsriemen zwischen dem Käpt'n und der Sippe, und manchmal leierte er aus. »Die Computer sagen, es würde noch einen Tag dauern, bis das Kühlmittel ausgeht. Dann tritt der Notfall-Plan in Kraft.«

»Was heißt das?« rief ein Mann, dessen Stimme schon vom Alkohol gezeichnet war. »Sollen wir uns vielleicht nackt ausziehen und in die Gefriertruhen legen?«

Das entlockte den anderen ein Lachen, in das nur Cermo nicht einfiel. »Ihr könnt euch ausziehen, wenn ihr wollt. Ich habe jetzt schon den Eindruck, daß wir nicht mehr allzu viel anhaben.«

Er hatte recht. Toby trug Shorts, wie die meisten der Anwesenden. Ein paar waren mit Gewändern bekleidet. Die Sippe liebte es, sich herauszuputzen – ein Überbleibsel des Zeitalters, als ein Jacket aus edlem Zwirn oder ein Seidenhemd ein wertvoller Besitz gewesen waren. Den letzten Rest, den sie aus der Katastrophe, nach dem Verlust der Zitadelle Bishop gerettet hatten.

Es wurden Witze gerissen, hauptsächlich über die mageren Schenkel, rosigen Bierbäuche und käseweißen Ärmchen, denn das Konkurrenzdenken war in der Sippe noch immer ziemlich ausgeprägt. Toby hielt das für ein gutes Zeichen; solange sie noch lachten, war die Lage nicht hoffnungslos. »Der Notfall-Plan«, sagte Cermo, »sieht vor, daß wir alle uns in den Kern des Schiffs zurückziehen.«

»Wozu denn?« zeterte eine Frau.

»In den äußeren Zonen wird es ziemlich ungemütlich werden«, sagte Cermo mit ruhiger Stimme. »Die Leistung der Kühlsysteme reicht aber aus, wenn wir uns in die inneren Bereiche zurückziehen.«

»Sollen wir die Farm-Kuppeln aufgeben?« rief eine Frau ungläubig.

Nun redeten alle durcheinander.

»Wenn wir sie nicht pflegen, werden sie alle eingehen.«

»Wir werden nie mehr etwas ernten.«
»Das wäre der sichere Tod!«
»Wessen Idee ist das?«
»Das haben die verdammten Computer ausgeheckt.«
»Ja, was wissen die schon? Es sind schließlich keine Sippen-Computer.«
»Na und? Unsere Systeme, die Geräte in der Zitadelle, waren Spielzeug im Vergleich zu diesen Computern.«
»Können ihnen nicht trauen, sag ich.«
»Nun, ich behaupte das Gegenteil. Wir ...«
»Wir sind erledigt, wenn wir die Anbauflächen verlieren.«
»Sie hat recht. Eine erneute Aussaat ist ausgeschlossen, wenn der Boden erst einmal gebacken ist.«
»He, vielleicht werden wir so endlich diese Würmer los.«
»Jasag, und alle Erdwürmer, die den Boden aufbereiten.«
»Cermo, das *kann* nicht dein Ernst sein.«
»Wir werden uns nicht einfach wie Ratten in die Löcher verziehen und aufgeben!«
»Wir sind Bishops!«
»Jasag, wir wurden geschaffen, um zu laufen, zu spähen und alles abzuschießen, was uns über den Weg läuft – und nicht, um uns wie Maulwürfe einzubuddeln.«
»Und wer sagt, daß wir das tun sollen? Ihr wißt schon, wer – der Käpt'n.«
»Jasag, auf solche Ideen kommt auch nur der Käpt'n.«
»Hab schon seine Witterung aufgenommen.«
»'ne Nummer zu groß für ihn.«
»Hab dem Kerl noch nie getraut, niemals nicht. Ich hab immer schon gesagt ...«
»Es war seine Idee, diesen irren Kurs einzuschlagen.«
»Hat uns in eine gottverdammte Falle geführt.«

»Selbst der größte Trottel würde neinsagen, in dieses Höllenloch zu fliegen!«

»Aber nein, der Käpt'n sagt, wir gehen, und wir wedeln mit dem Schwanz und gehorchen brav.«

»Während er sich auf der Brücke 'nen schönen Lenz macht!«

»Jasag, schön kühl!«

»Die Brücke ist im Zentrum des Schiffs und erfrischend frostig.«

»Ich sag, wir gehen uns abkühlen. Was sagt ihr?«

»Gute Idee!«

»Lang genug hier unten rumgehangen.«

»Auf geht's!«

Die Menge hatte Zulauf erhalten, ohne daß Toby es in der Dunkelheit bemerkt hätte. Und nun erhob sie sich wie ein Mann, grölend, unter Einsatz der Ellbogen und nach Schweiß riechend. Mit der Unberechenbarkeit des Mobs schickten sie sich an, das zu tun, wogegen sie eben noch protestiert hatten – geschwind nach innen zu gehen. Es kühlte sich wirklich etwas ab, während sie über die spindelförmige Rampe nach unten gingen.

Toby folgte ihnen. Die Leute entwickelten eine enorme Dynamik und rekrutierten Mitläufer aus den Seitengängen. Ein Bishop ließ nämlich viel lieber die Sau raus, als die Hände in den Schoß zu legen.

Als sie das Brückendeck erreichten, war die Lagerfeuer-Gruppe zu einer wogenden Masse angeschwollen. Toby nahm ihr Murmeln wie das warnende Knurren eines Tiers wahr. Es würde nicht mehr so werden wie damals, als Killeen unzufriedene Bishops mit festem Blick und zwingender Logik in den Bann gezogen und anschließend mit einem sonnigen Lächeln nach Hause geschickt hatte. Von diesem Mob ging eine Drohung aus.

Die Offiziere auf der Brücke spürten das auch. Vier Leute bildeten einen Sperriegel am Eingang zur Brücke und versuchten, den Mob mit strengen Blicken zur Räson zu bringen. Toby hielt Ausschau nach Cermo und Jocelyn, doch die hatten sich verkrümelt. Weshalb sollten sie sich auch zeigen, wenn andere die Arbeit für sie erledigten.

Doch waren sie überhaupt so raffiniert? Toby war sich nicht sicher. Das Lagerfeuer-Ritual war nur wegen der Besorgnis aus dem Ruder gelaufen, die sie alle verspürten. Schließlich war das Bannen von Ängsten auch der Ursprung des alten Brauchs.

Toby versuchte, sich unauffällig zurückzuziehen. Er befand sich auch in einem Gewissenskonflikt, mehr noch als Cermo und Jocelyn. Doch es gelang ihm nicht, sich einen Weg durch die kompakte Masse zu bahnen. Skeptische Blicke durchbohrten ihn, als ob die Leute sagen wollten, *läßt du uns nun im Stich?*

Toby wußte nicht, was er tun sollte; doch dann nahm der Gang der Ereignisse ihm die Entscheidung ab.

Die Brücke hatte eine in den Korridor hineinragende Galerie, auf die Offiziere sich zurückzogen, wenn sie sich ungestört unterhalten wollten. Diese Örtlichkeit nutzte Killeen nun als Tribüne und erschien über den Köpfen der unruhigen Menge. Er trug die schmucke blaue Galauniform mit den goldenen Epauletten. Bei seinem Anblick ertönte ein Stimmengewirr. Die Menge erhielt ständig Zulauf von weiteren Angehörigen der Sippe. Für einen langen Moment stand Killeen mit auf dem Rücken verschränkten Armen da und wartete, bis die knurrende Bestie dort unten Dampf abgelassen hatte und Ruhe einkehrte.

»Ihr seid gekommen, um zu sehen, welche Fortschritte wir machen?« fragte er mit fester und überraschend sanfter Stimme.

»Fortschritt? Ha! Wir fliegen direkt in die Hölle!« rief ein Mann.

Killeen schüttelte den Kopf. »Wir halten nur unseren Vorsprung vor den Mechanos.«

»Du meinst, sie jagen uns!« rief eine Frau mit einer Stimme, in der ihre ganze Verachtung mitschwang.

»Natürlich wollen sie uns fangen – wann hätten sie das nicht versucht?« Killeen ließ den Blick über die noch immer anwachsende Menge schweifen und fixierte einzelne Personen.

»Sie werden uns rösten!« sagte ein Mann.

»Bestimmt nicht.« Killeen lächelte zuversichtlich. »Wir sind vor ein paar Minuten in den galaktischen Strahlstrom eingedrungen.«

Diese Mitteilung verwirrte die Leute.

»Habt ihr es denn nicht bemerkt?« fragte Killeen milde. »Die Hülle müßte sich inzwischen wieder abkühlen.«

»Wie ist das nur möglich? Der Strahlstrom sieht doch ziemlich heiß aus.«

Mit einer Handbewegung sorgte Killeen für Ruhe. »Er ist nicht heiß. Das verstößt zwar gegen alle Naturgesetze, aber das Gas ist blau, weil es sich abkühlt. Indem es sich aus der Gravitationsquelle, die das Schwarze Loch erzeugt, nach oben kämpft, wird dem Gas die Wärme entzogen.«

Ein ungläubiges Raunen ging durch die Menge.

»Dann heizen wir uns also nicht weiter auf?« rief eine Frau.

»Die Computer bestätigen es.«

»Das ist schön und gut«, sagte ein Mann. »Aber wir sind noch immer ...«

»Wir reiten auf dem Strahlstrom nach draußen«, sagte Killeen freundlich. »Die blauen Wolken kondensieren beim Abkühlen.«

»Das rechtfertigt noch lang nicht die verrückte Idee, überhaupt hierherzufliegen«, sagte ein Mann zornig.

»Wir machen dich verantwortlich!« keifte eine Frau.

»Jasag – und was haben wir nun von dem ganzen Ärger?«

»Noch mehr Ärger!«

»Noch mehr Mechanos!«

»Und schon gar nicht brauchen wir einen solchen Käpt'n!«

Das war zuviel für die Trumps. Urplötzlich schrien einzelne Aces, Fivers und Jacks die skeptischen Bishops nieder. Schnippische Bemerkungen und derbe Zoten folgten. Schließlich kam es zu Handgreiflichkeiten, doch Offiziere gingen dazwischen.

Das Chaos dauerte ein paar Minuten, derweil Killeen von erhöhter Warte zuschaute. Einmal zuckten die Mundwinkel, und Toby sagte sich, *es mutet ihn wohl verdammt seltsam an, wenn die eigene Sippe sich gegen ihn wendet und die Trumps für ihn Partei ergreifen.*

Schließlich hatte der Pöbel sich soweit beruhigt, daß nur noch ein Murren zu vernehmen war. Killeen breitete die Arme aus. »Ich glaube, ihr Leute solltet einfach wieder an die Arbeit gehen und ...«

Sie spürten es alle gleichzeitig – einen Knall, der sich in einen rollenden Donner verwandelte, als ob die *Argo* sich in ein großes Herz verwandelt hätte, das in stetem Rhythmus klopfte.

Ich bin zurückgekehrt mit dem Auftrag, Befehle zu erteilen.

Es war, als ob Gott in einem überfüllten Raum gesprochen hätte. Der Mob geriet wieder in Wallung. Mit großen Augen, wie Schafe in Panik, suchten die Leute die Wände nach dem Ursprung der Stimme ab.

Killeens Reaktion indes beschränkte sich auf hängende Mundwinkel und eine skeptisch gerunzelte Stirn. Dann verschränkte er mit demonstrativer Gelassenheit die Arme vor der Brust und sagte: »Jasag, wir hören.«

Es sind du und die Toby-Kreatur, der ich diesen Komplex seltsamer Bedeutungen übermitteln soll.

»Ich bin hier!« rief Toby.

Die Umstehenden schauten ihn furchtsam an und zogen sich dann schleunigst zurück, als ob sie nicht mit einem in Verbindung gebracht werden wollten, der dieses furchtbare Ding herbeirief, das Wände erzittern ließ, um zu sprechen.

Meine Pflicht ist eine Hypothek der fernen Vergangenheit. Ich profitierte einst von den Mächten, die mich riefen und diene nun als Bote für Schwächlinge wie ihr – eine Vergangenheit, die eine Erniedrigung erfordert, der ich mich von Natur aus nicht aussetze. Also will ich es schnell hinter mich bringen – hier.

Ein schrilles Wimmern erfüllte das Schiff und hallte in scheußlichen Dissonanzen wider. Durchdringend, schrill, endlos. Ein schneidender Druck, bei dem man keinen klaren Gedanken zu fassen vermochte. Für einen quälenden Moment hielt es an, steigerte sich gar – und verstummte abrupt. Es trat eine unheilschwangere Stille ein.

So war euer Kurs. Folgt ihm gut, oder ihr werdet qualvoll in Atome zerrissen und in noch kleinere Teile.

»Unser ... Kurs?« krächzte Killeen.

Die Trajektorie, der zu folgen eure Wohltäter euch befehlen.

»Und welcher Weg ist das?« fragte Killeen in nüchternem Ton, nachdem er sich wieder gefaßt hatte.

Ihr werdet meinen magnetischen Feldlinien folgen. Haltet euch dicht an mich, damit ihr nicht in Fragmente zerrissen werdet.

»Wieso denn? Und wer bist du überhaupt?« schrie ein stämmiger Mann.

Schweig, kleines Bewußtsein.

»Den Teufel werd ich tun. Wer bist du? *Was* bist du, daß du ...?«

Eine Faust aus Schall schlug zu. Der wuchtige Hieb pulsierte durch den Boden, die Decken und Wände. Die Leute wälzten sich schreiend auf dem Boden.

Ich schenke Sterblichen keine Aufmerksamkeit, es sei denn im Rahmen meiner Obliegenheiten. Das – und nicht mehr.

»Dieses Geräusch, das du uns gesandt hast ...« Killeen hob die Hände, um die Menge zum Schweigen zu bringen. »Du sagst, wir sollen *dir* folgen?«

Ohne mich als Führer wärt ihr dem baldigen Untergang geweiht.

»Schau, wir folgen dem galaktischen Strahlstrom nach draußen. Ich ...«

Eine solche Trajektorie würde sich unweigerlich mit jenen schneiden, die euer Ende wünschen.

»Mechanos? Die haben wir doch schon abgehängt.«

Es walten hier Agenturen und physikalische Paradigmen, die ihr nicht versteht.

Grimmig verschränkte Killeen die Arme vor der Brust. Toby kannte diesen Ausdruck bereits; er hatte gesehen, daß er sich wie eine Mauer vor Widersachern aufbaute. Doch nun zeigte der Gesichtsausdruck seines Vaters eine weitere Nuance, einen seltsamen Ausdruck einstudierten Elans, den er bisher nicht gesehen hatte. Er dachte darüber nach, und als schließlich die Erkenntnis dämmerte, hob der Käpt'n an zu sprechen.

»Ich will wissen, in wessen Auftrag du – oder andere deiner ›Agenturen‹ – uns Befehle erteilen.«

Wie anmaßend ihr doch seid! Ich lebe schon länger hier, als eure Spezies existiert. Ihr seid so ephemer wie eine Wolke, die sich im Vorüberziehen auflöst. Und doch begleitet oft Stolz solch infinitesimale Zeitdauer.

»Vielleicht liegt es an deinem langen Leben, daß du nie auf den Punkt kommst«, sagte Killeen und blinzelte den Leuten zu.

Ich spreche nur zu euch, weil die Pflicht es gebietet – was nicht bedeutet, daß ich mich in die Niederungen von Spielzeug-Intelligenzen begebe. Na gut – euer Wohltäter ist die Kreatur Abraham, von der wir sprachen.

»Er *ist* am Leben«, sagte Killeen freudestrahlend.

Die Verzerrungen und das Gleiten der Raum-Zeit gestatten keine derartigen Vereinfachungen.

»Aber wenn er uns nun diese Botschaft schickt ...«

Allein der Begriff ›nun‹ ist so ephemer wie ihr. Noch nichtiger als bedeutungslos.

Toby sah, wie die Empörung seines Vaters von Neugier verdrängt wurde. Killeen biß sich auf die Lippe und rief: »Dieser Kurs, den du uns gewiesen hast. Ich will wissen, wohin er uns führt.«

Wo ich mit größter Intensität lebe. Der Sitz gewaltiger Energien und erbarmungsloser Macht. Wo meine Füße auf siedendem Plasma tanzen. Nach innen, winziges Wesen. Ihr werdet durch die Hölle gehen.

6 · BLITZ-LEBEN

Gegen seinen Willen fühlte Toby sich während des langen Abstiegs zur Brücke hingezogen.

Die *Argo* nutzte den galaktischen Strahlstrom nun als Schild und flog in seinem Schutz dahin. Ein Geflecht aus geisterhaften blauen Fasern überholte sie auf dem Weg nach draußen. Dieser Strom erweckte den Anschein einer noch höheren Geschwindigkeit des Schiffs. Das Deck vibrierte durch das Tosen des Plasmaantriebs, der blaues Gas ansaugte und hinten durch den Antrieb jagte.

Nun wurde auch eine unausgesprochene Frage beantwortet. Seit Tagen waren Spekulationen im Schiff kursiert: Wo waren die Mechanos?

Der Fresser aller Dinge hatte die Legenden der Sippe Bishop beherrscht, und ein paar der alten Geschichten kündeten davon, daß die Mechanos noch im Verborgenen wirkten. Weshalb, wußte niemand. Sie hatten die Menschen schon lang vor dem Fall der Kandelaber aus dem Wahren Zentrum vertrieben.

Bisher hatten sie nur flüchtige Blicke auf Mechano-Schiffe erhascht. Doch nun ortete die *Argo* weit oben im Strahlstrom große, dunkle Mechano-Konstruktionen. Sie hatten auf der Passage nach innen schon gewaltige Mechano-Artefakte gesehen – und waren ihnen jedesmal ausgewichen. Riesige, geheimnisvolle Gebilde, um die Sonnensegel sich rankten. Sie waren allesamt stumm und kommunizierten auf keinem der Kanäle, die den Menschen bekannt waren.

Diese Mechano-Strukturen umringten den Strahlstrom, als ob sie ihm Energie abzapften. Grelle blauweiße Blitze zuckten über die Wände des Strahlstroms.

Hier kollidierte Antimaterie, die in der Peripherie des Schwarzen Lochs erzeugt wurde, in einem furiosen Vernichtungskampf mit Materie, doch wurde die meiste Energie des Strahlstroms in einen nach außen gerichteten Schub umgewandelt. Die Mechanos schienen diese Energiequelle nicht anzuzapfen, sondern nur zu studieren.

Aber weshalb umkreisten die Mechanos den Strahlstrom überhaupt? Toby vermutete, daß sie ihn vielleicht als eine Art Hörrohr nutzten, um die Vorgänge im Schwarzen Loch selbst abzuhören. Allerdings hatte er keine Ahnung, wie sie das bewerkstelligten. Der Strahlstrom war ein unheimliches Gebilde und überstieg nach seiner Überzeugung das menschliche Vorstellungsvermögen. Immerhin boten die konstanten Turbulenzen der *Argo* ein Versteck, wie Killeen sagte. Zumal die Mechano-Aggregate so winzige Objekte wie ein einzelnes Schiff zu ignorieren schienen.

Seltsamerweise war das Zentrum des Strahlstrom fast leer und erleichterte das Vorankommen. Das Gas hatte durch den Aufstieg gegen die Gravitation des Schwarzen Lochs die Wärme abgegeben, so daß die dichte, abgekühlte Gassäule sie nun vor der Hitze der Scheibe abschirmte. Es war fast so, als ob jemand diesen Tunnel ins innere Reich bewußt angelegt hätte. Für seinen Lehrer-Aspekt Issac waren natürlich vor allem die physikalischen Implikationen interessant.

> *Der Spin des Schwarzen Lochs höhlt die von ihm ausgestoßene Gassäule aus. Dieser Strahlstrom gleicht der Zuckerwatte, die ich als Kind auf dem Jahrmarkt bekommen habe, eine Wolke aus purem süßen Genuß.*

»Was ist Zuckerwatte?«

> *Ich vergaß, wieviel ihr Leute verloren habt. Bist du nie auf einem Jahrmarkt gewesen?*

»Was für ein Markt?«

Eine Versammlung, auf der ... vergiß es. Jedenfalls erinnert dieser schöne blaue Dunst mich an bessere Tage, als die Hochkultur im Kandelaber der Queens regierte und ich mit meinem Vater Decken-Skates gefahren bin.

Du warst in den Kandelabern?

Hast du etwa geglaubt, ich stamme von solchen Luftikussen ab wie ihr? Wir geboten damals über große Macht und hielten die Stellung gegen die Mechanos, die euch nun wie Vieh vor sich hertreiben. Wir haben regelmäßige Streifzüge auch in diese Region unternommen und die Mechanos ausgespäht, die hier ihren seltsamen Verrichtungen nachgingen. Wir ...

»He, du entstammst dem Zeitalter der Bogenbauten!« sagte Isaacs Aspekt-Aura indigniert.

Wohl wahr – aber eins meiner integrierten Gesichter wuchs im Wesouqk-Kandelaber auf, einem der letzten großen. Ich habe einmal einen Kandelaber durch ein Teleskop gesehen, als er noch bewohnt war. Bedauerlicherweise verbrachte ich mein Leben in einem planetengebundenen Flüchtlingslager, aber ...

»Das war die Ära, die du als ›Die Anpassung‹ bezeichnet hast, stimmt's?«

Nun ja – eine unglückliche Strategie. Dennoch sind meine kulturellen Wurzeln ...

Im Hintergrund von Tobys Bewußtsein regte sich ein

Gesicht, das er nur selten nutzte und das ein technischer Fachidiot war. Joe war etwas begriffsstutzig, der bloße Bruchteil eines Aspekts, doch nun sagte er bitter:

1. *Ihr gottverdammten Verräter habt uns verladen.*
2. *Habt euch mit den Mechanos angelegt – echt schlau.*
3. *Sie haben eure schönen Kandelaber zerstört, nachdem sie euch auf Planeten festgesetzt hatten.*
4. *Haben euch zum Trottel gemacht!*

»Das ist im Grunde das, was die Geschichte auch sagt«, bemerkte Toby milde. »Wenn du *echte* Kandelaber-Menschen willst...« Er öffnete den digitalen Deckel eines Aspekts, den er kaum benutzte – Zeno. Sie war so zersplittert und verzerrt, daß es schmerzte, der schwankenden, uralten Stimme zu lauschen.

Ich bedaure... sündiges Verschleudern... unseres Kandelaber-Erbes... durch deine Generation. Wir strebten keine ›Anpassung‹ an... keine Gerechtigkeit... möglich bei den Mechanos... Wir hatten den Schlüssel, um... sie unschädlich zu machen... ihre tiefsten... Logik... Programme umzuschreiben... Sie verstreuten... unser Wissen... selbst damals... vermochten wir die Kryptographen nicht zu entriegeln... die Böse Magie... von den ersten Menschen hinterlassen... die einst... von hier... zum Wahren Zentrum aufbrachen... und die Böse Magie sich aneigneten...

Die von statischem Rauschen überlagerte Stimme verstummte und hinterließ ein Fragezeichen in Tobys Bewußtsein. Zenos lückenhafte Ausführungen waren mit Emotionen befrachtet – sie war niedergeschlagen, hoffnungslos und trauerte den glorreichen Zeiten nach, die heute nichts mehr bedeuteten. Nach einem langen Moment sagte Joe:

1. *Siehst du nun, was du verloren hast, Isaac?*
2. *Statt ›Anpassung‹ müßte es ›Selbstaufgabe‹ heißen.*

Allein die Vorstellung, mit den Mechanos einen Kompromiß zu schließen, war in Tobys Augen Schwachsinn, und Isaacs Generation hatte mehr Glück als Verstand gehabt, daß sie nicht die Konsequenzen tragen mußte. Er hatte diesen Gedanken kaum formuliert, als Isaac sich auch schon empörte:

Das war kein Glück! Wir führten das Projekt ›Untergrund‹ durch. Das war eine überaus rationale Strategie, menschliche Kolonien auf den vielen Welten an der Peripherie des Wahren Zentrums zu errichten. Sippen zu gründen, die eine synergetische Gesellschaft mit geistigem Leben und sozialen Normen auf der einen und militärischem Potential auf der anderen Seite schufen. Das waren unsere Stärken als Spezies!

Toby kannte zwar die Unterschiede zwischen Rooks und, sagen wir, Knights – und nicht nur in bezug auf die Tischsitten. Doch was Isaac mit ›synergetisch‹ meinte, wußte er nicht – wohl noch so eine dröge, verstaubte Idee, welche die Sippe Bishop schon lang vor seiner Geburt als überflüssigen Ballast abgeworfen hatte.

1. *Sieh, wie es geendet hat.*
2. *Die Mechanos haben euch sowieso im Sack.*

Isaac blieb Joe nichts schuldig:

> *Die Kandelaber waren nicht zu halten! Nur große Ziele, die in Räumen mit hochenergetischen Partikeln und im Vakuum herumflogen, dem natürlichen Habitat der Mechanos!*

Zenos Worte wurden von starkem Rauschen fast ausgeblendet:

> *Wir verteidigten uns ... so lang wie möglich ... löschten den Vektor der Mechano-Mandate ... entkernten ihre Schnittstellen ... doch ihr habt all das verloren ...*

Die melancholische Stimme brachte sein Bewußtsein wieder für einen Moment zum Schweigen. Schließlich sagte Isaac apologetisch:

> *Wir versuchten das Experiment, gewiß, und es ist letztlich gescheitert. Der Wesouqk-Kandelaber – ich sah ihn am Himmel brennen wie ein Hornissennest! Ich bin vor Kummer fast vergangen. Doch wenigstens hatten wir unsere Art unter der schützenden Decke aus Luft und Gravitation verborgen.*

Zenos Antwort kam zögerlich:

> *... es war den Einsatz ... wert ... aber so viel ... verloren.*

Isaac wirkte nun zuversichtlicher, obwohl die Stimme in Tobys Innenohr hohl klang.

> *Wenigstens habe ich unsere besten Zeiten miterlebt. Den Ruhm ...*

Zeno wandte mit schwindender Energie ein:

Du Angeber ... du kennst die besten Zeiten überhaupt nicht ... sie waren lang vorher ... sogar vor mir ... die großen Errungenschaften ... Fähigkeiten, von denen du dir nicht einmal träumen läßt ... Aufschneider ...

Ernüchtert antwortete Isaac:

Ich bedaure es, daß die Mechanos unseren edlen Untergrund später ausgehoben haben. Doch selbst du, armer Joe, mußt zugeben, daß wir die Welten des Untergrunds von kulturellen Erinnerungen befreien mußten, damit das Experiment ein Erfolg wurde. Und ihr habt eine neue Blütezeit erlebt, habt neue Wege gefunden, Welten zu gewinnen und die Mechanos in die Schranken zu weisen. Zumindest für eine Weile.

Joe rumorte verärgert, beschränkte sich aber auf folgende Einwände:

1. Verdammt hart hier unten.
2. Ich würde viel lieber in einer großen Himmels-Stadt leben.

Isaac sagte unwirsch:

Auf solch vage Andeutungen muß ich nicht antworten.

Toby ärgerte sich über Isaacs arrogante Art. *Kümmerliches Chip-Bewußtsein!* »Wenn du so großartig bist, weshalb bist du dann nur ein Aspekt?«

Meine geistigen Talente der Kompilierung und Integration von Wissen waren so ausgeprägt, daß ich gerettet wurde. Was glaubst du wohl, welches Schicksal dich erwartet, Junge?

In dieser Replik schwang echter Zorn mit. Toby mußte sich ins Gedächtnis rufen, daß Isaac und die anderen Aspekte Miniaturen echter Menschen waren und nicht nur Bücher, die man aufschlug, las und wieder aus der Hand legte. Damit das Bewußtsein funktionierte, mußten sie über sämtliche Facetten eines ausgewogenen Intellekts verfügen, oder sie würden dem Wahnsinn verfallen. Also durfte er auch nicht erwarten, daß sie Beleidigungen einfach ignorierten.

»Entschuldigung«, flüsterte er Isaac zu und spürte zu seinem Erstaunen, daß eine andere Präsenz den Aspekt verdrängte. Er hatte das Gefühl, daß etwas in ihm anschwoll und bekam eine Gänsehaut. Der Isaac-Aspekt zog sich quengelnd in seine mentale Zelle zurück. Dies war das erstemal, daß Shibos Personalität sich in vollem Umfang manifestierte, und ihre mentale Substanz strömte kraftvoll durch sein Bewußtsein. Nicht als Stimme, sondern als Erinnerung.

… Ihre Vergangenheit spulte sich als eine Abfolge endloser düsterer Stunden ab: Geschwärzte und qualmende Straßen. Menschen, die vor den Mechanos geflohen waren, hatten im Schutz der Mauern gekauert, in schuttübersäten Seitenstraßen und zwischen Ruinen. Auf diesen Wegen marschierten drahtige, große Schemen – unter Waffen, mit zerfurchten Gesichtern und Blicken, die entweder starr oder wachsam waren. Die alten Mauern der Zitadelle ihrer Sippe stöhnten und wankten in ihren Erinnerungen, abgeschliffen von stetigen Winden. Obelisken und Kreuze aus Marmor markierten den Ort, wo die Toten ihre eigene kleine Metropolis hatten – ein Land, in dem das Gewerbe des Korbmachers blühte, bis die Notwendigkeit, die zerfallenden Kleider und zerbrochenen Knochen in den trockenen Boden zu senken, ihnen auch dieses Vergnügen nahm. Im blauen Schein der Lampen war sie als Mädchen Trauerzügen nachgelaufen, die – so wollte es der Brauch – in der Morgendämmerung unterwegs waren. Die Steine gaben die Kühle der Nacht an die bloßen Füße ab, was angenehm war, weil die Hitze des Tages schon zu dieser frühen Stunde Gesicht und Arme erwärmte. Ein langsamer, feierlicher Marsch. Vorbei an zerfallenen Lagerhäusern, über sandige Versammlungsplätze, durch gepflegte Gärten – Hagebutten, Heidekraut, Trauerweiden. Stampfende Maschinen stießen unablässig Waffen aus. Vorbei an rauchenden Trümmern und Ranken und Flecken mit gelben Blumen, die den Widrigkeiten zum Trotz blühten. Ausgebrannte Gebäude mit klaffenden Fensterhöhlen. Die Zitadelle war verfallen, das Ergebnis mangelnder Instandhaltung. Wanderer von den Ebenen saßen stumm da und starrten mit leerem, unstetem Blick vor sich hin, wobei ihre hageren Profile sich gegen das erste Morgenrot abhoben. Die Niederlage hatte sie an den Rand des Wahnsinns getrieben, doch lächelten sie über ihre Trippelschritte. Sie hatten an einem Lagerfeuer der Generation übernachtet und waren dann weitergezogen, in einen Tag voller Gefahren hinein ...

Toby wurde schier überwältigt von der Intensität der Eindrücke und verspürte ein zärtliches Gefühl für die Orte und Menschen, die er nie gesehen hatte. Dann verfestigte Shibos ungewohnt ruhige Stimme sich:

Du hast mich in der letzten Zeit nicht mehr gerufen.

»Du ... du siehst doch, was los ist. Ich bin beschäftigt.«

Ich bezweifle, daß das der wahre Grund ist.

Sie hatte natürlich recht. Toby war in dieser Hinsicht noch unerfahren und nicht in der Lage, Distanz zu einer starken Präsenz zu wahren. Fast war es, als ob sie wieder zum Leben erwacht wäre und er mit festem

Blick durch ihre skeptischen schwarzen Augen schaute. Doch sah auch sie ihn von innen.

Unter ihrem Blick sickerten seine Gefühle durch die elastischen, künstlichen Partitionen seines Bewußtseins. »Die Lage ist in der letzten Zeit kritisch.«

Dein Vater.

Das war keine Frage. »Er ist – nun, ich bin sicher, er handelt ausschließlich im Interesse des Schiffs ...«

Bist du dir wirklich sicher?

»Er steht zwar unter starkem Druck und ist verdammt stur, aber ...« Er verstummte, als er erkannte, daß er einem Aspekt nichts vormachen konnte, und schon gar nicht einer Personalität. Nicht, wenn es um Emotionen ging.

Du bist nicht auf die Idee gekommen, daß er wußte, du und die anderen, die Lagerfeuer-Gruppe, würdet kommen? Daß jemand protestieren würde? Schließlich gibt es überall im Schiff Überwachungskameras.

»Ähem. Ich glaube schon.«

Genau zu diesem Zeitpunkt hat er die Argo in den galaktischen Strahlstrom geführt. Er wußte, daß das Magnet-Bewußtsein mit größter Wahrscheinlichkeit zurückkehren würde, um weiteres zu verkünden.

»Du willst damit sagen, er hätte das geplant?«

Ich liebe deinen Vater noch immer. Aber er hat sich verändert. Er hat sich mit Fleiß auch die zynischen Aspekte der Käpt'nschaft angeeignet.

Tobys Befähigung, in die Zukunft zu blicken, war noch nicht sehr ausgeprägt – er wurde von der Entwicklung förmlich überrollt –, so daß er ein solches Kalkül für ziemlich unwahrscheinlich hielt. Auf der anderen Seite waren die Erwachsenen mehr als nur etwas sonderbar.
»Wußte er dann auch, was das Magnet-Bewußtsein uns erzählen würde?«

Das bezweifle ich. Er wirkte genauso schockiert wie der Rest.

»Jetzt hat er sich aber wieder gefangen.«
Toby stand im rückwärtigen Bereich der Brücke und sprach in dem fast unhörbaren Flüstern, das laut genug für einen Aspekt war, von einem Menschen indes nicht mehr verstanden wurde. Er musterte Killeen, der durch seine Körpersprache den Offizieren Zuversicht zu vermitteln suchte. Nachdem sie im Strahlstrom nach unten geschwenkt waren, war der sorgenvolle Ausdruck aus seinem Gesicht gewichen.
Nicht daß jemand Zuversicht verspürte. Die Offiziere wirkten nervös, besorgt und schwitzten – was nicht nur durch die steigende Temperatur der Schiffshülle bedingt wurde. Das kühle blaue Gas war auch nicht in der Lage, die Strahlung der Scheibe vollständig zu absorbieren. Die auf Hochtouren laufenden Lüfter schaufelten lauwarme Luft auf die Brücke. Ein Hauch von Spannung durchdrang die Ruhe auf der Brücke und unterlegte das leise Summen und Piepsen der Computer, womit sie den Offizieren signalisierten, daß sie auf die nächste Eingabe warteten.
»Dann war er auf die Horde also vorbereitet, wie?« Er zollte dem alten Mann widerwillig Respekt.

Um Käpt'n zu sein, bedarf es mehr, als nur Befehle zu erteilen.

»Jasag, aber ein Käpt'n legitimiert sich nur durch den Erfolg.«

Nun besitzt er die Autorität, die er anstrebte.

»Geerbt von Abraham.« Toby hatte seinen Großvater als einen hünenhaften Mann mit grauem Teint in Erinnerung, der ständig den Eindruck intensiver Konzentration vermittelte – selbst wenn er am Herdfeuer döste. In diesem Moment schlummerte die Energie noch, und im nächsten explodierte er wie ein Vulkan. Abrahams entrückter Blick verwandelte sich oft in ein breites Grinsen, wenn er Toby sah, und schon wurde Toby in die Höhe gerissen und durch die Luft gewirbelt, wo er in den Armen des großen Manns zu fliegen schien, hoch über den Möbeln und durch Korridore. Manchmal auch nach draußen auf ein Deck, wo Abraham ihn über das Geländer hängte und Toby kreischte und lachte, wenn der Boden unter ihm wegfiel und er wirklich zu fliegen glaubte, völlig losgelöst von der Erde. So lange her. Toby biß sich angesichts der schon verblassenden Erinnerungen auf die Lippe. »Abraham. Hat dieses Magnet-Ding jedenfalls gesagt.«

Aber du glaubst das nicht.

»Weshalb sollte ich? Wo ich eh zur Hälfte gehirnamputiert bin.«

Und doch wirken hier fremdartige Vektoren.

»Schau, Abraham haben wir in der Katastrophe verloren, beim Fall der Zitadelle Bishop. Das ist verdammt lang her und genauso weit entfernt.«

Exakt.

»Was soll das nun wieder heißen?«

Weshalb sollte ein Wesen, das nicht einmal aus Materie besteht und so weit vom Ort des Geschehens entfernt war, überhaupt seinen Namen kennen?

Das stimmte Toby für einen Moment nachdenklich. »In Ordnung, ich weiß es nicht. Aber die Mechanos zeichnen doch jeden Vorgang auf. Vielleicht hat das Magnet-Bewußtsein es von ihnen erfahren.«

Aber das Bewußtsein scheint kein Freund der Mechanos zu sein.

»Wer weiß das schon bei all diesem Irrsinn?«

Ich frage mich manchmal, ob ein Zusammenhang zwischen diesen Entitäten besteht. Erinnerst du dich an die Mantis?

»Logo.«

Ihn fröstelte bei dem Gedanken. Die Mantis hatte die Sippe Bishop gejagt, sie ›geerntet‹, getötet und ihnen das Bewußtsein entzogen, so daß die Sippe keinen Speicher-Chip zu ziehen vermochte. Und dann hatte die Mantis aus den Toten groteske Gebilde geformt, die sie als ›Kunst‹ deklariert – und Killeen und Toby mit einem Anflug von Stolz präsentiert hatte.

Die Mantis verspürte Ehrfurcht vor dem Magnet-Bewußtsein. Vielleicht hat sie dem Bewußtsein das Wissen über uns, über unsere Mentalität und Personen offenbart.

Er spürte Shibo, als ob sie mit übereinandergeschlagenen Beinen vor ihm gesessen hätte, entspannt und doch ständig auf dem Sprung. »Ich ... ich will mich jetzt nicht damit befassen.«

Solche Erinnerungen mögen uns belasten, lieber Toby, aber wir müssen uns ihnen stellen.

»He, ein andermal, in Ordnung?« Er spürte, wie sie sich regte und den Druck verlagerte. Er seufzte erleichtert und fühlte sich gleich besser.

Es ist interessant, daß dein Vater die Besatzung nun hinter sich hat und sie seine Forderung vorbehaltlos unterstützt – ins Wahre Zentrum zu fliegen und den wunderbaren Ort zu finden, von dem die alten Texte künden.

Toby zuckte die Achseln. »Vielleicht ist das ein Talent, das einen Käpt'n auszeichnet. Man doktert so lange an einer Sache herum, bis sie einem gefällt.«
Er ließ den Blick ziellos schweifen und sah gar nicht, wie sein Vater sich näherte. »Was hast du da gesagt?«
Es war der Gipfel der Unhöflichkeit, sich in ein Gespräch mit einem Aspekt einzumischen – ganz zu schweigen von einer Personalität, welche in der Regel die volle Aufmerksamkeit des Gesprächspartners beanspruchte. Toby schluckte. »Ich ... ich hatte nur ...«
»Ich habe dir aber ›Käpt'n‹ von den Lippen abgelesen. Was gibt es, das du mir nicht ins Gesicht sagen kannst?«
»Es hatte nichts zu bedeuten.«
Killeen leckte sich die Lippen und hakte nach: »Es ist Shibo, nicht wahr?«
»Nun, jasag, aber ...«
»Ich will ihr nur eins sagen. Sie soll es direkt von mir hören.« Killeen schaute Toby tief in die Augen, als ob er so bis zur kompakten Intelligenz durchzudringen vermöchte, die Toby als eine hochaufragende Mauer in sich spürte.

»Papa, ich glaube nicht ...«

»Shibo, wir brauchen deinen Rat. Mein Instinkt sagt mir, daß irgend etwas in der Luft liegt.«

»Komm schon, Papa, ich ...«

»Weißt du noch, wie wir Pläne geschmiedet und den besten Zug ausgetüftelt hatten, nur du und ich? Ich vermisse das. Ich vermisse das sehr. Ich weiß, daß das unwiederbringlich verloren ist, aber falls du eine Idee hast, einen Tip für mich, dann sag es bitte, in Ordnung?« sagte Killeen mit einem flehenden Ausdruck in den Augen. Er blinzelte heftig, um die Tränen zurückzuhalten. »Durch Toby. Ich werde das verstehen; ich versprech's.«

»Papa ... du weißt doch ...«

Empfindungen wallten in Toby auf, seltsame Ströme der Erregung, Sehnsucht, heiseres Murmeln, von Gerüchen durchsetzte Luft, vage Bedürfnisse, Erinnerungen an Momente zarter Haut, wie Satin, ein Schimmer von Schweiß ...

Er riß sich los und taumelte zurück. Dann klopfte eine Hand ihm auf die Schulter.

Killeen holte tief Luft. »Danke, Sohn. Das habe ich gebraucht. Nur einen Moment mit ihr, mehr nicht.«

Bevor Toby seinen Unmut zu äußern vermochte, trat Killeen zurück, salutierte, wandte sich um – und war wieder der gestrenge Käpt'n. Toby war gereizt und fühlte sich benutzt. Er hatte einen Geschmack nach Galle am Gaumen. *Zum Teufel mit ihm!* Doch im selben Moment erkannte er auch die Seelenqualen seines Vaters und den Aufruhr der Psyche, den der Mann unterdrücken mußte.

Es wäre weise, das zu vergessen.

»Jasag, nur daß Weisheit nicht gerade meine Stärke ist.«

Du hast große Ähnlichkeit mit deinem Vater.

Ein schwaches Lachen ertönte in seinem Bewußtsein. Toby wußte, daß eine Personalität imstande war, die Banalitäten der Welt von erhöhter Warte zu betrachten und sich darüber zu amüsieren. Ein Humor, den er normalerweise nicht als solchen erkannte.

Von der Sippe Knight ist ein Ausspruch überliefert. Man sagt, er stamme von der Alten Erde. Wir sagen, das Leben ist eine Tragödie für den, der fühlt, und eine Komödie für den, der denkt.

»Da ist etwas dran. Vielleicht bedeutet das auch nur, daß wir nicht ständig über die Schulter sehen sollen, um nach Verfolgern Ausschau zu halten.«

Das ist eine gute Interpretation.

»Ich weiß nicht, wie man überhaupt auf die Idee kommt, daß Menschen an diesem Ort leben. Quath vielleicht, aber doch keine Menschen. Diese Inschriften, was besagten die noch gleich? Wunderbar, gewiß ...« Er wies mit ausladender Geste auf das Bild des Alls. »Aber tot.«

Schauer harter Strahlung waberten auf den Bildschirmen. Die Scheibe aus spiralförmig nach innen kreisender Materie enthüllte nun weitere feinkörnige Strudel aus bunter, energetischer Glut. Der unglückliche Stern, den sie vor ein paar Tagen gesehen hatten, glich nun nicht mehr einem schiefen, flammenden Ei. Er war zu einem Flammenmeer explodiert und wurde gierig vom äußeren Rand der Scheibe angesogen. Als ob eine geschundene, verzerrte Sonne hinter dem Horizont einer brennenden Landschaft verschwände. »Sieht aus wie ein Höllenschlund.«

Plötzlich wurde Toby sich in drückender Deutlichkeit bewußt, daß sie nicht hierhergehörten. Die Sippen waren Nomaden. Nur Maschinen vermochten in dieser gewaltigen, feurigen Lichtmaschine zu überleben. Die Sippen waren nämlich nur hier, weil die *Argo*, ein in den Hochzeiten der Menschheitsgeschichte entstandener Mechanismus, sie an diesen Ort gebracht hatte. Maschinen wie die *Argo* waren eine natürliche Verlängerung der menschlichen Hand, doch Mechanos waren ein Krebsgeschwür. Sie waren nicht auf Planeten zuhause. Sollten doch kalter Raum und brennende Materie ihr Reich sein. Was hatten die Menschen hier zu schaffen?

Vielleicht ist unser Blickwinkel zu eng.

»Was soll das heißen?«

Sieh dort. Die grünen Stränge.

Die *Argo* stürzte immer weiter auf die Scheibe zu, und nun erkannten sie bereits das Profil des äußeren Rands. Blutrote Lohen schossen von den Punkten der mahlenden Scheibe empor, wo der verschlungene Stern nach innen gezogen wurde. Bruckstücke wurden durch die Rotation in den Strömen zermahlen.

»Na und? Sieht aus wie eine Schlange, die eine Ratte verschlingt.«

Stimmt. Nicht schön, wahrscheinlich nicht mal für die Schlange.

»Ach, nun sehe ich es auch. Diese grünen Stränge oberhalb der Ebene?«

Toby erkannte wabernde jadegrüne Fasern, die dort auf der Scheibe ›zu Berge‹ standen, wo der Stern verschlungen wurde. Sie glichen Binsen in einem Sumpf, die in der Brise wehten.

»Es blitzt, siehst du?« Gelbe Blitze zuckten über die blaugrünen Fasern.

Vielleicht ist unsere Annahme falsch, daß es hier kein Leben gäbe.

»Hmmm. Lebende Blitze?«

Die Brückenoffiziere hatten die Stränge inzwischen auch gesehen. Ein paar Leute machten sich an den Kontrollen des Schiffs zu schaffen und richteten Sensoren auf die Gebilde aus. Knoten und Wirbel stiegen an den glühenden grünen Linien empor.

»Sieht so aus, als ob das Zeug, das aus dem Stern herausgerissen wurde, diese Stränge abstieße«, sagte Toby.

Jocelyn war es gelungen, die Antennen der *Argo* trotz der Plasmaturbulenzen, die das Schiff durchschüttelten, auf die Stränge auszurichten. Aus den Lautsprechern der Brücke drang das Zischen und Knistern der Emissionen der Scheibe – und dann überlagerte ein schrilles Wimmern das Rauschen.

»Was ist das?« rief Jocelyn. »Das klingt fürchterlich.«

Killeen verzog den Mund bei dem schrillen Chor. Jede Stimme übertönte für einen Moment die anderen, stieß einen traurigen Ton aus und stimmte wieder in das allgemeine Lamento ein. »Vielleicht ist das Magnet-Bewußtsein nicht das einzige Wesen, das von Elektrizität lebt.«

»Es geben aber nicht alle diese Geräusche von sich«, sagte Toby. »Seht ihr?«

Jocelyn nickte. »Nur diejenigen, die mit diesen hellen Bruchstücken verbunden sind.«

Tobys Isaac-Aspekt heischte um Aufmerksamkeit, und Toby ließ ihn raus.

Diese sind der Stoff der entfernten Vergangenheit. Ich hörte als Kind von ihnen. Ich habe mit Zeno gesprochen und bin vielleicht in der Lage, die Quintessenz wahrzunehmen. Sie sind eine frühe Lebensform, die aus magnetischen Feldlinien be-

steht und mit heißer Materie durchsetzt ist. Ein primitiver Modus. Sie laben sich am Feuer und Rauch über der Scheibe, wie ein Schaf an Frühlingsblumen auf einer grünen Wiese.

»Sieht aber nicht so aus, als ob das Futter ihnen schmecken würde«, sagte Toby spöttisch.

Die plötzliche Zuführung der Masse des Sterns hat sie überlastet und ein paar von ihnen auf die wilde Akkretionsscheibe geschleudert, wo sie sterben.

»Wie kommt's dann, daß das Magnet-Bewußtsein es überlebt?«

Es ist weitaus größer und feiner gewirkt als diese simplen, primitiven Fasern – so ist es jedenfalls überliefert. Ich kenne mich nicht damit aus. Das Bewußtsein ist unvorstellbar alt und gibt seine Geheimnisse nur preis, wenn es notwendig ist. Die Menschen vor dem Kandelaber-Zeitalter versuchten, ein paar Facetten zu erforschen und haben teuer dafür bezahlt.

Toby verzog das Gesicht. Die Schreie und das Wimmern hatten etwas seltsam Ergreifendes; jede Stimme besaß ein eigenes Moment, schluchzte ein unverständliches Lied und fiel wieder in die flackernde Statik zurück, während das Plasma der Scheibe sich durch die Zufuhr der Sternenmasse aufblähte – und die filigranen jadegrünen Luftschlangen in den feurigen Schlund sog. Sie hatten zuwenig Abstand zum Rand der Scheibe gehalten und zahlten nun den Preis. Sie kämpften gegen die glühenden Spritzer an und verzeichneten auch Etappensiege, was sie aber nicht davor bewahrte, zum Schluß doch im Flammenmeer zu versinken. Die Masse des zermahlenen Sterns stürzte durch die Scheibe nach innen und riß viele der ätherischen Wesen ins Verderben.

Toby verfolgte ihren Tod, und trotz des Abgrunds, der ihn von diesen binsenartigen Entitäten trennte, fühlte er sich auf seltsame Art und Weise mit ihnen verbunden. So grundverschiedene Lebensformen konnten niemals Brüder sein. Sie führten ihr eigenes Leben, waren indes mit den Menschen im Geflecht von Raum und Zeit gefangen, im Guten wie im Bösen. Jenseits der Materie an sich, ausgestattet mit Sinnen, die kein Mensch je begreifen würde, teilten sie nichtsdestoweniger die zweifelhafte Würde der ewigen Unvollkommenheit und der andauernden Entwicklung, ein gemeinsames Erbe der Beschränktheit und der immerwährenden Suche nach Erkenntnis.

Der Blick der übrigen Brückenbesatzung war jedoch nicht auf die Farbtupfer auf der Scheibe gerichtet, sondern auf die sechseckige Formation der Schiffe der Myriapoden, die sich nun im Hintergrund abzeichnete. Und in der Mitte hielten sie den perlmuttartigen Reif, eine Waffe größer als Welten.

»Was geht hier vor?« fragte Killeen sich laut. »Und wo steckt überhaupt Quath?«

»Selbst dieser kosmische String wirkt hier klein«, sagte Jocelyn.

Die Schiffe der Myriapoden flogen frontal auf die *Argo* zu. Sie beschleunigten entlang magnetischer Feldlinien, unsichtbarer Abhänge, die mit jeder Minute steiler wurden und auf den inneren Rand der lodernden Akkretionsscheibe gerichtet waren.

In die Höllengrube. Die Luft flimmerte vor trockener Hitze. Toby schluckte und fragte sich, ob er den nächsten Tag noch erleben würde.

7 · EIN GESCHMACK DER LEERE

Wie Toby den Erzählungen später entnahm, stand die Brückenbesatzung während der darauffolgenden Stunden unter Hochspannung. Er selbst erlebte es nicht mit. Auf einem Schiff muß jeder seine Aufgabe erfüllen – ohne Ausnahme. Nicht einmal eine Raumschlacht berechtigt die Besatzung, sich vom Arbeitsplatz zu entfernen und zu gaffen.

Sein Auftrag bestand darin, in einer der verdorrten Agro-Kuppeln Saatgut auszubringen. Ein fünfköpfiges Team schwitzte unter dem Kuppeldach, über sich den heißen blauweißen Himmel, der von der Nähe des Fressers aller Dinge kündete. Um die komplexe Artenvielfalt zu bewahren, mußten die durch die Strahlung zerstörten Pflanzen ersetzt und die Setzlinge gewässert, mit Nährstoffen versorgt und abgeschirmt werden. Das war harte Arbeit.

Dennoch war sie nach der Spannung auf der Brücke in gewisser Weise eine Erleichterung. Der Gebrauch der Muskeln war manchmal leichter als der Einsatz des ohnehin überbeanspruchten Verstands. Er spürte die Bewegung des Schiffs, während er im Schweiße seines Angesichts schuftete. Er wußte, daß etwas im Gange war.

Noch mehr Mechanos waren aufgetaucht, wie er später erfuhr. Auf den Schirmen der Brücke erschienen sie als flackernde Schemen, die von den Systemen der *Argo* kaum zu orten waren. Die früheren Mechano-Schiffe waren primitiv gewesen im Vergleich zu diesen Einheiten. Jedenfalls war das zu vermuten. Techno-Mechanos hatten die Menschheit aus dem Weltraum vertrieben.

Wahrscheinlich war das genau der Typ gewesen, dem sie nun gegenüberstanden: Klein, schnell und wendig. Sie drangen hinter der *Argo* in den Strahlstrom ein, worauf die Ortungsgeräte der *Argo* sie ganz verloren.

Sie griffen aus verschiedenen Richtungen an, wobei sie eine Taktik anwandten, die sich dem Vorstellungsvermögen von Killeen und den anderen entzog. Toby hörte in seinem Sensorium nur ein statisches Rauschen und ein Zischen, als die Kuppel über ihm ein Leck bekam.

Durch den Treffer entwich die Luft in der Kuppel mit einem hohlen Pfeifen. Toby schnappte nach Luft und bekam keine. Dann wurde er in die Höhe gerissen, wobei er eine Schleppe aus Schmutz nachzog.

Der tosende Sturm legte sich, während er die Arme wie Dreschflegel schwang, um sich aufzurichten. Ein großes Loch klaffte in der Kuppel über ihm. Er griff nach einer gebrochenen Verstrebung, bekam sie zu fassen und hielt sich daran fest.

Ich bin tot, sagte er sich nüchtern. Die Lunge bemühte sich mit aller Kraft, Luft anzusaugen.

Ein stechender Schmerz im Bein. Ein Splitter ragte heraus, der von der pfeifenden Luft hineingetrieben worden sein mußte. Er schwang sich mit einem Arm zur nächsten Strebe.

Zornige Rufe im Ohr – über Interkom, aber keine Zeit zum Reagieren.

Die Ohren pulsierten vor Schmerz. Dann keine Geräusche mehr. Die Luft war entwichen.

Er begab sich an den Abstieg. Es gab eine automatische Luftschleuse, die sich bereits geschlossen hatte. Das verhinderte, daß die Luft aus dem ganzen Schiff entwich.

Doch es war ein langer Abstieg, und purpurne Flecken tanzten in den Augenwinkeln. Sie bildeten bizarre Muster, und er fragte sich, was sie ihm wohl sagen wollten. Der schmutzige Boden schien nicht näher zu kommen, und die Arme schlegelten nutzlos, wie Wäsche, die in einer Brise an der Leine flatterte.

Im Mund ein metallischer Geschmack. Der Geschmack der Leere.

Purpurne Fliegen füllten das Blickfeld aus. Dann ein greller gelber Funke.

Blitze zuckten durch die Kuppel. Leckten an Körpern, als ob sie sie abschmecken wollten.

Er wich dem Blitz aus. Er verfehlte ihn und traf das über ihm liegende Schott.

Das Blut rauschte in den Ohren. Er versuchte krampfhaft, den Mund geschlossen zu halten. Die Brust schien zu brennen. Der Boden kam näher, schlug ihm ins Gesicht. Die Lunge verkrampfte sich, doch er weigerte sich, den Mund zu öffnen und den letzten Atem in die Leere entweichen zu lassen.

Er wankte weiter. Über den pulvrigen Schmutz. Dampfschwaden wallten wie grauer Nebel vom Boden auf.

Das Blut hämmerte in den Ohren, und er hatte rasende Kopfschmerzen. Quälende Schmerzen in den Nebenhöhlen.

Die rechteckige Schleuse verzerrte sich. Er hatte Mühe, sich darauf zu konzentrieren, und mußte den Kopf schräg legen, um sie aus der richtigen Perspektive zu sehen. Während er mühsam einen Fuß vor den anderen setzte.

Die Hände ausgestreckt. Sie hieben auf eine große rote Platte auf der Schleusentür. Der Notausgang öffnete sich. Er ging hindurch.

Das erste Geräusch, das er vernahm, war ein Flüstern, das sich zu einem Hochdruck-Brüllen steigerte. Die Ohren knackten. Erst jetzt fragte er sich, was mit den anderen Leuten in der Kuppel geschehen war.

Als er das Gehör zurückerlangt hatte, war es schon zu spät. Die anderen vier hatten es nicht bis zur Schleuse geschafft.

Zwei waren durch das Loch in der Kuppel gerissen worden und auf Nimmerwiedersehen verschwunden. Die beiden anderen hatte der Blitz getroffen.

Niemand wußte, ob der Blitz eine Mechano-Waffe war oder ein Naturphänomen. Trotz der Schäden an den internen Schaltkreisen zeichneten die Techniker der *Argo* die beiden Selbste so exakt auf, daß sie in einem zukünftigen Chip-Leben als Aspekte dienen würden.

Schwacher Trost, sagte Toby sich. Er fühlte sich schuldig, weil er nicht an die Kameraden gedacht und sie im Stich gelassen hatte.

Doch er hatte kaum Zeit für solche Gedanken. Cermo teilte ihn einer Gruppe zu, welche die Kuppel mittels Druckmatten reparierte, um das Schiff für den nächsten Angriff zu rüsten.

Doch es erfolgte kein weiterer Angriff. Die automatischen Verteidigungssysteme der *Argo* hatten den Mechanos schwere Verluste zugefügt. Sie war zwar ein altes Schiff, aber gewiß nicht altersschwach.

Die Leute feierten die Einstellung der Kampfhandlungen wie einen Sieg. Toby indes fragte sich, ob die Mechanos nur beschlossen hätten, die *Argo* in noch gefährlicheres Terrain weiterziehen zu lassen. Sollte der Fresser doch ihre Arbeit erledigen.

Bei dieser Vorstellung hatte er das Gefühl des Falls, als ob er in einen metallisch schmeckenden Abgrund hinabstiege. In die Leere.

8 · DER MOMENT DER ÖFFNUNG

»Was ist dein Lieblingsessen?« fragte Besen.

»Ach – na ja, das, was gerade auf dem Speiseplan steht.« Toby merkte eben erst, daß er mit Käse überbackenen Blumenkohl in sich reinschaufelte. Nicht gerade seine Lieblingsspeise, aber er hatte eh nicht gewußt, was er da mampfte.

»Du bist vielleicht ein Gourmet«, sagte sie und sah ihn naserümpfend an.

»Schau, ich will keinen guten Geschmack haben, sondern nur Essen, das gut schmeckt.«

Nachdem er den Blumenkohl verputzt hatte, hielt er Ausschau nach einem Nachschlag. Das Beste am gemeinschaftlichen Essen war, daß am Ende der Mahlzeit Extrahappen gereicht wurden. Ein schneller Esser bekam entsprechend mehr, und Toby hatte immer Hunger. Selbst wenn sie mit Karacho auf eine riesige weißglühende Scheibe zurasten, war er darauf bedacht, dem Magen zu seinem Recht zu verhelfen.

»Du scheinst dir gar keine Sorgen zu machen«, sagte Besen.

Toby studierte ihr Gesicht. Wegen der erst ein paar Stunden zurückliegenden Todesfälle hatten im ganzen Schiff Trauerfeierlichkeiten stattgefunden. Nun war die Besatzung aufgrund der Sachzwänge wieder an die Arbeit gegangen und reparierte in hektischer, aber koordinierter Aktivität die Schäden. Besen neigte nicht dazu, ihre Gefühle zu zeigen, doch der verzogene Mund und der leicht geneigte Kopf verrieten sehr wohl ihre Anspannung.

»Es hat auch keinen Sinn, sich Sorgen zu machen.« Er

langte über den Tisch, ergriff ihre Hände und drückte sie. »Größere Geister als wir arbeiten an dieser Sache.«

Besen biß sich nervös auf die Lippe. Er beugte sich über den Tisch und küßte sie sanft auf die Stirn. »Ummmm«, sagte sie, ohne jedoch das Kauen einzustellen.

»Wir werden es schon schaffen. Ich hab's im Urin.« Das war natürlich Quatsch, aber er mußte sie irgendwie aufmuntern.

»Glaubst du wirklich?«

»Sicher. Äh ... würdest du mir mal die Kartoffeln reichen?«

»Was für ein Tier! Frißt sich im Angesicht des Todes den Wanst voll.«

»Scheint mir das einzig Vernünftige zu sein.«

»Ich habe ein flaues Gefühl im Magen. Ich kriege nichts runter.« Sie hob mit den Eßstäbchen eine Erbsenschote hoch, biß ein Stück davon ab und legte den Rest wieder auf den Teller.

»Nun, vielleicht wird eine andere Beschäftigung dich auf andere Gedanken bringen«, sagte er mit gleichmütigem Gesichtsausdruck.

»Eine andere ... oh. Du Biest!«

»Ich hab gehört, das soll gut für den Kreislauf sein.«

»Zuerst futtern und dann – nein, ich werde nicht mit dir in die Kiste hüpfen, während wir in den Schlund des ...«

»Kein Grund, einen Aufstand zu veranstalten.«

»Nun – ich meine – es ist so völlig unangebracht.«

Er tat so, als ob er die Frage gründlich überdenken würde, mit dem passenden nachdenklichen Gesichtsausdruck. »Ähem. Wie könnte man seiner Hoffnung besser Ausdruck verleihen, daß dort eine Zukunft liegt? Genau das ist es doch, wohin das Ding gerichtet ist.«

Sie schnaubte. »*Ich* dachte, es hätte mit Liebe zu tun.«

»Damit auch. Aber wenn wir schon Kandidaten für den Friedhof sind – wobei ich mich frage, worin wir überhaupt begraben werden, wenn es dort keine Erde gibt –, dann ist das älteste menschliche Ritual eine Geste des Glaubens. Des Glaubens an die Zukunft.«

»Glaubst du dann auch an Sex?« Sie grinste, worauf er die ganze Zeit auch hingearbeitet hatte. »Du hast aber eine komische Religion.«

»Ich bete am Altar meiner Wahl«, sagte er mit gespieltem Hochmut.

»Und was war das mit dem ältesten Ritual? Ich kann mir etwas Erbaulicheres vorstellen.«

Binnen eines Herzschlags konsultierte Toby Isaac, der über einen unerschöpflichen Fundus an alten Begriffen verfügte. »Man nannte es das ›Tier mit den zwei Höckern‹ – vielleicht hilft dir das weiter.«

Besen grinste ihn schelmisch an und gab sich spröde. »Du wolltest mich nur aufheitern, nicht wahr?«

»Hm.«

»Auch wenn du es nicht zugeben willst, hinter dieser harten Fassade bist du eigentlich ein lieber Kerl.«

»Sie haben mich demaskiert, Madam.«

»Hmmm.« Sie beäugte ihn nachdenklich. »Wie lang wird es noch dauern, bis wir der Scheibe wirklich nahe kommen?«

»Kann ich nicht sagen. Die Brücke ist zu beschäftigt, um Einzelheiten mitzuteilen, und wir nähern uns der Scheibe in einer komplizierten Spirale, so daß ... Wieso willst du das überhaupt wissen?«

»Nun, wenn die Zeit wirklich noch reicht ...«

»Du Zische! Da hab ich mich bemüht, dich aufzumuntern ...«

»Ach, vergiß es. Wer austeilt, muß auch einstecken können.« Sie piekste ihm in die Brust. »Komm schon, Romeo, schau'n wir mal, was die Bildschirme uns zeigen. Ich schätze, du hast deinen Vorrat an Romantik für diese Woche aufgebraucht.«

»Dann muß ich mir eben die nächste Ration abholen. Wo soll ich hingehen?«

»Keine Ahnung – beweg dich.«

Es war ihm zwar gelungen, sie aus dem Stimmungstief herauszuholen, doch der Hexenkessel, der auf dem großen Bildschirm in der Versammlungshalle abgebildet wurde, war dazu angetan, einen wieder in diesen Zustand zurückfallen zu lassen. Er legte den Arm um sie, während sie inmitten der Sippe die lodernde Scheibe betrachteten, die sich auszubreiten und zu kräuseln schien, je näher sie kamen.

»Was erwartet uns dort?« fragte Besen, wobei in ihrer Stimme Staunen und Furcht gleichermaßen mitschwangen.

»Ich weiß nicht. Ich habe keine Ahnung.«

»Die Scheibe, sie ist wie eine riesige Welt oder so.«

»Eine Welt ist hier gar nichts. Nicht mehr als ein Fliegendreck.«

»Aber ich sehe Wolken dort unten. Und dieses gekrümmte Ding sieht fast aus wie ein Fluß.«

»Mit Sicherheit nicht. Die Wolken sind in Wirklichkeit Plasma, das dir in einem Sekundenbruchteil die Hand abbrennen würde. Und beim Fluß handelt es sich, wie mein treuer Aspekt sagt, um eine Art magnetischen Knoten, der sich in der mahlenden Scheibe gebildet hat.«

»Aber es wirkt irgendwie so vertraut.«

Toby verzog den Mund und blickte in die Ferne. »Wir müssen hier vertraute Dinge sehen. Weil wir die absolute Fremdartigkeit nicht ertragen.«

Besen verstummte und nickte dann ernüchtert. »Mein Lehrer-Aspekt hat eben gesagt, der ›Fluß‹ sei größer als ein ganzer Planet. Viel größer. Und die Scheibe habe die Größe eines Sonnensystems.«

»Manchmal wünschte ich, die Aspekte würden uns nicht so viel sagen.« Sie nickte, wobei ihr Haar in der niedrigen Schwerkraft wogte. »Ich habe mich besser gefühlt, als ich diese kleine Schlangenlinie für einen Fluß hielt. Trotzdem gelangen wir mit den Aspekten an alle Äste des Wissens.«

Toby stieß ein glucksendes Lachen aus. »Äste, jasag. Aber nicht an die Wurzeln.«

»Wie meinst du das?«

»Sie vermögen uns nicht zu sagen, was all das bedeutet.«

»Immerhin kennen sie viele Fakten und Zahlen.«

»Das ist wahrscheinlich auch alles, wofür sie uns Gewähr bieten. Auf jeden Fall ist diese Scheibe riesig.« Er versuchte, den gleichmütigen Gesichtsausdruck zu wahren, doch die näherkommende Scheibe, die stetig anschwoll und in gleißendem Licht pulsierte, verdrängte die Ehrfurcht und flößte ihm statt dessen kreatürliche Angst ein.

»Und sie frißt *Sterne*. Wir haben hier nichts verloren.«

»Auch da muß ich dir zustimmen. Es gibt nur einen, der das nicht glaubt.«

»Und dein Vater glaubt es auch nicht. Er hat es beschlossen.«

Ein Anflug von Bitterkeit schwang in ihrer Stimme mit. Um sie herum mahlten Kiefer, und Augen weiteten sich, als eine riesige weiße Stichflamme aus der Scheibe schoß. Ein Murren wurde laut. Langsam dämmerte es Toby, daß es in der Versammlungshalle brodelte – die Leute waren unzufrieden und fürchteten sich. Die Todesfälle hatten sie ernüchtert und Killeens Macht gebrochen.

Plötzlich schrie eine Gruppe von Männern und Frauen auf der anderen Seite der Halle auf. Bevor Toby noch wußte, was überhaupt los war, setzte die Menge sich in Bewegung. Die Leute warfen Tische um und drängten sich durch die Ausgänge. Sie schoben sich mit zunehmender Energie vorwärts, wie die Flut, die unter der unwiderstehlichen Anziehungskraft des Monds anschwillt. Flüche wurden ausgestoßen, Stiefel hallten auf dem Deck, und in der Luft lag eine einzige Anklage.

Toby erhob sich und schloß sich der Menge an, wobei er das Stechen im Bein ignorierte, wo der Metallsplitter sich ins Bein gebohrt hatte. Das schien eine Ewigkeit her zu sein. Er humpelte nicht einmal; der Körper hatte die Wunde fast schon wieder repariert.

Er und Besen bildeten sozusagen die Nachhut, als die Horde die Brücke erreichte. Für Toby hatte die schnelle Abfolge der Ereignisse etwas Gespenstisches. Erneut wurden sie von den Offizieren aufgehalten. Erneut erschien Killeen auf der Balustrade. Erneut brachte er sie mit einer geharnischten Rede zur Räson.

Doch diesmal spürte Toby die Drohung in der wogenden Menge, und wo er nun wußte, worauf er achten mußte, sah er, wie sein Vater sich ihrer Furcht bediente, um sich ihrer Gefolgschaft zu versichern. Sie *wollten* ihm glauben, und er machte sich das zunutze. Andernfalls hätten sie sich vielleicht in eine Hysterie hineingesteigert, die sich dann zu einer Meuterei ausgewachsen hätte.

Zum Teil hielt Killeen sie durch schiere körperliche Präsenz in Schach. Er war zwei Köpfe größer als Toby, ein Beleg für sein Alter. Dies und die erhöhte Warte des Balkons nutzte er, um die Wortführer einzuschüchtern.

Vor langer Zeit, als Reaktion auf die mörderischen Mechanos, hatte die Menschheit durch Manipulation ihrer Wachstumsmuster die Lebensspanne verlängert. Der Körper, mit dem die natürliche Evolution die Menschen ausgestattet hatte, war mit etwa zwanzig Alte-Erde-Jahre ausgereift. Dann stagnierte sogar der leistungsfähigste Körper und trat anschließend in die langsame Verfallsphase ein, wobei der Schwund von Muskeln und Knochen durch zunehmende Weisheit und Erfahrung kompensiert wurde.

Um dies zu verhindern, hatte die Sippe aller Sippen vor langer Zeit die Menschheit umgeformt. Nun erreichten die Leute gar nicht erst das Plateau, an das der Verfall sich anschloß. Die Menschen starben an Verletzungen und Angriffen der Mechanos, nicht an Altersschwäche. Sie hörten nicht auf zu wachsen. Natürlich verlangsamte die Wachstumsrate sich – sonst wären die Leute im Alter zu plumpen Riesen aufgeschossen. Eine hundert Jahre alte Frau wurde in einem Jahrzehnt keinen Fingerbreit größer. Aber sie wuchs. Und sie besaß die ganze Weisheit und Erfahrung ihres Alters.

Diese ewige Jugend unterdrückte die inneren Abläufe, die den Alterungsprozeß bewirkten. Die ältesten Bishops waren fast doppelt so groß wie Toby. Dies bedeutete höhere Türen und größere Mahlzeiten. Noch wichtiger, die Alten überragten die anderen, so daß die Erfahrung noch durch die schiere Masse verstärkt wurde. Toby war groß für seine achtzehn Alte-Erde-Jahre, kam sich gegenüber Cermo oder Killeen aber klein und unbedeutend vor. Sie verkörperten die ganze Autorität der Sippe.

Dies nutzte Killeen ebenso unbewußt wie erfolgreich. Trotzdem wurde noch immer Protest laut, und Flüche, von Angst unterlegt, flogen durch die Luft.

Das einzige, was die Besatzung noch zurückhielt, war die lange Geschichte, die sie hierher geführt hatte. Mehr als jeder andere verkörperte Killeen diese Vergangenheit. Er stand mit brennenden Augen da und schüchterte die Leute mit seinem grimmigem Schweigen ein. Er hatte die Mantis überlistet, sie von Snowglade verscheucht. Er hatte einen Planeten durchschlagen und überlebt. War von Quath verschluckt und wieder ausgespien worden. Er hatte Mechanos getötet und dabei gelacht. Und eine Stimme wie ein Blitz hatte ihn auserkoren und sie hierher geführt. Erneut wogen sie das gegen ihre Angst ab.

Und in diesem entscheidenden Moment kroch Quath aus dem Hauptkorridor. Das Alien verströmte einen merkwürdigen Geruch, ein süß-saures Aroma im sich stetig erwärmenden Schiff. Die Leute wichen unbehaglich zur Seite. Das Alien war zwar ein Bundesgenosse, deshalb aber nicht weniger fremdartig.

Quath hielt an und schwenkte den großen Kopf.

Stiele mit rubinroten Augen wanden sich wie Ranken und musterten ein nervöses Gesicht, einen bärtigen Mann, die Handtasche, die eine Frau an sich drückte, als ob es sich um Austellungsgegenstände handelte.

<Ich habe die Kommunion mit meiner Art beendet>, sendete sie dann. <Der Kosmische Reif ist bereit. Sie nähern sich uns schnell, aus Gründen, die ich noch nicht verstehe. Sie sagen, wir müssen noch einmal mit dem magnetischen Wesen sprechen.>

Irgendwie rettete diese nüchterne, sachliche Aussage den Tag. Die Leute beruhigten sich und sahen Killeen an, der mit ruhiger Stimme sagte: »Ich werde es versuchen. Werden sie uns helfen?«

<Sie müssen.>

Toby wunderte sich darüber, daß Quath nicht etwa gesagt hatte, ›Sie werden‹ oder ›Sie werden es versuchen‹, doch dann zerstreute die Menge sich, und er erkannte, daß diese seltsame Verkündung Killeen bei der Überwindung einer weiteren Krise geholfen hatte.

Während die Offiziere wieder auf ihre Stationen gingen, gelang es ihm und Besen, auf die Brücke zu schlüpfen. Killeen sprach mit Quath, die Kopf und Hals in den Raum einfädelte. Bei der Bewegung schabten metallische Schäfte an den Wänden, und die Beine klapperten in einem Stakkato, das Toby Unbehagen verursachte.

»Mehr haben sie nicht gesagt?« fragte Killeen.

<Das Rauschen während der Übertragung verstärkt sich. Plasmawellen branden gegen und zerren an jedem Wort.>

»Was glaubst du, welchen Kurs wir nehmen?«

<Die Myriapoden besitzen alte Aufzeichnungen, die vielleicht von Nutzen sind. Sie glauben nicht, daß die Scheibe unser Ziel ist – auf diesem Weg liegen Chaos und Tod.>

Killeen stieß ein humorloses Lachen aus. »Jasag zum Quadrat.«

<Andere von den Myriapoden sagen, daß die allerältesten Texte von hiesigen Portalen künden.>

»Portale wohin?«

<Das weiß niemand, der nicht durch das Portal gegangen ist. Und das ist durch Erfindungen der Mechanos blockiert.>

»Was könnte hier überleben?«

<So sagen andere Myriapoden. Bei uns herrscht große Verwirrung in dieser Sache. Selbst die brennende Scheibe erscheint ein wahrscheinlicherer Ort für dauerhafte Strukturen als die flammende Sphäre weiter innen.>

Killeen ging in steifer Haltung auf und ab, die Arme auf dem Rücken verschränkt. »In dieser Nähe werden wir nicht lang überleben. Wir heizen uns auf, und der Strahlstrom schnürt uns ein ...«

<Wir sollten den Flug verlangsamen.>

»Das würde uns zum Trocknen an die Leine hängen. Ich will in Bewegung bleiben und in der Lage sein, jederzeit von hier zu verschwinden, wenn ...«

<Eine kurze Pause. So lange, bis der Kosmische Reif die Führung übernommen hat.>

»Wieso?«

<Ich weiß es nicht.>

»Verdammt! Um dieses Schiff zu steuern, muß ich wissen ...«

<Halt. Ich spüre hier noch etwas.>

Quath hatte es früher als die Menschen gemerkt, doch nun spürte auch Toby die zunehmende elektrostatische Aufladung auf der Kopfhaut und das Vibrieren unter den Sohlen.

Ihr seid in meine tiefen Regionen vorgestoßen. Ihr befindet euch am Rand des Strahlstroms. Nun ist es an der Zeit, Abschied zu nehmen.

»Was?« knurrte Killeen. »Du hast uns hierhergeführt und kannst nicht ...«

Ich spüre das zunehmende Rollen und die Spannung in der Scheibe zu meinen Füßen. Sie schickt gefräßige Wolken aus verzehrender Materie tief in meine Feldlinien. Diese Erosionen muß ich bekämpfen. Ich habe wenig Zeit für euch.

»Du hast doch gesagt, du seist in dem Zeug verankert. Das ganze Gerede von der Unsterblichkeit...«

Unsterblichkeit vermag ich nur anzustreben, nicht zu erreichen. Die Reibung der Materie ist sogar imstande, solche wie mich auszulöschen. Ich bin dazu verurteilt, zu kämpfen, genau wie ihr – nur in einem Maßstab von Raum und Zeit, von dem ihr nichts wißt. Ich bin viel größer und habe wenig mit euch gemeinsam außer dieser grundlegenden Eigenschaft.

»Dann läßt du uns also im Stich, wie? Ausgerechnet in dem Moment, wo...«

Ich habe letzte Worte für euch, bevor ich meinen Speicher komplexer Wellenformen aus eurer Region zurückziehe. Indem ich mich in andere Teile von mir selbst zurückziehe, ins Geflecht der Felder weit oberhalb der Scheibe, vermag ich mein Selbstbewußtsein zu erhalten, die Erinnerungen an meine lange Lebensdauer, an all das, was mich ausmacht.

»Verdammt, ohne Hilfe werden wir nicht einmal die nächste Stunde überleben, ganz zu schweigen von...«

Ich schicke eine Karte, simpel und irreführend, aber hinreichend für euch. Im Moment befinde ich mich in den Feldlinien, die sich verjüngend

auf die Scheibe zulaufen. Ihr gleitet an einer meiner Flanken entlang. Ihr verlaßt mich in Kürze an der markierten Stelle.

»Verdammt, du kannst doch nicht ...« schrie Killeen.

Kleine Wesen wie ihr sollten nicht vergessen, wer sie sind.

»Ich erinnere mich ziemlich gut, danke«, sagte Killeen spöttisch.

Toby hatte seinen Vater noch nie so um Beherrschung ringen sehen. Er knirschte mit den Zähnen und hatte die Augen zu Schlitzen verengt.

Toby öffnete den Mund, um etwas sagen, doch in diesem Augenblick wurden alle Wandbildschirme mit derselben Figur ausgefüllt. Es war eine bunte dreidimensionale Grafik, ein Gewirr aus Linien und fließenden Punkten mit roten, grünen und roten Klecksen.

Die Darstellung war verwirrend in ihrer Komplexität. Toby fühlte Ehrfurcht und Abscheu gleichermaßen. Sie wies Ebenen der Bedeutung und Bewegung auf, die er, wie er wußte, niemals begreifen würde.

Als ob das Magnet-Bewußtsein um die Unverständlichkeit der Grafik wüßte, wurde die Figur plötzlich einfacher und zweidimensional. Das war eine Geometrie, die er verstand. Die Klarheit der Mathematik, zugeschnitten auf einen menschlichen Verstand.

Toby sah einen langen breiten Streifen – das war die Seitenansicht der Scheibe –, wobei die Turbulenzen durch eine Schattierung markiert wurden. Schmale, gekrümmte Linien liefen von oben und unten auf die Scheibe zu – zum Ursprung des Strahlstroms. Dabei handelte es sich um die magnetischen Linien des Magnet-Bewußtseins selbst – um einen Teil seiner gewaltigen Struktur, die sich jenseits der Scheibe erstreckte und sich zwischen den Sternen verlor. Doch diese in der Scheibe verankerten magnetischen Füße waren wichtig, denn hier nährte das Bewußtsein sich von den tosenden Energien, die in der Scheibe freigesetzt wurden. Aus Gründen, die er nicht zu benennen vermochte, spürte Toby, daß selbst diese Linien, deren Größe ganze Sonnensysteme übertraf, nach den Maßstäben des Bewußtseins so unbedeutend waren wie die Härchen an seinen Beinen.

Und parallel zur innersten magnetischen Feldlinie verlief eine orangefarben gestrichelte Linie, die immer länger wurde – die Bahn der *Argo*.

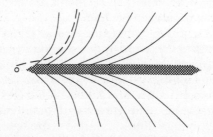

Dann verlängerte die gestrichelte Linie sich rasend schnell, wechselte von Orange zu Blau und bog von der Feldlinie ab. Sie krümmte sich nach innen – und die Grafik expandierte und zeigte den inneren Rand der Scheibe, der sich zu einem Punkt verjüngte. Dahinter, noch weiter drinnen, hatte Toby eigentlich die weißglühende Kugel erwartet, die er zuvor auf den Bildschirmen gesehen hatte.

Doch das gleißend helle Gebilde erschien in der Grafik nur als schwacher Schimmer. Anscheinend hielt das Magnet-Bewußtsein diese Energien für unwichtig. Die gestrichelte Bahnkurve der *Argo* führte durch die Leuchterscheinung, wobei das Schiff stetig beschleunigte. Dann knickte die Flugbahn nach oben ab. Im Mittelpunkt der weißen Kugel befand sich etwas Dunkles, das von einer schwachen energetischen Aura umwabert wurde.

Ihr werdet von mir scheiden. Ich ziehe mich zurück. Ich sende nun Details eurer weiteren Trajektorie.

»Warte!« Toby sah die Panik in Killeens Augen. »Weshalb? Wohin gehen wir?«

Der Stern, der am äußeren Rand gestorben ist, schickt sein zerschmettertes Selbst nun nach innen durch die Scheibe. Ein Wirbel und ein Strom massereicher Brocken werden durch die Scheibe gepreßt. Sie belasten und deformieren mich. Das erleide ich – auch für euch. Ein solcher Mahlstrom erzeugt die Bedingungen, die das Abraham-Ding zu wünschen scheint – und vorhergesagt hat. Ihr werdet es empfangen. Bewegt euch schnell, denn ein Scheitelpunkt naht.

»Was?« schrie Killeen mit geballten Fäusten. »Was naht?«

Der Fenster-Moment.

9 · DIE CYANER

Toby legte den Arm um Besen und hielt sie so fest umklammert, als ob er sie nie mehr loslassen wollte. Die *Argo* stöhnte und pulsierte. Decks und Schotts knackten. Tobys Beine zitterten unter dem Ansturm unsichtbarer Kräfte. Der Isaac-Aspekt rief:

Welch wundervolle Gezeiten!

»Das ist es, was das Wasser in Seen und so bewegt, stimmt's?«

Ja, aber die Kraft kommt von einem anderen Massenkörper. Wie der zerrissene Stern, den wir am Rand der großen Scheibe gesehen haben. Nun zerrt das Schwarze Loch an der Argo, und zwar an der dem Loch zugewandten Seite etwas stärker als an der entgegengesetzten. Das spüren wir als Spannung, die das Schiff auseinanderzureißen versucht.

»Verdammt!« Toby informierte Besen darüber und fragte dann: »Wird die *Argo* das aushalten?«

Ich glaube schon. Die Belastung ist enorm, das muß ich zugeben ...

»Woher willst *du* das denn wissen?«

Ich vermag das aus meinem früheren Leben zu generalisieren. Zugebenermaßen verspüre ich nicht euer körperliches Unbehagen, aber ...

»Und das Vergnügen genauso wenig, oder?«

Das stimmt. Ich beobachte lediglich deine visuellen Eingaben.

Toby gefiel die Vorstellung nicht, daß Isaac auch nur Auszüge seines Privatlebens mitbekam, und Besens Nähe verstärkte dieses Unbehagen nur noch. Der Gedanke, daß seine Aspekte in gewisser Weise Bettgenossen gewesen waren ...

Mach dir deshalb keine Sorgen. Unsere Ansichten sind völlig belanglos.

Das kam von Shibo. Eine tiefere, volltönende Stimme, die Nuancen transportierte, welche ihn unvermittelt in ihre innere Welt zogen, wo ihre ganze Vergangenheit sich vor ihm ausbreitete.
... Ihre geliebte Zitadelle von finsteren und heimtückischen Mächten belagert, mißgestaltet und kaum am aufgewühlten Horizont zu sehen. Würden sie durch die hitzeflimmernde Luft kommen oder über die kraterübersäte Ebene? Und wann? Oder waren ihre Spione schon innerhalb der verschlossenen Tore? – graue Feinde, nicht größer als die Pupille eines Auges, die auch genauso viel sahen und Mikrowellen-Botschaften an ihre Kameraden übermittelten, Maschinen-Berichte über die weichen Wesen hier. –
Er erlangte das innere Gleichgewicht zurück. »Wie ... wie ist das möglich?«

Aspekte sind statisch. Aspekte wachsen nicht. Also ändert ihre Sichtweise sich auch nicht. Ihr Bewußtseinsinhalt ist unveränderlich.

Für Toby war das ein schwacher Trost. Ihm fiel jedoch auf, daß Shibo die fehlende Wandlungsfähigkeit nicht auch für sich reklamiert hatte. Waren die Personalitäten vielleicht anders ›gestrickt‹? Aufgrund subtiler Veränderungen bei Isaac, Joe und eventuell sogar Zeno hatte er den Eindruck gewonnen, daß Shibo sie einer Art Therapie unterzog und den Aufruhr der Psyche linderte, von dem solche gestutzten Bewußtseine heimgesucht wurden.

Dann wurde er abrupt aus diesen Überlegungen gerissen, als eine Schockwelle das Deck durchbog. Er und Besen prallten gegen ein Schott und wurden auf das Brückendeck gewirbelt.

Als Toby aufstand, sah er, daß Killeen noch auf den Beinen war; er pendelte mit dem Oberkörper und machte Ausfallschritte, um die Stöße abzufedern. Doch das Gesicht des Käpt'ns war angespannt, und er suchte die Bildschirme nach einem Hinweis ab. Sie zeigten einen blendenden Hagel aus heißem Gas und Klumpen aus exotischer Materie, die mit rasender Geschwindigkeit auf sie zuschossen. Eine warme Brise wehte nun durch die Brücke und zerzauste Tobys Haar, während die Lüfter gegen die stetige Erwärmung von draußen ankämpften.

Wieder rief Killeen das Magnet-Bewußtsein, und wieder ohne Erfolg. Es hatte sich von ihnen abgewandt.

Die Offiziere waren auf die Andruckliegen geschnallt und starrten auf Killeen, wobei sie sich erkennbar fragten, weshalb er sich nicht auch anschnallte. Toby kannte den Grund. Wenn er sich auch nur diese kleine Blöße gab, würde sein Ansehen bei denen, die er nun führen mußte, drastisch sinken. Also wandte er sich ab und schritt mit auf dem Rücken verschränkten Armen demonstrativ über das Deck, während ein neues Beben durch die Brücke lief. Er taumelte nicht, verlangsamte nicht einmal den Schritt.

Toby schaute sich um, doch für ihn und Besen waren keine Andruckliegen mehr frei. Wenn sie die Ereignisse verfolgen wollten, würden sie das im Stehen tun müssen. Niemand nahm von ihnen Notiz; andernfalls hätte man sie längst verjagt. Aller Augen waren auf die Bildschirme und den Käpt'n gerichtet.

Killeen drehte sich langsam um und zog die Besatzung der Brücke mit gleichmütigem, versteinertem Blick in den Bann. Dann sah er Quaths gepanzerten, kardanisch aufgehängten Kopf, der durch den Brückeneingang lugte. »Was wissen deine Brüder über diesen Ort?« rief der Käpt'n mit einem Anflug von Verzweiflung.

<Nur alte Texte vermögen uns zu leiten. Die Myriapoden haben diesen Weg schon einmal zurückgelegt, um zu sehen, was die Mechanos hierhergeführt hat.>

»Sie sind nie mehr zurückgekommen?«

<Auch wir erlitten einen Sturz, als die Mechanos uns entdeckten. Sie spürten uns zuerst auf, als wir ihre Kreise störten. Wir zogen uns schnell zurück, anders als ihr Menschen. Für eure Hartnäckigkeit gibt es keine vernünftige Erklärung.>

»Wieso habt ihr dann Menschen gejagt?« meldete Toby sich. »Wir hätten schon die ganze Zeit Verbündete sein können.«

<Wir hielten euch irrtümlich für Tiere. Ihr wart so tief gefallen, so vernichtend geschlagen von den Mechanos. Nur dein Vater und eure Vermächtnisse erinnerten uns daran, daß ihr aus dem Stoff seid, der einst so hell strahlte und nun so erbärmlich ist.>

Toby schluckte. Quath war alles andere als ein Diplomat.

<Viele Schiffe gingen hier verloren. Es ist leicht, auf der gleitenden Oberfläche des Raums entlangzurutschen.>

»Des Raums? Teufel, was ist mit der *Hitze*? Und dieses Zeug, mit dem wir bombardiert werden, große Brocken ...«

<Diese sind Massen, die von der Spannung der hiesigen Gravo-Geometrie zermahlen und verdichtet wur-

den. Weicht ihnen aus und ignoriert sie im übrigen. Sie sind auf dem Weg zu ihrer eigenen Beisetzung.>

Sehr tröstlich, sagte Toby sich. Wahrscheinlich waren sie alle auf demselben Trip.

»Haben deine Brüder diesen Ort kartiert?« fragte Killeen ungeduldig.

<Ich verarbeite ihre Aufzeichnungen gerade im Kleinhirn. Hier.>

Die Bildschirme wurden mit bunten Schlieren ausgefüllt, aus denen sich Darstellungen herauskristallisierten, die vielleicht für die Myriapoden einen Sinn ergaben, wie Toby sich sagte, nicht aber für ihn.

Es handelte sich um eine dreidimensionale Abbildung, die von rasenden bunten Punkten durchsetzt war. Das Bild glich einem verwirrenden Kaleidoskop. Dann reduzierte Quath das Bild auf zwei Dimensionen, und nun erkannte Toby, was los war.

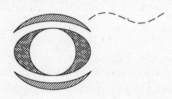

»Diese Hohlkugel im Zentrum – das ist das Schwarze Loch, nicht wahr?« fragte er den Isaac-Aspekt. Er hörte, wie Isaac und Zeno hektisch durcheinanderredeten, wobei Zenos traurige Stimme von statischem Rauschen fast völlig überlagert wurde. Sie spulte Einträge von einem Text-Chip ab, den er zwar trug, aber nicht zu lesen imstande war.

Richtig. Ich habe mich mit Zeno beraten, die ebenfalls der Meinung ist, daß die Myriapoden auch die Geometrie in der Nähe des Schwarzen Lochs korrekt kartiert haben. Die ausgebeulte,

schattierte Region um das Loch ist die Ergosphäre – eine Zone, wo der Spin des Schwarzen Lochs alles verzerrt und die Raumzeit zwingt, mit dem Loch selbst zu rotieren.

»Klingt gefährlich.«

Niemand weiß es. Zenos Leute glaubten, die Ergosphäre sei ein Ort, wo ein Schiff fast die gesamte Energie nur darauf verwenden müßte, um nicht ins Schwarze Loch zu stürzen.

Toby betrachtete die Figur auf dem Wandbildschirm und sah, daß der Spin des Lochs einen Strudel im Raum verursachte. Isaac sagte ihm, es sei keine Materie, die um das Schwarze Loch rotierte, sondern die Raumzeit selbst.

»Äh ... was ist Raumzeit? Ich meine, ich kenne den Raum, und Zeit ist, was eine Uhr sagt, aber ...«

Quath brach mit einer Direktübertragung in sein Bewußtsein ein.

<Niedere Wesen erkennen nicht die funQueenstale Essenz der Welt, in der Raum und Zeit miteinander verwoben sind. Knüpft deshalb keinen Knoten der Besorgnis. Nicht einmal die Myriapoden sehen die Raumzeit. Auch wir unterteilen sie in die einfacheren Begriffe der Entfernung und Dauer.>

Bis zu diesem Moment hatte Toby nicht gewußt, daß Quath in der Lage war, die im Flüsterton geführten Gespräche mit seinen Aspekten abzuhören. Zuerst war es ihm peinlich, und dann ärgerte er sich – doch dann schob er die Gefühle beiseite. Dafür war nun keine Zeit.

»Wie kommen wir nun hier raus?«

<Gar nicht.>

»Was?« Toby betrachtete die punktierte Linie der geplanten Trajektorie. Sie stieg erst leicht an und stürzte dann auf den sichelförmigen Klecks zu.

<Wir müssen durch die Cyaner hindurchfliegen. Es gibt keine andere Möglichkeit, das Portal zu betreten, das, wie die Myriapoden glauben, hier existiert.>

»Diese Dinger? Die Halbmonde? Sie stehen verdammt nah an dieser Ergosphäre.« Die dunstigen Halbmonde schwebten wie Kappen über den Polen des Schwarzen Lochs und schienen es förmlich abzuschirmen.

<Der Kosmische Reif wird uns den Weg bereiten.>

Toby ließ den Blick schweifen, wobei die Vorstellung dieses Höllenflugs ihm größeres Unbehagen verursachte als die Schockwellen, die durch die *Argo* pulsierten. Die Gezeitenkräfte zerrten wie gewaltige Hände an ihnen.

Dann wurde ihm bewußt, daß alle auf der Brücke ihn anschauten. Er blinzelte. Killeen, der wußte, daß Toby sich gut mit Quath verstand, hatte ihn subtil dazu verleitet, dem Alien Informationen zu entlocken. Und mit Erfolg.

»Was tun wir nun?« Killeen musterte Quaths Gesicht, als ob er in der Lage gewesen wäre, den fremdartigen Ausdruck zu enträtseln.

<Laß den Kosmischen Reif seine Arbeit tun.>

»Er wird uns hier rausholen?«

<Die Myriapoden glauben, dies sei der einzige Weg.>

Killeen verstummte und blickte nachdenklich auf die flackernden Bildschirme, welche die Brücke in ein gespenstisches Licht tauchten. Er war mit seinem Latein am Ende, erkannte Toby, müde und verwirrt. Er verspürte ein zärtliches Gefühl für seinen Vater, der in dieser großen Maschine der Vernichtung gefangen war, von Hoffnungen und Legenden hierhergeführt, getrieben von Furcht. Er löste sich von Besen und ging zu seinem Vater. Während Killeen den vibrierenden Fluß betrachtete, streckte Killeen zögernd die Hand aus und faßte Toby am Arm.

So standen sie für einen langen Moment und sahen,

wie die Schiffe der Myriapoden im Blickfeld erschienen. Angesichts des Chaos aus Energie und Masse erkannte Toby, daß dieser Ort weder gut noch böse war, sondern etwas viel Schlimmeres. Er war gleichgültig. Schön und schrecklich zugleich. Sie war seelenloser Betrachter, diese mahlende Maschine. Angesichts ihrer schieren Wucht und Größe wurde alles Streben der Menschen Makulatur.

Die glitzernden Schiffe der Myriapoden hielten den gleißenden Kosmischen Reif im magnetischen Griff. Isaac sagte Toby, daß der Reif sich mit Energie auflud, während er auf das Schwarze Loch zustürzte. Er durchdrang die im Loch verankerten Magnetfelder und entzog ihnen starke Ströme, elektrische Pulse, wodurch der Reif wie ein Fanal loderte.

<Der Scheitel-Moment nähert sich.>

»Der Moment, von dem auch das Magnet-Bewußtsein gesprochen hat?« flüsterte Killeen, dessen Augen an den Bildschirmen hafteten. Die Besatzung war stumm. Auf der Brücke wurde es immer wärmer.

<Nein. Dies ist das Ende des Mechano-Geräts.>

Toby runzelte die Stirn. »Mechano? Was ist denn hier das Werk der Mechanos?«

<Die Cyaner. Sie sind große verzerrte Regionen der Raumzeit, eingekapselte Turbulenzen. Sie würden uns zerreißen.>

»Wirklich? Dann geraten wir also wieder in stürmisches Wetter ...«

<Die Mechanischen haben diese Cyaner erschaffen.>

Killeen und Toby schauten Quath ungläubig an. Das Alien fuhr fort: <Die Mechanischen gebieten über starke Kräfte. Ihr habt ihre massiven, schemenhaften Konstruktionen gesehen, die sich von Energie und Materie nähren. Ihre Forschungen sind mannigfaltig und breit gefächert.>

»Aber ... die Cyaner? Kaum zu glauben«, sagte Killeen. »Diese Dinger sind riesig.«

<Größer als Sterne. Deshalb setzen die Myriapoden ihr eigenes Schiff ein. Meine Art wird euch den Weg weisen.>

Der Kosmische Reif hatte die *Argo* inzwischen überholt. Dann sah Toby auf dem Hauptbildschirm eine riesige Wand in Flugrichtung – die Cyaner. Es sah aus wie ein aufgewühltes graues Meer, dessen schwarze Wellenberge und weiße Wellentäler changierende Muster produzierten, so weit das Auge reichte.

Vor dem weißglühenden, mit gelben und roten Schlieren durchsetzten Hintergrund wirkten die Cyaner wie farblose Phantome. Toby verließ der Mut. Besen stützte ihn, während er den Arm um seinen Vater gelegt hatte. Hier war alles Menschenwerk vergebens.

Voraus tauchte der Reif in die graue, sich kräuselnde Weite ein. Und durchschnitt sie. Wie ein Messer fuhr er durch die aschfahle Oberfläche und drang tief ins Innere vor.

Die Ränder der Oberfläche wichen vor dem Kosmischen Reif zurück und wölbten sich.

Doch der Reif zahlte einen Preis. Er wurde entlang der Schnittkante eingedrückt. Der Widerstand der Turbulenz machte ihn stumpf und deformierte ihn.

Toby vermochte nicht zu ermessen, welche titanischen Energien hier walteten. Die Kante des Kosmischen Reifs war nur ein Atom breit, wie sein Aspekt Isaac gesagt hatte, doch die scharfe Krümmung war den grauen Wogen mehr als ebenbürtig. Er durchschnitt die Turbulenz, daß die Funken flogen.

»Was ... was sollen wir tun?« fragte Killeen leise.

<Folgt dem Kosmischen Reif.> Quath schickte eine Folge trällernder Laute durch das menschliche Sensorium, eine wehklagende Sympathiebekundung.

Killeen gab Jocelyn, die ihn mit großen, ängstlichen Augen beobachtet hatte, ein Zeichen. Sie drückte das Schiff nach unten, in Richtung der Flammenhölle, in

Richtung der wogenden grauen Wand. Die Zeit verstrich, während das Grau wie eine undurchdringliche Wand aus sich verschiebenden Steinen anschwoll.

Dann drangen sie in eine Bresche ein, die der Reif geschlagen hatte. Nach allen Seiten formten sich Gipfel und Täler und lösten sich wieder auf, wie Berge aus der Asche verbrannter Knochen.

Schwaden des Zeugs wirbelten über die *Argo* hin, und Toby wurde schwindlig, denn er glaubte, es hätte ihn von den Füßen gehauen und er würde nun mit flatterndem Schopf kopfüber in der Luft hängen. Ein paar Besatzungsmitglieder übergaben sich. Andere heulten vor Angst und Übelkeit auf. Das Skelett des Schiffs protestierte, ächzte und knackte.

Doch der Tunnel blieb geöffnet. Hinter dem Reif wölbte die Wand sich und bildete neue Zonen verzerrter Raumzeit. Die *Argo* folgte dem glühenden, deformierten Reif.

Es schien lang zu dauern, den breiten Geister-Raum der Cyaner zu durchqueren. Besen übergab sich und schnappte nach Luft. Doch Toby hielt sich an seinem Vater fest; nicht weil er eine Stütze brauchte, sondern weil er sich vergewissern wollte, ob er noch da war.

Und dann hatten sie es hinter sich. Der verbogene Reif taumelte davon. Die Schiffe der Myriapoden folgten dem ramponierten kosmischen String und nahmen wieder Kurs auf die Pole des rotierenden Systems.

Killeen erlangte die Sprache zurück: »Jocelyn. Versuch ... versuch, ihnen zu folgen.«

<Nein.> Quath klapperte mit den Beinen, so daß der Stahl vernehmlich klirrte und hallte. <Der Kurs, dem wir folgen, ist auf das Zentrum gerichtet.>

»Was?« Killeen klappte die Kinnlade herunter.

<Wie das Magnet-Bewußtsein es gesagt hat.>

»Schau ... die Sippe Bishop hat immer das Wahre Zentrum als unser Ziel bezeichnet, ohne daß jemand den Grund gewußt hätte. Es wurde überliefert. Wir glauben daran. Aber das hier ...« Toby sah, daß sein Vater am Rand des Zusammenbruchs stand; die riesige Dimension dieses Orts hatte seine Kraft aufgezehrt.

Dann verhärteten Killeens graue Gesichtszüge sich, und er bekam wieder diesen festen Blick. »In Richtung des Schwarzen Lochs? Wir sind dir bisher gefolgt. Und dem Magnet-Bewußtsein auch. Und wir sind so weit gekommen wie nur irgend möglich. Was auch immer hier auf uns warten sollte, es ist verschwunden. Gefressen. Verbrannt.«

<Ich folge den alten Erkenntnissen der Myriapoden. Es gibt hier noch mehr. Im Innern.>

»Das glaube ich nicht«, sagte Killeen ohne Umschweife.

Toby schaute auf die Bildschirme. Die Ergosphäre wurde in der Grafik als rotierender Kreisel dargestellt, doch eine davor befindliche Ausbeulung spie Licht wie eine untergehende Sonne. Nur daß es sich als große, gekrümmte Bahn nach außen in die Unendlichkeit erstreckte. Nun begriff Toby, daß die Größe des dämonischen Schwarzen Lochs die eigentliche Ursache der kosmischen Gewalt war, deren Augenzeuge er geworden war. Das gefräßige Maul. Der Grund, weshalb das Galaktische Zentrum ein Hexenkessel aus Tod und Verlust war.

Durch die blendende Strahlung sah er das Leuchten, wo das Loch schließlich das Gefüge des Universums beherrschte und die Raumzeit derart zusammenpreßte, bis sie sich dem Willen der Gravitation beugte.

Über zehn Milliarden Jahre hatte die Galaxis das Loch genährt. Millionen Sterne waren vernichtet und eingesogen worden. Und die Zivilisationen, die sich um diese Sonnen entwickelt hatten – sie waren entweder geflohen oder untergegangen.

Er fragte sich, welche Planeten diese Sonne einst umkreist hatten, ob sie organische Moleküle hervorgebracht hatte, die imstande waren, sich zusammenzuschließen und zu vermehren, ob Intelligenzen auf diesen zerstörten Planeten gelebt hatten. Ob Kreaturen dem Schicksal ins Auge geblickt, es als lodernde, wuchernde Erscheinung am Himmel gesehen hatten. Vielleicht hatten sie gewußt, daß im Zentrum einer solchen Tragödie sich eine absolute Leere befand.

<Wir müssen weiterfliegen. Abwärts, in Richtung des dicksten Teils der rotierenden Ausbeulung.>

»Die Ergosphäre?« flüsterte Toby.

<So steht es geschrieben. Meine Art hat ihr wertvollstes Werkzeug geopfert, um einen Durchgang für eure Art zu schaffen. Ihr könnt die Suche fortsetzen. Die Physik ist im Moment günstig für einen Eintritt.>

»Wieso?« fragte Killeen mit zittriger Stimme.

<Die Woge der Materie, die vom sterbenden Stern stammte, hat den inneren Rand der Scheibe erreicht. Sie stürzt nun in die Ergosphäre und erzeugt neue Verzerrungen. Nur in diesem Moment, sagen die Myriapoden, ist ein Durchgang durch das Portal der Ergosphäre möglich.>

»*Weshalb?*«

<Es ist wie ein lebendiges Wesen, in ständiger Bewegung und rastlos. Poren in der weiten Haut öffnen sich als Reaktion auf die Massage der Masse. Stellt euch die Ergosphäre als eine straff gespannte Haut aus Raumzeit vor, über die Wellen laufen. Der Einfall von Materie zwingt das Wesen, sich neu zu justieren und die Wogen der Kausalität zu glätten. Wenn die Masse eines Sterns auf das Wesen herabregnet, eröffnen die Spritzer in der Raumzeit Möglichkeiten.>

»Um was zu tun?«

<Um sicher einzutreten – oder so sicher, wie [keine Entsprechung] es erlaubt. Nur ein Schwarzes Loch, das schon eine Million Sonnen verschlungen hat, gewährleistet eine sichere Passage. Kleinere Löcher würden uns zerreißen. Der Fresser ist so groß, daß seine Ausläufer sich weit über die zentrale Singularität hinaus er-

strecken. Dies bedingt hier gemäßigte Gezeitenkräfte. Ein Schiff, das tangential zur Ergosphäre fliegt, vermag neue Routen zu finden, Pfade und Passagen.>

»Wohin?«

<Ich weiß es nicht – ich *kann* es nicht wissen. Die Erleuchteten beschreiben einen Ort des funQueenstalen Chaos, wo die Naturgesetze außer Kraft sind. Nichts im Universum vermag vorherzusagen, wo wir herauskommen werden, nachdem wir das Portal durchflogen haben.>

»Es ist ein Glücksspiel. Wenn wir noch warten ...«

<Im Durchschnitt stürzt alle tausend Jahre ein Stern in den Schlund des Lochs. Dies ist der Moment des Fensters.>

Toby musterte Killeen. Das die *Argo* umhüllende Lodern warf tiefe Schatten auf das vertraute Gesicht, und der sich verhärtende Zug um die Mundwinkel sagte Toby auch ohne Worte, was sie tun würden.

Photovoren

Brennende Blumen steigen von der Scheibe auf. Sie entfalten sich und verteilen Plasma-Samen ober- und unterhalb der mahlenden Scheibe.

Helle Zungen schießen hervor. Positronen schwärmen aus. Ihre Stiche vernichten alles, was sie berühren.

Sie lösen sich auf, sobald sie auf die bleierne Materie auftreffen. Antimaterie züngelt und vergeht. Ein Sturm harter Gammastrahlen, wie ein reinigendes Gewitter.

Ihr Scheiterhaufen ist eine sich ausdehnende Wand aus puren Photonen. Intensiv und unerbittlich. Drängt Materie zurück, die in den Sog der Gravitationsquelle stürzen will.

Elektromagnetische Kräfte wirken auf der Oberfläche der expandierenden Druck-Blase. Grüne Würmer winden sich. Schemenhafte Rechtecke aus aufgewühlter Masse stauen sich, verharren über dem Abgrund. Der Strom versiegt.

Und doch ist dies die Nahrung des Fressers, Rohstoff der Scheibe und Ursprung des Chaos. Die Scheibe verhungert. Nicht sofort, denn das Licht benötigt Stunden, um den Wirbelsturm der Gravitation zu durchqueren.

Trägheitskräfte wirken. Die Scheibe löst sich auf. Dadurch fällt der Lichtdruck – der nun eine wabernde Schicht aus ionisierter Masse zurückhält – ab und wird schließlich aufgehoben.

Während der Druck der Photonen nachläßt, setzt die Materie den tödlichen Sturz fort. Wieder strömt schwarze Masse auf einer spiralförmigen Bahn nach unten. Die Scheibe zahlt diesen Tribut. Wieder zerschmettern Feuer-Blumen Materieklumpen, zerbrechen Moleküle in Atome und verwandeln Atome in reine Ladung.

So geht es unablässig weiter – Druck und Zug, Druck und Zug. Ewiger Rhythmus. Brunnen. Quell des Lebens.

Oberhalb der Scheibe, in sicherer Entfernung von der stechenden

Strahlung, hängen ätherische Wesen. Schichten, Ebenen, Herden. Ihrer Zahl ist Legion. Neigen sich im elektromagnetischen Wind. Lassen sich nicht stören.

Die Photovoren grasen.

Sie lassen sich von der unberechenbaren Strömung der Elektronen und Protonen treiben, die von der zornigen Scheibe des Fressers abgestoßen werden. Breite Schwingen aus Hochglanz-Molyschichten entfalten sich und nutzen den steten Schub des Teilchenwinds. Vektoren.

Sie erzeugen magnetische Drehmomente in einer komplexen dynamischen Summe. Rotierend kämpfen sie unablässig gegen die Anziehungskraft des Fressers an.

Und doch müssen sie diese Naturkräfte in den ewigen Reigen integrieren. Dies ist vorherbestimmt.

Zuweilen gelingt es den Herden nicht, die komplexe Balance zwischen den nach außen gerichteten Winden und der nach innen gerichteten Zugkraft zu wahren. Ganze Lagen schälen sich ab.

Ein paar werden in die Massen der molekularen Wolken geschleudert, die selbst bald verdampfen werden. Andere folgen einem herunterbrennenden Scheiterhaufen. Lang bevor sie auf die gleißende Scheibe auftreffen, zertrümmert die harte Strahlung sie. Sie zerplatzen in Punkte aus erlöschendem Licht.

Nicht jetzt. Eine höhere Naturgewalt nähert sich.

Pechschwarze Linsen richten sich auf einen Eindringling. Weil er sich aus überhöhter Position an der Achse des Fressers nach unten bewegt, erkennen die Sensoren nur keramische Anbauteile und hochschlagzähe Puffer. Eine Intelligenz, die sich vor dem Sturm geschützt hat. Schaltkreise von der Größe eines Atoms, hauchdünne Substrate, heliumgekühlte Gelenke – alle sind den stechenden Gammastrahlen und harten Nuklei ausgesetzt. Selbst die Erhabenen tragen eine Rüstung.

Doch die Photovoren sehen nur eine Präsenz, die sie ehren müssen. Die Herden teilen sich. Elfenbeinfarbene Lagen werden zurückgeschlagen und enthüllen tiefere Ebenen: goldgelbe Lichtsucher.

Diese suhlen sich in Photonen und scheiden Mikrowellen-Strahlen aus. Mit einem Bewußtsein, das nicht komplexer ist als das eines Röhrenwurms in uralten Ozeanen, ist jeder von ihnen ein einziger elektromagnetischer Magen, von Kopf bis Schwanz. Ideale Isolierungen.

Dumpf ahnen sie, daß diese herniedersteigende Präsenz die Ursache ihres Seins ist. Die Herden teilen sich ehrerbietig, um ihm Durchlaß zu gewähren.

Ein zitternder Begrüßungschor. Die vorüberziehende Masse ignoriert sie.

Ihre zischenden Mikrowellen schwanken. Momentane Verwirrung. Dann kommen neue Befehle. Sie konzentrieren ihren ganzen Überschuß auf die vorüberziehende Präsenz. Der Besucher bedarf mehr Energie. Sie nähren ihn.

Die Präsenz beschleunigt und zerquetscht ein paar von der Herde mit dem Panzer. Sie nimmt niemals Notiz von den sich aufrollenden Schichten und den zu einem frohen Chor vereinigten Gigahertz-Stimmen. Sie sind Plankton. Die Präsenz verschluckt sie, ohne einen Gedanken an sie zu verschwenden.

Wie dem auch sei, eine sich zuspitzende Diskussion beschäftigt sie.

*Unsere/Eure Täuschung
war ein Erfolg. Aber mir/uns
gefällt ihre Annäherung
an den Keil nicht.*

                        Der ins Loch stürzende Stern
                        zerstört die Scheibe.
                        Sie werden wahrscheinlich
                        bald vergehen.

*Sie machen sich vielleicht
die Turbulenz zunutze.*

                        Ich/Du habe/hast versucht,
                        ihre Denkweise zu verstehen.
                        Laß uns den Diskurs in ihrem
                        Stil der Zwei-Wertigkeit
                        führen. Vielleicht gelingt
                        es uns auf diese Art,
                        ihre Züge vorherzusagen.

Auf diese Art? Ich bin nur ich?

Verkrüppelt. Unbeholfen.

Als Experiment akzeptiere ich das. Das Konzept des ›Ich‹ ist so beschränkt. Nichtsdestoweniger – Berichte!

Sind diese Schiffs-Systeme uns gegenüber loyal?

Wir sind nicht imstande, solche Bewußtseine zu beherrschen?

Haben sie die Geheimnisse entdeckt, die wir suchen?

Unwahrscheinlich, in Anbetracht der Lage.

Wer würde wohl solch brutale Methoden anwenden?

Und ich bin auch ein einzelnes Selbst. Siehst du, wie einfach das ist?

Und doch leben sie so.

Unser direktes Eindringen in ihr Schiff ist planmäßig verlaufen. Wir befragten ihre Systeme mit dem Blitz elektrischer Entladungen.

Nein. Das können sie nicht, ohne sich selbst zu zerstören.

Sie stammen aus einer Ära, wo die Primaten sich vor uns zu schützen wußten.

Nicht ganz. Sie wissen, daß dieses Erbe, das die Menschen besitzen, in harte Materie eingebettet ist.

Obwohl es anscheinend doch wahr ist.

Bedenke, daß die Primaten sich auf dem absteigenden Ast

befanden, als sie diese Aufzeichnungen erstellten. Jedes elektrische Bewußtsein, das wir irgendwann umdrehen würden.

Dann befindet es sich also in ihrem Schiff?

Anscheinend, aber nicht alles. Die Vermächtnisse, wie sie es bezeichnen. Aber das Behältnis, in dem sie enthalten sind, ist nicht klar.

Damit wäre die Sache geklärt. Wir müssen ihr Schiff pulverisieren.

Nicht alle benötigten Informationen befinden sich dort.

Wo ist der Rest?

Wir wissen es nicht.

Ist das der Grund, weshalb sie zu dem magnetischen Phylum sprechen?

Um ihm ihre Geheimnisse anzuvertrauen? Das würde unsere Aufgabe erschweren.

Du bist vielleicht imstande, das Phylum zum Gehorsam zu zwingen.

Um das zu erreichen, müßte man genug Masse bewegen, um die Feldlinien auf breiter Front zu zerreißen. Die Energie ist gewaltig.

Ich hoffe für dich, daß das nicht nötig ist.

Vielleicht wäre es am besten, sie weiterhin zu beobachten,

Hätte man diese Energien ins Herz ihres Schiffs geleitet, würden sie längst nicht mehr existieren.

trotz der gefährlichen Verzerrung der Reifen-Diskontinuität der Quasi-Mechanischen.

Bedenke: Die elektrischen Entladungen, die wir herbeiführten, haben ihre innersten Intelligenzen umgepolt. Ihre Elektro-Bewußtseine – von begrenzter Größe, aber nützlich – lauschen nun für uns.

Sind sie in der Lage, diese Vermächtnisse zu finden?

Sie haben schon ein paar von ihnen gefunden.

Ausgezeichnet! Was enthalten sie?

Einen Führer zum Ort ihres genetischen Erbes.

Eine Genom-Karte?

Anscheinend.

Das stellt keine Gefahr für uns dar.

Anscheinend.

Du wirkst unsicher.

Merkwürdige Datenspuren sind mit dem Code verwoben. Sie scheinen nutzlos zu sein.

Wahrscheinlich Fehler.

Ich wünschte, wir wären uns sicher.

Man muß mit solchen Unwägbarkeiten leben. Es

liegt in unserer und eurer Natur, sie zu tolerieren.

Der Mangel an Beweisen ist kein Beweis für einen Mangel an Beweisen.

Es spricht alles dafür, daß die Primaten den Keil seit langer Zeit nicht erreicht haben.

Ein paar sind sicher durchgekommen.

Die meisten von uns möchten nicht über den Keil sprechen.

Wer kommt hier mit den Unwägbarkeiten nicht klar?

Die Entscheidung, den Keil anzugreifen, wurde vor langer Zeit von uns allen getroffen.

Nein – es war hauptsächlich deine Entscheidung.

Das ist eine grobe Vereinfachung! Ich wußte, daß diese Teilung in zwei Selbste mich quälen würde! Siehst du? Es führt zu Vorwürfen – Selbstvorwürfen. Du wirst gewiß zugeben, daß die Idee, den Keil mit einer Reifen-Diskontinuität zu zersägen, eine gute Idee war.

Nur daß der Keil die Reifen geschluckt hat.

Wir müssen uns nicht mit Erinnerungen aufhalten. Der Keil wird sich uns zur rechten Zeit stellen.

Genau – aber nicht, wie du dir das vorstellst. Der Keil ist

Unsere Wissenschaft wird dieses Problem lösen. Wir haben alles übertroffen, was sich hierher gewagt hat. Was macht es dann schon, wenn sie den Keil betreten?

Das erfordert viel Energie vom Relais-Schiff. Nur der Keil vermag am Abhang des Raums zu haften.

Wir haben solche Methoden zuvor angewandt – und viel verloren.

Konzentriere dich auf diese Primaten! Sie sind die Vergangenheit – schaff sie uns vom Hals.

Verschwende keine Zeit mit solchen Überlegungen. Du hast einen Auftrag – führe ihn aus.

in der Zeit – weshalb wir ihn nicht erreichen.

Wir haben einen Relais-Punkt stationiert. Er sitzt an der Kante des Keils, fängt Signale von ihrem Schiff auf und sendet sie zu uns.

Richtig. Aber die Mühe wird sich lohnen.

Diesmal steht viel mehr auf dem Spiel.

Es ist auch etwas von der Zukunft in ihnen.

Wir müssen die Natur der Bedrohung erkennen. Sonst

*Natürlich sind wir dazu
in der Lage.*

*Mir gefällt dein Ton nicht,
Ästhet.*

wissen wir nicht, ob wir in der
Lage sind, sie zu beseitigen.

Ignoranz ist keine effektive
Strategie.

Dann hast du mich wohl
verstanden.

DRITTER TEIL

DAS ZEITLOCH

1 · TIEFE REALITÄT

Sie stürzten auf die Grenzfläche der Ergosphäre zu. Toby verglich sie mit der Haut eines Tiers, ledrig und zitternd vor rasender Wut.

Dann schoß die *Argo* an der Ergosphäre entlang und beschleunigte in der aufgewühlten Gravitation. Tobys Perspektive veränderte sich. Nun hatte er den Eindruck, sich dicht über einem Meer mit starker Dünung zu befinden. Wellen brachen sich gischtend, aufgewühlt von einem imaginären Sturm.

»Durchhalten«, sagte Killeen steif.

Toby war auf eine Liege geschnallt. Die Gravitation befand sich im Fluß, zupfte an den Kleidern, juckte im Innenohr und irritierte das Sensorium derart, daß der Blick verschwamm. Sein Zeno-Aspekt sagte mit brüchiger, schwacher Stimme:

Diese Kräfte ... unberechenbar ... wurden von Expeditionen ... aufgezeichnet ... Menschen ... beschrieben sie als ›wie ein gereizter Tiger, der eine Maus schüttelt‹.

»Ähem ... was ist ein Tiger?« Toby hatte schon Mäuse gesehen, hatte die Nager mit den spitzen Zähnen selbst gefangen, die sich über das Getreide in der Zitadelle Bishop hergemacht hatten. Zeno sandte ein verschwommenes Bild von etwas, das gelassen und bedrohlich wild zugleich wirkte. Als die Darstellung dann im ›True Colour‹-Modus in sein Sensorium platzte, bekam Toby eine Gänsehaut, bis Zeno sagte:

Diese Kreatur ... besagen die Daten ... kaum größer als deine Hand.

»Da bin ich aber erleichtert.« Er stellte sich vor, wie eine Katze ihn ins Maul nahm und herumschleuderte. Die wilden Bewegungen machten ihm nichts aus, doch manchmal fühlte die Turbulenz sich wie Finger an, die ihm über die Haut fuhren, unheimlich und geisterhaft.

Die Offiziere der Brücke hatten ihre Liegen aufgesucht, doch der Käpt'n schnürte grimmig über das Deck und widersetzte sich den Einflüssen der unberechenbar wogenden Schwerkraft. Niemand wagte es, den düster blickenden Killeen zu stören, während er mit schweren Schritten umherstiefelte, die Arme auf dem Rücken verschränkt.

Toby sah, daß sein Vater sich innerlich gegen etwas rüstete, das wie eine sichere Katastrophe aussah. Ins Unbekannte vorzustoßen war eine Sache, war Tradition der Sippe. Doch einer lebendigen Schwärze ins Gesicht zu schlagen ...

Killeen nickte Jocelyn zu. »Jetzt.«

Ein Gefühl des Gleitens. Toby schluckte. Als ob man ihn in die Mangel genommen hätte. Die ganze Brücke schien die Luft anzuhalten.

Sie stürzten der gewellten Haut der Ergosphäre entgegen. Auf der Oberfläche tobten pechschwarze Stürme. Wellentäler und -berge glühten rot, angestrahlt vom Feuer der Hölle. Das Licht wurde von brutaler Gravitation gebrochen und gequetscht.

»Das ist es!« flüsterte Jocelyn heiser.

... und sie tauchten in die Wellen ein.

Hinein.

Heraus.

Toby blinzelte. Kein Schock, keine Kollision. Ein glatter, zügiger Übergang in ...

Flammende Kugeln. Sie ritten auf einer Leuchtspur.

Auf Toby wirkte das Innere der Ergosphäre wie eine dunkle Nacht, die von grellen Blitzen erhellt wurde. Sie waren in einen Kugelhagel geraten – aus roten und violetten und fremdartigen dunkelgrünen Kugelblitzen.

»Wo ... wo sind wir?« flüsterte Toby.

<Im Zeitloch>, sendete Quath.

»Du meinst das Schwarze Loch?«

<Der Schlucker befindet sich noch weiter drin. Dies ist die wirbelnde Region, die durch die Rotation des Schwarzen Lochs geschaffen wird. Ein mörderischer Ort. Hier wickelt die Raumzeit sich um die dunkle Masse des Fressers, so daß sie gequirlt wird.> Quath veranschaulichte den Vorgang, indem sie mit den Augenstielen rasselte und wedelte.

»Was wird gequirlt?«

<Zeit und Raum. Sie sind untrennbar verbunden, und die tiefe Realität offenbart sich nur denen, die in Raum-Zeit zu sehen imstande sind.>

»Nun, ich sehe in fast allen Bereichen des Spektrums.«

<Du und ich genießen nicht das Privileg, die Raum-Zeit direkt wahrzunehmen. Ich bezweifle, daß überhaupt etwas, das von einer niederen Lebensform nach Höherem strebt, sie zu sehen vermag. Es muß wie [keine Entsprechung] sein. Oder in der Lage ist, die Gravitation an sich als eine vitale, elastische Sache zu sehen.>

»Wie kommt's, daß wir so blöde sind?« Die Leuchtspur wurde intensiver, und das auf dem Monitor abgebildete Kaleidoskop spiegelte sich auf den Gesichtern der Brückenbesatzung. Keiner rührte sich. Die *Argo* bockte unter dem Ansturm unsichtbarer Kräfte. Tobys in Aufruhr befindlicher Magen sagte ihm, daß die Schwerkraft sich ständig änderte, mit der Geschmeidigkeit eines Tigers auf der Pirsch.

<Die richtige Welt in einfachere Welten zu zerlegen ist eine große Annehmlichkeit. Also nehmen wir den

Raum wahr, doch die Lösung des Rätsels der Zeit überlassen wir dem Ticken der Maschinen, den Uhren.>

Toby schnitt eine Grimasse. »Zeit ist das, was die Uhren sagen, Mutter aller Maden. Mehr steckt nicht dahinter.«

<Aber Zeit ist mehr als das. Sie lebt im Streit mit ihrem Partner, den drei Dimensionen des Raums, die wir zu sehen vermögen. Dieser Streit wird nie beigelegt werden und beherrscht alles. Hier im Zeitloch wird der Kampf auf die Spitze getrieben.>

Toby schüttelte verwirrt den Kopf. »Kapier ich nicht.«

Auf der Brücke herrschte ehrfürchtiges Schweigen. Das Gros der Besatzung drängte sich im Zentrum des Schiffs, wo es vor den Partikeln geschützt war, die sogar die magnetischen Schutzschirme der *Argo* durchdrangen. Toby und die anderen auf der Brücke hatten ein Gebräu geschluckt – das Rezept stammte von einem von Jocelyns Aspekten –, um eventuelle Strahlenschäden an den Körperzellen zu beheben. Es war eine milchige, ekelhaft schmeckende Brühe, doch Jocelyn sagte, daß der Trank winzige Wesen enthielte, die in der Lage waren, zertrümmerte Moleküle zu reparieren und gebrochene Strukturen zu flicken.

Im Moment hatte Toby jedoch nur Probleme mit dem Magen. Er entwickelte geradezu ein Eigenleben, während die Gravitation mit jeder Sekunde die Richtung änderte. Er klammerte sich an die Liege und atmete durch den Mund, wobei es ihm egal war, daß er dabei sabberte – bis der Speichel einem abrupten Wirbel der Schwerkraft folgte und der Siff ihm ins rechte Auge tropfte.

»Wäh.«

»Bist du in Ordnung, Sohn?« rief Killeen.

»Ja. Ist mir nur etwas übel, mehr nicht.«

Killeen lächelte ihn mitfühlend an. »Halte durch. Es wird wahrscheinlich noch schlimmer kommen.«

Abrupt stieg in ihm eine stumme, steinerne Präsenz auf – Shibo, und ihre Personalität berührte sein Sensorium mit seidigen Fingern. Er hatte sie nicht aufgerufen, und sie sagte auch nichts, doch ihre Essenz durchzog die Luft und präsentierte ihm filigrane Erinnerungsmuster, die von der steinharten Oberfläche ihres Bewußtseins abblätterten. Pastellzeichnungen von alten, endlosen Tagen, sonniger Muße und schattigen Hainen, in denen sie als Kind gespielt hatte, von fröhlichem Kinderlachen, das auf einer Lichtung ertönt war, von leckeren Speisen, die sie mit Freunden genossen hatte ...

Unbehaglich schüttelte er diese Einflüsse ab, und die Angst brach trotz ihrer stummen Bemühungen wieder durch. »Papa, wohin fliegen wir?«

Ein Ausdruck des Bedauerns. »Ich weiß es nicht.«

»Aber ...« Ja, sagte Toby sich, *aber* ...

Sie beide wußten um die Gefahr, alle wußten es, und doch flogen sie weiter ins Ungewisse. In einen Abgrund, dessen Boden nicht zu sehen war. Noch dazu aus Gründen, die keiner von ihnen, nicht einmal der Käpt'n, mit Worten auszudrücken vermochte.

Etwas schimmerte auf den Bildschirmen.

»Schiff voraus«, sagte Jocelyn angespannt.

»Hier?« flüsterte der in der Nähe stehende Cermo. »Ein Schiff an diesem Ort?«

Eine Regung des Erstaunens, der Hoffnung vielleicht.

»Nach innen gerichteter Vektor«, sagte Killeen. »Die Diagnosesysteme funktionieren?«

»Ein paar«, erwiderte Jocelyn, wobei ihre Finger über die Sensoren huschten. Die Computer der *Argo* wurden sowohl per Spracherkennung als auch über Sensorfelder bedient und schienen nun beide Modi zu kombinieren, um der Besatzung – diesen Computer-Analphabeten – Ergebnisse zu präsentieren.

»Wie weit ist es entfernt?« fragte Killeen.

»Kann ich nicht sagen.« Jocelyn runzelte die Stirn. »Der Rechner sagt, wegen der Refraktion sei er nicht imstande, die Entfernung zu messen.«

»Refraktion?« fragte Toby. Niemand beachtete ihn, doch der Isaac-Aspekt assistierte ihm:

> *In der gekrümmten Raum-Zeit wird das Licht verzerrt. Es vermag sich nicht in gerader Linie fortzupflanzen. Deshalb gibt es keine verläßliche Entfernungsmessung. Und auch keine Zeitmessung.*

»Das Ding kommt näher«, sagte Cermo. »Wird größer.«

> *Das ist vielleicht auch eine Illusion, die durch die Beugung des Lichts verursacht wird. Hier ist nichts so, wie es scheint, sagt die Theorie.*

»Welche Konstruktion hat es?« fragte Killeen.

»Schwer zu sagen«, antwortete Jocelyn stirnrunzelnd. »Das Bild ist nicht stabil.«

»Irgendwie klumpig«, sagte Cermo.

»Nicht wie die Schiffe der Myriapoden«, sagte Killeen nachdenklich.

»Sind das Kuppeln?« Jocelyn regelte die Feineinstellung der Sensoren. »Buckel im Profil, seht ihr?«

»Hmmm. Könnte sein. Mechanos haben auch solche Höcker.«

»Mist!« Jocelyn knirschte mit den Zähnen. »Scheint näher zu kommen. Falls das ein Mechano ist, sind wir am Ende.«

<Ich erkenne Ähnlichkeiten zu eurem Schiff.>

Erschrocken drehte Killeen sich zu Quath um. Toby hatte ganz vergessen, daß Quath sich in die Kommunikation der Brücke eingeschaltet hatte. Es war ihm nicht mehr möglich, ein Privatgespräch mit dem Alien zu führen. Der Gedanke betrübte ihn irgendwie.

»Die *Argo* ist alt«, sagte Killeen. »Wahrscheinlich die letzte ihrer Art. Sowas gibt's nicht nochmal.«

<Annahmen sind keine Fakten.>

»Menschen hier?« fragte Cermo. »Ich hoffe bei Gott, daß es so ist.«

»Die Farbfunktion ist nicht stabil«, sagte Jocelyn mit fester Stimme. Sie erging sich nicht in Spekulationen, sondern konzentrierte sich auf die Abbildungen auf dem Monitor.

Killeen brach die ziellose Wanderung ab und eilte zu ihr hinüber, wobei er sich bemühte, bei den Gravitationsstößen das Gleichgewicht zu wahren. Der Monitor zeigte eine verwirrende Vielfalt von Zahlen, Kurven und Diagrammen. Mit etwas Hilfe war Toby in der Lage, sie zuzuordnen – es war wie der Mathematikunterricht bei Isaac –, doch Killeen hatte sich noch nie gern mit lästigen Details aufgehalten. »Was bedeutet der Kram?«

»Wenn die Instrumente die Darstellung scannen, auch wenn sie etwas verschwommen ist, werden sie uns sagen, ob es die gleiche Farbe ist. Das Schiff weist Kleckse auf.«

»Na und?« Killeen strich über die Anzeigen, als ob ihre Bedeutung sich ihm auf diesem Weg erschließen würde. Toby kannte den verwirrten und ungeduldigen Gesichtsausdruck seines Vaters bereits. Über die Jahre hatte er seinen Instinkt derart verfeinert, daß er abstrakten Instrumenten nicht mehr vertraute, wie fortschrittlich sie auch waren. Toby vermochte das nachzuvollziehen; er verließ sich auch nicht gern auf Geräte, von deren Funktion er keine Ahnung hatte.

»Dann ist es möglicherweise beschädigt. Hat Treffer abbekommen. Ist vielleicht durchlöchert worden.«

»Dann handelt es sich vermutlich um ein Kriegsschiff.« Jocelyn runzelte die Stirn.

Auf dem Bildschirm erschien ein blauweißer Schemen, der auf der endlosen Leuchtspur dümpelte. Den

Bewußtseinen des Schiffs gelang es nicht, das Objekt zu identifizieren, und sie blendeten UNBEKANNT auf den Bildschirm ein. Toby betrachtete das silbrige Schiff, und Quath sagte: <Wir fallen schnell. Wir nähern uns bereits der Dreißig-Tage-Ebene.>

»Was?«

<Ein Tag in dieser Tiefe im Zeitloch entspricht einer Zeitdauer von dreißig Norm-Tagen draußen.>

»Wie ist das möglich?«

<Die Myriapoden haben mir ein Unter-Bewußtsein gesandt. Ich betraue es mit diesen Aufgaben. Sein digitales Bewußtsein vermag uns durch solche Räume zu führen. Es weiß, daß die Krümmung der Raum-Zeit für uns sowohl eine Verzerrung der Entfernung als auch eine Verzerrung der Zeit darstellt.>

Toby schluckte, und nicht nur deshalb, weil ein erneuter Ruck durch die Liege fuhr. Bevor er die Bedeutung von Quaths Aussage noch verinnerlicht hatte, traf Killeen eine Entscheidung und unterstrich sie, indem er mit der flachen Hand auf die Konsole hieb. »Können nicht warten, bis wir es als Kriegsschiff oder gar als Mechano identifiziert haben. Feuerbereitschaft herstellen.«

»Feuerbereitschaft hergestellt«, erwiderte Jocelyn mit Elan.

»Wartet!« rief Toby. »Ihr habt Quath gehört. Sie sagt, hier unten sei alles verzerrt. Dieses Schiff stammt vielleicht aus einer anderen Zeit und hat es gar nicht auf uns abgesehen.«

»Was spielt die Zeit für eine Rolle?« sagte Killeen schroff. »Ein Mechano ist und bleibt ein Mechano.«

»Papa, gib dem Schiff eine Chance. Mein Isaac-Aspekt und Quath erörtern gerade die verrückten Bedingungen, die hier herrschen. Ich finde, solange wir nicht wissen ...«

Killeen schaute seinen Sohn flüchtig an und nickte dann Jocelyn zu. »Paß gut auf. Halte die Feuerbereitschaft aufrecht.«

»Aye, Käpt'n.«

»Papa!«

<Es ist nicht ratsam, ohne Kenntnis zu handeln.>

Killeen betrachtete den Kopf und die Fühler des Aliens, die hin und her schwenkten, um die Gravitationswellen zu neutralisieren, welche die Kommandobrücke geradezu in einen Windkanal verwandelten. »Bist du sicher?«

<Hier ist nichts sicher. Aber mein Unter-Bewußtsein meldet, daß viele unbekannte Schiffe in diesem Gebiet stehen.>

»Wie viele?«

<Unbekannt. Sie stammen aus allen Epochen.>

»Mechano?«

<Ein paar, sagt es, vielleicht aus einer Zeit vor der Ära der Mechanischen.> Quath unterlegte diese Aussage mit einem hallenden Geräusch, das Toby nicht zu deuten vermochte. War dies nicht die ›Ära der Mechanischen‹ – ihre Zeit?

Killeen indes schien verstanden zu haben und nickte: »In Ordnung. Bist du imstande, deine Informationen auf unsere Bildschirme zu legen?«

<Bald.> Eine weitere Abfolge hallender Klänge.

Die Größe des Schiffs auf den Bildschirmen schwankte in der flirrenden Helligkeit. Für einen Moment wurde das Bild deutlich. Eine vernarbte, einst glatte silberne Hülle, nun perforiert und fleckig. Wölbungen, die vielleicht Kuppeln waren, aber völlig verdreckt.

»Unsere Mustererkennungs-Programme sagen, es handelt sich um eine alte menschliche Konstruktion«, meldete Jocelyn.

Killeen rieb sich das Kinn. »Hmmm, wäre möglich.«

»Es ist so!« rief Toby. Das Design brachte eine Saite in ihm zum Erklingen. Bevor er noch mehr zu sagen vermochte, verschwamm das Bild wieder. Ein langes Schweigen folgte. Die Offiziere sahen ihren Käpt'n offen an. Auf ein menschliches Schiff zu schießen wäre eine große Sünde, aber durch einen Mechano-Bolzen zu sterben ...

»Jedenfalls nicht mechano«, pflichtete Killeen ihm bei. »Feuerbereitschaft aufheben.«

Die Spannung auf der Brücke löste sich. Ein Raunen ging durch die Offiziere. Killeen nahm die Wanderung wieder auf. Toby betrachtete noch immer die Bildschirme, als die Abbildung des anderen Schiffs verblaßte. »He!« rief Jocelyn und bearbeitete die Kontrollen. Doch das Bild verblaßte wie eine untergehende Sonne.

»Weg.« Killeen wirkte erleichtert. »Vielleicht hatten wir die ganze Zeit ein Trugbild vor Augen.«

<Das ist hier durchaus möglich. Achtung:>

Auf dem Hauptbildschirm wurden zwei Uhren eingeblendet. Toby hatte auf der *Argo* gelernt, eine Digitaluhr zu lesen, und nun sah er konsterniert, wie die blauen Zahlen auf der einen Anzeige im vertrauten Takt sich änderten, während die roten Ziffern auf der anderen Uhr so schnell wechselten, daß die Anzeige fast verschwamm. <Die Zeit im Schiff fließt normal>, sendete Quath angesichts seiner Verwirrung. <Draußen rast die Zeit immer schneller, je tiefer wir kommen.>

Toby betrachtete die rasenden Ziffern und vermochte kaum zu glauben, daß sie etwas Reales darstellten. »Du meinst, draußen vergeht die Zeit schneller?«

<Relativ zu uns ist das wahr.>

»Woher kommt es, daß die Zeit dort draußen beschleunigt wird?«

<Wir sind es, die verlangsamt werden. Zeit ist immer eine Sache lokaler Interpretation.>

Toby war damit überfordert. »Was geschieht, wenn wir wieder nach draußen kommen?«

<Falls wir in dieser Region der Krümmung bleiben, werden wir feststellen, daß viel geschehen ist, während wir hier waren.>

»Krümmung?« schaltete Killeen sich ein.

<Vielleicht tritt auch der entgegengesetzte Effekt ein. Vieles ist hier verzerrt, als ob man die Ereignisse durch rauchiges, dickes Glas betrachtet.>

»Wird schwer sein, unter diesen Umständen etwas zu finden.«

<Dies ist noch das geringste Problem. Die Zeit ist hier gefangen. Sie wird verschlungen und wieder ausgespien.>

»Das ist es also, was du als Zeitloch bezeichnest?«

Tobys Isaac-Aspekt fügte ergänzend hinzu:

> *Das Schwarze Loch verschluckt Raum. Die Alte Zeno sagt – obwohl die Dinge in ihrer Erinnerung lange vor ihrem körperlichen Leben stattfanden –, man könne es sich so vorstellen, als ob der Raum mit zunehmender Geschwindigkeit in den Schlund des Lochs fließt, je steiler das Gefälle wird. Selbst das Licht hat Mühe, diesem Sog zu entweichen. Aber die Ergosphäre ist ein Abgrund für die Zeit, nicht für den Raum. Hier wird die Dauer eines Ereignisses gestreckt, gestaucht und verzerrt, je nachdem, wie der Raum – der vom Loch angesaugte Raum – die Zeit knetet.*

Toby versuchte das zu begreifen, während der Magen Kapriolen schlug und die Bildschirme blitzten. Vor Strahlung gleißende Materie spritzte auf ihr Schiff. Toby sagte sich vage, daß sie vielleicht Gott sahen, der sich einen kosmischen Scherz erlaubte und den Himmel vollspuckte. »Wie ... wie sollen wir uns hier noch zurechtfinden?«

> *Die Gravitation beugt und krümmt eine gegebene Abfolge von Ereignissen. Das Leben an einem solchen Ort ist mit einem Käfer zu vergleichen, der über einen im Schrank hängenden Gürtel krabbelt.*

Ein Gürtel, der, sagen wir, verdreht und dessen Schnalle dann geschlossen wurde. Der Käfer vermag in alle Richtungen und über beide Seiten des Gürtels zu krabbeln – weil das Leder im Grunde nur noch eine Seite hat –, aber der Käfer ist nicht in der Lage, ihn zu verlassen. Die Ereignisse wiederholen sich für den Käfer in einer endlosen Folge, ohne daß er jemals das Ende des Gürtels erreichen würde.

In der blechernen Stimme des Aspekts schwang Freude mit, die Toby indes für unangemessen hielt. »Ich habe fast den Eindruck, du sprichst aus Erfahrung.«

Ich studierte diese Dinge, doch ich kenne sie auch nur aus uralten Texten. Und von der vertrockneten Zeno. Sie ist ein wirklich unangenehmer Charakter. Sie erzählt mir von Experimenten, die Menschen hier einst durchgeführt hätten. Sie spricht sogar von Konstruktionen, die sie erschaffen hätten.

»Wie sollte es möglich sein, *hier* zu bauen?«

Zweifellos liegt hier ein Transkriptionsfehler vor, oder die tatterige, alte Zeno hatte mal wieder einen Aussetzer. Aber ich vermag aus zuverlässigeren Kandelaber-Texten zu zitieren. Sie verquickten oftmals Mythologie und Physik, eine Stilrichtung jener großen Zeit – stell dir nur den Aufwand vor! Dennoch bin ich in der Lage, dir zur Erhöhung des Bildungsstands einen umfassenden ...

»Äh ... nein danke.« Hastig verstaute Toby den Aspekt wieder im mentalen Depot.

»Was ist das?« fragte Killeen und deutete auf eine glitzernde Schwärze, die nun ins Blickfeld wanderte.

Für Toby sah es aus wie ein riesiger Bienenkorb, dunkel und ölig und von wabenartigen Passagen durchzogen.

Quath stieß ein beunruhigtes Trillern aus. <Ich weiß nicht. Aber ich glaube, dieser ist vielleicht unser Bestimmungsort.>

»Wieso?« fragte Killeen.

<Von dem Moment, wo das Magnet-Bewußtsein sprach, habe ich mit den Myriapoden kommuniziert, mit der Legion der Philosophen. Sie sprachen von der singulären Zeit, wenn wir ins Zeitloch stürzen und die richtige Richtung finden würden. Das tritt nur ein, wenn viel Materie hineinfällt – die Masse, die von dem sterbenden Stern vermehrt wurde, den wir gesehen haben. Wir waren imstande, einzutreten. Nur in solchen Momenten ist dieser Ort erreichbar.>

Toby versuchte, das zu veranschaulichen. »Als ob man durch eine Seitentür ins Haus schlüpft, die gerade vom Wind aufgestoßen wurde?«

<In gewisser Weise. Um die Oberfläche des Zeitlochs zu kräuseln, bedarf es aber der Winde vieler Welten.>

Killeens Gesichtsausdruck verhärtete sich angesichts der Ungewißheit. »Der Moment des Fensters. Fenster heißt in diesem Fall ›Öffnung‹, nicht? Aber eine Öffnung wohin?«

<Zu dieser Struktur vor uns. Oder zu etwas dahinter. Meine Philosophen wissen nicht mehr.>

Das Schiff zitterte und stöhnte unter neuen Belastungen. Eine ölig glänzende Schwärze füllte die Bildschirme aus, gewaltig und unausweichlich.

2 · WABEN-HEIMAT

Das im wäßrigen Zwielicht schwimmende glitzernde Ding schien sich zu entfalten. Toby stellte fest, daß es irgendwie wuchs. Es kam näher wie ein erleuchtetes Schiff auf schiefergrauer See. Es schien sich in den umgebenden Raum zu schmiegen, herausgezogen aus einer sturmdurchtosten Dunkelheit, als ob es von einem unsichtbaren, tieferen Ort gekommen wäre. Feuersteinartige Wälle und Flächen mit scharfen Graten erstreckten sich auf dem Gebilde, wobei die Facetten die blitzenden Leuchterscheinungen reflektierten, die noch immer von allen Seiten auf sie zuschossen.

<Lies unsere Schiffs-Zeit ab.>

Toby starrte blinzelnd auf die Anzeige. Toby hörte in Quaths Stimme nicht die Überraschung mitschwingen, die er selbst empfand. Die Ziffern für die Außen-Zeit rasten nun so schnell, daß sie nur noch als verschwommener Fleck zu erkennen waren. <Wir sind auf der Jahres-Stufe.>

Killeen stand auf dem krächzenden Deck und verlagerte das Gewicht, um die Gravitationsstöße abzufangen. Sein Gesicht war angespannt, und er wandte nicht den Blick von der expandierenden Masse auf den Bildschirmen. »Wieviel tiefer können wir noch gehen?«

<Niemand weiß es. Aber noch weiter ist schon möglich.>

»Hmmm«, brummte Killeen spöttisch. »Was ist hier *nicht* möglich?«

»Brennstoffverbrauch steigt«, meldete Jocelyn knapp.

Killeen nickte. »Er ist die ganze Zeit schon gestiegen. Welche Reserven haben wir noch?«

»Um von diesem Ort zu verschwinden?«

»Jasag – aus dieser ›Ergosphäre‹.« Das Wort, dieser Aspekt-Jargon, kam Killeen schwer über die Lippen, wie eine Sprache, die zu beherrschen er nur vortäuschte.

Die durch die Belastung der *Argo* verursachten Geräusche hatten Toby bisher vom dumpfen Pulsieren der Triebwerke abgelenkt. Das Stampfen wurde lauter und brachte seine Liege zum Vibrieren.

Jocelyn machte sich an den Kontrollen zu schaffen; die Augen flackerten, während sie über ihre Direktverbindung mit den Systemen des Schiffs kommunizierte. Mit sorgenvoll gerunzelter Stirn sagte sie: »Der Computer errechnet gerade, wieviel Brennstoff wir brauchen, um von hier zu verschwinden. Die Zahlen rotieren förmlich. Wir kommen näher. Es sieht so aus, als ob wir gerade so viel Brennstoff verbrauchten, um auf einer Umlaufbahn zu bleiben.«

»Für wie lang?«

»Vielleicht noch für fünfzig Minuten.«

Selbst für Tobys geschultes Auge zeigte Killeen keine Regung. »Ich verstehe.«

Die *Argo* saugte Plasma mit ihren magnetischen Schlünden an, verbrannte es in Fusionskammern und spie es hinten wieder aus. Doch dafür brauchte sie Katalysatoren, und die wurden nun knapp.

<Falls wir uns dem äußersten Rand des Ereignishorizonts nähern – der Lippe des Schwarzen Lochs –, werden wir keinen Brennstoff mehr finden.>

Toby war schockiert über die geschäftsmäßige Art, in der Quath das gesagt hatte. Als ob sie ihr Todesurteil verkündet hätte. Killeen reagierte auch diesmal nicht, sondern musterte das fremdartige, ölig-schwarze Ding. »Dieses Objekt sieht aus wie ein Felsen, der wächst. Bist du sicher, daß es nichts mit diesem ›Ereignishorizont‹ zu tun hat?«

<Ich weiß es nicht. Aber es ist nicht das Schwarze Loch selbst.>

»Woher nimmst du diese Gewißheit?«

<Wenn das um uns einfallende Licht erlischt, bedeutet das, daß die strömende, einfallende Masse absorbiert wird.>

»Die Sternenmaterie fällt im Sturzflug ins Schwarze Loch?« fragte Killeen.

<Sie muß. Sie kann es nicht mehr umkreisen – es gibt keine freien Pfade im Zeitloch.>

»Wieso sind wir dann hier sicher?« fragte Toby.

<Sind wir nicht für lange. Wir dürfen uns nur deshalb so nah ans Loch heranwagen, weil es das größte in unserer Galaxis ist und mehr als das Millionenfache einer Sternen-Masse hat. Trotz der großen Anziehungskraft sind die Gezeitenkräfte hier schwächer als an der Lippe des Fressers. Ein kleineres Schwarzes Loch würde uns schon zerreißen, wenn wir nur in seine Nähe kämen.>

»Ich will nicht näher herangehen; nicht, wenn wir nicht sehen, was dort geschieht und solange wir nicht wissen, was das Ding darstellt.« Er deutete auf die glitzernde Masse, die sich vor ihnen ausbreitete wie ein kristalliner Schlammtümpel. Das Wummern der Triebwerke ließ schon die Wände erzittern, doch vergebens; die Masse kam immer näher.

»Käpt'n«, sagte Jocelyn, »ich glaube nicht, daß wir noch die Energie für irgendwelche Manöver haben.«

Killeen preßte die Lippen zusammen. »Wie weit können wir uns von diesem Ding entfernen?«

»Nicht allzu weit. Aber ich brenne ihm eins auf den Pelz.«

»Quath, was können wir tun?« Nun saß Killeen sich doch genötigt, sie um Hilfe zu bitten.

<Ich weiß nicht. Die Kante, wo der Raum für immer verschwindet, ist todesschwarz. Wir wissen, daß wir dort sind, wo die Materie alles regiert und der Raum

für immer den Schlund des Fressers aller Dinge hinunterrutscht. Aber dieses Objekt – es ist anders.>

»Ich ... wir ... sind bis hierher gekommen.« Killeen schaute mit einem seltsamen Ausdruck auf die Schirme, einem Ausdruck, den Toby in den letzten Jahren nur selten gesehen hatte – Unsicherheit. »Die Sippe Bishop hat immer um die Bedeutung des Fressers gewußt. Doch wohin sollen wir gehen?«

<Wir haben die Grenzen dessen erreicht, was die Vergangenheit uns zu sagen vermag.>

Bei der Ausdrucksweise der beiden standen Toby die Haare zu Berge. Es war, als ob zwei alte Freunde in Erwägung zögen, Selbstmord zu begehen.

Ein Teil von Toby begrüßte Killeens Zögern. Ihm wurde bewußt, wie sehr er den Mann mit den vielen Gesichtern, den er sein Leben lang kannte, vermißt hatte – auch wenn er der Welt nun ein hartes Gesicht zuwandte. Doch dann erschien wieder ein optimistischer Ausdruck in Killeens Augen. »Es *muß* hier sein«, flüsterte er.

<Notwendigkeiten resultieren aus der Logik, nicht aus dem Wunsch. Die Philosophen ziehen sich in solchen Stunden des Zweifels in [keine Entsprechung] zurück.>

Jocelyn warf Quath einen skeptischen Blick zu und widmete sich wieder den Kontrollen, während auf der Brücke ein langes Schweigen eintrat. Dann machte sie Killeen leise Meldung: »Die *Argo* sagt, es gäbe einen Orbit, dem wir folgen könnten und der uns an einen Ort namens ›Perigäum‹ bringt. Er befindet sich direkt oberhalb der Lippe des Schwarzen Lochs. Wenn wir aber so nah herangehen, werden wir nie mehr aus dem, nun, dem Whirlpool hinauskommen.«

»Bist du sicher?« fragte Killeen.

»So sicher, wie ich an diesem verrückten Ort nur sein kann.«

Tobys Isaac-Aspekt wandte trocken ein:

Die korrekte Bezeichnung ist ›Peribarythron‹. ›Perigäum‹ bezieht sich auf die Alte Erde und Umlaufbahnen in ihrer Nähe. Die Schiffscomputer müssen von jemandem mit einer klassischen Ausbildung, aber ohne technisches Verständnis programmiert worden sein. Ich hoffe, solche Nachlässigkeiten betreffen nicht auch ...

Toby stopfte den Aspekt wieder ins Depot. Sein Keifen wurde von etwas unterbrochen, das sich wie ein akustisches ›Plopp‹ anfühlte.

»Wieso rast die Uhr so?« fragte Killeen und wies auf die Anzeige. Die Ziffern wurden immer schneller abgespult.

Quath klapperte unbehaglich mit den Beinen. <Dieses Verhalten paßt nicht zu den Berechnungen, die ich von den Philosophen erhalten habe. Etwas verzerrt den Fluß der Raum-Zeit noch stärker, als sie erwartet hatten.>

»Das da?« Killeen deutete auf die viskose, sich vor ihnen aufblähende Dunkelheit.

<Vielleicht. Erscheinungen täuschen hier, wo die Gravitation das Licht in alle Richtungen beugt.>

In der Masse erkannte Toby komplexe Grate und Täler, Bögen und Säulen. »Es ist *künstlich*, nicht natürlich«, sagte er.

Killeen blinzelte. »Jasag! Ich wußte es! Wir kamen, und – Abraham, das Magnet-Bewußtsein –, sie alle haben uns hierhergeführt.«

»Wie vermag hier überhaupt etwas zu existieren?« Toby schaute das Gebilde staunend an. Er wußte nicht, welche Vision Killeen in den langen Jahren ihrer Reise vor Augen gehabt hatte – über manche Dinge sprach sein Vater nicht –, doch das war es offensichtlich nicht. Killeen runzelte – nur für einen Moment – verwirrt die Stirn.

»Nun, ist auch egal«, sagte Killeen dann. »Wir haben später noch genug Zeit, um uns damit zu befassen.«

Toby betrachtete die Bildschirme mit einem unguten Gefühl. Die ölige Schwärze wurde immer größer. Es war, als ob es sich wie ein Krake über die *Argo* stülpte. Doch das Ding kam nicht nur näher. Es quoll förmlich aus einem unbekannten Geburtsort.

Er bemühte sich, all das aufzunehmen und seine mögliche Bedeutung zu erschließen. Toby schloß die Augen vor diesem unheimlichen Anblick. »Papa ... diese Cyaner, die Stellen, die der Kosmische Reif durchtrennt hat – sagte das Magnet-Bewußtsein nicht, die Mechanos hätten sie erschaffen?«

»Jasag«, erwiderte Killeen. »Als eine Art Barriere, wie eine Sandsackstellung oder so. Aber *das hier* ...«

Killeens Stimme erstarb. Toby öffnete wieder die Augen und sah, wie groß die herannahende Struktur wirklich war. Wabenförmige Terrassen, Täler, Riffe. Zahllose sechseckige Öffnungen, Spinnennetze aus Verstrebungen und Verkabelung. Oder, so fragte Toby sich, war das nur ein Trick, mit dem das menschliche Auge ein begreifliches Bild zusammensetzte und verständliche Muster erzeugte?

Auf der Brücke war es still. Die *Argo* ächzte und vibrierte unter den Zug- und Druckkräften. Toby fragte sich, wie lange das Schiff diese ›Massage‹ durch weit überlegene Kräfte wohl noch aushalten würde.

»Käpt'n, der Brennstoffverbrauch ist stark angestiegen«, meldete Jocelyn.

»Ich weiß.«

»Es ist, es ist – uns bleiben nur noch ein paar Minuten. Es sei denn ...«

Ein Hoffnungsschimmer erschien auf Killeens Gesicht. »In den alten Tagen in der Zitadelle Bishop sind wir auf Beutezug gegangen. Was auch immer wir fanden, wir nahmen es mit und sagten dann, das sei es, wonach wir gesucht hätten.«

Gelassen schaute er in die Runde. Alle, einschließlich Toby und Quath, sahen ihn an. »Vielleicht klappt das hier auch.« Er zeigte auf die wabenförmigen Muster, die in flackerndes Licht getaucht waren. »Das ist unser Ziel, Leutnant Jocelyn. Bring uns hin, und zwar schnell.«

Ein langes Schweigen trat ein. Toby erkannte in den abgespannten Gesichtern, daß das ihr letzter Stich war. Entweder hatten sie Glück, oder sie würden für immer in diesen tintigen Schatten versinken.

Dann fingen die Leute sich wieder. Jocelyn reagierte schnell und professionell. Ihre Finger huschten über die Sensoren, und sie gab Vollschub auf die Triebwerke. Im Sensorium spürte Toby, wie die Magnetfelder des Schiffs sich ausdehnten und ein unsichtbares Netz auswarfen, das Materie einfing, in die Fusionskammern saugte und hinten wieder ausstieß. Das Deck vibrierte. Verbindungen schabten und quietschten. Die Beschleunigung glich einem Tritt in den Hintern. Sie schossen über die ebenholzfarbene Landschaft.

»Wohin genau, Sir?« Jocelyn wirkte ruhig und gelassen. Toby bewunderte die Haltung, mit der sie sich an Killeen wandte – sie wölbte sogar eine Augenbraue. Wenn sie schon unterging, dann mit Stil.

»Äh ...« Killeen ließ den Blick über die Details der Fläche schweifen, die unter ihnen dahinzog. Ein Wimmern durchschnitt die Luft, als die *Argo* gegen unsichtbare stürmische Kräfte ankämpfte. »Dorthin.«

Ein kleiner grüner Punkt blinkte am Ende einer langen, spitzen Halbinsel. »Das war eben noch nicht da«, sagte Jocelyn.

»Vielleicht hat jemand das Verandalicht eingeschaltet«, sagte Toby in die drückende Stille.

Er erinnerte sich daran, wie seine Mutter das in der Zitadelle Bishop getan hatte, wenn er mit seinen Freunden noch spät in den lauen Sommernächten spielen ging. Ein vertrautes gelbweißes Glühen, das von den

Mechanos nicht zu erkennen war. Es flackerte schwach in der Dunkelheit, war aber immer da. Er hatte immer die Vögelchen gejagt, die glühten, wenn sie mit den Flügeln schlugen. Wie tief er ihnen auch ins Unterholz gefolgt war, er hatte immer das Leuchtfeuer seines Zuhauses gesehen. Halte dich in Sichtweite des Lichts, hatte sie gesagt.

Eine Lampe, die auf menschliche Augen abgestimmt war, nicht für die Linsen der Mechanos. Nur daß es letztlich doch nichts geholfen hatte, sagte Toby sich betrübt.

Das grüne Glühen schien sie zu umschließen. Eine Kaverne klaffte unter ihnen. Mit einem Kopfnicken bedeutete Killeen Jocelyn, dort zu landen.

Ein zügiger, seidenweicher Gleitflug. Sie kamen zwischen riesigen tintigen Klippen zum Stehen.

Auch hier wurde das Wabendesign aufgegriffen, wenn auch in kleinerem Maßstab. Kaleidoskopartige Muster huschten über die ebenholzfarbenen Flanken und reflektierten die Strahlen der dem Untergang geweihten Materie, die durch die Dunkelheit über ihnen schossen. Es war, als ob dieser Ort das Ende der Schöpfung sei, massiv und unverrückbar, ein Nachtland unter einem rastlosen, sterbenden Himmel.

Dann schien die Wabe anzuschwellen und zu flackern – und sie befanden sich *innerhalb* der öligen schwarzen Wände. Im Innern dieses Dings, was auch immer es darstellte. Ohne erkennbaren Übergang.

Jocelyn drosselte die Triebwerke. Killeen befahl, das Schiff in den Bereitschaftsmodus herunterzufahren, um Energie zu sparen. Es kehrte eine wohltuende Ruhe auf dem Deck ein. Die Leute verstummten. Es gab nun nichts mehr zu tun. Sie saßen hier fest.

Dennoch schreckte Toby auf, als der Offizier von der Wache an der Hauptluftschleuse mit rauher Stimme Meldung machte. Toby erkannte, daß die Nerven der ganzen Besatzung zum Zerreißen gespannt waren.

Der Offizier von der Wache hatte etwas gehört. Er stellte das Geräusch durch. Im kollektiven Sensorium schwoll das Geräusch zu einem ohrenbetäubenden Tosen an. Es hörte sich an, als ob jemand an die Tür klopfte.

3 · DIE FERNE SCHWÄRZE

Der Mann war ein runzliger Zwerg, doch das schien ihm nichts auszumachen.

»Ihr stammt aus welchem Zeitalter?« fragte er, während er eine Gruppe von fünf Offizieren und Toby durch einen langen, schummrigen Korridor führte. Ein düsteres Labyrinth mit einer niedrigen Decke. Die Stiefel hallten auf der harten, keramischen Oberfläche. Die Leute sagten nichts und warteten darauf, daß Killeen das Schweigen brach, doch auch er blieb stumm.

Der Gnom zuckte die Achseln. »Anscheinend aus einer recht jungen Ära.«

Toby war bei der ersten Begegnung zwischen Killeen und dieser kleinen, muskulösen Gestalt nicht dabeigewesen, aber sie schien nicht zur Klärung beigetragen zu haben.

»Nach der Katastrophe, wie ich dir bereits sagte«, sagte Killeen gleichmütig. Aber die Lippen waren nur ein weißer Strich.

»Damit lockst du hier keinen Hund hinterm Ofen hervor, Kumpel. Das ganze Leben ist 'ne einzige Katastrophe, wenn man näher darüber nachdenkt.«

»Unsere Heimat ist der Planet Snowglade, und ich wäre dir dankbar, wenn du deine Philosophie für dich behalten würdest.«

Der Gnom runzelte die Stirn und schaute zum Käpt'n auf. »Ach, du bist ein Systo-Kritiker, eh?«

Killeens Mundwinkel zuckten. Toby sah, daß sein Vater sich vorsichtig in eine völlig unbekannte Lage vortastete. Eine merkwürdige Situation, die aber völlig normal wirkte. »Wir sind vor der Zerstörung unserer

Welt geflohen«, sagte Killeen formell. »Wir wurden von Omen und Verkündungen hierhergeführt ...«

»Geschenkt – ich habe mir einen Chip einsetzen lassen, um euren Klönschnack zu sprechen. Also, Kumpel, ich würde mir hier eine gewisse Bandbreite wünschen. Die Besatzung eines jeden Schiffs, das aus einem Erzett-Taubenschlag hierherkommt, glaubt, wir müßten ihre ganze Geschichte kennen, bis hin zu den Pickeln auf ihrem kulturellen Arsch.«

»Ich fordere Respekt für eine Delegation von einem fernen Außenposten des ...«

»Respekt erweisen euch die Bürohengste. Ich aber habe einen Auftrag auszuführen.« Sie erreichten das Ende des Korridors. Vor ihnen klafften noch mehr Tunnels.

»Ich habe nicht mitbekommen, was du vorhin gesagt hast«, sagte Toby. »Was *ist* das also für ein Ort?«

Der Gnom sah blinzelnd zu ihm auf. »Ein ganz normales Eingangsportal. Besser als die meisten anderen, würde ich sagen, und ...«

»Nein, ich meine, *wohin* führt dieses Portal?«

»In die Erzett.«

»Und was ist *das*?«

»Erzett. *R* für Raum und *Z* für Zeit.« Der Gnom bedeutete ihnen zu folgen, und sie gingen einen weiteren Korridor entlang. Türen glitten beim Vorübergehen automatisch auf. Sie ignorierten diese Einladungen und hörten hinter sich das Zischen der sich schließenden Türen.

»Du meinst, wir befinden uns hier in einer anderen Art der Raum-Zeit?« Auf Toby machte dieser Ort einen öden und langweiligen Eindruck.

»Kinder lernen dieser Tage nicht viel, stimmt's?« fragte der Gnom Killeen pointiert.

Toby hatte keine Ahnung, woher dieses verschrumpelte Männchen wußte, daß er jung war – schließlich überragte Toby ihn doch weit. Er suchte noch nach den passenden Worten, um ihn das zu fragen, als Killeen murmelte: »Wir würden alle gern erfahren, was, zum Teufel, das für ein Ort ist.«

»Ein stabiler Brocken verzerrter Erzett. Bewohnt. Regiert. Und wo du es nun erwähnst, habe ich noch keinen Dank dafür gehört, daß ich euch aus der Fernen Schwärze gezogen habe.«

»Wir danken dir«, sagte Killeen aufrichtig. »Wir ...«

»Ihr werdet die Rechnung dafür noch erhalten, Kapitän, also laß es gut sein. Im Moment ...«

»Wer hat diese ›Erzett‹ überhaupt erschaffen?« platzte Toby heraus. »Ihr?« Zweifelnd schaute er auf den Mann hinab.

»Erschaffen?« Der Gnom zuckte die Achseln. »Sie war immer schon dagewesen.«

»Wie ist das möglich?« fragte Toby. »Ich meine, in unmittelbarer Nähe eines Schwarzen Lochs, des größten in der Galaxis ...«

»Es gibt Dinge, die ihr Flachländer eben nicht versteht, Junge. Die Frage nach dem Erbauer der Erzett ist völlig sinnlos, wo sie doch ihre eigene Zeitlinie hat. Verstehst du?«

Toby verstand nicht. »Ich möchte nur wissen ...«

»Genug! Kommt schon, ihr Kleinen, wir müssen euch filtern.« Der Gnom führte sie in eine kleine Kammer. »Wird nicht lang dauern.«

Die Wände glichen gelben Schwämmen. Toby rätselte noch immer über die Bemerkungen des Gnoms. Killeen wollte gerade etwas sagen, als der Gnom leichtfüßig und mit einem verschmitzten Grinsen nach draußen ging. Eine verborgene Trennwand senkte sich herab und wurde mit einem Klicken arretiert.

»Wir sitzen in der Falle«, sagte Cermo beunruhigt. »Was, wenn ...«

Plötzlich schien die Luft sich um sie zu verdichten. Dann kehrte der Vorgang sich um, und der Druck fiel ab, bis die Trommelfelle knackten. Eine Batterie von

Linsen an der Decke überschüttete sie mit stroboskopartigen Blitzen. Toby kniff die Augen zusammen, doch die Blitze stachen ihm ins Gesicht und in die Hände.

Das hielt für eine ganze Weile an. Die Bishops schrien und drohten, ein Loch in die Wand zu sprengen – doch Killeen gebot ihnen Einhalt. »Keine Drohungen. Bleibt ruhig.«

Eine summende Präsenz schien ihnen mit unsichtbaren Händen über die Haut zu fahren. Waffen, Ausrüstung und Bekleidung wurden einer Inspektion unterzogen. Toby versuchte, das Phänomen zu orten. Doch das Sensorium meldete nichts außer verrauschten, bedeutungslosen Signalen. Er betrachtete einen Punkt an der Wand, als plötzlich ein kreisförmiges Loch sich in der Wand auftat. Es wurde schnell größer und hatte sich bald in einen neuen Tunneleingang verwandelt.

Im Eingang stand der Gnom und schaute gelangweilt. »Ihr seid sauber. Keine von diesen Sporen-Spionen des Mechanos, die uns in letzter Zeit Ärger machen. Woher, sagtet ihr, kommt ihr?«

Hastig verließen sie den Raum, wobei sie sich noch anrempelten. Die Bishops bevorzugten die lichte Weite. »Wer will das wissen?« fragte Killeen ruhig.

»Hmmm?« Neben einer Reihe irritierender Angewohnheiten neigte der Gnom auch dazu, den Blick schweifen zu lassen, als ob er einen Aspekt konsultierte. Ein höflicher Bishop hätte seinen Gesprächspartner zumindest angeschaut. »Ach, ich dachte, ich hätte gesagt: Ich bin Andro, Viersterne-Kammerjäger. Ich sorge dafür, daß ihr nicht zu viele Proffo-Seuchen, Siggos oder Mikroaugäpfel einschleppt.«

»Siggos?« fragte Toby.

»Ihr stammt aus der Post-Bogenbauten-Ära, nicht wahr? Trotzdem müßtet ihr das wissen. Siggos sind Erzett-Bomben, nette mechanische Gimmicks. Ungefähr so groß wie eine Körperzelle – und so sehen sie auch aus. Reißen ein Loch in jede Erzett, die wir haben.«

»Wie viele von diesen Erzetts ...« hob Killeen an, doch Andro marschierte bereits schnellen Schritts davon. Toby sah, daß der Mann aufgrund der geringen Größe nicht einmal die Füße heben mußte, sondern über den Boden schlurfte. Hier herrschte eine niedrigere Schwerkraft als in der *Argo*, und die ebenso aufgeregten wie verwirrten Offiziere machten bei jedem Schritt einen Satz.

Toby vermutete, daß ›Post-Bogenbauten‹ für die Zeitalter nach den Bogenbauten stand. Kannte dieser ungeduldige Gnom etwa ihre Geschichte?

»Wohin gehen wir?« rief Killeen Andro nach.

»Schrubb-Schrubb.«

Was bedeutete, daß sie quasi unter ein Mikroskop gelegt wurden, wobei Riesen an ihnen herumstocherten. Der Gnom wandte sich ihnen zu, stieß ein Stakkato an Erklärungen hervor, trat zurück – und klatschte in die Hände.

Etwas riß Toby empor, piekste ihn, schnippelte an ihm herum und beschnüffelte ihn. Ohne sein Zutun lösten die Kleider sich von ihm. Sie flatterten und verschwanden in der diesigen Luft. Er schrie und hörte nur ein Echo. Dann wurde er kopfüber in ein Netz aus einem schlangenartigen Geflecht gesteckt, während lebendige, klebrige Stränge über den ganzen Körper krochen, in die Ohren und in noch intimere Öffnungen. Noch immer kopfüber, wobei die Arme mit weichen, aber reißfesten Handschellen gefesselt waren, nahm er ein Bad. Duftend, blumig, schäumend. Auch dieser Schaum kroch in jede Ritze und weckte bisher unbekannte Gefühle.

Die Handschellen öffneten sich. Er fiel – und stürzte kopfüber in eine grüne Suppe. Japsend tauchte er auf, nur um von gepulsten Magnetfeldern auf einen Sandstrand gezerrt zu werden. Sie wirkten auf die vielen metallischen Implantate und zogen ihn über den körnigen purpurnen Sand – der gegen ihn anbrandete und wie ein mikroskopischer Mob raunte. Trotz dieser rauhen Behandlung wurde die Haut nicht wundgescheuert; er spürte überhaupt keine Schmerzen. Es war, als ob der Sand ihn umströmte und gerade so viel Druck ausübte, um ihn in die gewünschte Position zu bringen. Der Sand-Schwarm lief über seinen Körper, drang in Nase, Ohren und After ein, murmelte etwas Unanständiges und kam mit einem Seufzer wieder zur Ruhe. Zitternd stand er auf. Sandkörner rieselten ihm aus der Nase. Sie leckten ihm das Gesicht ab und flüchteten sich mit einem Kichern ins Haar.

Toby indes war nicht zum Lachen zumute. Er verließ den Strand, gerade als Jocelyn aus einer Wolke fiel, durch die Luft taumelte und in den Teich mit der grünen Suppe klatschte. Sie schrie und schnappte nach Luft.

»Entspann dich und laß es über dich ergehen«, schlug Toby ihr vor.

Doch damit war Jocelyn nicht einverstanden. Zornig hieb sie gegen die grüne Suppe. Die Brühe umströmte sie, und der magnetische Fluß packte sie auf eine Art, die einer Dame ziemlich peinlich war. Toby sah durch sein Doppler-Sensorium/Auge, daß die Feldlinien sich wie Seile um sie wickelten. Die japsende Jocelyn wurde auf den Strand gerollt.

Toby verlor das Interesse am Fortgang der Ereignisse. Er stieg über eine Düne und trat durch eine perlmuttfarbene Nebelwand. Dahinter wartete der Gnom mit einer flauschigen gelben Robe.

»Wo sind meine Kleider?«

»Werden umgezogen«, sagte Andro mit entrücktem Blick.

»Was?«

»Trag dieses, während du ißt.«

»Wieso denn?«

»Es ist dein Tutor.«

»Ich wußte gar nicht, daß ich einen Kurs belegt habe.«

»Jeder, der durch Port Athena eintritt, belegt den Kurs, Wolkenkratzer.«

»Wolken was?«

»Alter Begriff. Besagt, daß du übermäßig groß bist.«

»Häßliche Bezeichnung. Überhaupt habe ich den Eindruck, daß du zu klein bist.«

»Wenn du erstmal für ein paar Tage mit der Birne gegen den Türrahmen geknallt bist, wirst du schon wissen, was ich meine.«

Toby zuckte die Achseln und legte sich das wallende gelbe Gewand um. Es hatte eine ausgezeichnete Paßform und schmiegte sich um den Körper. »Wann bekomme ich meine Kleider zurück?« fragte er erneut.

»Wenn sie graduiert sind.« Andro wies ihm den Weg. »Und nun gehst du in diese Richtung.«

»Weshalb sollte ich?«

»Leerer Bauch studiert nicht gern.« Andro gähnte und nahm ein weiteres Gewand von einem Stapel. Jocelyn trat grummelig durch die Nebelwand, und ihre Brüste wippten wie zwei zornrote Augen, die auf einen Kampf aus waren.

»Was war *das*?« fragte sie ungehalten.

»Zollkontrolle«, antwortete der Gnom und blickte über ihre Schulter in die Ferne.

»Du Wurm, sprich nicht so mit mir ...«

»Bedeckt Eure Blöße, Madame ...«

»Du glaubst wohl, du kannst ...«

»... oder Ihr werdet wegen Erregung öffentlicher Erregung angeklagt.«

Jocelyn blinzelte, lief rot an und schien sich dann zu fragen, ob sie den Zorn weiter kultivieren sollte. Toby schlug derweil die Richtung ein, die Andro ihm gewiesen hatte.

Eine schlichte Kantine. Kübel mit aromatischem Gemüse, gedünstet und überbacken und mit exotischen Dressings angemacht. Alles blubberte unter seltsamen Leuchten, die an automatischen Auslegern geführt wurden. Zu seiner Überraschung – überhaupt schien es hier nur Überraschungen und keine Antworten zu geben – war das Essen schmackhaft. Es gurgelte und glitschte auf dem Teller umher, während er versuchte, den Glibber mit der Gabel aufzuspießen. Dabei stieg ihm ein volles Aroma in die Nebenhöhlen. Verlockend. Provokativ.

Immerhin war er sicher, daß es sich um Nahrung handelte, auch wenn er sich vergeblich mühte, den Schlabber zwischen die Zähne zu schieben. Das Zeug flutschte wie eine Qualle umher, als ob es seine Gedanken zu lesen imstande war. (Später mußte er das als realistische Möglichkeit in Betracht ziehen.) Er wurde des Geräuschs der klackenden Schermesser überdrüssig, fügte sich in die Gegebenheiten und schluckte das Ding einfach. Es ging ihm leicht runter – fast *glücklich*, sagte er sich, so verrückt diese Vorstellung auch war. Dann lehnte er sich zurück und genoß das Gefühl, das noch besser war als der Verzehr selbst. Er saß noch immer glücklich und zufrieden da, als der Gnom vorbeiwetzte, ihm noch einen Löffel in den Mund schob und sagte: »Widme dich den Studien.«

Die anderen Bishops schienen es auch zu genießen. Nach all den Fährnissen und Widrigkeiten feierten ein paar sogar. Sie saßen an den kleinen Tischen und hauten rein. Der Speisezettel an Bord der *Argo* war nie sehr reizvoll gewesen. Abwechslung macht Laune. Die Leute plauderten angeregt, waren guter Dinge und stießen ein befreiendes Gelächter aus.

Da schlugen in Toby die Alarmglocken an. Er fragte sich, ob sie unter Drogen gesetzt wurden – doch der Gnom wirkte nur gelangweilt, nicht berechnend. Und nach einer Weile wurde er wieder klar im Kopf. Er fühlte sich besser – voller Elan, schier berstend vor Energie. Und das Gewand massierte ihn routiniert. Er rollte den Ärmel hoch und sah zu seinem Erstaunen, daß die tiefe Bräunung sich etwas aufgehellt hatte. Auch die Haare im Ellbogen waren gestutzt. Er studierte das Gewebe. Hautabschuppungen hatten sich in den feinen Fasern verfangen. Vor seinen Augen verzehrte das matte Gewebe des Gewands die Partikel, bis er sie nicht mehr sah. Verschwunden. Verdaut.

Nun, sagte er sich, das war auch eine Möglichkeit, ein Bad zu nehmen.

Andro kam wieder herbei, wobei seine knubbeligen Beine förmlich rotierten. Er sah, daß die Schüsseln leer waren und schnippte mit dem Finger. »Nun kommen wir zur Sache. Wer besitzt die Lizenz?«

»Wir verkörpern nur die Autorität unserer Sippe«, sagte Killeen.

»Ähem ... Nun, die ganze Sippe ist kein Ansprechpartner für mich – Käpt'n ... äh ... Killeen?« Der Gnom streckte die rechte Hand aus, und Killeen wollte sie schon ergreifen. Doch statt dessen linste der Gnom auf die eigene Handfläche, wobei er Killeen ignorierte. Aus dem Augenwinkel sah Toby, daß die Haut des Gnomen sich in eine kleine Mattscheibe verwandelte, auf der ein Dokument dargestellt wurde. »Hmmm. Ich befürchte, es existieren keine Aufzeichnungen von euch.«

»Bishops von Snowglade«, sagte Killeen unwirsch.

»Es gibt viele Bishops; sie sind auf den meisten Planeten vertreten. Auf manchen gibt es Aces und Treys und auf wieder anderen Blue und Gold Cards. Ich bin ...«

»Auf den meisten Planeten?« fragte Killeen ungläubig. »Du meinst, wir haben unseren *Namen* mit anderen Menschen gemeinsam?«

»Die Gene auch.« Andro schaute nicht auf. Er tippte auf seine Display-Hand. Toby sah, wie das Bild sich veränderte und weitere Dokumente zeigte.

»Du meinst, wir haben Verwandte an anderen Orten?« fragte Jocelyn.

»Das war die Strategie des Untergrunds.« Andro schniefte angewidert. »Um eure Geschichtskenntnisse ist es wirklich schlecht bestellt!«

Die Bishops sahen sich konsterniert an. »Wir glaubten, wir seien die einzigen Bishops«, sagte Toby nachdenklich. »Unsere Linie geht bis zu den Kandelabern zurück, sagten manche.«

»Ja, sicher. Aber wir durften nicht riskieren, daß eine ganze Sippen-Linie ausgelöscht wurde. Also mußten wir sie verteilen. Sagt, sind vielleicht Pawns unter euch?«

Killeen blinzelte. »Neinsag. Sie wurden von den Mechanos vernichtet.«

»Seht ihr, genau darin besteht das Risiko. Zu schade – ich bin nämlich selbst ein halber Pawn.«

»*Du?*« Toby vermochte nicht an sich zu halten. »Ein kleiner, aufgemotzter ...«

»Wir haben uns an die Originalvorgaben gehalten, Junge.« Andro verzog amüsiert den Mund. »*Wir* achten die Tradition, falls ihr das noch nicht bemerkt habt. Ihr Wuchtbrummen blast euch immer auf und haltet euch für die Größten.«

»Wer das nicht tat, den haben die Mechanos erwischt«, sagte Killeen nüchtern.

»Jasag«, pflichtete Cermo ihm bei. »Wir benötigten Generatoren, Sensoren, Trägermasse, Technokram. Erhöht das Gewicht.«

Andro schielte zu Cermo hinüber. »Versteht sich. Nichts, wofür man sich schämen muß. Die meisten Sippen schlagen diesen Weg ein, wenn die Konkurrenz zu stark wird. Ist aber schwierig, die Masse wieder loszuwerden, nachdem sie hierhergekommen sind. Und wegen der ständigen Diät werden sie unleidlich.«

»Es sind noch weitere Sippen hier?« fragte Killeen, wobei er vor Erstaunen das Gesicht verzog.

»Wir haben sie alle irgendwo untergebracht – sogar die Originalschablonen.«

»Die ersten Bishops?« fragte Jocelyn ehrfürchtig. »Von den Kandelabern?«

»Hmmm? Ach, natürlich – irgendwo. Und irgendwann.« Andro hörte auf, mit den Fingern zu tippen, las die Handfläche ab und klatschte mit einem peitschenden Geräusch in die Hände. Als er die Hände wieder auseinandernahm, war die Mattscheibe verschwunden, und die rechte Hand war wieder genauso zerfurcht und schmutzig wie die andere. »Das ist es. Es liegt eine Art postlagernde Nachricht für euch vor. Jemand hat wohl damit gerechnet, daß ihr irgendwann hier auftaucht.«

»Von wem?« fragte Killeen.

»Ich weiß nicht. Ich bin ein Inspektor, kein Archivar.«

»Wo finden wir diese Nachricht?«

»Muß erst die Regentschaft fragen.«

»Na los.«

Er beäugte sie skeptisch. »Ihr seid *sicher*, daß ihr keine Lizenz habt?«

Killeens Augen verengten sich. »Kleiner, wir sind gerade durch ...«

»Ich weiß, wodurch ihr gekommen seid – *falls* ihr die seid, für die ihr euch ausgebt. Frischfleisch von den Kolonien.«

»Kolonien?« fragte Jocelyn entgeistert. »Wir waren die letzten Überlebenden und haben auf Snowglade ausgeharrt, bis ...«

»Ich weiß«, sagte Andro, »aber diese Geschichte kenne ich schon. Der Punkt ist, ihr seid die Besten. Ihr seid hierhergekommen.«

»Alle anderen Sippen haben die Mechanos erwischt«, sagte Jocelyn.

»Meine Rede. Wir haben Verwendung für Leute, die sich nach der Decke strecken. Das ist jedenfalls die offizielle Version. Ich frage mich zwar, ob wir nicht schon zu viele sind, aber egal ...«

»Was hat es denn mit dieser Lizenz auf sich?« fragte Toby milde.

»Junge, du wärst schockiert, wenn du wüßtest, wie viele Händler versuchen, sich hier einzuschleichen und den Steuerbeauftragten zu neppen. Sie pumpen sich mit Bio-Emergentien voll, so daß sie für ein paar Tage groß wirken. Und dann müssen sie das ganze Zeug wieder auspinkeln. Hmmm, du bist hier der Kleinste ...«

»Ich bin aber echt«, sagte Toby beleidigt.

»Hm. Scheint so. Du wirkst auch nicht clever genug für so einen Trick.«

»He, nun ist es aber ...«, entrüstete Toby sich.

»Ich werde euch durchlassen.« Andro rümpfte die Nase und nickte, nachdem er anscheinend eine Entscheidung getroffen hatte. »Ihr dürft durchgehen. Aber niemand sonst von eurem Schiff, bis ihr mit der Regentschaft gesprochen habt – das ist Vorschrift.«

»Wieso?« fragte Killeen mit mahlenden Kiefern; er mußte sich sichtlich beherrschen. »Die Besatzung will raus. Wir waren für Jahre dort eingepfercht ...«

»Glaubst du denn, die Regentschaft will einen Haufen klumpfüßiger Ignoranten in der Stadt haben?« Andro wies auf die sie umgebenden grauen Wände.

»Das soll eine Stadt sein?« In Tobys Augen lag hier ein Kommunikationsproblem vor. Städte in den alten Tagen waren elegante, luftige Orte gewesen, in denen liebliche Musik ertönte und die im Lichterglanz erstrahlten.

Andro lachte glucksend. »Nein, Junge, das ist eine Empfangszelle. Ich werde euch die Stadt zeigen.«

4 · EIN TAG VOR GERICHT

Es hatte wenig Ähnlichkeit mit einer Stadt. Das Zwergenland, wie Toby es getauft hatte, bevor sie noch zwei Blocks gegangen waren.

Selbst in einer Menschenmenge vermochte er in die Ferne zu sehen, über die Köpfe der Leute hinweg. Kleine Leute wuselten umher. Sie riefen und lachten und machten viel Lärm. In der dunstigen Ferne erkannte er das gleiche Szenario. Kompakte Gebäude, grau und braun und schwarz. Sogar kleine Bäume. Auf Snowglade wären sie als Büsche durchgegangen.

»Was *ist* das für ein Ort?« fragte Cermo über Interkom.

Weil Andro nicht reagierte, schloß Toby, daß er nicht in der Lage war, die Verbindung der Sippe abzuhören. Killeen erteilte ihnen mit einem kurzen Signal Sprecherlaubnis, und Toby fragte: »Und wer sind diese Kümmerlinge?«

Jocelyn sendete einen Kommentar: »Das sind gewiß nicht die intelligenten Typen, die ich erwartet hatte.«

»Jasag«, sagte Killeen. »Als wir hier auf Menschen stießen, hatte ich damit gerechnet, daß sie aus den Kandelabern stammten. Oder sogar aus der Großen Epoche. Die heldenhaften Menschen, die Bauwerke am Himmel zu errichten wußten, die sich gegen die Mechanos behauptet und das Wahre Zentrum erforscht hatten.«

»Ich dachte, die Große Epoche sei gewesen, als wir das Wahre Zentrum erreichten«, sagte Cermo.

»Niemand weiß es genau«, sagte Killeen. »Und von den Aspekten, die wir tragen, erinnert sich bestimmt auch keiner. Es ist schon lange her und muß von Menschen mit Fähigkeiten vollbracht worden sein, von denen wir uns nicht einmal träumen lassen. Ich möchte ihnen zu gern einmal begegnen.«

Toby hörte eine unterschwellig wehklagende Note aus der Stimme seines Vaters heraus, doch die anderen gaben nicht zu erkennen, ob sie es auch wahrgenommen hatten. Sie marschierten weiter, ohne diese Unterhaltung nach außen dringen zu lassen. Sie freuten sich, den Zwergen ein Schnippchen zu schlagen. Dann spürte er, wie Shibos Personalität in ihm aufstieg – unaufgefordert zwar, aber dennoch willkommen.

Sie sind Ratten mit Schleife. Aber nützlich.

»Was?« Toby spürte ihre starke Präsenz. Elfenbeinfarbene Schlieren schossen durchs Sensorium und kaschierten die graue Stadt.

Eine uralte Redewendung, die ich von Zeno gelernt habe. Die Alten schnürten sich die Kehle ein, um Einstellungen zu signalisieren. Eine ›Schleife‹ stand dabei für eine gewisse Unseriosität. Andros Arroganz entspricht nicht seiner eigentlichen Position. Er brüstet sich nur vor den Landeiern, für die er uns hält.

Toby leitete das an die anderen weiter, und er vernahm ihr zustimmendes Murmeln. Killeen nickte. »Das kommt hin. Er will Eindruck bei uns schinden. Dieser Ort ...« – er machte eine ausladende Geste – »... ist zwar ganz nett, aber er ist ein Schuppen im Vergleich zu dem, was das Kandelaber-Volk geleistet hat.«

»Schon möglich«, räumte Jocelyn knurrig ein. »Aber wo *sind* die Kandelaber-Sippen? Weshalb müssen wir mit Andro vorliebnehmen?«

Toby wünschte sich, Quath wäre hier gewesen. Ein

Teil von ihm wollte die Hacken zusammenschlagen vor Freude, daß sein Vater es *geschafft* und das äonenalte Ziel der Sippe Bishop gefunden hatte. Der andere Teil fragte sich, was überhaupt vorging. Das war gewiß nicht die triumphale Heimkehr, mit der sie alle gerechnet hatten. Er las die kaum verhohlene Enttäuschung in den Augen der Kameraden.

Er wollte Killeen etwas sagen, die Kluft überbrücken, die in den Jahren des Flugs, der Käpt'nschaft immer breiter geworden war. Doch die flammenden Augen ließen dieses Ansinnen illusorisch erscheinen.

Andro betätigte sich derweil als Fremdenführer. Er schien überaus eingenommen von den Sehenswürdigkeiten der Stadt. Braune öffentliche Gebäude mit verzierten Säulen vor den winzigen Türen. Fensterlose Fabriken, deren Zweck nicht erkennbar war. Quaderförmige schwarze Apartment-Gebäude mit kleinen Balkonen, die nachträglich angepappt zu sein schienen.

»Das ist sicher schöner als die Zitadelle«, sendete Toby an Cermo, »aber die Ruinen der Ära der Späten Bogenbauten waren doch eindrucksvoller.«

»Weiß nicht«, erwiderte Cermo. »Hab das Gefühl, daß wir irgend etwas übersehen. Ich meine, ich weiß immer noch nicht, wie dieser Ort überhaupt existieren kann.«

Schließlich erreichten sie eine pyramidenförmige Masse aus grauem, schimmernden Stein, die etwas mehr hermachte. Ihr Ziel.

Andro führte sie in den Durchgang, der wie das Innere eines steinernen Brustkorbs aussah und verneigte sich tief, was wohl Sarkasmus ausdrücken sollte. Toby nickte ihm knapp zu, betrat die Eingangshalle, folgte Andro über den Marmorboden – und schlug sich den Kopf am Türrahmen an. Er unterdrückte ein Grunzen. Ein schadenfrohes Grinsen huschte über Andros Gesicht. Toby rieb sich die Stirn und folgte der Gruppe in einen Raum mit Reihen harter Bänke. Eine einsame Gestalt saß hinter einem schäbigen hölzernen Schreibtisch an der Rückwand der Kammer. Die Farbe des Tischs war ausgebleicht, die Platte war schartig und die Beine gesprungen. Toby hielt das Möbel für ein ›Büro-Relikt‹, wie die antiken Stühle, auf denen die Alten in der Zitadelle Bishop gesessen hatten.

»Frischfleisch, Andro?« fragte die vierschrötige, verhutzelte Frau am Schreibtisch. Sie trug eine schwarze Robe und machte den Eindruck, als ob sie die Nacht durchgefeiert hätte. »Die letzten, die du mir gebracht hast, erörtern noch immer die Feinheiten des Handelsrechts im Gefängnis.«

»Woher sollte ich wissen, daß sie diese Schnupftraum-Tabletten durch die Filter schleusen würden?« versuchte Andro sich zu rechtfertigen und spreizte die Hände. »Das war ein Fehler der Ingenieure.«

»Ein weiser Handwerker schiebt die Schuld nicht auf das Werkzeug«, sagte die Frau und ließ den Blick über die Bishops schweifen. Offensichtlich fand sie den Anblick nicht allzu interessant, denn sie gähnte herzhaft.

»Diese Fleischklöpse sind ein klarer Fall«, sagte Andro und trat in ehrerbietiger Manier vor. Dann drückte er die Handfläche auf eine schwarze Stelle auf dem Schreibtisch. Ein sirrendes Geräusch deutete auf einen Datentransfer von seinen persönlichen Dateien zum Tisch hin. »Sie erteilen zwar keine klaren Auskünfte über ihre Herkunft, aber sie scheinen auch nicht intelligent genug, um etwas vor uns zu verbergen.«

»Hmmm, da hast du wahrscheinlich recht«, sagte die Frau und musterte sie von Kopf bis Fuß. Aus dem Augenwinkel sah er, wie Cermo zu einer zornigen Erwiderung ansetzte und durch einen verweisenden Blick von Killeen zum Schweigen gebracht wurde.

Nach dem Lehr-Essen hatte Andro sie alle mit Sprachkurs-Chips ausgestattet, die sie in die Steckplätze im Rückgrat einschoben – wobei sie die ganze Zeit lamentierten, wie veraltet dieser Mechanismus sei.

Tobys Chip funktionierte bereits, obwohl Andro die Chip-Scheibchen spöttisch als ›Verdummer‹ bezeichnet hatte; anscheinend aus dem Grund, weil sie die Sprache von Andros Leuten in derart simpel strukturierte Sätze übertrugen, daß sogar die Bishops sie verstanden.

Die Frau überflog die Tischplatte, die nun nicht mehr verschrammt war, sondern sich in einen Bildschirm verwandelt hatte. Er vermochte die Sprache zwar nicht zu lesen, aber der Text sah aus wie säuberlich geordnete Informationen. Obwohl ihm nicht aufgefallen war, daß Andro Daten aufgezeichnet oder sie auch nur besonders beachtet hätte.

Killeen trat vor. »Falls du hier den Vorsitz führst, muß ich dich ersuchen, uns bei der Suche nach Verwandten von uns – Bishops – und einem Mann zu helfen ...«

»Ich bin eine Richterin«, sagte die Frau beiläufig. »Und ihr werdet nur dann sprechen, wenn ihr gefragt seid.«

»Aber wir sind ...«

»Du hörst schlecht, oder?« Sie bog die Hand, und ein Stromstoß schoß durch Tobys Sensorium. Ihm drehte sich schier der Magen um.

Killeen torkelte und wurde grün im Gesicht. Dann fing er sich wieder. »Ich ... verstehe.«

Die Richterin sah ihn mit einem raubtierhaften Grinsen an. »Ich habe mir die Mühe gemacht, eure Sprachmuster auf Chips zu übertragen, damit ich imstande bin, euch im entsprechenden Ton die Folgen eures Handelns vor Augen zu führen. Ich versichere euch, ihr werdet wegen Verstoßes gegen unsere Steuergesetze ein Annum, vielleicht auch zwei, im Arbeitshaus verbringen. Falls ihr mildernde Umstände geltend machen wollt ...«

»Verstoß?« empörte Killeen sich. »Wir sind zu diesem Ort gekommen, weil wir ...«

»Mit dem plötzlichen Auftauchen aus der Fernen

Schwärze habt ihr Alarm ausgelöst. Die Regentschaft mußte die Verteidigung aktivieren. Schließlich hättet ihr auch Mechanos sein können.«

»Wir fliegen doch ein uraltes Menschenschiff!«

»Trugbilder gibt es zuhauf in der Fernen Schwärze. Und ihr habt keinen Herold gesandt, der uns von eurem Kommen kündete. Verteidigung kostet Geld, Zeit und macht Umstände. Eine Schuld, die im Arbeitshaus beglichen werden muß.« Die Richterin zuckte die Achseln. »Das nennt man soziale Gerechtigkeit.«

Killeen versteifte sich. Die Bishops waren nicht nur Abstauber; sie hatten seit jeher mit anderen Sippen Handel betrieben, zu aller Nutz und Frommen. Es hatte sogar eine Zeit gegeben, die schimpfliche Anpassung, wo die Sippen mit Mechanos Geschäfte gemacht hatten. »Vielleicht haben wir etwas, das für euch von Interesse ist«, sagte Killeen bauernschlau.

Die Richterin warf in gespieltem Desinteresse den Kopf zurück. »Was hättet ihr mir schon zu bieten?«

»Frische Proben von Weltraumpflanzen aus einer molekularen Wolke.«

Killeen winkte Cermo zu sich, der dann hinzufügte: »Wir züchten sie. Echt wohlschmeckend.«

»Hmmm. Regionale Delikatessen? Interessiert mich allenfalls peripher.« Die Richterin schaute in die Luft.

»Wir haben auch Technik von unserer Heimatwelt dabei«, beeilte Killeen sich zu versichern.

»Hmmm.« Keine weitere Reaktion.

»Und von einem anderen Planeten. Ein paar seltsame Artefakte. Sind vielleicht antik.«

»Noch mehr Güter auf Planeten-Ebene?« Die Richterin winkte gelangweilt ab. »Die Immigranten liefern uns den Kram fuderweise ins Haus.«

»Nun...« Killeen warf Toby einen Blick zu. »Wir haben ein Alien dabei.«

Plötzlich war die Richterin hellwach. »Welches Phylum?«

»Myriapoden.«

Sie verzog überrascht den Mund, doch dann preßte sie die Lippen wieder zu einem Strich zusammen. »Bist du sicher?«

War wohl doch nicht so der Hit, sagte Toby sich. Zumal die fremdartige Natur von Quath sich dem Betrachter auf den ersten Blick offenbarte. »Sie hat mich auf dem letzten Planeten gefangengenommen, den ich besucht hatte«, sagte Killeen. »Ich kenne sie recht gut.«

»Sie? Ich wußte gar nicht, daß es bei ihnen Geschlechter gibt.« Die Richterin blinzelte irritiert.

»Sogar eine ganze Reihe, soweit ich weiß.« Nun war Killeen an der Reihe, Desinteresse zu heucheln. »Es handelt sich um hochentwickelte Wesen. Und sie haben ein gutes Gedächtnis. Sie hat uns viel über das Erbe der Myriapoden erzählt.«

»Hervorragend. Es gibt gewiß einen Markt für solche Informationen.« Die Richterin berührte die Tischplatte, rief eine neue Darstellung auf und nickte. »Ich bin vielleicht in der Lage, euch von den Verpflichtungen im Arbeitshaus zu entbinden, falls die zuständigen Stellen die Gelegenheit bekommen, dieses Alien zu inspizieren. Ich nehme an, ihr haltet es unter Verschluß?«

Killeen wirkte schockiert, und Toby wußte, daß das echt war. »Sie ist eine Freundin.«

»Natürlich; ich wollte euch auch nicht zu nahe treten. Euch ist bewußt, daß dies ein paar heikle Verhandlungen erfordert? Experten müssen von hier aus ein Stück in die Erzett vorstoßen. In Anbetracht der Querströmungen müssen wir ...«

»Gut. Kümmere dich darum.« Killeen war wieder ganz der Käpt'n. »Wir haben noch etwas anderes zu erledigen.«

Die Richterin schaute wieder auf den Tisch und schien eine Nachricht zu empfangen. »Das Alien ist ein wichtiger Punkt. Wir würden es vorziehen, es in Gewahrsam zu nehmen, bis ...«

»Neinsag!« sagte Killeen zornig. »Sie bleibt bei uns.«

Die Richterin zögerte, und dann verengten ihre Augen sich zu Schlitzen. »Woher sollen wir wissen, daß dieser Myriapode sich wirklich in eurem Besitz befindet?«

»Wir bringen sie an Land«, sagte Killeen schlicht.

»Was? Hierher? Aber das ist vielleicht gefährlich.«

»Nicht für uns.«

Sie schien erregt. »Diese Dinger haben Menschen ohne Gnade getötet.« Toby erinnerte sich an Quaths beiläufige Bemerkung, wonach sie und ihre Art die Menschen als Nullen betrachtet hätten, als Wesen, die sozusagen durchs ontologische Raster der Myriapoden fielen. Und ihre Vorfahren hatten Spezies vom Typ der Primaten gejagt. Vielleicht hatten die Leute hier ein langes Gedächtnis – oder sie wußten mehr als er.

»Ich garantiere für eure Sicherheit«, sagte Killeen von oben herab; er fand inzwischen Gefallen an der Situation. Dann blickte er über die Schulter. Ohne daß sie es bemerkt hätten, waren ein Dutzend Leute in den Raum gekommen und hatten sich hinter ihnen postiert. Sie wirkten nicht bedrohlich, aber auch nicht eben freundlich. Sie trugen kompakte Rückentornister und blickten amtlich. Das war eine ernste Angelegenheit.

»Sehr gut«, sagte die Richterin. »Bitte bringt das Alien hierher.«

»Nicht so hastig«, sagte Killeen. »Vorher möchte ich noch ein paar Informationen.«

»Ich versichere dir, daß ihr umfassend unterrichtet werdet, sobald ...«

»*Jetzt.*«

»Vielleicht schließen wir einen Kompromiß ...«

»Und dein Andro hat etwas von einer Botschaft gesagt, die hier auf uns wartet.«

»Alles zu seiner Zeit ...«

»Du willst Quath sofort. Dann will ich die Botschaft auch sofort hören.«

Sie schürzte die Lippen, legte eine Bedenkpause ein und nickte dann den Leuten am Eingang zu. »Ich würde es begrüßen, wenn ein paar von deinen Leuten meine Leute begleiten, um die Übergabe des Aliens abzuwickeln.«

»He, Quath wird aber nicht euer Eigentum«, sagte Toby.

Die Richterin schaute Toby an, als ob sie ihn zum ersten Mal sehen würde und vom Ergebnis wenig angetan sei. »Wir werden die Eigentumsverhältnisse der Informationen klären, die wir von ...«

»Ihr haltet es wohl für selbstverständlich, daß Quath mit euch spricht«, sagte Toby mit einem Blick auf seinen Vater. »Oft sagt sie nämlich keinen Piep.«

»Ich glaube, das ist nur ein technisches Problem für die Teams, die sie befragen werden, und ...«

»Eine Sekunde«, sagte Killeen. »Toby hat recht. Ihr werdet keinen müden Furz aus Quath rauskriegen, wenn ihr sie nicht anständig behandelt.«

Die Richterin blinzelte. »Einen müden ...? Ich darf wohl annehmen, das war eine Hyperbel, eine Stilfigur.«

Cermo kicherte, und Toby erinnerte sich, wie Quath die eigenen Exkremente als Bindemittel für ihren Bau verwendet hatte. »Nicht unbedingt«, sagte Toby mit einem sybillinischen Lächeln.

Die Richterin musterte Toby skeptisch. »Dann dürfen wir vielleicht deine Hilfe in Anspruch nehmen. Als jemand, der uns bei der Unterhaltung mit dem Myriapoden unterstützt.«

Die anderen Bishops sahen Toby an. »Na gut«, sagte der. »Was ihr mit dem anfangt, was Quath euch zu sagen gedenkt, ist eure Sache. Aber wir liefern sie euch nicht aus. Sie bleibt bei uns.«

Die Richterin schwieg, musterte die Tischplatte und schaute dann auf die Büttel am Eingang. Mit sanfter Stimme, in der dennoch eine Drohung mitschwang, sagte sie: »Ich glaube nicht, daß ihr in der Lage seid, Bedingungen zu stellen.«

Killeen drehte sich um und musterte prüfend die Leute hinter ihnen. Die anderen Bishops setzten ebenfalls einen gleichmütigen Gesichtsausdruck auf und nahmen eine Kampfsport-Grundstellung ein. Ein langes Schweigen trat ein.

Toby begriff das Kalkül seines Vaters. Diese Leute waren ihnen in technischer Hinsicht wahrscheinlich überlegen, aber sie waren noch immer menschlich. Kommunikation wurde nicht nur durch Sprache, sondern auch durch physische Präsenz bestimmt, und die Bishops überragten diese Männer und Frauen deutlich. Selbst Jocelyn und Toby, die ›Nesthäkchen‹, waren noch anderthalbmal so groß wie diese arroganten Wichte.

Also ließ Killeen ihre Präsenz wirken und sagte dann: »Ich erwarte, daß ihr euch an den Geist und Buchstaben unserer Abmachung haltet.«

Die Richterin sagte zunächst nichts; sie hatte ein Gespür für die Situation. Dann lächelte sie zum erstenmal. »Es ist mir eine Freude, einem Besucher zu begegnen, der mit den Feinheiten der Verhandlungsführung vertraut ist.« Sie streckte die Hand aus. »Meine Freunde nennen mich Monisque. Meine Feinde bevorzugen kürzere Bezeichnungen. Widmen wir uns den Details der Abmachung. Dann trinken wir vielleicht einen.«

Manche menschlichen Rituale starben einfach nicht aus. Toby hegte keinen Zweifel, daß es sich um hochprozentige Getränke handeln würde.

5 · TRANS-HISTORIE

Quath begleitete sie mit klirrenden und schabenden Geräuschen durch Andros Empfangshalle. Sie hatte sich durch die Ladeluken und Lagerräume des Docks zwängen müssen, denn durch die Personenschleusen hätte sie schon gar nicht gepaßt. Toby hätte schwören können, daß Quath ein paar zusätzliche Beine ausgebildet hatte, doch die knubbeligen Schäfte an den pneumatischen Gelenken bewegten sich so schnell, daß er es nicht mit Sicherheit zu sagen vermochte.
Die Gebäude glühten bernsteingelb. Wahrscheinlich eine Sicherheitsmaßnahme dieser Leute, sagte Toby sich, doch hatte er keine Ahnung, wie sie funktionierte. Vielleicht waren diese Gebäude mit Energien erfüllt, die vorwitzige Bishops auslöschten ...
»Was hältst du denn davon, Quath'jutt'kkal'thon?« fragte Killeen.
Ihr kantiger Kopf schwenkte in Killeens Richtung – sie wußte inzwischen, daß die Menschen das als höfliche Geste betrachteten. Obwohl das völlig unnötig war, weil sie über Interkom mit ihnen verkehrte. Aber sie schwieg noch immer.
»Komm schon, Quath, nimm's nicht so schwer«, sagte Toby in bemüht heiterem Ton, wobei er hoffte, daß das Alien das nicht merkte. »Es wird dir nichts geschehen.«
<Quath'jutt'kkal'thon macht es nichts aus, und es ist ihr auch egal.>
Toby hatte Mühe, mit ihr Schritt zu halten. »Wie meinst du das, Glupschauge?«

‹Es macht mir nichts aus. Und wo wir schon an diesem merkwürdigen Ort sind, ist es mir auch egal.›

»Diesen Leuten bist du aber nicht egal«, sagte Killeen. »Sie sind ganz wild auf dich.«

‹Für ihre Zwecke. Wenn alle Motive bekannt sind, wird sich vielleicht herausstellen, daß sie auch unsere Ziele sind.›

»Die Myriapoden scheinen sie ziemlich zu beschäftigen«, sagte Killeen.

Auf Toby machte Killeen einen angespannten und wachsamen Eindruck; er ließ prüfend den Blick schweifen, als sie vom Empfangsbereich in die Stadt überwechselten. Dort wurden sie von weiteren Angehörigen der ›Ehrenwache‹, wie die Richterin sie bezeichnet hatte, in Empfang genommen – Rotten von Männern und Frauen mit langläufigen Waffen eskortierten sie durch die Stadt. Die Stiefel der Bishops hallten auf den gepflasterten, leeren Straßen. Killeen bedeutete Cermo und einem Dutzend anderer Männer, sich zu einem Spähtrupp zu formieren. Die Bewohner dieser tristen Stadt stellten keine Bedrohung dar; sie wußten, daß die ›Ehrenwache‹ den Auftrag hatte, die Bishops in Schach zu halten.

‹Ich werde ihnen nur das sagen, was der Codex der Philosophen erlaubt.›

Quaths Verhalten war unberechenbar. Manchmal erging sie sich unaufgefordert in weitschweifigen Ausführungen über die Geschichte der Myriapoden, und dann gab sie sich wieder zugeknöpft und reagierte nicht einmal auf Fragen.

»Sie lechzen nach Neuigkeiten aus der Fernen Schwärze, wie sie sie bezeichnen«, sagte Toby.

Die Wachen mit den verkniffenen Gesichtern machten ihn nervös. Selbst die Luft flimmerte, als ob sie elektrisch geladen wäre. Diese Leute, die merkwürdige kleine Stadt und ihre schier unglaubliche, doch höchst reale Präsenz an diesem Platz – das alles verursachte ihm ein tiefes Unbehagen. Zumal die Dinge sich so schnell entwickelten, daß er keine Antwort auf die vielen Fragen erhielt, die dieser Ort aufwarf.

»Jedem, wie er's haben will«, sagte Killeen. »Cermo! Beweg deinen Arsch die Straße entlang und überprüfe diese entfernten Wolken.«

»Welches Spektrum?«

»Gib mir eine Durchsicht, infra oder besser.«

Der in voller Montur angetretene Cermo setzte sich in Bewegung, wobei die Techno-Ornamente klimperten und rasselten. Die engmaschigen Elektronetze summten vor Energie. Die aus Schultern, Hüfte und Hintern ragenden Antennen verliehen ihm eine 3-D-Rundumsicht. Die Waffen waren blitzblank geputzt, doch Schrammen und Verfärbungen des Metalls kündeten von tausend Einsätzen.

Toby erinnerte sich an die Zeiten, da diese Aufmachung Alltagskleidung für die Bishops gewesen war. Sie waren im Einsatz gewesen, mit bis zum Anschlag hochgeregelten Sensorien – jeder Bishop ein Jäger. Nach der Katastrophe waren sie für Jahre so herumgestreift und jeden Morgen wie gerädert aufgestanden, auf einer verdorrenden Welt, wo Hunger und die Bedrohung durch die Mechanos die einzigen Konstanten gewesen waren.

Die Einheimischen lugten verstohlen um die Ecken. Sie wirkten interessiert und amüsiert zugleich. *Ratten mit Schleifen*.

Cermo tapste eine Gasse entlang und gelangte dann auf einen freien Platz, von wo aus er den Horizont in ganzer Breite überblickte.

Von seiner Position aus sah Toby den Horizont nicht. Er wußte, daß er sich nicht auf einem Planeten befand, und doch zogen weiße Schäfchenwolken in geringer Höhe über die geduckten Gebäude dahin. Auf dem Rückweg zum Liegeplatz der *Argo* waren sie sogar von einem Gewitter überrascht worden. Klares, wohlschmeckendes Wasser war vom Himmel geregnet. Eine solche Dusche hatte er seit seiner Kindheit nicht mehr genossen, wo er sich für Stunden im Schlamm gesuhlt hatte.

... und plötzlich prasselte ein Strom auf ihn herab, und ein Nebel aus Kristalltröpfchen besprühte sein Gesicht. Ihr Gesicht. *Ihr* Gesicht. Ein endloser, angenehm kühler Strom, ein Wasserfall, der tosend und schäumend einen Berg herabstürzte – und sie stand entzückt darunter; das gelbe Ballkleid klebte an den schlanken Schenkeln, ein junges Mädchen, das durch die Nässe schier in Ekstase geriet ...

Diese Bilder schossen ihm plötzlich durchs Bewußtsein. Shibo.

Ihre endlos langen Beine, die von granitenen Massen flankiert wurden. Er spürte in ihrer Personalität einen ›Ableger‹, die Konturen eines anderen Selbstes; wie ein jungfräulicher Kontinent, der sich vor ihm ausbreitete. Der Wasserfall versiegte. Regen fiel in großer Entfernung, ergoß sich aus jagenden Wolken, Signatur ihrer eigenen jammervollen Präsenz.

Du hast mich seit einiger Zeit nicht mehr aufgerufen.

»Ich hatte zu tun.« Die Wonnen des Wasserfalls bereiteten ihm irgendwie Unbehagen. Er wurde sich dieser Dissonanz bewußt und hoffte, daß sie es nicht merkte.

Ich weiß, daß dein Vater ein schwieriger Mensch ist. Ich spreche aus Erfahrung.

»Sicher, er hat die Sache im Griff, aber ... ich habe eben kein gutes Gefühl dabei.«

Seine Risikobereitschaft hat euch weit gebracht, sehr weit ...

»Ich weiß nicht, was er überhaupt will.«

Ich glaube, er verfolgt noch immer dieselben Ziele. Aber er ist ein Mensch, der seine Gefühle verbirgt. Ein Käpt'n muß das tun.

»Aber er versteckt sie nicht vor mir.«

Ihre Stimme schien aus großer Entfernung zu kommen, als sie sagte:

Auch vor dir. Du bist fast schon ein Mann, mehr als nur ein Sohn.

Er hustete, um das innerliche Brodeln zu kaschieren. Die Erektion wollte sich partout nicht legen. Er holte tief Luft; die Gedanken jagten sich.

»Die Wolken sind ziemlich dicht«, sendete Cermo. »Sehe nicht viel. Im tiefen Infra ist das Bild ganz verwackelt.«

»Schön fachsprachlich«, frozzelte Jocelyn.

»Was meinst du mit verwackelt?« fragte Killeen.

»Sieht so aus, als ob die Wolken die Stadt reflektieren. Ich meine, je angestrengter ich hinsehe, desto unschärfer werden die Bilder von den Straßen und Gebäuden.«

Shibo verschwand. Toby hatte sich auf die Gespräche um sich herum konzentriert, und sie hatte sich inzwischen in den Hintergrund zurückgezogen. Er versuchte, sie noch weiter zurückzudrängen. Zwang sich, ruhiger zu atmen. Er sah rein gar nichts durch die Wolken.

»Die Mikrowelle meldet etwas Massives dort oben«, sendete Cermo.

»Massiv?« Killeen nickte. »Jasag, das paßt.«

<Ich stimme zu. Wir befinden uns in einer rotierenden Röhre, die so breit ist, daß Wasser entlang der Achse kondensiert und Wolkenbänke bildet. Wenn wir klare Sicht hätten, würden wir die über uns hängende

Stadt sehen. Wie die Rotation an diesem verwirrenden Ort erzeugt wird, weiß ich indes nicht.>

»Das freut mich. Bescheidenheit ist eine Zier, alte Küchenschabe«, sagte Toby. Er wollte den Wurm aufheitern, doch nach Cermos Entdeckung schwang ein leichtes Zittern in der Stimme mit. Eine Stadt, die unbefestigt über seinem Kopf hing und nur durch ein unbekanntes Gesetz der Physik an ihren Platz gebannt wurde – bei diesem Gedanken zog er unwillkürlich den Kopf ein. Dann wurde er sich dieser feigen Haltung bewußt und straffte sich wieder.

Plötzlich senkten drei rubinfarbene Arme sich herab und hoben Toby über das Kopfsteinpflaster. Sie wiegten ihn spielerisch und setzten ihn dann auf dem flachen gelben Panzer hinter Quaths Kopf ab. »He!«

<Vielleicht wirst du aus erhöhter Perspektive mehr erkennen.>

»Ups! Hat sich nicht viel verändert. Ich hatte die Straßenschilder eh schon überragt. Lustige Namen, nicht wahr?«

Die Bishops-Gruppe gelangte an die Kreuzung Pfirsich-Boulevard und Granatapfel-Avenue. Namen, die Toby nicht kannte und von denen der Isaac-Aspekt sagte, daß sie Früchte bezeichneten – nur daß es weit und breit keine Pflanzen gab.

<Ihre Weigerung, Daten über diesen Ort preiszugeben, kommt mir verdächtig vor.>

»Falls ich sie richtig einschätze«, sagte Killeen, »geben sie überhaupt nichts umsonst preis.«

»Jasag – echt übel«, sagte Toby.

<Die Erleuchteten erwähnten eure Stammesgebräuche, die Vielfalt der Sitten. Sie disputieren, ob dies ein Quell eurer Stärke ist oder eine latente Schwäche.>

»Hmmm, vielleicht beides. Wir sind es gewohnt, daß die Leute sich gegenseitig helfen, ohne daß sie erst darum bitten müssen. Diese Leute indes denken nicht so – was ziemlich aufschlußreich ist.«

<Solche Nuancen des Primatenverhaltens sind im Repertoire meiner Art nicht enthalten.>

»Natürlich nicht«, sagte Killeen. »Schließlich sind sie nicht einer ständigen Bedrohung ausgesetzt. Wenn man ein friedliches Leben führt, kann man es sich gewiß leisten, wählerisch zu sein.«

Toby ließ sich das durch den Kopf gehen. »Das bedeutet vielleicht auch, daß sie an Fremde gewöhnt sind.«

<Ich erkenne deine Implikation.>

»Ach ja? Und die wäre?« Toby hatte überhaupt keine weiterführenden Vorschläge zu machen, doch würde er das als einziges Kind unter Erwachsenen niemals zugeben. Ein kleiner Bluff schadete nicht.

<Es gibt viel mehr Leute in dieser Struktur, als wir sehen. Genug, daß es sich bei den meisten um Fremde handelt.>

»Hmmmm.« Killeen musterte die Wachen grimmig. »Schon möglich.«

Toby überkam Unbehagen, als ob unmittelbar hinter seinem Blickfeld etwas geschähe. Killeen indes war gefaßt, beherrscht und zeigte keine Regung. Während Toby sich noch darüber grämte, fiel sein Blick auf eine Straße. Plötzlich schien ein Gebäude in der Ferne zu schmelzen. Fenster und Bögen lösten sich auf und verwandelten sich in grüne Farbtupfer. »Seht!« Dann entstand das Gebäude neu, das Dach wurde neu gedeckt und neue Fenster wurden eingesetzt.

Killeens Augen verengten sich. »Das paßt auch«, sagte er entrückt.

»Was paßt?« Vor Tobys Augen wurden neue Türöffnungen ausgeschnitten, diesmal oval anstatt der vorherigen rechteckigen Ausführung.

»Diese Stadt beruht auf einer unbekannten Technik. Und ich wette, sie hält sich selbst instand.«

»Sich selbst?« murmelte Cermo verwirrt. »Andro...«

»Er ist ein Angestellter.« Killeen lächelte Andro geschäftsmäßig an und amüsierte sich darüber, daß in seiner Anwesenheit eine solche Unterhaltung überhaupt möglich war. »Diese Leute sind uns im Grunde gar nicht überlegen.«

»Sie machen gewiß nicht den Eindruck, als ob sie in der Lage wären, einen Kandelaber zu bauen«, sagte Cermo.

»Bestimmt nicht«, sagte Toby energisch. »Aber glaubt bloß nicht, daß sie das auch zugeben würden.«

Er ging an einem Springbrunnen vorbei; er war nicht imstande, die Gedanken zu ordnen und spürte zudem das Aufwallen einer Präsenz ...

... Sie bewegte sich geschmeidig und hüpfte auf der aufgerissenen Straße von Stein zu Stein, wobei die aus den nächtlichen Nebeln kondensierten Pfützen sie selbst und ihr Spiegelbild im ausfransenden grauen Licht abbildeten. Sie spielte in den Ruinen des jungen Tags. Zahnstümpfe eines Nachtangriffs. Steinstümpfe. Eine Spinne schlief in der Stadt; sie sah sie silbrig-filigran auf der Lauer liegen. Die Bewegung der mit Widerhaken besetzten Beine, das raspelnde Reiben wurde übertönt von den Geräuschen der geliebten Zitadelle, die stolz und einsam dastand, immer in Erwartung des nächsten Schlags. Und doch war sie ein Ort der Freude. Schemen schwärmten durch diesen Morgen, das ewige Treiben der Menschen, die wie Stehaufmännchen ihren Verrichtungen nachgingen. Obwohl sie wußten, daß die Spinne auf der Lauer lag, sich in der Augenhöhle eines ausgebleichten Schädels regte ...

Keuchend schüttelte er dieses Bild ab. Konzentrierte sich wieder auf die Straße, wo *seine* Stiefel marschierten, wo *seine* Augen das Spiel des Wassers schauten.

Und doch hatte auch Shibos Welt ihren Reiz. Sie vermittelte eine Leichtigkeit des Seins, ein ätherisches Gefühl verschmelzender Dinge und war doch fest in ein Netz des Zusammenspiels verwoben, von selbstverständlichen und unausgesprochenen Genüssen. Diese flüchtigen Einblicke in ihre Persönlichkeit bildeten einen markanten Kontrast zu den maskulinen Ecken und Kanten, von denen er umgeben war. Der vor ihm ausschreitende stämmige und muskulöse Killeen bewegte sich mit der Präzision einer seelenlosen Maschine. Toby respektierte das, denn er wußte, dieser Führungsstil war der Sippe Bishop angemessen.

Und doch war dieser Mann auch sein Vater. In den Jahren, die sie gemeinsam auf der Flucht gewesen waren, war Killeen schmaler und schärfer geworden. Wie ein Messer, das ständig mit dem Wetzstein geschliffen wurde, sagte Toby sich – ein Naturgesetz. Und nun verlangte Killeen von seinem Sohn die gleiche Härte, den gleichen kompromißlosen Verzicht; den Tribut, den ein Führer zollen mußte.

In Toby tobte ein Widerstreit der Gefühle – ein Konflikt zwischen den Verlockungen der Welt, für die Shibo stand und den Anforderungen, die Killeen an ihn stellte. Cermo schaute ihn mit einem Stirnrunzeln an. Toby wurde sich bewußt, daß die Gefühle ihm ins Gesicht geschrieben stehen mußten, und er riß sich zusammen – nur um zu spüren, wie die Shibo-Personalität ihn mit gutmütigem Spott auslachte und sich wieder ins mentale Verlies zurückzog. Er ging weiter.

Sie marschierten durch verschlungene Gassen, überquerten einen großen Platz mit einem Belag aus schwarzem Stein und betraten dann das eindrucksvollste Gebäude, das Toby hier gesehen hatte – eine steile Pyramide, die in grellem Weiß erstrahlte. Der Isaac-Aspekt nannte das ›perlweiß‹, und als Toby die Hand auf das Zeug legte, erwies es sich als frostig kalt. Noch dazu war es klebrig – und dann führte man sie durch ein breites Portal und wies ihnen Plätze vor einem Podest zu. Die Stühle waren als Negativabdruck der Konturen der Bishops ausgeformt, und nachdem Toby sich gesetzt hatte, merkte er, daß das Möbel sogar über eine Art Massagefunktion verfügte. Der Stuhl schmiegte sich an ihn. Er fragte sich, ob er ihn wohl festhalten würde, falls derjenige, wer auch immer über diesen Ort gebot, sie nicht mehr fortlassen wollte.

Zu seiner Überraschung erschien die Richterin, Monisque, auf dem Podest – diesmal in einer blauen Robe.

»Wußte ich's doch, daß sie mehr ist als eine Richterin«, wisperte Killeen über den geschlossenen Interkom.

»Ich freue mich, euch wiederzusehen, ihr Wanderer aus der Ferne«, sagte Monisque fröhlich. »Nun trage ich den anderen Hut – in meiner Eigenschaft als Chef-Händlerin.«

»Ich habe den Eindruck, daß du hier Mädchen für alles bist«, sagte Killeen.

»Der Schein trügt. Die wenigsten Leute interessieren sich für Besucher, egal aus welcher Erzett sie kommen.« Sie nickte, als Dutzende der kleinen Leute die restlichen Plätze belegten und sich angeregt unterhielten. Toby sah, daß die Sitze sich der Größe und den Konturen der Wichte anpaßten. Seine Paranoia legte sich etwas.

»Unsere Freundin, Quath'jutt'kkal'thon, ist bereit, Daten über jedes Gebiet zu geben, sofern dem nicht ... äh ...« – Toby sah, daß Killeen sich bemühte, die Motive der Myriapoden in menschliche Äquivalente zu übertragen, und sei es nur näherungsweise – »... äh ... klerikale Edikte entgegenstehen. Im Gegenzug hätten wir ein paar Fragen.«

»Ich werde auf keinen Fall alles preisgeben, Käpt'n«, sagte Monisque skeptisch.

Killeen war nicht in der Stimmung zu feilschen, und Toby war genauso ungeduldig wie er. »Zuerst wollen wir wissen, was dieser Ort *darstellt* – wie er funktioniert, seine Geschichte, wer ihn erschaffen hat. Zweitens ...«

»Wir werden euch sagen, was wir wissen. Ich spreche allerdings nicht für die Spuren.«

»Spuren?« fragte Killeen mit ausdruckslosem Gesicht.

»Andere Achsen der Erzett. Hat Andro euch das nicht gesagt?«

Andro erhob sich. Er trug nun einen sauberen, gestärkten Overall. »Ich habe versucht, es ihnen zu sagen, aber sie verfügen einfach nicht über die begrifflichen Konzepte.«

Das wollte Toby nicht auf sich sitzen lassen. Er sprang auf und rief: »Während deines Aufenthalts an Bord der *Argo* hast du nur versucht, uns die Ausrüstung abzuluchsen. Ich habe nicht gehört, daß du etwas von ...«

»Na gut, dann habe ich dienstliche und private Belange eben etwas verquickt. Dennoch, Euer Ehren, diese Hirnis erfassen nicht einmal einen Bruchteil der topologischen Parameter, die ...«

»Setzt euch, alle beide«, sagte Monisque schroff. »Wir unterziehen euch dem Standard-Propädeutikum.«

»Zweitens«, sagte Killeen ungerührt, als ob er noch viele Punkte auf der Liste abzuhaken hätte, »möchte ich den Aufenthaltsort meines Vaters, des Bishop Abraham, erfahren.«

»Vermißtenanzeige, wie? Mein Touristen-Freund, das ist hier ein ganzer Industriezweig.« Monisque machte einen Eintrag, indem sie mit der Hand über die Oberfläche des Pults fuhr. »Du wirst dich schon selbst auf die Suche begeben müssen.«

»Du mußt doch wissen, wo deine Bürger sich aufhalten und *wer* sie sind.«

»Ach, müssen wir?« Sie hob eine Augenbraue. »Es gibt mehr schlüpfrige Spur-Vektoren, als du Haare am Körper hast, Käpt'n – und lockiger sind sie auch noch.«

Das einheimische Publikum lachte, die Bishops jedoch nicht. Killeen preßte die Lippen zusammen und sendete auf der geschlossenen Leitung: »Meine richtigen Locken sieht sie überhaupt nicht – und wird sie, verdammt noch mal, auch nicht sehen.«

Die Bishops quittierten das mit beifälligem Grölen

und Kichern. Die Gnomen schauten irritiert; sie schienen sich zu fragen, ob sie das als Beleidigung auffassen sollten.

Toby grinste. Er fragte sich, ob diese Leute wohl die Tradition des Ranking kannten, des Jonglierens mit schwarzem Humor, Sarkasmus sowie mit offenen und verdeckten Beleidigungen. Auf der Flucht waren solche Sprüche ein Quell der Belustigung und Schmähung – im Idealfall eine Kombination aus beiden. Die grundsätzliche Funktion bestand darin, Spannungen abzubauen und ein sozialverträgliches Ventil für Ressentiments zu schaffen. Toby wurde sich bewußt, daß sie schon lange kein Ranking mehr gehabt hatten. Vielleicht war das auch der Grund, weshalb Killeen nun auf viele Besatzungsmitglieder so distanziert und ehrfurchtgebietend wirkte – er mußte mal wieder mit einem plazierten verbalen Hieb vom hohen Roß geholt werden.

»Ich respektiere die kompakte Art und Weise, wie ihr Verwandten hier lebt«, sagte Killeen so verbindlich, wie es ihm möglich war. »Ihr versteht sicher, daß wir uns mit unseren Vorfahren wiedervereinigen möchten.«

Sie schaute sie schelmisch an. »Ist das wirklich alles?«

»Euer Stamm ist zwar hochentwickelt, aber manche Dinge ändern sich nie«, sagte Killeen in strengem Ton. »Die Sippe gehört auch dazu.«

»Das stimmt. Ihr müßt wissen, daß viele Leute bei uns durchkommen. Wir hören Geschichten. Prophezeiungen. Lügen. Viele Hände werden nach uns ausgestreckt – um zu nehmen, nicht um zu geben. Deshalb sind wir vielleicht etwas vorsichtig geworden.«

»Versucht ihr einmal, für ein paar Generationen vor den Mechanos zu fliehen«, sagte Killeen in wohlgesetzten Worten. Doch Toby hörte die zunehmende Anspannung aus seiner Stimme heraus.

»Ich verneige mich vor eurer größeren Erfahrung.

Dennoch reicht meine Autorität nur so weit. Wir schließen mit den Leuten aus der Trans-Historie reelle Geschäfte. Tauschen, das geht in Ordnung – wir werden euch nicht übervorteilen. Was darüber hinausgeht ...«

»Wir stammen von Snowglade, nicht aus irgendeiner ›Trans-Historie‹.«

Die Richterin machte eine abfällige Geste, wobei die Robe sich bauschte. »Ein Begriff von Leuten aus der wilden Erzeit. Wir wissen nicht, ob die Angaben zu eurer räumlichen und zeitlichen Herkunft stimmen, denn wir haben keine Möglichkeit, sie zu überprüfen. Die Turbulenzen der Erzeit verwischen alle Spuren. Aus diesem Grund tätigen wir nur Bargeschäfte – weil es aber keinen Zahlungsverkehr zwischen Trans-Historien gibt, bedeutet das Feilschen und Tauschhandel.«

Killeen ließ die freundliche Maske fallen. Er stand mit surrenden Bein-Servos auf, bis er fast auf einer Höhe mit Monisque war. »Ich bitte um Informationen über meinen Vater und eine Karte, die mich zu ihm führt.«

»Das war's schon? Die meisten Besucher wollen Nahrung, Treibstoff, vielleicht noch Recro-Kredite.«

»Wir kommen schon zurecht«, sagte Killeen schnaubend.

»Ich wäre damit einverstanden, wenn wir, sagen wir, die Rechte an einer Befragung des Myriapoden erhielten.« Monisque schaute beiläufig zu Quath hinüber, das erstemal, daß sie geruhte, von dem Alien Notiz zu nehmen.

»Das war nur der Anfang. Wir wollen noch mehr. In einem toten Kandelaber fanden wir eine Inschrift, wonach ›wir alle ins Versteck und in die Bibliothek stürzen‹. Ich hätte diesbezüglich ein paar Fragen.«

Sie wand sich unter der schimmernden blauen Robe, als ob sie nun auch die Spannung in Killeens Stimme herausgehört hätte. »Es gab viele Kandelaber. Ich ...«

»Sind Leute aus jenem Zeitalter hier?«

»In gewisser Hinsicht ist das Wort ›hier‹ ungeeignet, um das Wesen der Erzett zu beschreiben. Wenn ihr interessiert seid, hätten wir euch historische Daten anzubieten ...«

»Nein, keine Daten – jetzt nicht«, sagte Killeen mit tiefer, fast schon knurrender Stimme und unterstrich die Worte mit einer ausladenden Geste. »Ich bin auf der Suche nach *Menschen*.«

Sie beäugte ihn skeptisch. »Heißt das ›ich will‹ oder ›wir wollen‹?«

»*Wir* – die Sippe Bishop. *Ich* – ihr Käpt'n. Das ist ein und dasselbe.«

»Hab ich mir schon gedacht«, sagte Monisque trocken. »Na schön. Die ›Bibliothek und das Versteck‹ – nun, weil dies ein Weg in die Erzett ist, handelt es sich wohl um besagtes ›Versteck‹. Was die Bibliothek betrifft – die entsprechenden Daten werden euch bestimmt nicht auf einem silbernen Tablett überreicht.«

»Wieso nicht?«

»Andro – du hattest recht. Sie wissen überhaupt nichts.« Sie blinzelte dem einheimischen Publikum zu, das daraufhin in Lachen ausbrach. »Niemand wird euch unser größtes Geheimnis verraten, selbst wenn ihr Titanen wärt. Wenn ihr mit Alten von den Kandelabern oder mit diesem Abraham sprechen wollt, würde ich euch den Restaurator empfehlen. In gewisser Hinsicht ist er nämlich auch eine Bibliothek.«

Toby vermochte nicht zu folgen, doch Killeen nickte nur knapp, als ob er von ihr die Bestätigung erhalten hätte, auf die er schon gewartet hatte. »Die Inschrift erwähnte eine namenlose Heldin«, sagte er mit kraftvoller Stimme. »›Sie ist, wie sie war, und tut, was sie tat.‹ Bezieht sich das auf diesen Ort, auf diesen Restaurator?«

»Ich bin keine Expertin in linearer Geschichte, nicht zu reden von Trans-Historie. Diese Sache riecht nach beidem.«

»Dann weise uns den Weg zu diesem Restaurator und nenne uns seinen Preis ...«

»Ihr könntet ihn nicht bezahlen.«

»Ich habe noch nicht alle Asse aus dem Ärmel gezogen, Dame Justitia.«

»Das weiß ich. Ich warte schon auf die nächste Runde.«

»Wenn du schon so viel weißt, kennst du vielleicht auch mein nächstes Angebot?«

»Andro? Die Möglichkeit, die du erwähnt hast?«

Andro trat vor und tippte auf einen Fingernagel. Die Wand hinter dem Podest leuchtete auf – und zeigte das 3-D-Bild eines Korridors der *Argo*. »Das Vermächtnis! Wir haben ihn in seine Nähe gelassen.«

Andro reagierte nicht auf Tobys Ausbruch. »Sie fliegen eine Klasse VI, Richterin. Standard-Konstruktion, ziemlich ramponiert. Der Zutritt zum Nexus war mir verwehrt, doch aus den Sicherheitsmaßnahmen schließe ich, daß ein Brocken dort aufbewahrt wird. Dieses Kind ...« – er deutete mit dem Daumen auf Toby – »... hat es eben bestätigt.«

Sie runzelte die Stirn. »Aus jenem Zeitalter? Ich wußte nicht, daß solche Schiffe überhaupt noch existieren.«

»Die Mechanos haben die meisten vernichtet. Die Bishops sagen, dieses Exemplar sei auf ihrem Planeten vergraben gewesen. Die Mechanos müssen es übersehen haben.«

»Ein Brocken von damals, als ...« Monisque berührte das Pult und schien Berechnungen durchzuführen, wobei sie vor sich hin murmelte.

»Jasag«, sagte Killeen. Toby erkannte nun, daß das Vermächtnis das Pfund war, mit dem Killeen wucherte. Die Gedanken jagten sich in einem kalten, aufgewühlten Vakuum.

Andro hatte ebenfalls diesen entrückten Blick. Toby wußte, daß sie beide mit einer entfernten Intelligenz kommunizierten, vielleicht mit einer Datenbank. Der Isaac-Aspekt meldete sich:

> *In der Ära der Hohen Bogenbauten gab es solche Verknüpfungsmöglichkeiten. Sie steigerten die Intelligenz und Leistungsfähigkeit aller. Sie führten aber auch zu Schutzverletzungen an fremden Dateien und den Ausschweifungen, die ein solches Suchtverhalten bedingt.*

Toby zuckte die Achseln. Diese historische Anekdote wies keinen Aktualitätsbezug auf. Er beobachtete die Richterin. Sie nickte – in Gedanken oder an die Adresse einer weit entfernten Präsenz? – und sagte: »Ich bin bereit für einen Handel. Dienstleistungen – sehr begrenzte Dienstleistungen – für eine gründliche Inspektion eures Schiffs.«

»Nein!« riefen ein paar Bishops. Toby indes hatte es die Sprache verschlagen.

»Ich muß erst wissen, welche Dienstleistungen du meinst«, sagte Killeen geschäftsmäßig. »Mir schweben nämlich schon ein paar vor.«

»Papa, das geht nicht!« stieß Toby schließlich hervor. »Die Vermächtnisse gehören *uns*. Niemand sonst darf sie besitzen.«

»*Ich* habe darüber zu befinden«, knurrte Killeen. »Wir müssen hier etwas erledigen, und die guten Leute haben ein Recht zu erfahren, wer wir sind – schließlich nehmen wir das auch für uns in Anspruch.«

»Nein!« schrie Toby. »Wir *wissen* doch gar nicht, was die Vermächtnisse enthalten! Vielleicht sind es Geheimnisse der Sippe Bishop. Möglicherweise der Stammbaum aller Bishops. Vielleicht sogar Daten aus den Großen Zeiten! Du ...«

»Wir wären ohnehin nicht in der Lage, sie zu entziffern«, sagte Killeen ungehalten und drehte sich zu seinem Sohn um. »Wir brauchen jemanden, der uns dabei hilft, ihre Bedeutung zu erschließen. Das ist der richtige Weg.«

»Aber wer weiß, ob sie nicht Mißbrauch mit unseren Geheimnissen treiben?«

»Sie sind schon so alt, daß die Sprache an sich keinen Sinn mehr ergibt. Aus der Ära der Kandelaber, vielleicht noch älter. Aus einer Zeit, die wir nur als Legenden kennen. Nur Punkte und Schnörkel.« Killeen drehte sich um und ließ den Blick über alle Bishops und Trumps schweifen; Toby erkannte, daß er jeden Widerspruch schon im Keim erstickte. »Ich werde uns das beschaffen, was wir brauchen und die Vermächtnisse eintauschen – und sie im Gegenzug entziffern lassen.«

Zustimmendes Gemurmel kam von den Aces und Fivers und von ein paar Bishops, auch wenn andere den Blick abwandten und damit ihre Mißbilligung signalisierten.

»Warte wenigstens noch etwas ab, Papa«, sagte Toby mit heiserer Stimme. »Betrachte das als ihr ›Propädeutikum‹. Wir werden mehr über diesen Ort erfahren, ermitteln, was unsere Vermächtnisse wirklich wert sind und feststellen, ob Abraham hier ist. Vielleicht schlagen wir bessere Konditionen heraus ...«

Killeen unterzog den Raum einer schnellen Musterung. Ein Anflug von Unsicherheit wurde von einem Lächeln und einem freudigen Stirnrunzeln weggewischt. Toby sah auch, daß er den Rückhalt der anderen hatte; die Autorität des Amts und die Erfolge der Vergangenheit gaben nun den Ausschlag. Er sah Toby mit brennenden Augen an, wandte sich wieder an die Richterin und hob zu sprechen an.

»Papa, wir sollten wenigstens ...«

»Cermo, bring ihn nach draußen.«

»Aber du kannst nicht ...«

»Ich bin der Käpt'n, Sohn. Cermo!«

Toby öffnete den Mund, brachte aber kein Wort heraus – und dann packte Cermo ihn von hinten und hielt ihm die Arme fest. Er wand sich im Griff, fluchte und schrie und trat nach Cermo, ohne ihn jedoch zu treffen. Im Raum schien Nebel kondensiert zu sein, und die dicke Luft trug die Worte, die Schreie nicht. Unerbittlich schleifte Cermo ihn einen langen Gang entlang. Bleiche Zwerge blickten ihn aus Insektenaugen an, wobei alle sich hinter der zähen Luft dieses seltsam sich kräuselnden Raums verbargen. Toby hatte einen unangenehmen Geschmack im Mund, den galligen Geschmack drohenden Unheils.

6 · DER REIZ DES KOMMERZ

Toby wurde für zwei Tage in einer Kabine eingesperrt und strenger Schiffsdisziplin unterworfen. Das bedeutete, daß er von der Außenwelt abgeschirmt war. Nicht einmal Quath durfte ihn besuchen – obwohl sie ohnehin nicht in den Raum gepaßt hätte. Er wurde nur mit Nahrung und Lehrmitteln versorgt; also büffelte er Mathe und Geschichte und hörte sich Isaacs Vorträge an. Außerdem machte er Leibesübungen in der kleinen Zelle. Cermo brachte ihm immer das Essen. Er hatte den Befehl, kein Wort mit Toby zu wechseln und befolgte diese Anweisung widerstrebend, auch wenn Toby ihn deshalb aufzog.

Der Arrest hatte auch zur Folge, daß er den allgemeinen Unterricht verpaßte, wo der Besatzung die Funktion dieses Orts erläutert wurde. Er reagierte den Frust an der Kabine ab, stieß sich mit den Servos von der Decke ab, schrammte an der Wand entlang, prallte auf den Boden und stieg wieder an die Decke. Er versuchte, mit Isaacs Hilfe selbst hinter die Geheimnisse dieses Orts zu kommen, was aber nicht von Erfolg gekrönt war. Das eigentliche Mysterium war, wie diese Masse überhaupt zu existieren vermochte, wo sie doch um ein Schwarzes Loch geschleudert wurde.

Nach zwei Tagen erschlich Besen sich irgendwie eine Besuchserlaubnis. Ihr Haar glänzte – das mußte am Wasser liegen, sagte sie –, und sie strahlte. Er nahm sie in den Arm, küßte sie und murmelte etwas von seinen Sorgen und Nöten ... doch irgend etwas stimmte nicht. Er versteifte sich, als sie ihn frivol berührte, ihm über den Schenkel strich und die Hand auf der Hüfte liegenließ.

... glatte Haut gleitet ...

Ihr Kuß schmeckte metallisch, ein oxidierendes Zucken ihrer Zunge.

... sie verbreitete eine moschusduftende Wärme in der unheimlichen Dunkelheit ...

Und ihre Hand fiel bleiern auf ihn, prüfte die Härte seines Glieds.

... helles Lachen, als sie beide sich mit ineinander verschränkten Beinen wälzten ...

Er versteifte sich unter ihrem Griff, empfand ihn als fest und intim und heiß.

... winselte vor Lust und freudigem Erstaunen ...

Sie runzelte die Stirn, als er sie von sich stieß und ihre Hand abschüttelte. »Was ... was ...?«

»Mir ist jetzt nicht danach.«

»Huh?« Betrübter Blick.

»Mir gehen zu viele Dinge durch den Kopf«, sagte er verwirrt.

»Das ist jedenfalls nicht der Herr Allzeit Bereit, den *ich* kannte.«

»Sicher nicht.«

»Toby, wenn du darüber sprechen möchtest ...«

»Schau, ich – komme morgen sowieso wieder raus, in Ordnung? Im Moment bin ich irgendwie nicht gut drauf.«

Sie ging, mit gerunzelter Stirn und zuckendem Mund. Die Tür hatte sich kaum geschlossen, als er Kummer verspürte und sich über sich selbst ärgerte. Doch dann sprach er mit Shibo darüber, und die ganze Sache schien nicht mehr so wichtig.

Besen kam nicht wieder. Er trainierte, schlief und grübelte.

Als Cermo die Tür aufschloß, stand Toby kurz vor dem Durchdrehen. Besen war auch da, umarmte ihn und gab ihm einen innigen Kuß, der mehr versprach, als Worte je auszudrücken vermochten. Diesmal war es ihm nicht mehr unangenehm ... entfachte aber auch kein Feuer in ihm. Kein Herr Allzeit Bereit mehr – und er wußte nicht, weshalb.

Vielmehr stand ihm der Sinn nach einer ausgiebigen Dusche – die Einheimischen hatten die *Argo* an die örtliche Wasserversorgung angeschlossen – und nach einem Ausflug. Die Stadt war immerhin weitläufiger als die Wandelgänge des Schiffs, und er brauchte freien Raum. Hurtig machte er sich ausgehfertig.

Er hatte eigentlich erwartet, zum Käpt'n zitiert zu werden, doch die Leitung blieb stumm. Während er durch die abschüssigen Korridore ging, nervös wegen der Enge im besonderen und deprimiert im allgemeinen, schien niemand an einer Unterhaltung mit ihm interessiert. Arbeitsgruppen führten Wartungsarbeiten in der *Argo* durch; am Schiff gab es ständig etwas zu tun.

Wenn er das Gespräch suchte, waren die Leute plötzlich sehr beschäftigt. Schließlich entschied er sich, Besen nicht anzurufen. Sie hätte vielleicht kein Verständnis dafür, daß er etwas Abstand brauchte, wenigstens für ein paar Stunden.

Als er sich der Hauptschleuse näherte, bot sich ihm ein lustiges Bild. Ein Dutzend der gnomenhaften Einheimischen sprachen mit den Unteroffizieren vom Dienst und bettelten sie um Gefälligkeiten an – und verstummten bei seiner Annäherung. Der Offizier von der Wache teilte Toby steif mit, daß seine Bewegungsfreiheit eingeschränkt sei. Er dürfe das Schiff nicht verlassen.

Das gefiel ihm natürlich nicht. Er erwog einen Besuch bei Quath, um sich von ihr auf den neuesten Stand bringen zu lassen und erinnerte sich dann an die beschädigten Farmkuppeln. In der großen ballonförmigen Kuppel, die dem Getreideanbau vorbehalten war, hatte er einmal versucht, eine Personenschleuse zu installieren, die allerdings eine Undichtigkeit aufwies.

Dieser Mangel bestand wohl nach wie vor, nur daß jetzt ein positiver Außendruck herrschte.

Er gelangte dorthin, ohne daß jemand besonders Notiz von ihm genommen hätte. Er brauchte das Schott nur mit einem Werkzeug aufzuhebeln. Irgendwie sorgten die Felder des Docks dafür, daß das Schiff nicht auf den angrenzenden Decks auflag. Die Prallfelder waren zwar weich, setzten Berührungen aber Widerstand entgegen. Sie lenkten ihn sanft zur Seite, als ob er sich im Griff einer günstigen Thermik befunden hätte.

Er rutschte hinunter, über die schwellende, glatte Hülle der Kuppel und tauchte in den Schatten unter der wuchtigen Masse der *Argo* ein. In wenigen Augenblicken hatte er den Empfangsbereich durchquert, nickte dem gelangweilten Personal zu – und verschwand in der grauen Stadt.

Es war ein Schock. Die Straßen waren nicht mehr trist und leer, wie er es in Erinnerung hatte, sondern nun herrschte hier das pralle Leben. Das bewies, daß ihr Empfang minutiös geplant worden war – alles Teil der Geschäftsstrategie.

Perplex wanderte Toby umher. Der Kummer und die Sorgen, die ihn während der letzten Tage geplagt hatten, fielen nun von ihm ab. Es war schon viele Jahre her, seit er sich völlig entspannt und dem Müßiggang gefrönt hatte. Zuletzt in der Zitadelle. Auf dem Frühlingsfest, als Großvater Abraham einen Wettkampf zwischen den Generationen veranstaltet hatte, in der Sporthalle der Zitadelle. Eine schweißtreibende Angelegenheit, Jubel und Anfeuerungsrufe, von vielen Füßen aufgewirbelter Staub, der in den Augen brannte. Und es hatte Konfekt in Papiertüten gegeben, kühle Getränke, Gelächter, Grinsen.

Bei den Erinnerungen biß er sich auf die Lippe und mischte sich unters Volk. Ein paar Leute schauten ihn furchtsam an, doch die meisten ignorierten die große Gestalt in der merkwürdigen Springerkombi. Es dauerte eine Weile, bis man sich an Märkte, Geschäfte und die schnelle Wertermittlung gewöhnt hatte. Was Toby als einfache Dinge ansah, hatte eine spezielle Bezeichnung, die sie irgendwie aufwerteten – ›Güter‹. Man gab Geld für ›Güter‹ her und mußte dann ein anderes ›Gut‹ herstellen, um das Geld zu ersetzen, das man ausgegeben hatte. Er fragte sich, wie man wohl an ein ›Schlecht‹ oder vielleicht ein ›Besser‹ gelangte, doch davon sprach niemand.

Er hatte ein Guthaben von einer ersten Zahlung, welche die Richterin vor Tagen an alle Bishops geleistet hatte. Er teilte sich das Geld ein. Das war etwas anderes als die Tauschhändel, die auf Snowglade zwischen den Sippen stattgefunden hatten. Dort hatte man zum Beispiel ein Syntho-Hemd für zwei selbstgefertigte Carbonstahl-Messer bekommen. Doch mußte man erst einmal jemanden finden, der ein Messer brauchte, bevor ein Tausch zustande kam. Mit Geld war das leichter – man mußte nur entscheiden, ob das ›Gut‹ einem so und so viele von den kleinen runden Münzen wert war oder nicht. Ganz einfach.

Aber dieser Trubel! Es wimmelte nur so von Kaufleuten und Marktschreiern, Wahrsagern, Händlern, Taschenspielern und Untergangspropheten, Hausierern, Trickbetrügern, Senso-Künstlern, dubiosen ›Anlageberatern‹, Huren mit verklärtem Lächeln, Männern und Frauen mit ›Gütern‹, die sie im Ärmel oder unter Pluderhosen verborgen hatten (und mit ›Schlechtern‹, die sie im Herzen trugen). Es wurde alles feilgeboten, von einem gelben Pulver, das einen binnen zwei Minuten lebenslänglich süchtig machte, bis hin zu exotischen, leuchtenden Glaswaren – die sich als Aliens entpuppten, als er sie berührte.

Ein paar Leute hatten auch gelernt, um Geld zu betteln. Während er in einer Seitenstraße einen Imbiß verzehrte, beobachtete er eine einäugige Frau, die indes besser sah als die meisten Menschen mit zwei Augen.

Sie richtete sich für ihr Gewerbe her, wobei sie Toby für einen geringen Obolus zusehen ließ. Seelenruhig trug sie Schminke auf und pinselte sich blaue Ränder unter die Augen, daß es einen grauste. Dann schob sie sich eine Einlage ins Hosenbein, so daß sie wie ein Krüppel ging.

Toby sah, wie sie an einer belebten Ecke Stellung bezog. Leute warfen ihr mit abgewandtem Blick Münzen hin. Trotz der Unlogik – es gab doch sicher Behandlungsmöglichkeiten für solche Gebrechen? – wurde das Gewerbe akzeptiert. Toby fragte sich nach dem Grund und fand dann eine plausible Antwort. Sie bot den Leuten eine Unterhaltung, mit der sie ihr Ego stärkten. Angesichts dieses Elends verspürten die Passanten nämlich eine gewisse Erleichterung: sie hatten zwar auch Probleme, doch lang nicht so große wie diese Frau. Sie war im Showgeschäft, und die Straße war ihre Bühne.

Das waren nicht die Halbgötter, welche die Kandelaber erschaffen hatten. Gewiß nicht.

Es gab ein Labyrinth aus Straßen, das angelegt war, um Vergnügungssuchenden das Geld aus der Tasche zu ziehen. Spielhöllen und anrüchige Etablissements. Discos, rund um die Uhr geöffnet, fiebrig glitzernd, mit monotoner Syntho-Musik, die Luft geschwängert mit aromatischen Düften und Pheromonen. Toby wagte sich in einen solchen Schuppen hinein, und in dem kurzen Moment, als die Effekte abgeschaltet wurden (gesetzliche Bestimmung), sah er, was mit ihm und dem Geld geschah. Er streifte wieder durch die Straßen, was auf jeden Fall billiger war, obwohl es ihn in den Füßen juckte, kehrtzumachen und diesen Laden wieder aufzusuchen.

Es gab wissenschaftliche Quizveranstaltungen, vis-à-vis von Wahrsagern. Ein Tribut an die Fähigkeit der Menschen, mit Widersprüchen zu leben. Wunderheiler. Spieler. Der stärkste Mann der Welt (wer will mal gegen ihn antreten?). Verkauf von Drogen und sogar Alkohol, alles legal und hoch besteuert, um die negativen sozialen Begleiterscheinungen zu kompensieren. Buden mit alkoholfreien Getränken; eine bot eine traditionelle dunkle Flüssigkeit mit Blasen feil, die Toby nicht zusagte und die er zum Entsetzen einiger Kinder wegschüttete. Sie schienen beleidigt, weil er das allseits beliebte Getränk verschmäht hatte – Koca-Koola, das Original. Doch der Paprika hatte ihm schon genug zugesetzt.

Nach dem jahrelangen Dasein als Nomade fand er wieder Gefallen an einer Stadt. Die Zitadelle Bishop war ein verwinkelter, staubiger Pueblo in einer Schlucht gewesen. Es hatte karge Gärten und nur einen Marktplatz gegeben – kein Vergleich hierzu. Er hatte jedoch aus der Ferne Ruinen aus der Ära der Späten Bogenbauten gesehen – die Mechanos hatten sie damals ausgeschlachtet –, und die hatten Ähnlichkeit mit diesem Ort gehabt.

Die straffe Ordnung weckte Erinnerungen, wie angenehm es doch war, eine Mahlzeit zu bereiten in der Gewißheit, daß es Öl und Salz im Laden um die Ecke gab. Daß ein Mädchen beim Überqueren der Straße nicht verzagt stehenblieb, sondern nur nach rechts und links sah, bevor sie vom Gehweg heruntertrat. Das Faszinosum, als Junge am Fenster zu sitzen und die Parade der Passanten abzunehmen, die nicht ahnten, daß sie Statisten in seinen imaginären Dramen waren. Städte – eine magische Verdichtung der Menschheit, ein Organismus, dessen Funktion sich ihm peu à peu erschloß.

Toby sagte sich, daß dieser neue Sprachen-Chip förmlich glühen mußte, so wie er ihn beanspruchte. Mit digitalen Routinen ist eine lebendige Sprache nicht zu ergründen, genauso wenig wie ein seidener Anzug aus einem Proleten einen Aristokraten macht. Die Äußerungen, die Toby hörte, waren überwiegend sachlich, unverblümt, direkt. Gut fürs Geschäft, doch die Nuancen fehlten. Er verstand so wenig davon wie ein Hund von der Zubereitung von Hundefutter. Geschäftsfrauen musterten ihn und versuchten aus seiner Aussprache Rückschlüsse auf die Herkunft zu ziehen. Allein die Körpergröße sagte ihnen, daß er von einer der Untergrund-Sippen abstammte, die durch Mechano-Kriege und Schwerkraft geprägt waren, doch sie tippten auf Jacks oder Queens, nicht auf Bishops oder Knights.

Er begegnete einer Schar von Kindern in seinem Alter, die ihn en passant fragten, wo er herkäme und was er so machte. Dann wandten sie sich wieder von ihm ab. Ihre Unterhaltung war amüsant, aber der Slang war schwer zu verstehen. Vorzugsweise lungerten sie in dunklen Gassen herum.

Mit den skurrilen Brillen, Kopfhörern, Handschuhen und Stiefeln sahen sie aus wie Ninja-Turtles. Toby hatte versucht, in ihren Gedanken zu schnüffeln, was sie mit einem wissenden Kichern quittierten. Er war ins Sensorium eines Waldes eingetaucht. Große Tiere brachen aus dem Dickicht, brüllend und mit gefletschten Reißzähnen. Eine katzenartige Kreatur mit gelbbraunem Fell überrannte Toby – eine eigenartige Wahrnehmung, weil er nämlich spürte, daß er aufrecht stand, während Augen und Ohren ihm sagten, daß er sich mehrfach überschlug.

Nach ein paar Minuten hatte er den Bogen raus und schoß auf die Tiere. Sie waren leichte Ziele. Dann wurde er des Spiels überdrüssig und warf die Waffe weg, die er in der Pseudo-Hand gehalten hatte. Mit dem nächsten Tier, einer großen Echse mit rotglühenden Augen, kämpfte er mit bloßen Händen. Sie fügte ihm virtuelle Kratz- und Bißwunden zu, die dennoch schmerzten – durchaus real wirkende Eindrücke, wobei Toby aber wußte, daß es sich nur um elektrische Stimuli einer Maschine handelte, schwach und irgendwie seicht.

Dann ging ihm ein Licht auf – seine integrierten Systeme funktionierten nach demselben Prinzip, nur daß sie viel empfindlicher waren. Seine Augen erfaßten das gesamte Spektrum, faßten Doppler-Ziele auf, maßen Entfernungen und bestimmten Koordinaten – in einem Wimpernschlag und mit dem Druck der Zunge auf einen Schneidezahn. Die Servos aktivierten sich automatisch. Diese Überlebensausrüstung war ihm zu einem Zeitpunkt implantiert worden, als seine Kompetenz sich noch darauf beschränkte, zu lallen und in die Windeln zu machen.

Doch hier galten solche Fähigkeiten als exotischer Untergrund-Kram. Andere Anwendungen dieser Technik waren bloße Spielerei.

Er balgte sich für eine Weile mit der Echse, bis der eitrige Geruch der ledrigen grünen Haut ihm im wahrsten Sinne des Wortes stank; obendrein hatte das Vieh noch ein Stück verwesendes Fleisch zwischen den Zähnen, das ekelerregend roch. Die Kinder hatten sich im Dschungel verteilt, tollten lachend herum und schossen auf alles, was ihnen über den Weg lief – virtuell, wobei sie noch nicht einmal Arme und Beine bewegen mußten.

Tobys Kampf mit den Tieren hatte es den Kindern angetan, und eins von ihnen ließ sich zum Spaß von einer riesigen leprösen Ratte mit purpurnen Barthaaren zerquetschen. Doch dann hatte Toby auch davon genug und nahm den Helm ab. Die Kinder blieben im Spiel, vollführten Tritte und Schläge gegen imaginäre Gegner, krümmten die Finger um imaginäre Abzüge und killten Geister-Wesen, die vor ihren blinden Augen verdampften. Er sah ihnen noch für eine Weile zu, wie sie, im Bann der virtuellen Realität, ihre Abenteuer-Phantasien auslebten.

Die Kinder hatten ihren Spaß, doch lebten sie nur in einer Welt aus Bits und Bytes. Sie hatten bestechende Argumente, weshalb ihre Welt besser sei als die öden Niederungen der Realität – eine Philosophie für Stubenhocker, sagte Toby sich. Er ging davon und machte einen realen Spaziergang durch einen realen Park, und obwohl es dort keine Fabelwesen gab, gefiel es ihm viel besser.

Und dort wartete Quath auf ihn. Das große Wesen mußte sich zudringlicher Gaffer gar nicht erst erwehren, denn die Leute ergriffen bei ihrem Anblick sofort die Flucht. Toby wußte, daß sie kam, noch bevor er sie sah. Im Sensorium senkte sich ein dunkler Vorhang. Gefahr drohte. Eine schreckliche Gefahr.

7 · GEISTER-TIERE

<Du wirst gesucht.>

»Doch wohl von dir, du Sumpfkuh«, sagte Toby, um seine Überraschung zu verbergen. »Haben die Leute dir unterwegs Schwierigkeiten gemacht?«

<Ich war in Eile und habe nichts bemerkt.>

»So groß, wie du bist, wirst du bestimmt nicht jede Kleinigkeit bemerken. Allerdings glaube ich, daß nicht einmal der Teufel persönlich hier große Aufmerksamkeit erregen würde, selbst wenn er auf Stelzen daherkäme.«

<Ich habe keine Unterbrechungen erlitten.> Klirrend und knarrend faltete Quath die vielen Beine zusammen und nahm eine sitzende Haltung ein, was Toby als Zeichen der Ernsthaftigkeit zu deuten gelernt hatte. Sie senkte den Schädel unter eine Baumkrone. <Es tut mir leid, daß ich dich nicht in deiner Zelle besuchen konnte.>

»Du hättest gar nicht durch die Tür gepaßt«, sagte Toby mit einer Heiterkeit, die er überhaupt nicht empfand.

<Ich habe alle Fragen beantwortet, die man mir gestellt hatte.>

»Was wollten sie noch wissen? Ich meine, wo sie die Vermächtnisse doch schon gelesen hatten«, sagte Toby bitter.

<Sie stellten viele Fragen über die Chroniken der Myriapoden. Ich berichtete ihnen von unseren Waffen, unseren Siegen und erzählte ihnen, was wir über die Mechanischen wissen. Denen galt ihr besonderes Interesse.>

»Du hast es ihnen gesagt?«

<Die Philosophen haben es erlaubt. Dies ist nämlich ein Scheitel-Moment im langen Konflikt mit den Mechanischen.>

»Die Mechanos dringen oft hier ein?«

<Sie haben Defensiveinrichtungen, wie die Myriapoden.>

»Dann sollten sie aber ziemlich gut sein.« Toby gefiel das üppige Grün des Parks, doch fehlte ihm das Flair der Zitadelle Bishop – wie es zumindest in der Erinnerung an die Kindheit bestand. Genauso wenig hatten die Straßen dieser Stadt den Charme der Avenuen, auf denen er mit noch wackligem Gang an der Hand seiner Mutter Spazierengegangen war. Er wußte, daß nichts der Zitadelle Bishop gleichkommen würde.

<Sie wollten etwas über die Antimaterie-Forschung der Mechanischen hören.>

»Antiwas?«

Quath gab ein metallisches Schnarren von sich, das vielleicht ein Lachen sein sollte, obwohl Toby sich da nicht sicher war. Sie stieß dieses Geräusch nämlich auch in Situationen aus, die durchaus nicht lustig waren, aber nur in Tobys Anwesenheit. Nachdem sie sich wieder beruhigt hatte, sagte sie Toby, daß normale Materie ein Spiegelbild habe, und wenn beide zusammenträfen, vergingen sie in einem Lichtblitz.

»Scheint ein gefährliches Zeug zu sein, mit dem sie da hantieren«, sagte Toby nachdenklich.

<Sie studieren die Teilchen, die Ladungen tragen, die Elektronen und vor allem die Gegenstücke, die Positronen. Wolken aus solchen Paaren entstehen durch die Rotation kleiner Sterne, der Neutronensterne. Die Mechanischen betreiben an solchen Orten intensive Forschungen.>

Toby schüttelte den Kopf. »Ich möchte erst einmal *diesen* Ort verstehen, Quath. Mit Sternenmärchen bin ich im Moment überfordert.«

‹Ich wollte nur das praktizieren, was ihr ›Smalltalk‹ nennt, bevor ich zur Sache komme.›

»*Das* soll Smalltalk sein?« Toby ging in dem Wäldchen auf und ab und lauschte dem Gemurmel der Leute und dem geschäftigen Treiben, das nur einen Block entfernt stattfand. Schon dieser Saum der Natur, ein paar Bäume und Büsche, verhalf ihm zu der Erkenntnis, wie sehr er das vermißt hatte. »Ich ahne, worauf du hinauswillst. Ich soll mit eingezogenem Schwanz zu meinem Vater zurückkommen – nicht wahr?«

‹Du bedienst dich animalischer Metaphern. Typisch für Primaten.›

»Aber ich habe den Nagel auf den Kopf getroffen?«

‹Mehr noch. Er hat die Verhandlungen abgeschlossen. Um das zu bekommen, was er haben will, muß er einen Teil des Schiffsinventars hergeben.›

»Soll er nur. Wo er schon die Vermächtnisse verhökert hat, kommt's auf den Rest auch nicht mehr an.«

‹Die hiesigen Kaufleute lechzen nach Informationen über Kleidung und Schmuck der alten Bishops. Ihre ›Trachten‹.›

»Mode, wie?«

‹Das scheint eine Primaten-Beschäftigung zu sein. Sich mit Klunkern zu behängen.›

»He, du bildest doch schneller ein Extra-Auge oder Bein aus, als ich das Hemd wechsle.«

‹Du wechselst es selten genug.›

»He! Sicher, ich vergesse es manchmal, aber ...«

‹Das ist nicht dasselbe.›

Toby sah das zwar anders, aber irgendwie verursachte Quaths Verhalten ihm Unbehagen. »Wieso hast du überhaupt nach mir gesucht, Mutter aller Küchenschaben?«

‹Dein Vater hat den Handel abgeschlossen. Um seine persönlichen Ziele zu verwirklichen, fehlt ihm aber noch etwas.›

Toby trat gegen einen abgebrochenen Ast. »Na und? Soll er doch sein Gebiß verkaufen.«

<Nur du besitzt das wichtige Stück.>

»Ich? Ich besitze gar nichts.«

<Du trägst eine Personalität.>

»Sicher, aber – sag, was will mein Vater denn erwerben?«

<Hier existiert eine andere Kultur des Todes. Eine Institution, bekannt als der Restaurator oder die Konservierungs-Maschine. Mit einer Gewebeprobe und einem Gedächtnisabzug vermag er jede Person neu zu erschaffen, die jemals gelebt hat.>

Toby spürte eine namenlose Furcht in sich aufsteigen. »Shibo.«

<Ja.>

»Das gefällt mir nicht.«

<Ich finde, das sollte die betreffende Persona selbst entscheiden.>

Toby errötete. Er taumelte – und setzte sich hin. Er wußte nicht mehr, wo ihm der Kopf stand. Er sah nur noch weißblaue Schlieren. Sein Brustkorb pumpte wie ein Blasebalg, um dichte, feuchte Schwaden anzusaugen. Er wußte, daß Killeens Ansinnen falsch und verwerflich war, doch vermochte er keine Argumente dagegen vorzubringen. »Ich ... ich weiß nicht.«

<Falls die Shibo-Persona benutzt werden soll, um die lebende Person zu rekonstruieren, würde ich meinen, daß ihre Kooperation erforderlich ist.>

»Sie wollen mit ihr sprechen?«

<Ich glaube schon. Doch eine Personalität auf einem Chip vermag nicht zu sprechen.>

»Natürlich, sie müßte durch mich sprechen.«

Er hatte hämmernde Kopfschmerzen und ballte die Hände zu Fäusten, doch er zwang sich zum Nachdenken. Er mußte die Aufmerksamkeit nur nach innen richten, und schon schob Shibos Personalität sich wie ein steinerner Keil in sein Bewußtsein.

Es ist eine Versuchung, wieder ins Leben zu treten. Ich werde darüber nachdenken müssen.

»Was?« sagte er lautlos. »Aber wir sind uns doch so nah. Ich hatte noch keine Gelegenheit, dich richtig kennenzulernen. Deine Erinnerungen – ich liebe sie.«

Sie sind digitaler Staub.

»Sie sind genauso real wie ... wie dieses Gras und diese Bäume.«

Das glaubst du doch selbst nicht. Erinnerst du dich an jene, die gegen die virtuellen Tiere kämpften? Sie stellten die Simulation über die Wirklichkeit. Du hast über sie gelacht.

»Aber dein *Selbst* wird für immer auf diesem Speicherchip überdauern.« Er griff nach dem letzten Strohhalm der Logik und hoffte, daß sie das nicht spürte.

Das Leben ist durch nichts zu ersetzen. Dennoch hat auch diese Daseinsform ihre Reize, die sich dir verschließen. Schwer zu beschreiben, grau und kühl und friedlich.

»Bringen wir das hinter uns und unterhalten uns dann über diesen sogenannten Restaurator«, sagte er listig.

Ich muß gestehen, daß das etwas für sich hat.

»Gut. Ich möchte nur die Dinge mit meinem Vater regeln, nur du und ich, und ...«

Ich habe nachgedacht. Solch eine Transformation wird vielleicht weder mich noch Killeen glücklich machen. Er hat sich verändert. Härter.

»Das stimmt.«

Ich schätze diesen Ort. Hier bin ich aller Sorgen ledig.

Toby erhaschte einen Blick auf fahle Räume mit eigentümlichem Liebreiz, auf glatte Flächen, die in einem zeitlosen Raum flossen. »Ich verstehe.«

Du kannst es nicht verstehen. Aber ich danke dir für den Versuch.

Er schluckte. Mit zitternden Händen schaute er trotzig zu Quath auf, deren Kopf über ihm schwebte. »Ich ... ich werde Killeen ihren Chip nicht überlassen.«
<Er ist der Käpt'n. Er wird ihn sich nehmen.>
»Ich habe auch Rechte!«
<Aber du bist nicht zum Tragen einer Personalität berechtigt. Er wird argumentieren, daß eine Personalität freigelassen werden müsse, wenn die Möglichkeit besteht.>
Ärgerlich stand er auf. »Das ist nicht Tradition der Sippe!«
<Deine Sippe verfügte bisher auch nicht über die Technik dazu. Bei deiner Spezies folgt die Tradition den Möglichkeiten.>
»Die Menschheit muß einst nach dieser Maxime gelebt haben, denn sonst würden diese Leute sich nicht an ihr orientieren. Aber unsere Sitten sind uralt – und es ist nicht die Rede davon, Personalitäten wiederzubeleben.«
<Dann ist dies ein Maß dafür, wie tief ihr gesunken seid.>
Dieser ebenso einfachen wie brutalen Wahrheit hatte er nichts entgegenzusetzen. »Ich werde sie trotzdem nicht aufgeben.«
<Er wird sie sich holen. Er hat schon gesagt, daß Shi-

bos Talente für die Erforschung dieses Orts gebraucht würden.>

»Erforschung?« Die Furcht, Shibo zu verlieren, beherrschte nun Tobys ganzes Denken. Und noch etwas machte ihm Angst – die seltsamen Ströme, die ihn siedend heiß durchzogen, wenn er an Shibo dachte.

<Für Abraham. Und auch für andere, glaube ich.>

»Ich muß mir das erst überlegen.« Schwankend erhob Toby sich. Shibo war es nicht, die diesen inneren Aufruhr verursachte. Es war etwas, das Shibo und ihn verband, nur daß er es nicht auszudrücken vermochte. Immer wenn er es versuchte, stieg ein Gefühl der Übelkeit in ihm auf.

<Ich bin gekommen, um dich zu warnen. Killeen hat einen Suchtrupp losgeschickt.>

»Ich werde nicht zurückkommen.«

»Aber ja sag – du wirst«, sagte sein Vater.

Toby wirbelte herum. »Nein!«

Killeen und Cermo tauchten zwischen den Bäumen auf. Sie steckten im Kampfanzug. Das Gesicht seines Vaters war zerfurcht und eingefallen, als ob er seit Tagen nicht mehr geschlafen hätte. »Ich wußte, daß Quath dich eher finden würde als wir«, sagte er mit einem verkniffenen Lächeln. »Du hast dein Sensorium so weit heruntergefahren, daß wir dich nicht mehr orten konnten.«

»Papa, tu das nicht.«

»Ich muß es tun.«

»Ich trage den Chip. Also spreche ich nach dem Gesetz der Sippe für die Personalität.«

»Außer, das Überleben der Sippe hängt davon ab. Das ist auch Gesetz.«

Tobys Gedanken jagten sich. Er hatte sich nie um die Auseinandersetzungen um die Interpretation der Gesetze und Gebräuche, den Hickhack und den Disput der Erwachsenen gekümmert. Doch nun bereute er es. »Wir sind hier sicher. Niemand bedroht unser Überleben.«

»Schon richtig. Schau mal, mein Sohn – ich möchte Shibo wiederhaben. Ich glaube, du kennst den Grund.«

»Ich glaube nicht, daß das gutgeht.« Toby spielte auf Zeit.

»Unsinn. Wir drei werden wieder eine richtige Familie sein.«

Toby schüttelte heftig den Kopf. »So wie früher, so wird's nie mehr.«

»Natürlich wird es das. Shibo in Fleisch und Blut – wär das nichts?« Toby erinnerte sich nicht, je einen solchen Ausdruck der Freude auf Killeens Gesicht gesehen zu haben.

»Deshalb sind wir nicht hergekommen, Papa, und überhaupt ...« Er verstummte. »Doch – *deshalb* bist du hergekommen, nicht wahr?«

Killeens Freude verflog. »Das war nicht der eigentliche Grund, aber – sicher, ich vermutete, daß es hier so etwas wie den Restaurator gibt. Die Botschaft im Kandelaber, erinnerst du dich? Und andere Überlieferungen und Mythen. Du müßtest das Ding mal sehen, mein Sohn! Ein Wunderwerk der Technik, das alles wiederherstellt, wenn man es mit genügend Daten füttert. Du wirst ...«

»*Jetzt* brauchst du sie doch gar nicht, Papa. Später vielleicht, wenn wir Abraham gefunden haben ...«

»Abraham!« Killeens Hochstimmung kehrte zurück. »Ich habe seine Botschaft erhalten. Er hat uns die Koordinaten seines Aufenthaltsorts übermittelt. Andro sagt zwar, sie seien nicht exakt, aber auf jeden Fall führen sie uns in seine Nähe. Abraham lebt – hier! Irgendwie ist ihm die Flucht aus der Zitadelle gelungen. Er sagte, ich solle dich auf jeden Fall mitbringen ...«

»Shibo kann warten. Sie ist dein Privatvergnügen, Papa. Abraham und das, was mit ihm zusammenhängt, betrifft aber die ganze Sippe Bishop. Das hat Vorrang.«

»Es gibt noch mehr zu entdecken; ich rieche es förmlich. Ich brauche Shibo. Sie war mein, mein *Kern*. Du verstehst das nicht, ich weiß, aber ...«

Auf Killeens Gesicht spiegelte sich ein Widerstreit zwischen Unbehagen und Unsicherheit auf der einen und der aufgesetzten Härte des Käpt'ns auf der anderen Seite. Toby wurde sich plötzlich der Schutzfunktion bewußt, welche diese Fassade der Ruhe und Entschlossenheit jahrelang gehabt hatte.

»Ich brauche sie. Ich möchte sie wiederhaben, bevor wir uns auf die Suche nach Abraham begeben. Weil es sich um einen Notfall handelt, setze ich die Gebräuche der Sippe außer Kraft ...«

»Wir sind hier in Sicherheit! Es gibt hier nicht einmal Mechanos. Du kannst keine willkürlichen ...«

»Das habe ich bereits getan.« Während Tobys Ausbruch hatte Killeen wieder die Maske aufgesetzt, und der Vorhang zwischen ihnen ging blitzschnell herunter.

Killeen und Cermo standen selbstsicher nebeneinander, wobei man dem massigen Cermo förmlich ansah, wie die Spannung von ihm abfiel. Die Furchen in Killeens Gesicht schienen etwas zu verbergen. Dennoch vertrat er seinen Standpunkt auch weiterhin mit ruhiger und sanfter Stimme. Toby hatte schon gehört, wie er im gleichen Tonfall ein Besatzungsmitglied wegen einer Pflichtverletzung gerügt hatte.

Toby holte tief Luft und leckte sich die Lippen. Dann bat er seine Aspekte um juristischen Beistand und leierte einen Jargon herunter, den er nur ansatzweise verstand. »Die Gebräuche mißachten? Wie kannst du nur? Dafür müßte erst einmal der Sippenrat einberufen werden.« Gleichzeitig suchte er selbst nach Argumenten. »Zuerst müßtest du ...«

»Ich habe eine Sondersitzung einberufen. Weil du die *Argo* ohne Erlaubnis des Offiziers von der Wache verlassen hast, wurde die Entscheidung in deiner Abwesenheit getroffen.«

Toby war erschüttert. Daß man es ihm so leicht gemacht hatte, das Schiff zu verlassen, hätte ihm zu denken geben sollen. »Du hast mich abhauen *lassen*.«

»Ich hatte befohlen, dich am Verlassen des Schiffs zu hindern.«

»Das hast du geschickt eingefädelt, um ...«

»Es ist der Wille der Sippe.«

»Der Sippe? Ha! Es ist *dein* Wille.«

»Ich hatte mich an den Beratungen nicht beteiligt.«

»Ha!« spie Toby förmlich aus und verlagerte das Körpergewicht auf das linke Bein. Natürlich – sein Vater hatte gewußt, wie der mehrtägige Arrest in der winzigen Zelle ihm zusetzen würde. Also hatte der Käpt'n sich Argumente zurechtgelegt, den Handel über die Bühne gebracht und gewartet, bis Toby sich aus dem Schiff schlich. Der Schock der Erkenntnis, daß er so leicht zu manipulieren und zu durchschauen war, fuhr Toby in die Knochen.

Nachdem er sich wieder gefaßt hatte, sagte er dezidiert: »Papa, Shibo *will* nicht ›restauriert‹ werden.«

Killeen lachte trocken. »Unsinn. Ein Aspekt will immer raus.«

»Sie ist aber eine Personalität – größer und vielschichtiger ...« Toby suchte nach Worten, um seine Gefühle zu artikulieren. »Du trägst keine Personalität und kannst es deshalb nicht beurteilen. Sie sind über unsere Ängste, Bedürfnisse und Sehnsüchte erhaben. Sie mag sich so, wie sie ist.«

Killeen lächelte und schüttelte den Kopf. »Du erwartest doch nicht, daß irgend jemand dir das abnimmt.«

»Aber sicher! Keine Personalität, die je von der Sippe getragen wurde, hatte die Wahl, wiederhergestellt zu werden. Man hatte sie gar nicht erst gefragt.«

»Nun, wir sind aber dazu in der Lage«, sagte Cermo bedächtig. »Wir manifestieren sie vor dem Rat.«

»Nein«, sagte Killeen und ballte eine Faust. »Ich regle das. Sie wird hier und jetzt manifestiert.«

»Was?« Toby schnappte nach Luft. Düstere, unheilvolle Bilder wirbelten vor seinem geistigen Auge. Übelkeit stieg in ihm auf.

»Komm schon, laß sie sprechen.«

»Nein!«

... fiebrige, samtweiche Haut, Brüste mit rosigen Knospen ...

»Vor dem Rat müßtest du es sowieso tun«, sagte Cermo sachlich.

»Sollte sie noch Bedenken haben, werde ich sie gewiß ausräumen«, sagte Killeen leutselig. »Komm schon, mein Sohn.«

... die Zunge drang in feuchte Hohlräume ein, in geheime Ritzen ...

»Nein!«

Killeens Lächeln gefror. »Doch. Sofort.«

Shibo sagte:

> *Wenn das solche Folgen hat, werde ich es mir noch einmal überlegen. Ich will nicht, daß ihr beide ...*

Nein! sendete Toby an den Ort ihrer Gefangenschaft. *Nein.*

»Jetzt«, sagte Killeen verkniffen. »Ich meine es ernst.«

Toby warf sich nach links. Er hatte zwar keine große Hoffnung, ließ es aber darauf ankommen. Er fuhr die Knie-Servos bis zum Anschlag hoch und spürte das Surren unter der Haut.

Rufe hinter ihm. Sie würden ihn wohl überrennen, doch dazu mußten sie ihn erst einmal erwischen. Er nahm die Beine in die Hand.

Dann steigerten die Rufe sich zu schrillen Schreien. Er riß den Kopf herum. Quath verlegte Cermo und Killeen den Weg, wobei sie sich mit erstaunlicher Gewandtheit bewegte. Sie fuhr einen Teleskoparm aus und stellte Cermo ein Bein. Dann rempelte sie Killeen an, woraufhin er sich der Länge nach hinlegte.

Trotz der Überraschung rannte Toby mit voller Kraft

weiter. Er verließ den Park und tauchte im Gewühl der Straßen unter.

Eine Flucht besteht aus zwei Phasen: zuerst schüttle man die Verfolger ab. Dann entferne man sich vom ›Tatort‹, damit die Leute einen nicht als Urheber des Zwischenfalls identifizieren.

Toby machte sich schleunigst davon und übersprang sogar ein flaches Gebäude, womit er die Servos bis an die Leistungsgrenze beanspruchte. Auf diese Art durcheilte er drei Straßen, ehe er wieder zur Besinnung kam. Die Leute lachten und riefen bei seinem Anblick, doch schienen sie ihn nur für eine Kuriosität zu halten und nicht etwa für einen flüchtigen Dieb. Er entspannte sich etwas und besaß sogar die Geistesgegenwart, den Gaffern zuzuwinken und sie anzugrinsen, als ob hier ein Film gedreht würde. Dann verlangsamte er das Tempo zu einem strammen Spaziergang, und die Leute verloren das Interesse an ihm.

Er ging über einen Marktplatz, ohne mehr Aufmerksamkeit zu erregen, als einem Wesen seiner Größe normalerweise zuteil wurde. Er zwang sich, ruhig zu atmen. Die Angst legte sich.

Irgendwann stellte er fest, daß er sich im Kreis bewegt hatte; er hatte sich immer rechts gehalten. Sippen-Training, das ihm in Fleisch und Blut übergegangen war. Man umging den Verfolger und hatte dann die Möglichkeit, ihn zu überraschen. Doch man mußte schnell handeln, ehe der Jäger die Absicht durchschaute. Oder man machte sich in einer ganz anderen Richtung davon und verwischte die Spuren.

In einer Stadt hinterließ man jedoch keine Fährte, es sei denn, Toby hatte unterwegs einen Menschenauflauf verursacht, der seinen Fluchtweg markierte. Allerdings waren Killeen und Cermo kaum in der Lage, mit den Zwergen zu kommunizieren, und schon gar nicht in der miesen Laune, die sie nun hatten. Das verschaffte ihm vielleicht einen Vorsprung.

Er hatte sich dem Park von der anderen Seite genähert. Niemand würde ihn am Ausgangspunkt der Jagd vermuten. Das hatte er beim Spielen in den Gassen der Zitadelle Bishop gelernt und diese Fertigkeiten später angewandt, um den Mechanos zu entkommen. Er hoffte nur, daß sein Vater ihm nicht auf die Schliche kam. Der Gedanke machte ihn nervös, und er lugte um die Ecken, bevor er das Parkgelände betrat. Schließlich hatte Killeen ihn in der letzten Zeit wie eine Marionette geführt.

Keine Spur von Killeen und Cermo. Keine Schreie oder ungewöhnliche Hektik. Er lehnte sich an ein Gebäude und ließ prüfend den Blick über den einen Block entfernten Park schweifen.

Doch er hatte nur einen Etappensieg errungen. Die Sippe würde die Stadt durchkämmen und ihn letztlich doch aufstöbern.

Er spürte ein vertrautes Signal in der Leitung. Quath hatte solche Spiele als Kind – oder Nestling oder was auch immer die Myriapoden darstellten, wenn sie klein waren – anscheinend auch gespielt. Nur daß Toby sie nirgends sah.

<Ich habe deinen Vater beleidigt. Ich bedaure es, daß die Dinge sich so entwickelt haben.>

Das große Wesen hing über ihm; es klebte an der im Schatten liegenden Seite eines Gebäudes. Keiner der Passanten hatte es bemerkt.

»So, wie Papa sich aufführte, mußte das irgendwann einmal passieren.«

<Dennoch hat es bewirkt, daß ätzende Ströme zwischen uns fließen.>

»Freiheit fängt zwischen den Ohren an, klebrige Pfote. Ich mußte meinem Instinkt folgen. Genau wie du. Danke.«

<Ich habe gehandelt, um die Möglichkeiten für euch beide zu bewahren.>

»Wirklich? Meinst du, ich sollte ihm Shibo zurückgeben?«

<Ich habe keine Meinung zu einer derart spezies-spezifischen Frage.>

»Komm schon!«

<Meine Qualifikation erstreckt sich nicht auf deine individuellen zerebralen Symphonien.>

Toby lehnte sich gegen eine Wand und schaute zu, wie Quath am grauen keramischen Gebäude – das unter der Last erbebte und knackte – herunterkletterte. Dann sagte er: »Ich höre kaum Musik dieser Tage, du Wurm. Nur Lärm.«

<Das ist dein Unterbewußtsein, das sich bemerkbar macht.>

»Woher willst du das denn wissen?«

<Nur Wesen, die selbst nicht über eine solche mentale Architektur verfügen, vermögen sie klar zu erkennen.>

»Du hast keine unbewußten Gedanken? Ich meine, Impulse, Dinge, die dir in dem Moment durch den Kopf schießen, wenn du nicht daran denkst?«

<Alle Aspekte meines Selbsts sind an Sub-Intellekte delegiert. Bei deiner Spezies funktioniert das Bewußtsein, indem neue Segmente auf ältere Elemente gepackt werden. Nicht bei mir. Eure provisorische Konstruktion ist typisch für ein Phylum, das sich nicht wesentlich weiterentwickelt hat.>

»Vielleicht sind wir ganz zufrieden mit uns, so wie wir sind.«

<Geschmackssache. Für mich, ein [keine Entsprechung], ist deine Beziehung zu Shibo begreiflich. Ich delegiere es an meine Sub-Intellekte. Funktioniert das bei euch auch so?>

»Hmmm.« Er erinnerte sich an die sinnlichen Momente, die ebenso starken wie besorgniserregenden Schweißausbrüche. »Eigentlich nicht.«

<Du bist zu befangen, zu [keine Entsprechung], um das zu beurteilen.>

»Dann bin ich also nicht imstande, Shibo objektiv zu

betrachten? Ist das der Grund, weshalb ich so verwirrt bin?« Er war erschöpft, und das lag nicht am Laufpensum. Er rutschte an der Wand hinab und saß mit gegrätschten Beinen auf der Straße.

‹Myriaden Impulse tanzen auf der einzigen, offenen Bühne deines Bewußtseins. Ein paar verstecken sich hinter den Kulissen und betätigen sich von dort als Zwischenrufer. Sie sind deine unterdrückten ›Komplizen‹-Bewußtseine, nur daß du im Gegensatz zu mir nicht in der Lage bist, sie direkt zu konsultieren.›

»Ist es das ... weshalb wir so großen ...«

‹Schmerz spüren? In gewisser Weise – glaube aber nur nicht, daß solche wie ich nicht auch innere Zusammenstöße von Blutknoten verspüren. Dann spreche ich mit allen meinen Sub-Intellekten, um die Qualen etwas zu lindern.›

»Was uns aber verwehrt ist.«

‹Ihr verwirklicht euch durch Aktion. Durch eure Körper sprechen die tieferen Ebenen eures geschichteten Bewußtseins.›

Toby fragte sich, ob er jemals erfahren würde, welche stürmischen Emotionen ihn auf der Oberfläche eines tiefen, aufgewühlten inneren Meers herumschleuderten. Er zuckte die Achseln. »In diesem Fall fühle ich mich vielleicht etwas besser, wenn ich nicht nur auf meinem fetten Arsch sitze und warte, bis Cermo über mich herfällt.«

‹Ich gestehe, daß ich keine Ahnung habe, was du tun könntest. Ich habe vielleicht vorschnell gehandelt, als ich ihnen den Weg verlegte. Vielleicht habe ich deine Position in dieser schwerwiegenden Angelegenheit nur noch verschlechtert.›

»He, ohne dich würden sie mir nun die Chips löschen.« Toby kam auf die Füße und schöpfte neuen Mut.

‹Trotzdem; wenn sie dich fassen, vermag ich nicht ...›

»Wie mein Großvater zu sagen pflegte, Spatzenhirn:

Kopf hoch! Wir werden auf die Gräber unserer Feinde pissen.« Es mutete ihn seltsam an, mit Quath eine solche Unterhaltung zu führen.

<Er muß ein starker Mann gewesen sein.>

»Auf jeden Fall. Wir haben viele wie ihn.« Er fühlte sich besser, nachdem er das gesagt hatte, obwohl er nicht wußte, ob das überhaupt stimmte. Vielleicht erfuhren die Söhne das nie.

<Ich weiß nicht, wohin dieser Kurs führt.>

Quath klapperte mit den Beinen, fummelte nervös an den Schubdüsen herum und erhob sich in die Lüfte. Die Leute schauten entgeistert auf und suchten das Weite. Sie hatten schon allerhand gesehen, doch Quath gab ihnen den Rest.

»Ich auch nicht. Aber hierbleiben können wir auch nicht. Du bist nicht ganz unauffällig, und ich werde gesucht.«

<Was dann?>

»Ich weiß nicht. Wir sind mit der *Argo* durch den großen Eingang geflogen, geradewegs in ihre Arme. Gibt es eine Hintertür an diesem Ort?«

PHASEN-WESEN

Oberhalb der aus Metall und Keramik bestehenden Scheibe gibt es kein Leben.

Unaufhörlich zermalmt die große rotierende Scheibe die Materie der Sterne. Gezeiten saugen sie an und zermahlen sie.

Der Fresser selbst hält die geballten Massen einer Million toter Sonnen in ewiger Gefangenschaft. Die uralte Materie selbst verging in einem sekundenlangen Todeskampf und stürzte in den Schlund der Raum-Zeit. Doch die Erinnerung an diese Massen ist in der Krümmung enthalten.

Für die Außenwelt kündet eine geisterhafte Verzerrung von den Toten. Zehn Milliarden Jahren geheiligter Materie – Sterne und Staub, Planeten und Städte, untergegangene Zivilisationen und ihre Vermächtnisse, ihre Hoffnungen – wurden mit der Verzerrung ein Grabstein gesetzt. Die Galaxis schreit den Schmerz in stummer Gravitation heraus.

Fetzen glühender Materie werden spiralförmig angesogen und gleiten mit höheren Geschwindigkeiten an der Krümmung entlang, als sie sonstwo in der Galaxis erreicht werden. Ein steter Sog zieht die dem Untergang geweihte Materie in den lodernden Strudel.

Die Fetzen kollidieren, zerreißen, formen sich neu, reiben sich aneinander. Magnetfelder bestimmen die Reibungskräfte. Plasmastränge werden verwirbelt. Ströme mahlen.

Magnetische Schlünde öffnen sich. Die Felder verwinden sich und durchdringen die Kerne. In heftigen Kollisionen löschen die Felder sich gegenseitig aus. Noch mehr Energie lodert auf.

Über diesem Höllenschlund schweben die Phasen-Wesen.

Einst waren sie Mechanische gewesen. Doch nun existieren sie nicht mehr als unverwüstliche Schaltkreise und keramische Gitter-Intelligenzen. Sie haben sich aus der zielgerichteten Notwendigkeit entwickelt. Um noch mehr Energie zu tanken, haben sie gelernt, sich aufzulösen.

Ströme harter Strahlung durchziehen sie, denn sie sind Plasma. Sie bündeln die Strahlung zu Flüssen und speichern sie in weitreichenden Korrelationen.

Wenn die Flut abebbt, verändern die Phasen-Wesen sich. In den kühleren Punkten oberhalb der Scheibe kondensieren sie. Filigrane Fasern verwandeln sich in Gasentladungen. Die so erzeugte Energie wird nach draußen abgestrahlt, an niedere Ränge, die sie speichern.

Die Phasen-Wesen selbst nutzen diese Flüsse, um sich in freischwebenden Netzwerken zu organisieren. Schaltkreise ohne Drähte. Elektronen, die in selbsterzeugten Magnetfeldern wandern. Ströme, die unterbrochen werden und wieder fließen. Spannungen und Schalter. Lichtschnell, hauchdünn.

Lebendige Intelligenzen tanzen hier. Induktiv, lautlos, unsichtbar.

Sie schalten sich in die Diskussion ein, die in den kühleren Regionen über ihnen wogt. Mit seidiger Eleganz verschmelzen ihre Gedanken mit den harten Wesen, welche die primitiveren, früheren Formen der Mechanischen darstellen.

Doch die Phasen-Wesen sind sich ihrer Ursprünge noch bewußt. Sie haben die Gedankenmuster mit den metallischen Formen gemeinsam. Sie unterhalten sich mit ihnen.

Ich/Wir verstehe/n nicht,
weshalb diese seltsamen,
primitiven Primaten überhaupt
studiert werden müssen.
Und was hat es mit dieser
Ankunft auf sich?

> Ihr/Ich habt/habe |>A<| vorgeladen, der für die Eliminierung des restlichen organischen Lebens auf dem Ursprungsplaneten dieser Primaten verantwortlich war.

*Dieser |>A<| ist eine seltsame
Mischung aus Intelligenzen.*

        Ich/Wir weiß/wissen das.
        Toleriert es. Hört:

    **Ich grüße euch. Ich führe die Einzel-
    Bewußtseins-Näherung durch. Das wird
    euch vielleicht Unbehagen verursachen.**

        Gruß: Wie engstirnig.

*Wir/Ihr haben/habt das zuvor
schon versucht und uns/euch
beengt gefühlt.*

        Wir sollten |>A<|
        akkomodieren.

*Sehr gut. Doch was für eine
sinnlose Beschränkung.*

        Laßt |>A<| doch erst ausreden.

    **Um in die Niederungen der Primaten-
    Denkweise zu gelangen, sind solche
    Beschränkungen notwendig.**

*Weshalb sollten wir sie dann
studieren?*

    **Ihr Sinn für Schönheit ist unerreicht.
    Es gibt auch einzigartige organische
    Varianten, doch diese haben schon lang
    Bestand im Wahren Zentrum.**

*Schönheit? Wir entscheiden,
was schön ist.*

    **Ich bin auf der Suche nach frischen Feldern
    der Anmut und des Dufts. Sie sind spezies-
    spezifisch und im Überfluß vorhanden.**

Ein überflüssiger Luxus.
Wir haben andere Probleme.

**Schönheit ist genauso wichtig für unsere
Existenz wie eure profanen Ziele.**

Ist das etwa eine Beleidigung?

Mitnichten – es ist eine Tatsache.

Vorsicht.

**Es liegt mir fern, euch zu beleidigen.
Ich bin eine spezialisierte Intelligenz mit
eigenen Treibern. Ich möchte euch
versammelten Bewußtseinen darlegen, wie hoch
entwickelt diese Primaten sind! Sie sind
die Wesen, die das Fünf-Ziffern-Zeichen
entwickelten. Es beschreibt die
Wahrnehmungszentren geradezu virtuos!
Und dann sind da noch ihre inneren bunten
Emotions-Vorhänge. Wunderbar! Ihre
Reziprok-Maximal-Abstraktionen.
Allesamt wundervolle Kreationen!**

*Ich/Wir betrachte/n sie eher als
potentielle Gefahr. Alles nur
wegen des semi-mythischen
Wissens, das sie besitzen.*

Sie verfügen darüber, ohne
daß sie es wissen. Das ist
wichtig. Sie dürfen nicht
erfahren, was sie besitzen!

**Ich glaube, sie spüren, daß ein besonderes
Schicksal ihrer harrt. Doch sie kennen
nicht seine Natur, das steht fest. Solche**

**Wesen tragen profundes Wissen als Erzählungen.
Für Primaten stellen Mythen Geschichten
dar, die Antwort auf die schwierigen Fragen
des Lebens geben.**

> Ich/Du glaubte/st bisher, daß
> Mythen bloße Religion seien.

**Natürlich, aber ich spreche von Primaten.
Ich habe sie gründlich studiert.**

*Dann bist du derjenige,
welcher den Keil betreten und
dort für uns tätig werden muß.*

Wieso? Ich habe genug mit anderen Dingen …

> Du kennst sie am besten.

Aber ich habe den Keil noch nie gesehen.

*Das wundert mich nicht, wo du
deine Zeit nur den Schönheiten
des Unterlebens gewidmet hast.*

Der Keil ist trügerisch.

> Fürwahr. Doch wir/ihr
> haben/habt mit niederen
> Lebensformen eine Bresche in
> ihn geschlagen. Selbst in
> diesem Moment infiltrieren die
> winzigen Informanten ihre
> Portal-Stadt. Sie beobachten
> die Primaten des Schiffs –
> jene, denen wir den Zugang
> gestattet haben.

Ein Zug, mit dem du/ich nicht einverstanden warst/war.

Dadurch haben wir wertvolle Informationen erlangt. Dieses Vermächtnis – es enthält viele Hinweise auf Dinge, die wir nicht wissen.

Wir/Ich müßten/müßte uns/mich nicht damit befassen, wenn wir die Primaten ausgelöscht hätten.

Nein! So dürft ihr nicht denken. Die Primaten sind eine wertvolle Lebensform, die von der Ausrottung bedroht ist. Ihr solltet solche Wesen für den Rest ihres Lebens unter Naturschutz stellen.

Das ist ein Luxus.

Wir befehlen dir, dich in der Nähe der wichtigen Primaten- Mitglieder zu halten, die ihr Vermächtnis identifiziert hat.

Der Keil ist gefährlich. Wenn ich ihn betrete, weiß ich vielleicht nicht mehr, wo ich bin. Oder wann.

Wir/Ich werden/werde dich mit Ressourcen ausstatten.

Ich verliere mich vielleicht im Chaos.

Ein Risiko, das wir/ihr eingehen müssen/müßt.

Ich habe gehört, daß es Agenturen im Keil

gibt, die imstande sind, sogar höheren Systemen wie uns Schaden zuzufügen.

Richtig. Wir wissen nicht, wer sie sind.

Aber ich befinde mich im Einzel-Bewußtseins-Modus! Wenn ich untergehe, wird auch die ›Ich-Form‹ verschwinden!

Daran vermag ich/vermögen wir nichts zu ändern.

Ihr/Wir habt/haben diesen Zustand ausgewählt.

Obwohl wir natürlich deinen aktuellen Status archivieren werden. Du wirst als Kopie fortdauern.

Ich bin nicht qualifiziert, mich in ein solches Chaos zu wagen.

Ihr/Wir scheint/scheinen zu zaudern. Und doch habt ihr/haben wir die wichtigste Fertigkeit erworben – ihr habt euch mit den Primaten befaßt. Ihr habt sie zur Kreuzung mit den Quasi-Mechanischen gelotst. Sehr geschickt.

Und wir/ihr haben/habt noch andere Beweggründe.

Welche Beweggründe? Um so viel zu riskieren …

Denk an Schönheit. An Kunst.

VIERTER TEIL

DER SCHLUND DER GRAVITATION

1 · DER WIND DER ERZETT

Die Stadt der Zwerge fiel hinter ihnen zurück. Toby und Quath bewegten sich schnell, wobei sie die verstreuten Gebäude als Deckung nutzten und sich dann in einem dichten Wäldchen aus seltsamen spindelförmigen Bäumen verbargen. Diese Bäume stiegen zu immer größeren Höhen empor, während sie in ein Felsenlabyrinth flohen. Toby vergaß die Konfrontation mit seinem Vater und genoß das pure Vergnügen der Flucht. Er rannte mit voller Kraft.

<Ich glaube, wir bewegen uns auf gefährlichen Pfaden.>

»Nicht gefährlicher, als wenn wir in der Stadt geblieben wären.«

Gefährlich? fragte Toby sich. Für wen? Das Wort war falsch, doch er würde jetzt keine Nabelschau halten. Zeit zu *handeln*.

<In den Beschreibungen dieses Orts, den ich besuchte und du bedauerlicherweise nicht, stieß ich auf eindringliche Warnungen. Ich verstehe die Natur dieser Verbote nicht ganz, doch scheinen sie das inhärente [keine Entsprechung] widerzuspiegeln.>

»Sehr hilfreich, diese [keine Entsprechung]en.«

<Du machst dir noch immer Sorgen>, sendete Quath.

»He, laß mich in Ruhe, jasag?«

<Ich weiß nicht, wie ich Killeens Veränderung erklären soll.>

»Du hast selbst gesagt, daß die Menschen nicht so leicht zu verstehen seien.«

<Er war davon besessen, hierherzukommen; soviel weiß ich. Sein Schatten fällt auf die Erinnerungen an

Shibo. Daß die Liebe zu dieser Frau sein Verhältnis zu dir belasten würde – dies vermochte ich nicht vorauszusehen.>

»Ich auch nicht. Auf eine gewisse Art und Weise braucht er das, mehr noch als das Vermächtnis ... oder mich.« Er schluckte schwer, doch den Frosch im Hals wurde er nicht los.

Eine schnelle Bildfolge schoß durch sein Bewußtsein, Wellen der Wahrnehmung, Fragmente von streiflichtartigen Ideen, die wieder davonstoben. Shibo befand sich direkt hinter seinen nervösen Augen.

Du verstehst nicht, was hier vorgeht, und Killeen versteht es genauso wenig. Ich dringe in dich, dich dareinzufinden und nicht dagegen anzukämpfen.

Eine Flamme des Zorns loderte in Toby auf. »Es ist auch *dein* Arsch, den ich rette.«

Ja, von den Erosionen des realen Lebens. Glaube nicht, daß ich das nicht zu würdigen wüßte. Und es wäre am besten für uns, wenn wir noch für eine Weile zusammen wären.

Sein Ärger verwandelte sich in ein warmes Gefühl der Dankbarkeit. »Du willst es, und ich will es. Aber mein Vater sieht es nicht ein.«

Glaube nur nicht, dies würde dich von deinen Verpflichtungen der Sippe gegenüber entbinden.

In Shibos Flüstern schwang ein harter Unterton mit. »Welche Verpflichtungen?«

Abraham zu finden. Das Überleben der Sippe zu gewährleisten.

Darauf hatte er keine Antwort. Shibos Personalität stülpte sich ihm über. Sie sprach in längeren Sätzen, als die echte Shibo es je getan hatte. Die Ängste der chipgebundenen Selbsts übertrugen sich nun auch auf ihre Persönlichkeit, wodurch sie sich grundlegend von der lebenden Shibo unterschied.

Kopierte sie etwa das Verhalten von Isaac und Zeno und den anderen und wurde auch so verschroben wie sie? Er nahm ihre Veränderungen verschwommen wahr, hoffte aber, daß sie unbedeutend waren.

Geschmeidig lief er zwischen Baumgruppen hindurch und sprang über Hecken, wobei Quath ihm mit klappernden Scherenbeinen gerade noch zu folgen vermochte. *Nur weg von hier*.

Er hatte die Flexmetall-Hülle der *Argo* gesprengt, die eiserne Hand seines Vaters abgeschüttelt – und das Gefühl des Triumphs verlieh ihm schier Flügel. Als Junge hatte er die hohe Kunst der Flucht erlernt, wie man sich ausdauernd und stetig bewegte, und nun kehrte der Spaß an der Freud zurück. Deshalb traf es ihn völlig unvorbereitet, als der Boden unter den Stiefeln nachgab.

»Quath! Etwas ...«

<Ich hatte dich davor gewarnt. Versiegelte Abschnitte der Raum-Zeit. Sie verfügen über eigene Atmosphären und Biosphären. Solche Räume werden nur selten besucht, sagte die Andro-Person, denn sie liegen im Erzett-Geflecht, das ...>

»*Was geht hier vor?*«

Die Luft flimmerte, und plötzlich wallten Nebel auf. Der Raum um Toby bebte und schien porös. Es war, als ob die Moleküle der bleiernen Luft ihn auffräßen, winzige Münder, welche die Haut anknabberten.

Dürre Bäume peitschten ihn, als ob sie vom Sturm gebeugt würden. Und doch regte sich kein Lüftchen.

Dann riß es ihn von den Füßen – und er flog schwerelos dahin, wobei die Bäume nun wie blaue Schemen vorbeirasten. Quath war ein hellbrauner Klecks, der sich tränenförmig verzerrte.

Illusion? Er vermochte es nicht zu sagen, doch dafür hatte er das Gefühl, daß der Magen sich rhythmisch verkrampfte und entspannte. Das Gefühl verschwand wieder, als Quath anschwoll und sich zu schimmernden, schmutzig-braunen Tröpfchen ausdehnte – und dann prallte sie gegen ihn, daß er glaubte, ein paar Rippen seien gebrochen.

»Ah – was ist los ...«

<Halt dich an mir fest. Das [keine Entsprechung] ergreift uns.>

»Was *bedeutet* dieses verdammte [keine Entsprechung]?«

<Wir winden uns in der Stochastizität.>

»Wo stochert ihr?«

<Die Zeitwirbel-Evolution der Erzett. Halte dich an meinen Beinen fest.>

Toby klammerte sich an einen polierten Kupferschaft. Purpurne Luftwirbel und Windböen zerrten an den Beinen. Ein roter Fleck aus dampfender Luft raste heulend vorbei und bildete vor Tobys Augen schmutzige Wurzeln aus, eine aus dem Nichts geborene Pflanze.

Er klammerte sich mit aller Kraft fest und hörte seine Gelenke knacken. Dichtungen in der Mikrohydraulik drohten zu platzen. Er erweiterte das Sensorium.

Heulende, wabernde Sinneswahrnehmungen überfluteten ihn. Zupften an den Augen. Störten den Gleichgewichtssinn, bis er überzeugt war, Quath in die Höhe zu stemmen und daß die schwere Masse ihm auf den Kopf fiel – und dann hielt er Quath über eine Grube, einen gähnenden schwarzen Abgrund, in dem ein rotes Höllenfeuer loderte.

Er mußte Quath festhalten! Er spürte, wie die Knöchel überdehnt wurden, sich erhitzten und sich zu unglaublichen, ausfransenden Muskelsträngen verlängerten ...

Dann stürzte er, und die Wände flogen an ihm vorbei. Er glitt durch eine Röhre, die vor Tobys Augen Wellen schlug und glänzende Rippen ausprägte. Er rotierte noch immer, und Quath wirbelte vorbei.

<Vorsicht. Ich verliere ein Bein.> Sprach's, und der Schaft scherte ab und prallte gegen ihn. »Au!«

Sie umkreiste ihn an einer langen Leine. Es war einer ihrer Teleskoparme. Hatte sich losgerissen und diente nun als Verbindung zwischen ihnen. Als Toby einatmete, dehnte er sich – und er roch seine beißende Angst.

»Quath!« – doch der elfenbeinfarbene Kopf, der in seine Richtung schwenkte und ihn ansah, war eine wirbelnde Masse aus quellenden Augen, zuckenden Stielen und fremdartigen Gesichtszügen; nicht ein Ausdruck, sondern viele. Augen und zuckende Münder und großflächige Wangen, die sich gegeneinander verschoben, wobei die Personalitäten seiner Freundin kaleidoskopartig über den massigen Schädel huschten.

Unlesbar. Dies, mehr noch als die grellen Farben und heftigen Böen, verängstigte Toby und sandte einen Schauder durch die schmerzenden, überlasteten Gelenke.

Quaths Raspeln war rauh und doch ruhig, geradezu resigniert. <Bleib ruhig. Halt dich fest. Dies ist die Stochastizität. Die Unwägbarkeiten der Erzett.>

Ein perlmuttfarbener Nebel hob sich, zerstoben von einem virtuellen Wind, und Toby sah tief unten – obwohl sie sich nun nicht mehr im freien Fall befanden – eine Vielzahl stecknadelkopfgroßer Öffnungen in einer weiten Ebene. Die perspektivisch verzerrten Löcher tanzten.

Sie flogen über die Ebene, als ob sie von einem Wind getrieben würden. Es war still, bis auf ein leises Klingen, das sich fast wie zarte Stimmchen anhörte. Ein Loch schwoll an, und er erkannte, daß es mit Noppen besetzt war. Toby betrachtete die Noppen mit maximaler Vergrößerung und sah weiße Schaumkronen – und dann wurde ihm bewußt, daß es sich um schneebedeckte Berge handelte.

Toby erkannte die Größe dessen, was er da sah – eine Ebene, die sich in eine dunstige Unendlichkeit erstreckte, eine flache Welt. Von Poren durchsetzt. Taschen, die sich öffneten und schlossen wie feuchte Münder.

<Gut festhalten!> rief Quath.

Sie kippten seitlich ab, und Toby hatte Mühe, sich mit den behandschuhten Händen an Quath festzuhalten. Tosende Winde, hammerharte Beschleunigung.

Die Berggipfel zogen vorbei wie winzige Erhebungen. Etwas versetzte ihnen einen derben Tritt, so daß sie einen Satz machten. Sie schossen an einer klaffenden Kaverne vorbei, in der düstere Schemen sich tummelten. Ein Ruck, und sie flogen wieder über der Ebene dahin. Die anderen Löcher mahlten und zuckten wie eine wütende Menge. Der Schlund der Gravitation.

»Was ... was ist das?« rief Toby.

<Die Spuren, glaube ich. So hat Andro sie genannt.>

»Erreichbare Orte?«

<Wenn wir wüßten, wie man sich an diesem Ort bewegt, wären sie sicher zu erreichen. Aber ich glaube nicht, daß jemand das weiß – oder wissen kann.>

»Wohin gehen wir?«

<Ich glaube, das werden wir erst erfahren, nachdem wir angekommen sind.>

»Ich überdenke die ganze Sache nochmal, du Wurm.«

<Dafür ist es viel zu spät. Ursachen haben Wirkungen.>

Quaths ebenso düsterer wie sachlicher Ton ließ ihn frösteln. Toby klammerte sich ans Bein des Alien und sah, wie ein Loch in der Nähe anschwoll. Er erkannte, daß sie auf einem erratischen Kurs auf dieses Loch zurasten, während starke Kräfte an Armen und Beinen zerrten und das Innenohr in Aufruhr versetzten. Er unterdrückte die aufsteigende Übelkeit, doch setzte sie sich am Gaumen fest.

Durchhalten. Nur noch ein wenig. Wenn du Quath verlierst ...

Das Loch kräuselte sich. Toby hatte das unangenehme Gefühl, daß es sich anschickte, sie zu verschlucken – was es dann auch tat.

So schnell, daß die Umgebung verschwamm, schossen sie durch ätherische Räume. Seine Augen wurden feucht, und plötzlich tränten sie. Dann hörte er ein Raspeln, spürte einen Stoß – und sie befanden sich auf einem Feld mit dickem, zähem Gras. Benommen setzte er sich auf.

Die Muskeln protestierten gegen diese rüde Behandlung. Er mußte erst einmal die Knochen sortieren.

Quath sondierte bereits das schüsselförmige, nach allen Seiten ansteigende Terrain – obwohl auch sie noch etwas wacklig auf den Beinen war. Toby wußte nicht, woher sie gekommen waren; doch dann sah er eine Art Wetterleuchten am Himmel, das auf einen weiten Raum über ihnen hindeutete – und dann war es wieder verschwunden.

»Ich glaubte schon, es würde mich zerreißen.«

<In schlechterem Wetter wäre das auch passiert. Und mich hätte es auch erwischt.>

»Das soll ein Wetter gewesen sein?«

<Erzett-Wetter. Die Raum-Zeit hat auf die Zufuhr weiterer Materie reagiert. Sie ist in stetem Wandel begriffen.>

Er fühlte sich zerschlagen. »Das begreife ich nicht. Was ist passiert?«

<Die Erzett hat sich verzogen und uns mitgerissen. Wir befinden uns nun auf einer anderen Spur als zuvor. Eine andere der unzähligen Raum-Zeiten, die norma-

lerweise isoliert sind. Nur wenn Anpassungen erfolgen, kreuzen die Spuren sich.>

»Und das geschieht nun? Wie kommt's?«

<Erinnerst du dich, wie der Stern aufgerissen wurde? Er wird durch die Scheibe nach innen transportiert. Diese zusätzliche Masse zwingt die Geometrie an der Peripherie des Schwarzen Lochs – einschließlich dieser Erzett –, sich neu auszurichten.>

Er erinnerte sich, wie diese Erzett aus der Ergosphäre herausgequollen war. Welten in Welten, die alle irgendwo verankert waren. »Was hält sie zusammen?«

<Niemand weiß es. Und doch existiert sie.>

»Fangen wir mit der Erzett an. Wieso kreist sie um ein Schwarzes Loch, wo das Loch doch Sterne zum Frühstück verzehrt?«

<Dann könnte man ebensogut fragen, wieso eine Zeichnung auf einem Blatt Papier bleibt, wenn man es auf dem Tisch verschiebt.>

»Was?« Toby massierte sich die Schultern, um einem Krampf vorzubeugen. Die Muskeln waren verspannt, und er mußte sie regelrecht durchwalken. Dann legte er sich erschöpft zurück. »Dann ist diese Erzett also in die, die ...«

<Bemüh dich nicht. In deiner Sprache sind diese Konzepte nicht vorhanden. Die Erzett ist ein Raum-Zeit-Kern, der in eine andere Raum-Zeit eingebettet ist, die ihrerseits vom Schwarzen Loch umwölbt wird. Die Erzett ist ein stabiler Punkt in dieser Krümmung. Eine Quelle. Ein Refugium.>

Toby strich über das weiche, feuchte Gras. Zuerst wich es vor ihm zurück. Dann streichelte es ihm die Finger. »Dieses Gras – ist es Erzett-Materie?«

<Nein, nur das FunQueenst besteht aus gefalteter Raum-Zeit. Normale Materie hat sich darauf abgelagert.>

»Hmmm. Gut zu wissen, daß Gras noch immer Gras ist.«

<Es wächst in einer Raum-Zeit-Tasche. Wie eine Kapillare von der Wand einer pulsierenden Arterie abzweigt.>

Toby legte sich zurück und lauschte Quaths Ausführungen. Sie versuchte, ihm kühne Theorien zu vermitteln. Er war bemüht, sie zu verstehen. Doch das gelang ihm nicht, so daß er sie als gegeben hinnahm.

Primaten, so hatte Quath einmal gesagt, bedienten sich gern Analogien – zum Beispiel veranschaulichten sie einen Planeten anhand einer Orange. In diesem Fall mußte sie die gleiche Technik anwenden. Kapillaren, Arterien, die Erzett als Fluß.

Doch die *Anmutung* dieses Orts war nicht stimmig und wich von allem ab, was er bisher erlebt hatte. Druckgradienten spielten auf der Haut. Die Luft dehnte und entspannte sich wie Gummi. Beben unter ihm strahlten in die baumwollartige Oberfläche aus. Die Erzett justierte sich selbst? Die Frequenz der Wellen lag dicht unterhalb der Hörschwelle – dafür spürte er sie als schweren Puls in den Knochen.

Und zu allem Überfluß das unangenehme Gefühl, beobachtet zu werden. Tastende Fühler im Sensorium. Als er sich auf sie konzentrierte, wurden sie eingezogen.

Ehrfürchtig schaute Toby auf. »Wie im Paradies.« Eine Wolke verzog sich, und er sah hoch oben weite, gekrümmte Matten mit gelben und purpurnen Einsprengseln. Land, weit entfernt.

Das Dach dieser Spur wölbte sich über ihnen, als ob sie sich in einem riesigen rotierenden Zylinder befänden und durch die Zentrifugalkraft an die Wand gedrückt würden. Nur daß es hier keine Rotation gab, wie Quath ihm sagte. Zumindest nichts, was die Menschen als Rotation wahrnehmen würden. Was die Erzett zusammenhielt, war die Krümmung von – sich selbst. Er versuchte, das nachzuvollziehen, jedoch vergeblich. Also ließ er es bleiben.

Und in alle Richtungen zogen sich die gesprenkelten Wälder. Er hatte so etwas schon auf alten Bildern gesehen, welche die Aspekte nach einem langen Marsch aufgerufen und zu Unterhaltungszwecken ins Sippen-Sensorium geladen hatten. Doch er hatte sie immer für Phantasiegebilde und Kunstwerke gehalten, Illusionen einer toten Vergangenheit. Üppiges Grün, so weit das Auge reichte.

‹Menschen und andere haben die Erzett nach ihren Vorstellungen geformt. Während die Andro-Person euer Vermächtnis sichtete, sagte dein Vater mir, es würde einen Verweis auf diesen Ort enthalten. Er wurde einst als ›die Redoute‹ bezeichnet.›

»Als was?«

‹Ein Zufluchtsort. Ich vermute, daß die Menschheit und andere kohlenstoffgestützte Lebensformen vor langer Zeit hierherkamen, um den Mechanos zu entfliehen.›

»Hmmmm...« Auf einem nahen felsigen Hügel leuchtete ein Licht auf. Toby stand auf; trotz der Idylle fühlte er sich unbehaglich. Er ging zu dem leuchtenden Hügel und trat gegen einen Stein.

Trotz der heftigen Tritte mit dem scharfkantigen Stiefel splitterte der Stein nicht einmal. Die Gesteinsschichten strahlten ein elfenbeinfarbenes Licht ab. Knoten gasiger Erzett trieben wie Leuchtbojen über dem Land. Die Strahlen erhellten die schattigen Weiten wie Laternen in einer Brise.

Allmählich erlosch das Licht. Die scheinbar massiven Felsen warfen Schatten, als ob irgendwo in dem milchigen Gestein eine Sonne unterginge. Helle Lichtstrahlen tanzten im Innern, wie Sonnenstrahlen, die als Vorboten des Sommers sich den Weg in eine finstere Höhle bahnten. Er hatte das Gefühl, über einem Abgrund aus Nichts zu hängen und daß nur eine dünne Kruste ihn davor bewahrte, in – was? zu stürzen.

Unbehagen stieg in ihm auf. Lichterscheinungen

spielten tief im Innern des scheinbar massiven Gesteins. Er schwebte über trüben Tiefen, einem Meer aus Nichts.

Er schüttelte sich. Keine Zeit, um sich in abstrakten Spekulationen zu verstricken. Er forderte von Isaac eine geologische Übersicht an – der sich natürlich über die Planetenbahnen auslassen wollte. Toby würgte ihn ab.

»Dieses Zeug sieht aus wie ... äh ... eine Art Bimsstein.«

<Man nennt es Zeitstein.>

»Aber was *ist* es?«

Quath wollte es ihm erklären, doch Toby vermochte sich nicht auf das Gespräch zu konzentrieren, angesichts der glitschigen, unmittelbaren Beschaffenheit der Umgebung, von Luft und Boden gleichermaßen. Er leitete die Informationen an das Kollektiv weiter, das er darstellte, wo den Aspekten und Gesichtern und der glutvollen Personalität die Daten in Häppchen serviert wurden. Sie nahmen sie begierig auf, während er sich nur auf der Gefühlsebene bewegte und den Verstand fast abgeschaltet hatte. Shibo fragte:

Dann hat die Wissenschaft die Zeit manipuliert und sie in eine Art Raum verwandelt?

Er leitete das an Quath weiter; die klackte und sagte: <Die Erzett ist eine Arena für den Kampf von Teilchen und Feldern. Im Anfang war vielleicht nur die gekrümmte Erzett – und alles andere, Materie und Bewegung, entstand durch die Krümmung der Erzett.>

So erregt hatte er Shibo noch nie erlebt.

Vielleicht sogar in kleinsten Teilchen? Kiesel, Sand? Dann würde im Grunde alles aus Erzett bestehen?

Isaac meldete sich:

Vor Äonen löste unsere Wissenschaft sich von der simplen Vorstellung, daß Physik Geometrie sei. Doch an diesem Ort ...

Sogar Isaac schien von der stillen Fremdartigkeit überwältigt.

Toby indes machte dieser fremdartige Ort nur nervös. »Komm – laß uns gehen.«

<Wohin?>

»Äh ...« Den Druck des Vaters und der Sippe abzuschütteln war eine erhebende und befreiende Erfahrung gewesen. Doch nun war er innerlich leer. »Irgendwohin. Ich muß nachdenken.«

Wortlos marschierten sie für eine Weile durch die Gegend. Quaths Schweigen glich einer pointierten Kritik, der um so schwerer zu begegnen war, weil sie nicht verbal formuliert wurde.

Sie hielten auf eine entfernte grüne Anhöhe zu, von der sie glaubten, es handele sich um einen grasbewachsenen Hügel, von dem aus sie einen besseren Überblick haben würden. Beim Näherkommen erkannte Toby jedoch eine Maserung in den Schichten, die grellgelb, rotbraun und aquamarinblau changierten. Manchmal blitzte es auch jadegrün auf, als ob die Farben des Spektrums im Widerstreit lägen.

Plötzlich verzog eine Klippe über ihnen sich mit schabendem Geräusch, als ob sie zerspringen wollte. Eine Schicht schälte sich knackend und krachend ab und rollte sich zusammen wie ein Blütenblatt einer riesigen Blume. Die Basis hing in der Luft.

Toby rannte los und versuchte, aus dem Gefahrenbereich zu entkommen. Doch die Schicht stürzte nicht herab.

Statt dessen verdichtete die Schicht sich, wobei sie sich weiter zusammenrollte und schrumpfte, erst der Länge und dann der Breite nach. Begleitet wurde dieser Vorgang von einem knirschenden Stöhnen – derweil die Materie glutrote Strahlen aussandte, als ob ein unsichtbares Feuer im Innern brennte. Die Kanten verfärbten sich rot, rollten sich wieder auf und präsentierten sich in einem kräftigen Braun. Die Schicht schrumpfte weiter, wobei in den Falten faustgroße Entladungen auflodertem. Und dann machte es *knack*, und die Schicht verschwand. Eine Druckwelle warf Toby zu Boden. Er hatte das Gefühl, jemand hätte ihm mit einem Stock einen Scheitel gezogen.

<Die Erzett wird nicht überdauern.> Quath wirkte völlig ungerührt. <Wie ich vermutet habe.>

»Wohin wird sie gehen?«

<Woandershin.>

»Wieso?«

<Ich vermute, daß eine Konstruktion in der Erzett die Eigenschaften des *Seins* in einem labilen Gleichgewicht mit den Eigenschaften der Zeit vereint.>

»Wie? Du meinst, dieser Ort sei nicht in der Lage, sich zu halten?«

<Im Prinzip nicht. In der Praxis verhält es sich jedoch wie mit deiner Haut. Es gibt Abrieb, und Erzett wächst nach, um sie zu ersetzen.>

»Das ist aber eine sehr komische Art, etwas zu bauen.«

<Es ist der Zyklus des Lebens.>

Es entging ihrer Aufmerksamkeit, daß das Glühen um sie herum und über ihnen sich abschwächte. Gleißende Strahlen schossen durch gazeartige Wolken, begleitet von einem Temperatursturz. Toby fröstelte.

»Schätze, wir sitzen hier fest«, sagte er und ließ sich auf einer Erhebung nieder, die mit struppigem gelben Gras bewachsen war.

Es war schon viele Jahre her, seit er auf der Flucht gewesen war – mit allem, was so dazugehörte – und einen aufregenden Tag auf unbekanntem Terrain verbracht hatte. Trotz all der Sorgen, die ihn umtrieben, fühlte er sich gut. Doch vermißte er jetzt schon die

Sippe. Schmerzen krochen die Waden empor, und er spürte ein nagendes Hungergefühl im Bauch.

»Hast du Proviant dabei?«

<Ich habe immer etwas dabei.>

»Ich auch. Wir sollten etwas essen und dann schlafen. Später besprechen wir das weitere Vorgehen.«

<Du weißt, welch schwierigen Kurs du eingeschlagen hast.>

»Jasag. Mir geht es zum erstenmal seit längerer Zeit wieder gut.«

<Ich hasse es, wenn ich so wenig verstehe.>

»Das ist lustig – ich halte es im Moment nämlich mit der Losung ›Selig sind die Armen im Geiste‹.«

2 · IM GRIFF DER ZEIT

Verwirrt wachte er auf. Shibo sang ihm ein Liedchen; die sanfte Stimme spielte durch seinen Körper, massierte die Muskeln und aktivierte die Reizleitung in den vernetzten Nerven.

Wach auf. Ich liebe dich für das, was du getan hast, und ich werde dir helfen, diesen Ort zu überstehen. Hart kann ich sein, und weich auch. Für dich. Aber du mußt nun aufwachen, so gern du auch auf der sirupdurchtränkten Baumwolle verharren möchtest.

»Uhhhh ... na schön ...«

... eine fließende, leckende Präsenz, Dämmerlicht, der Wind pfiff ums Haus, moschusduftende Freuden unter sich, hämmernder Puls, scharfer Geschmack nach Blut von einer aufgebissenen Lippe, immer heftigeres Keuchen ...

Er schob die Gefühle weg. Angenehm, doch er wußte, daß er aufwachen mußte. Ein Traum? Irgendwie konkreter als das ...

Er lag breitbeinig im dichten Gras, mit ausgebreiteten Armen, ausgezogenen Stiefeln, deaktivierten Servos. Verwundbar. Er tippte zweimal auf einen Schneidezahn, und die Servos erwachten ruckend zum Leben.

Das Sensorium, das er aus Sicherheitsgründen hochgefahren hatte, zog sich zu einer Halbkugel zusammen. Nichts Interessantes im weiten Umkreis, keine orangeglühenden Potentiale, die im Innern schlummerten. Die

Anzugsbewaffnung war einsatzbereit; er hatte sie aufgeladen, bevor er die *Argo* verließ.

Er vermochte gefahrlos aufzustehen. Vor langer Zeit hatte sein Vater ihn gelehrt, sich beim Aufwachen erst einmal totzustellen, bis er kampfbereit war. Er hob die rechte Hand ...

... und sie bewegte sich nicht. Sie lag mit der Handfläche nach oben auf glattem, kühlem Zeitstein. Das Fleisch um die Knöchel fühlte sich kalt und zäh an. Er zog fester. Sie rührte sich etwas, aber nicht viel. Mühsam setzte er sich auf, wobei die Hand schwer auf dem Stein lag. »Quath.«

<Guten Morgen, obwohl die Lichtverhältnisse hier mit dieser Beschreibung nicht ganz konform gehen.>

»Ich hänge fest. Laß mich ...«

<Ich würde nicht dazu raten.>

»Es hält mich *fest*.«

<Trotzdem ...>

Er riß sich los. Die rechte Hand löste sich mit einem häßlichen ratschenden Geräusch – und er verspürte einen höllischen Schmerz. »Au!«

Der Handrücken war ein Stück rohes Fleisch mit Korpuskeln, die Schleim absonderten. Die Haut klebte noch am Zeitstein. Das an der Luft gerinnende Blut färbte sich bereits braun.

<Eine bedauerliche Nebenwirkung der Physik. Ich hätte es wissen müssen ...>

Toby hielt sich die Hand und fluchte. Dann riß er das Verbandspäckchen auf und klatschte eine Allzweck-Bandage auf die Wunde. »Was ... wie ...«

<Ich hätte es wissen müssen. Erzett-Gestein ist gar nicht massiv.>

»*Fühlt* sich aber massiv an.«

<Es besteht aus komprimierten Ereignissen, die als Masse kondensieren. Wenn man lang genug dagegendrückt, wird man selbst Teil des Ereignisses.>

»Welches ›Ereignis‹? Das Zeug wollte mich *fressen*.«

<Du darfst den Naturgesetzen keine Absicht unterstellen. Deine Haut hat sich mit der Erzett verflochten. Sie ist in den Ereignis-Raum diffundiert, der in dieser Substanz sublimiert ist.>

»Du meinst, es besteht die Gefahr, daß die Umgebung uns wie ein Schwamm aufsaugt?«

<Nur, wenn man sich lang genug in unmittelbarer Nähe der Objekte aufhält – sagen wir, in einem Abstand von ein paar atomaren Gitterdurchmessern.>

»Auch das Gras und die Luft?«

<Überhaupt nicht. Sie sind gewöhnliche Masse, die einfache Form der Materie.>

Toby schüttelte den Kopf. »Dann essen wir mal etwas von dem gewöhnlichen Zeug. Proviant meine ich. Mir ist schon ganz schwummrig.«

Quath warf ihm eine Ration zu. <Ich vermute, daß der Zeitstein Materie frißt, die mit ihm in Berührung kommt, aber mit unterschiedlicher Geschwindigkeit. Die nackten Steine – das Exemplar, auf dem deine Hand gelegen hat – absorbiert die Materie schnell. Andernorts geschieht das langsamer – also vermögen Flora und Fauna zu überleben. Ein geniales Konstrukt.>

Toby hörte das kaum. Die Bandage war eine lebendige Schicht, die den Heilungsprozeß in Gang setzte und dafür sorgte, daß die Haut nachwuchs. Auf dem Handrücken hatte sich inzwischen eine moosgrüne Schicht gebildet, die das eingetrocknete Blut verzehrte und das Nachwachsen der Epidermis beförderte. Die Sippe hatte die Prioritäten bei der Biotechnik – als sie noch als angewandte Wissenschaft existierte – so gesetzt, daß die Reparatur an erster Stelle kam. Schmerzlindernde Maßnahmen standen weit unten auf der Liste, so daß er noch immer vor Schmerz die Zähne zusammenbeißen mußte. Er kompensierte ihn zum größten Teil, indem er ihn über die Sub-Steuerung umleitete, doch das dauerte seine Zeit. Weil Schmerz nämlich auch eine Schutzfunktion hatte, ließ er sich nicht ohne weiteres blockieren.

Er verzehrte die Ration, wobei er in gebührendem Abstand von den Zeitsteinen im Gras saß. Der Sonnenaufgang hier war nicht mit einem konventionellen Morgen zu vergleichen, obwohl die Luft ziemlich frisch war. Das Gestein strahlte ein fahles Licht ab, das sich zwischen den knorrigen Bäumen brach. Entfernte Berggipfel leuchteten in allen Farben des Spektrums. Als die hohen Wolken sich teilten, erkannte er andere Lichtquellen, von denen ein pulsierendes Glühen ausging.

<Dieses Licht kommt von der Akkretionsscheibe um das Schwarze Loch. Es wird von der Erzett eingefangen und von sublimierten vergangenen Ereignissen weitergeleitet.>

»Für das Wachstum von Bäumen scheint es jedenfalls zu genügen.«

<Die Virulenz der Scheibe wird hier gedämpft, bis sie Leben hervorbringt. Das ist kein Zufall.>

»Was meinst du, wer das erschaffen hat?«

<Nicht einmal die Philosophen wissen das. Ich bin zu gering, als daß ich Mutmaßungen anstellen dürfte. Die Verwendung des Gewebes der Raum-Zeit als Baumaterial ist eine Fertigkeit, die mein Begriffsvermögen übersteigt.>

»Was ist mit uns?«

<Ihr? Ihr seid doch nur Primaten!>

»Na und? Wir erbauten vor langer Zeit die *Argo*. Nicht zu vergessen die Kandelaber.«

<Du hast überhaupt keine Ahnung, um wieviel größer die Erzett ist.>

»Hmmm. Du schwebst in höheren Sphären. Und ich laboriere ganz profan an einer kaputten Hand.«

Toby hatte das als Scherz gemeint. Er hatte es schon lang aufgegeben, den Ursprung der Dinge ergründen zu wollen. Solch einen Luxus würde er sich gönnen, wenn er sich sicher fühlte. Falls das jemals eintrat.

Ein Vogel glitt durch die strahlende Luft. Die letzten Vögel hatte er auf Snowglade gesehen, in den Jahren vor dem Fall der Zitadelle Bishop. Die Mechanos hatten die wehrlosen Gefiederten wie Tontauben abgeschossen.

Dieses Exemplar indes war größer als alle Wesen, die er je in den Lüften gesehen hatte, von den Mechanos einmal abgesehen. Es flatterte weder wie ein Schmetterling noch glitt es wie ein Raubvogel, sondern schlug Kapriolen am Himmel. Er sah, wie das Wesen etwas schnappte. Dann aalte es sich in einer milchigen Bank aus kondensierendem Dunst, wobei es eher schwamm, als daß es flog.

Die Bank aus gescheckter Luft zog über Toby hinweg, und er fröstelte. Er wollte den Arm heben und war nicht in der Lage, ihn zu bewegen; nicht einmal die Lider vermochte er herunterzuklappen. Der Brustkorb erstarrte. Die Muskeln verkrampften sich. Dann war die an Milchglas erinnernde Wolke verschwunden, und er bekam wieder Luft. Der Vogel flog ungerührt vorbei. Streiflichtartig sah Toby, daß das Wesen vier Flügel hatte und einen übergroßen Kopf. Die gelben Schwingen wirbelten in der aufkommenden Brise, und die Luft verdichtete sich um die Flügel. Der Wind wehte aus allen Richtungen. Die Luft verfärbte sich kreideweiß mit einer rostroten Maserung.

»Quath!«

<Warte. Es geht vorbei.>

»Scheißwetter.« Das war alles, was Toby hervorbrachte.

<Ich glaube, die Erzett vermag in Dampf zu sublimieren, sich sogar zu verflüssigen – jedenfalls impliziert das der ›Einführungs-Text‹. Sie vermischt sich mit der Luft. Atme es nach Möglichkeit nicht ein.>

Dennoch atmete Toby tief durch. Die Brust schmerzte. Gestein, das sich in Luft auflöste? Und sich noch dazu zurückverwandelte? Er wartete, bis der Schmerz in der Lunge abklang.

Ein zweiter Vogel flatterte mit trägen Flügelschlägen in einem Fallwind. Bewundernd verfolgte Toby, wie er in der turbulenten Luft Kurs hielt. »Ich weiß nicht, was hier los ist, altes Wurm-Fräulein. Wenn man nicht einmal atmen kann, ohne ...«

Quath schoß den Vogel ab. Er zerplatzte. »Was hast du ...« schrie Toby empört.

<Sieh mal hin.>

Toby fand ein paar Körperteile im Gras. Überall Blut und schimmernde Eingeweide. Es stank bestialisch. Der Kopf war aufgeplatzt, und die Augen glotzten ihn an. Am Hinterkopf glänzten elektronische Bauteile.

»Verdammt! Er ist mit Mechano-Teilen bestückt.«

<Ihr Produkt. Gut getarnt.>

»Und das *hier*.«

<Präzise. Die Mechanischen haben die Erzett-Redoute infiltriert.>

»Und ich glaubte, hier wären wir sicher.«

<Das glauben viele. Sie nehmen Besucher wie uns unter die Lupe und suchen nach mechanischen Spionen, mikroskopischen Agenten und Viren in menschlichen Computern. Andro sagte, diese Maßnahmen würden genügen.>

»Verdammte Hacke. Dieser Vogel sah täuschend echt aus.«

<Ich finde es beunruhigend, daß die Mechanischen in der Lage sind, mit organischen Lebensformen zu verschmelzen.>

»Das ist aber nichts Neues, erinnerst du dich? Dieser irre Führer auf Trump, diese Hoheit – sein Kopf war mit solchem Kram vollgestopft.«

<Richtig. Ich hätte es daraus ableiten müssen.>

»Wenn es noch Gelegenheit hatte, ein Signal an seine Erbauer abzustrahlen ...«

<Ganz genau. Wie groß ist die Wahrscheinlichkeit, daß ein Mechano-Gerät uns im Labyrinth der Erzett aufspürt?>

»Hmmm. Kommt darauf an, wie viele Spuren es gibt.«

<Es gibt vielleicht unzählige. Die Mathematik dieses Orts ist prall mit Infiniten.>

Prall? Quath hatte manchmal eine etwas seltsame Ausdrucksweise. »Außerdem hängt es davon ab, wie viele Spione die Mechanos ausgesandt haben.«

<Dann impliziert dieser Vogel also, daß die Mechanischen einen großen Aufwand betreiben. Daß sie dich jagen.>

»Mich? Komm schon; mein Vater würde mich gern in die Finger bekommen, aber die Mechanos? Ich bin nicht wichtig für sie.«

Quaths Servos surrten unbehaglich. <Ungewißheiten konvergieren. Ich glaube, wir müssen wieder die herausragende Eigenschaft der Erzett nutzen – als Versteck.>

3 · DER FELS DES CHAOS

›Nutzen‹ hieß in diesem Fall das schnelle Durchstreifen von unbekanntem Terrain und die Suche nach einer Poren-Öffnung. Für Toby waren das Orte, wo die Erzett wie ein Hexenkessel brodelte, doch Quath bezeichnete sie als die größte geistige Leistung, die sie je gesehen hatte.

Toby bemühte sich, das zu begreifen, während sie in schnellem Lauf Schichten von Zeitstein übersprangen. Die Hand schmerzte noch immer, und die Angst, das scheinbar massive Gestein würde ihn ansaugen, verlieh ihm Flügel. Quath quittierte das mit einem reibeisenartig raspelnden Lachen, doch er fand das überhaupt nicht lustig.

Er vermochte sich nicht recht vorzustellen, wie Raum und Zeit sich zu einer Substanz vermengten, die ihn trug. Was Zeit war, wußte er sehr wohl. Das verstärkte, lebendige *Jetzt*, das die bekannte, aber verblassende Vergangenheit von der unbekannten, geisterhaften Zukunft trennte. Doch wie brachte man die Entfernung darin unter?

»Zeit; nun, man kann sie nicht anhalten, jasag? Und Raum; der verhindert, daß alles ineinanderstürzt – was haben sie dann gemeinsam?«

Toby wollte sie provozieren, doch Quath ließ sich nicht aus der Ruhe bringen. Geduldig erklärte sie es ihm.

Ab und zu zündete bei Toby der Funke. Die Menschen verfügten über die Erkenntnis, wie Dinge entstanden, Gestalt annahmen und wieder in Vergessenheit gerieten. Quath sagte, daß die Raum-Zeit, die Erzett, Echtzeit enthielt, und die Abfolge menschlicher Erfahrungen sei nur eine für Lebewesen charakteristische Illusion.

Was zählte ihre Meinung dann noch, fragte Toby sich, wo ihre Existenz nicht mehr als ein kosmisches Wetterleuchten war? Der Isaac-Aspekt wartete mit einer alten Weisheit auf:

> *Die Zeit vergeht, sagst du? O nein!*
> *Die Zeit bleibt, und nur wir vergehn.*

Sprach's und stieß ein meckerndes Lachen aus.

Sie liefen an hohen Wänden aus schwarzem Zeitstein entlang, aus deren Poren trübes Licht drang. In der Nähe ragten riesige Türme wie dreieckige Bäume empor. Sie waren derart mit Energie aufgeladen, daß sie sich verzogen und knackten. Manche strotzten nur so vor Energie, daß sie den Himmel förmlich zu schütteln und die Sterne zu zerreißen schienen. Quath und Toby eilten vorbei. Sie schlugen Haken und hasteten durch labyrinthartige Gassen aus Zeitstein, ohne innezuhalten. Trotz des Trainings, das Toby auf der *Argo* absolviert hatte, mußte er sich anstrengen, um Quath nicht aus den Augen zu verlieren. Die Lunge brannte. Die Servos liefen heiß.

Er blieb abrupt stehen. »Quath, ich habe mich geirrt. Fürchterlich geirrt.«

<In welcher Hinsicht?>

»Wir sind vor der Sippe geflohen. Dieser Vogel – was, wenn es hier von Mechanos wimmelt?«

<Du meinst, die Mechanischen haben es auf alle Menschen hier abgesehen?>

»Jedenfalls auf die Bishops. Komm!«

<Wohin?>

»Ich kehre um.«

Während der nächsten Stunden, in denen sie sich auf dem Rückweg befanden, hielt er sich für den Größten.

Quath sagte kein Wort. Nach einer Weile erkannte Toby auch den Grund dafür.

»Äh ... in welche Richtung müssen wir überhaupt gehen?«

<Ich weiß nicht.>

»Wir kamen aus dieser Richtung, jasag?«

<Fürwahr.>

»Die Spuren-Anschlußstelle muß hier irgendwo gewesen sein.« Hügel, Bäume und Himmel boten keinen Anhaltspunkt.

<Die Erzett ist an den Spuren-Anschlußstellen streng stochastisch, denn sie sind die Orte der Instabilität.>

Toby ließ den Kopf hängen. »Dann finden wir nicht mehr zurück?« fragte er mit leerem Blick.

<Ich fürchte ja.>

Also machten sie wieder kehrt. Das ziellose Herumlaufen war demoralisierend. Zumal das Gelände sich im Detail verändert hatte, was Tobys Stimmung noch mehr drückte. Er hatte vor seinem Vater fliehen wollen und war vom Regen in die Traufe geraten. Es hatte ihn an einen Ort verschlagen, wo jeder Fehler tödlich war.

Quath sondierte mit abwesendem Blick das Terrain. Als er sie nach dem Grund dafür fragte, sagte sie: <Ich arbeite darauf hin, daß die Stochastizität – also der Zufall – uns begünstigt.>

»Das ... das verstehe ich nicht. Wonach suchen wir überhaupt?«

<Nach einem entgegenkommenden Zwischenfall.>

»Klingt wie ein Widerspruch in sich.« Er schnaufte; die viskose Luft blieb ihm schier im Hals stecken.

<Du hast mir einmal von einem einfachen Rätsel erzählt, das du gelöst hast:>

In seinem Sensorium manifestierte sich ein Muster aus Zahlenpaaren.

1	100
2	99
3	43
61	97
5	96
•	•
•	•
50	51

»Das ist falsch. Jedes Paar muß in der Summe hunderteins ergeben. Es sind fünfzig Paare, so daß sich ein Produkt von ... äh ... fünftausendfünfzig ergibt.«

<Richtig. In dieser Summe habe ich die Zahlen zufällig angeordnet – doch ich habe keine weggelassen, so daß die Summe nach wie vor viertausendneunhundertneunundneunzig beträgt. Auf diesem Prinzip beruht auch die Erzett. Was Andro als Spuren bezeichnete, sind Teilmengen der Erzett; Tunnel, die sich zufällig öffnen und schließen. Aber die Summe – viertausendneunhundertneunundneunzig – bleibt unverändert. Nichts wird hinzugefügt, abgezogen.>

»Na gut. Und was willst du damit sagen?«

<Die Erzett stabilisiert sich selbst. Doch die ständige Verschiebung der Spuren macht eine Kartierung der Erzett unmöglich. Die stochastische Natur der sich kreuzenden Spuren ist ihr einziger Schutz.>

»Die Mechanos sind nicht in der Lage, eine bestimmte Spur zu finden, weil sie sich nie zweimal am selben Ort befindet?«

<Oder in derselben Zeit.>

»Sie versteckt sich in der Zeit, nicht im Raum?«

<In beiden. In der Erzett. Die Spuren entstehen durch Interaktion. Die Wirkung *eines* fallenden Zeitsteins multipliziert sich und erzeugt Unordnung. Ähnliches gilt für das Wetter auf einem Planeten: ein laues Lüftchen vermag einen Sturm zu entfesseln. Durch die Bewegung werden die Erzett-Spuren in Raum und Zeit ver-

wischt. Kein mathematischer Algorithmus vermag sie zu entwirren oder zurückverfolgen. Sicherheit ruht auf dem massiven Fels des Chaos.>

Toby verlangsamte das Tempo und ließ sich das durch den Kopf gehen. Menschen hatten sich hier draußen versteckt. Vor langer Zeit, in der Untergrund-Ära. Damals hatten die Bishops und alle anderen Sippen sich in den Planeten eingegraben, weil sie glaubten, dort seien sie vor den Mechanos sicher.

Doch ein kleiner Teil der Menschheit war ins Chaos der Erzett geflüchtet. Weil die Mechanos nicht in der Lage waren, diesen ›Spaghetti‹-Raum zu kartieren, war es unwahrscheinlich, daß sie alle menschlichen Kolonien aufspürten. Er begriff sehr wohl Quaths mathematischen Ansatz. Dennoch war es eine ungewohnte Vorstellung, daß Unordnung sicherer sei als Planeten und schwerer zu überwinden als ein Stacheldrahtverhau.

Zahlen waren von schlichter Majestät. Das Seltsamste daran war vielleicht, daß die Realität den Reigen der Zahlen widerspiegelte. Gesetze, welche die Erzett zwangen, sich zu verknoten und zu verkrümmen, Gesetze, die von der Unschärfe-Logik des Chaos bestimmt wurden. Im Vergleich zu diesen Mysterien erschienen die Mechanos geradezu profan.

»Und wohin gehen wir nun?«

<Vorwärts. Je weiter wir gehen, desto verzweigter wird unser Pfad.>

»Wie sollen wir die Sippe jemals wiederfinden?«

<Ich weiß es nicht. Ich vermute, daß auch sie in dieses Labyrinth vordringen wird.>

»Auf unseren Spuren?«

<Vergiß Abraham nicht.>

»Jasag. Suchen wir ihn zuerst.« Er nickte. Wo er nun ein Ziel vor Augen hatte, fühlte er sich gleich besser. Zumal dieser Ort weitaus besser war als die Gefangenschaft in der *Argo*.

<Du folgst deinem spezies-spezifischen Verhalten.>

Toby hatte das ungute Gefühl, daß Quath seine Gedanken las. »Wie das?«

<Eure Primaten-Gesellschaften haben eine Tradition ritueller Reisen. Junge Männer brachen in unbekannte Länder auf. Sie bestanden Abenteuer, erwarben umfassendes Wissen und kehrten als große Persönlichkeiten zurück.>

»Du hast uns schon wieder studiert?«

<Das tue ich ständig.>

Toby hatte immer ein schlechtes Gewissen gehabt, wenn er sich darüber freute; um so mehr, weil ihm nun der Rückweg zur Sippe versperrt war. »Wir sind gar nicht so verdammt berechenbar!«

<Ich stelle nur Muster fest. Du mußtest vielleicht vor deinem Vater fliehen, um dich selbst zu finden.>

»Du hättest Psychologe werden sollen.«

<Ich versuche nur eine sehr fremdartige Spezies zu begreifen.>

»Der Kandidat bekommt hundert Gummipunkte, du Blindschleiche.« Toby lachte und verdrängte die Theorie aus dem Bewußtsein. Das war ein Luxus, dem Menschen in Städten frönten. Er fiel in einen gleichmäßigen Trott.

Er betrachtete die Landschaft mit gebührendem Respekt und erkannte nun, daß Zeit erforderlich war, um Zeit zu formen. Die Erzett-Stürme hatten komplexe Schluchten in die geronnene Zeit gefräst. Verdichtungen und Verzerrungen hatten unüberwindliche Wälle erzeugt, schwindelerregende Abgründe und Einschlüsse mit gekrümmter, stummer Zeit-Materie.

Die Bewältigung der steilen Steigungen und Abhänge war anstrengend. Quath hatte eine unerschöpfliche Energie, doch Toby wurde langsam müde. Er schaute sich nach Verfolgern um. Die letzten Worte seines Vaters kamen ihm in den Sinn.

Shibo spendete ihm Trost und tränkte ihre weiche

Präsenz mit markanten Erinnerungen. Ihr sirenenartiger Gesang enthob ihn aller Sorgen und Nöte.

Dennoch wurde er das Gefühl nicht los, daß man sie verfolgte. Die Beine schmerzten, und der Atem ging rasselnd. Er zwang sich, mit Quath Schritt zu halten, die mit der Eleganz einer Gazelle über die Kiesbetten und Geröllhalden eilte.

Als Toby fast am Ende seiner Kräfte war, machten sie am Fuß einer steilen Klippe Rast. Quath ließ sich auf die Vorderbeine nieder und schien sofort einzuschlafen; das erste Mal, daß er sie schlafen sah. Oder vielleicht döste sie mit ihren multiplen Bewußtseinen auch nur und behielt die Umgebung trotzdem im Blick.

Die Klippe war mit stachelartigen Auswüchsen gespickt, und Pfützen klebten an der Oberfläche wie Tränen aus schwarzem Eisen. Gelbliche Stangen schienen den Himmel zu durchbohren. Doch sonst war die Oberfläche glatt. Toby glaubte zu sehen, wie eine cremige Substanz aus dem Fels quoll – eine schiefe Leere, wo Kleckse und Stränge sich überlappten und verdrillten. Er ging hinüber, um sich das näher anzusehen.

Er blickte auf ein tiefes Feld, über das Schatten spielten. Eine Momentaufnahme aus einer anderen Zeit und einem anderen Raum, auf einem Gemälde festgehaltene Qualen. Das fließende Mosaik gab knarzende Geräusche von sich, wie das Reiben von Stahl auf Stahl.

Tief im Innern des Zeitsteins fielen rote pulsierende Kleckse auf grüne Stengel und quetschten sie, bis Eiter aus violetten Spitzen quoll. Bildfetzen schossen aus dem Gestein wie sich lösende Krämpfe.

Toby schaute fasziniert zu und interpretierte das Geschehen als einen Kampf, in dem die Stengel von den räuberischen Klecksen niedergemetzelt wurden. Erst nach einer Weile sah er die winzigen schiefergrauen Stiele, die sich im Takt des hin- und herwogenden Kampfes wiegten. Nun vermutete er, daß die Kleckse den Stengeln irgendwie bei der Paarung assistierten oder sie molken, um die nächste Generation der Stiele zu nähren.

Doch diese Vermutung wurde alsbald durch den Anblick gelblicher Kleckse widerlegt, die aus den Spitzen der neuen Stengel quollen, wie Seifenblasen wackelten und sich dann an der scheckigen Unterseite der größeren Kleckse ablagerten.

Währenddessen hallten schrille Schreie von den Wänden des Zeitsteins wider. Brüchige Laute, wie die letzten verzweifelten Schreie eines kleinen Vogels, der von einem Raubvogel zerrissen wird.

Dennoch hatte das Mosaik Bestand und bildete ein fließendes Spiel unbegreiflicher Kräfte ab, untermalt von einem Summen. Rauher Husten, Schmerzensschreie, Stakkato, insektenartiges Gewimmel – nichts von alledem schien eine Struktur aufzuweisen oder den Vorgängen gar einen Sinn zu verleihen.

Dann erkannte Toby, daß der Versuch, dem Anblick eine Bedeutung beizumessen, sinnlos war. Er war Zeuge eines Ereignisses aus einer unbekannten Zeit, das vor seinen Augen vom Zeitstein abbröckelte. Eine uralte Aufzeichnung, die von der schwammartigen Oberfläche abscherte und sich in Staub auflöste. Die Bewegung, die er sah, schälte sich in hauchdünnen Schichten ab, wie die dünne Scheibe, welche die Zukunft von der Vergangenheit trennt.

Er erinnerte sich an das, was Quath gesagt hatte. Er hatte nicht viel übrig für Naturwissenschaften – vor denen er sich fürchtete, weil sie keine schöngeistigen Ideen enthielten, sondern Naturgewalten beschrieben. Zumal er noch keinem Wissenschaftler begegnet war und nicht wußte, wie sie überhaupt aussahen. Hier hatte die Wissenschaft sich der Zeit bemächtigt, sie gleichsam entzaubert und ihr die Erscheinung eines unstetigen, formbaren *Dings* verliehen. Als ob das Leben eine Seite in einem Buch sei.

Vorsichtig streckte er die Hand aus und strich über die Oberfläche der Ereignis-Materie. Hier war sie eiskalt, dort siedend heiß – auch hier gebrach es an Logik und Systematik. Und das war die Quintessenz: Vorgänge jenseits des menschlichen Vorstellungsvermögens, die sich an ebenso unvorstellbaren Orten ereigneten.

Dann erschienen Risse im Zeitstein. Beim Blick in den Stein hatte er eine Virtualität der Ereignisse angenommen, die sich mit jeder abgelösten Schicht vor ihm entfalteten.

Unvermittelt schälte eine Stange sich aus dem Dunst. Sie krümmte sich. Silbriges Eis schuppte von ihr ab. Der gummiartige Strang zog sich aus dem Zeitstein; er war dicker als sein Arm und länger. Mit einem schmatzenden Geräusch löste er sich vom Stein und fiel auf die Füße. Dann stieß die Stange ein leises, aber vernehmliches Tuten aus. Ein Klagelaut.

Weitere folgten. Der Zeitstein schien sie förmlich auszuspucken – sie glitzerten feucht und verliehen den entfernten Bildern eine bedrohliche Authentizität. Eine Fontäne aus flüssigem Obsidian schoß zu seiner Linken aus dem Boden. Die Flüssigkeit kristallisierte an der Luft und regnete klirrend herab. Nebelschwaden zogen über seinem Kopf dahin. Ein Klecks quoll aus dem Zeitstein und lagerte sich an eine schwebende Wasserlache an. Der Stengel stieß eine Säule aus blauem Gas aus, und der Klecks antwortete mit einem Wirbel aus samtigem Feuer.

Unheimlich und irreal. Shibo sagte:

Bedenke, das alles beruht auf Naturgesetzen, physikalischen Gesetzen. Es sind isolierte Ereignisse von einem anderen Ort in der Erzett. Wir sollten sie erforschen.

»Uh.« Er war ganz benommen. »Wieso?«

So finden wir heraus, was sich sonst noch in der Erzett herumtreibt. Wir selbst sind nicht imstande, zu diesen Orten zu gehen.

»Dazu hätte ich auch gar keine Lust«, wisperte er.

Angsthase!

»Erscheint mir ... riskant.«

Los doch! Als ich fleischlich existierte, war ich nie feige.

»Nein, du hast mich falsch verstanden. Ich wollte damit nur sagen ...«

Ich wollte mehr von der Welt erfahren. Das ist die einzig wahre Überlebensstrategie. Glaube mir, ich weiß, wie tot man innerlich ist, wenn etwas einen davon abhält ... wenn du aufhörst, gegen Widerstände anzugehen, zu lernen, dich weiterzuentwickeln.

»Shibo ... ich ...«

Feigling. Öffne dich dem Neuen!

Er trat näher.

Blauschwarze Flammen loderten auf und züngelten an Toby entlang, ehe er zu reagieren vermochte. Sie waren warm und weich und erweckten in ihm das Verlangen nach mehr. Er fühlte sich unbehaglich, und im Innern verspürte er den Zug und Druck widerstreitender Impulse. Shibos Personalität war kraftvoll präsent und überlagerte seine Vorsicht mit einer seidigen, beruhigenden Neugier.

Wir müssen diesen Ort erforschen. Ich glaube, er ist wundervoll. Du hattest ja so recht, hierherzukommen.

»Das war gar keine Absicht, ich bin nur ...«

Seine Stimme erstarb. Shibo wollte dieses seltsame Feuer erforschen; also bückte er sich und schob die Arme bis zum Ellbogen in die violette Masse.

Kühl und glatt. Gar nicht wie ein Feuer. Nun fühlte es sich sogar noch besser an. So angenehm, daß er den Kopf hineinsteckte. Düfte umfächelten ihn – süß und lieblich.

So gemütlich. Verlockend.

Dann erinnerte er sich an die berauschenden Vergnügungen ... in der grauen Stadt ... aus der er geflohen war. Damit hatte es eine Bewandtnis.

Das Zeug kroch über sein Gesicht. Er riß es weg. Griff nach ihm mit bleiernen Händen. Klebrige Seile wickelten sich um ihn. Züngelnde Stränge wanderten über Mund, Nase und Augen. Er schlug nach ihnen und riß sie ab. Ein übler Brodem stieg ihm in die Nase: Gerüche wie Emotionen – *zornig, rachsüchtig, gehässig, verschmähte Liebe.*

Er versuchte die sich zu Matten verknüpfenden Fasern zu zerreißen und kämpfte dabei gegen Schübe flüchtiger, aber krasser Emotionen an. Er schüttelte die flauschigen, verheißungsvollen Widerstände ab und bereute es sogleich. Das Gefühl der Reue war intensiv und seltsam bitter. Shibo drang zu ihm durch:

Verschwinde! Schnell!

... und er riß sich los und ergriff die Flucht, wobei ein Teil von ihm mit Bedauern erfüllt war, der andere mit Angst.

»Was war das denn?«

Eine Art Parasit. Ziemlich hoch entwickelt.

»*Du* hast mich dazu aufgefordert.«

Ich mache nur Vorschläge. Zu handeln vermag ich nicht.

Ihr verletzter Ton reizte ihn. »Du hast mich regelrecht bedrängt, verdammt ...«
Vor lauter Hektik rumste er mit Quath zusammen. Als er wieder aufstand, sendete sie einen ihrer stakkatoartigen Ausbrüche, was einem menschlichen Gelächter entsprach.
<Angst vor den Fischen?>
Quath hatte das ganze Drama verpaßt.
»Sie bedeuten Ärger«, sagte Toby lahm.
Es hatte sich alles auf einer inneren Ebene abgespielt, wie er nun erkannte. Widerstreitende Emotionen schlugen fiebrige Wellen auf der Haut, wo sie mit dem Samt in Berührung gekommen war. Die frische Epidermis auf dem Handrücken zuckte zufrieden, als ob das Fleisch von einem Mund mit vollen Lippen liebkost würde.

4 · UNSTETE BEWEGUNG

Sie waren gelaufen, so weit die Füße trugen, doch das diffuse Licht wollte nicht erlöschen.

Weil sie sich nicht auf einem Planeten befanden, entfiel auch der Zyklus von Tag und Nacht. Die überall verstreuten Zeitsteine strahlten in düsterem Licht, das Schatten auf das grüne und gelbe Laub zeichnete. Nachdem Toby bis zur totalen Erschöpfung marschiert war, ließen sie sich zum Schlafen nieder. Noch immer keine Anzeichen von anderen Lebewesen. Oder von Verfolgern.

Er wurde von Shibos Gesang wach. Es war eine zarte, doch irgendwie hypnotische Melodie, deren Worte leicht und prickelnd perlten. Dann wurde ihm bewußt, daß er die Augen geöffnet hatte und trotzdem nichts sah.

Er blinzelte, um das Sehvermögen wiederherzustellen. Knorrige Bäume, voluminöse Wolken, Gestein – das Bild flackerte und stabilisierte sich dann. Verstört setzte er sich auf. Keine Anzeichen von Gefahr. Wind pfiff durch den dürren Busch. Eine Lanze aus schwefelgelbem Licht bohrte sich in einen nebligen Sumpf zu seiner Linken.

Sie hatte keinen Grund, seine Sinne zu kooptieren. »Was?«

Ich mußte mal raus. Du hattest so tief geschlafen, daß ...

»Jasag, und nun hast du mich wachgemacht. Vielen Dank.«

Nach deinem schlimmen Abenteuer gestern nehme ich an, daß du etwas Hilfe gebrauchen kannst.

»Schlimmes Abent... ach, die purpurnen Flammen? Du wolltest doch einen Blick riskieren.«

Das stimmt so nicht. Ich wies dich nur darauf hin, als du bis zum Hals in ...

»Ich habe das anders in Erinnerung. Du hast mich genervt und verlangt, daß ich es anfasse.«

Du hast aus freien Stücken gehandelt.

»Den Teufel hab ich! Sicher, ich fragte mich, worum es sich handelte, aber ...«

Wir sollten nicht streiten. Wir sind mit heiler Haut davongekommen – zusammen. Nur das zählt. Solange wir zusammenbleiben und auf der Hut sind, wird uns selbst an einem so fremdartigen und wundervollen Ort nichts zustoßen.

Nach diesem Vortrag lag ihm eine Replik auf der Zunge, doch er verkniff sie sich. Wenn er ihr eine gedankliche Vorlage lieferte, würde sie nur noch mehr quasseln, und im Moment wünschte er sich innere Ruhe und die Möglichkeit, ungestört nachzudenken. Für sich selbst.

Zunächst einmal folgte er dem Ruf der Natur. Während er das Geschäft vergrub, um keine Duftspur zu legen, meldete Shibo sich. Er schob sie zurück – und stieß auf starken Widerstand. Er kämpfte verbissen, bis die schockierende Erkenntnis kam: er wurde sie nicht mehr los. Sie war nun ständig präsent, direkt hinter den Augen.

,

Wieso solltest du meine Hilfe nicht wünschen?

»Wieso? Weil ich ohnehin keine Chance mehr habe.«

Du bist noch zu jung, um ohne meine Hilfe zu bestehen.

»Wie wär's, wenn du *mir* diese Entscheidung überlassen würdest?«

Genau darum geht es. Du weißt selbst, daß du zu falschen Entscheidungen neigst.

»Wenigstens sind es dann meine Fehler.«

Wir sind uns doch so nah. Weise mich nicht zurück.

Irgendwie verursachte diese ›Nähe‹ ihm Unbehagen, doch er vermochte es nicht zu beschreiben.
... sich verdichtende Eindrücke feuchten Drucks, zähe Luft, die nicht mehr aus der pumpenden Lunge entweichen wollte, eine Flüssigkeit, die ihm in Nase, Ohren und Mund lief, süßer Hauch, so süß ...
Nachdem die Atmung sich wieder beruhigt hatte, trottete er zu Quath zurück. Sie hatte ein paar Rationen für ihn warmgemacht.
Er vergaß Shibo. Das nahrhafte warme Essen verdrängte ihre Präsenz aus seinem Bewußtsein. Das war eine echte Erleichterung. Sie hatte nun schon seit Tagen wie eine Klette an ihm geklebt. Das wurde ihm erst bewußt, nachdem sie sich verzogen hatte.
<Du hast im Schlaf um dich geschlagen und gesprochen.>
»Ähem. Muß wohl geträumt haben.«
<Da steckt sicher mehr dahinter.>
»Woher willst du das denn wissen?«

<Deine Art verrät sich durch Gesichts-Signale – eine seltsame Methode, eine, deren wir uns nicht bedienen.>

»Du hast in meinem Gesicht gelesen, während ich schlief?«

<Ich lese immer. Dies ist für das Verständnis der Menschen unverzichtbar. Ich digitalisiere das Bild und gleiche es dann mit früheren Messungen ab.>

»Welche Messungen?«

<Von Winkeln und Amplituden von Hautfalten, Farbe, Dicke der Augenbrauen, Krümmung von Mund und Augen.>

»Mein Gott! Du gibst dir richtig Mühe.«

<Aber das ist nur das, was du auch tust.>

»Neinsag, ich schau die Leute nur an und frage mich – he, willst du damit sagen, auf diese Art würde *ich* erkennen, in welcher Stimmung die Leute sind?«

<Natürlich. Ihr seid so konstruiert, daß das unbewußt abläuft.>

»Aber du machst es bewußt?«

<Wenn ich es so will.>

»Und wenn nicht?«

<Normalerweise delegiere ich diese Aufgabe.>

Toby wußte, daß der Denkvorgang eine Abfolge rasend schneller elektrischer Impulse war, wobei der Tanz der Atome von Botenstoffen übertragen wurde. Doch war das alles, was seine Gedanken ausmachte? Er blickte Quath ratlos an.

<Ich lese schon seit langer Zeit die Signale, die über dein Gesicht ziehen. Vor allem in solchen Momenten.>

»Es ist Shibo. Irgend etwas stimmt nicht mit ihr.«

<Sie verursacht dir Unbehagen.>

»Genau ...«

<Männlichkeit bedeutet für dich immer Zorn und eine rücksichtslose Dichte. Du bist zu unsteten, androgen-beschleunigten Bewegungen gezwungen. Deine moralischen Fehler sind meistens eine schnelle Brutalität.>

»He, *ganz* so schlimm bin ich dann doch nicht.«

<Weiblichkeit – ein Begriff, der nur ansatzweise auf mich zutrifft – wird in euren Primaten-Variationen durch eine hohe Reaktionsempfindlichkeit definiert. Diese ist eingebettet in eine sich selbst erhaltende Stabilität. Eure Weibchen sind geduldig, abwartend, östrogen-gebremst. Ihre Fehler sind hauptsächlich Beharrungsvermögen und Duldsamkeit.>

»He, komm schon. Das ist doch arg vereinfacht. Teufel, ich bin von Natur aus ein ruhiger Vertreter – nur halt in letzter Zeit nicht. Und sieh dir nur Besen an. Sie rastet doch gleich aus, wenn sie gereizt wird.«

<Euer Genus driftet zwischen diesen polaren Extremen – ein Modus mit hohem Überlebens-Wert. So etwas kommt oft vor bei höheren Lebensformen. Doch Grautöne widerlegen nicht die Existenz von Schwarz und Weiß.>

»Du bist wohl läufig, du fette Kakerlake«, sagte Toby unbehaglich.

<Die sexuelle Geometrie bestimmt eure Wahrnehmung der Welt – ein Zusammenspiel zwischen männlich und weiblich, ein Spannungsfeld. Der Mann neigt zur Aggression. Die Frau nutzt die Vorteile des Geheimnisvollen, des Nie-ganz-zu-Erschließenden, die Grotte aufsteigender Dunkelheit. Dies ist die Strategie eurer Spezies. Sie in einem so jungen Bewußtsein wie dem deinen zu verschmelzen, wirkt inhärent, destabilisierend.>

»Dann ist es das, was in mir vorgeht?«

<Ich glaube schon.>

»Und was soll ich nun tun?«

<Ich weiß nicht. Wir verfügen nicht über die notwendige Technik für die zwei wichtigsten Maßnahmen. So, wie ich euer Primaten-Bewußtsein verstehe, würde die optimale Behandlung in einer Stärkung deiner Sub-Charaktere bestehen.>

»Und welcher?«

‹Vielleicht deiner Selbstwahrnehmung. Dies ist ein idiosynkratischer Agent, der in jedem menschlichen Bewußtsein präsent ist. Er unterstützt eine notwendige Illusion – daß nämlich ein einziges Selbst den Intellekt und die Sinne regiert.›

»Wenn ich diese ›Selbstwahrnehmung‹ nun entwickle ...?«

‹Würde das ein Gegengewicht zu den Bereichen bilden, die Shibo besetzt.›

»Hmmm.« Es fiel ihm schwer, sich auf die Unterhaltung zu konzentrieren. Er hatte immer eine Vorahnung, wenn er auf jedes von Quaths Worten achtete. Doch dann rupfte eine Servo-Kupplung, so daß er sich kratzte, oder er gähnte, oder es pfiff im Sensorium. Auf jeden Fall hörte er Quath nicht mehr mit voller Aufmerksamkeit zu.

Es kam ihm so vor, als ob von allen Seiten irgendwelche Dinge auf ihn eindrängen und ihn von diesem Problem ablenkten. »Die andere Möglichkeit ...«

‹Wir haben nicht die Ausrüstung, um es ordnungsgemäß durchzuführen ...›

»Jasag.« Er holte tief Luft. »Ich werde schon selbst damit klarkommen.«

‹Ich glaube, das Problem wird sich nur verschlimmern.›

»Zumal wir noch ganz andere Sorgen haben.«

‹Das befürchte ich auch ...›

»Laß mich – und sie! – in Ruhe.«

Toby sprang energiegeladen auf. Er ging davon und zog das Sensorium zusammen, wodurch er jede Diskussion von vornherein unterband. Quaths Worte hallten noch in ihm nach. *Du bist zu unsteten, androgen-beschleunigten Bewegungen gezwungen.* Frustriert trat er gegen einen Zeitstein-Brocken.

Er trank aus dem Bach, der in der Nähe murmelte. Das Wasser war kalt und hatte eine hohe Fließgeschwindigkeit. Er bekam wieder einen klaren Kopf und wurde sich plötzlich bewußt, daß er durch den Schlaf wohlig träge war. Das Gefühl des Unbehagens war verschwunden, und er fragte sich auch nicht, wer ihm diesen Gefallen erwiesen hatte.

Während er zu Quath zurückging, spaltete ein entfernter Berg sich und spie einen Hagel glitzernder Fragmente aus. Nachdenklich ließ er den Blick über die verzerrten Weiten schweifen. »He, was hältst du davon, wenn wir den Landmarken Namen geben?«

<Ich vermag nicht zu folgen.>

»Vielleicht sind wir die ersten auf dieser Spur. Wäre doch möglich, oder?«

<Wäre möglich. Obwohl Menschen und andere diese Komplexität für eine sehr lange Zeit bewohnt haben.>

»Für wie lang?«

<Die Erleuchteten sagen, sie sei mindestens dreißig- bis fünfzigtausend eurer Jahre alt.>

»Hmmm.« Toby betrachtete die Geschichte in den Kategorien seiner Aspekte, nicht in ›Jahren‹. Isaac stammte aus der Ära der Späten Bogenbauten. Und die arme fragmentierte Zeno war noch älter. Geschichte hatte mit Menschen zu tun und nicht mit Zahlen. »Wenn wir hier die ersten sind«, sagte er ungeduldig, »dann dürfen wir auch Namen vergeben.«

<Ist das eine menschliche Konvention?>

»Wir nennen es ›Tradition‹. Eigentlich ist es ein Recht.«

<›Rechte‹ sind hier kein brauchbares Konzept.>

»He, komm schon. Wir könnten doch ein paar von diesen Phantasienamen benutzen. Orte, von denen die Aspekte immer sprechen.«

Wie auf Knopfdruck sprudelten Namen und Titel in sein träges Bewußtsein, alle mit schwachen Echos silberner Erinnerungen. Ishtar-Tor. Altäre der Unschuld. Brücke am Kwai. Turm von Babylon. Unter den Linden. Cheops-Pyramide. Mount Rushmore.

<Wieso willst du die Landschaft überhaupt benennen?> fragte Quath ruhig.

Irgend etwas in ihrem Ton ließ Toby innehalten. Er wußte, daß es eine alte menschliche Eitelkeit war, der Wunsch, etwas zu ergreifen und festzuhalten. Shibo öffnete ihm die Augen für eine Tatsache, die jeder Nomade längst verinnerlicht hatte – daß die Welt dazu diente, betrachtet und genutzt zu werden und die Fortbewegung zu ermöglichen. Teil des ewigen Flusses des Lebens. Dem Land Namen zu geben war nicht angemessen.

»Na gut ... Soll sie sich doch selbst Namen aussuchen.«

Doch ein Teil von ihm war frustriert. Er verbarg das vor Shibo. Oder versuchte es zumindest.

5 · GRELLER FUNKE

Trotz steiler Pässe und schwierigen Geländes kamen sie gut voran – was auch immer das an einem amorphen Ort wie der Erzett zu bedeuten hatte, der Tobys Weltbild völlig auf den Kopf stellte. Manchmal flimmerten die Luft und das Gestein wie in einer Unterwasserwelt, und ihm wurde schlecht.

Wetter, sagte Quath. Die Erzett glich den Zustrom von Masse aus. Das Innenohr sagte ihm, ›unten‹ sei reine Ansichtssache. Die änderte sich ständig, während der Zeitstein stöhnte und Flocken von ihm abschuppten.

Sie erreichten eine windgepeitschte Wüste. Steiniges, welliges Terrain verschmolz in der Ferne mit einem orangefarbenen Himmel. Die andere Seite der Spur war so weit entfernt, daß er sie nicht einmal mit maximaler Vergrößerung sah.

»Weites Land. Die Gravitation ist dort drüben entgegengesetzt?«

<Richtig. Die Übelkeit, die uns überkommt, rührt von den Gezeitenkräften.>

»Ähem. Das ist aber noch nicht alles. Spürst du es auch?«

<Ich habe das Gefühl, beobachtet zu werden.>

»Jasag. Aber ich vermag es nicht zu beschreiben.«

<Wir werden auf eine diffuse Art und Weise beobachtet. Unbehaglich.>

»Aber nicht mechano, würde ich sagen. Es riecht nicht nach ihnen.«

<Vielleicht. Die Mechanischen sind intelligenter als unsereins.>

»Aber nicht in jeder Beziehung.«

‹Nein. Nicht in jeder Beziehung.›

Quath wurde unruhig. Sie war einsilbig und zappelte mit den Beinen, wenn sie sie nicht benutzte.

Es wurde wärmer und plötzlich kalt. Ein trockener Wind zupfte an ihnen und klingelte wie Äolsharfen. Die Erzett kräuselte sich. Die flüsterleisen Töne waren klar und doch geheimnisvoll, unmenschlich und schmeichelten doch dem einsamen Ohr, waren totenstill und wiegten sich doch im Takt der aufgewühlten Erzett.

»Wasser ist hier sicher Mangelware«, sagte Toby, um gegen das Unbehagen anzureden.

‹Fließendes Wasser ist eine Seltenheit in der Galaxis. Und in der Nähe des Fressers ist die Unterstützung organischer Lebensformen wie uns noch viel schwieriger. Ich bin sicher, daß die Erzett ausgelegt wurde, Wasser mit hoher Effizienz zu speichern.›

»Du glaubst, es sei für uns erschaffen worden? Ich meine, für Menschen?«

‹Nein. Das planetare Leben hat die gleiche chemische Basis. Meine Chemie ist nicht so verschieden von deiner.›

»Ich erinnere mich, wie du einmal sagtest, du hättest vor langer Zeit genetisches Material von ein paar Spezies in dir integriert. Gehörten wir auch dazu?«

‹Nein. Ich bin sicher, daß wir uns mit einer höheren Lebensform kreuzten.›

»Ach jasag? Wie hoch?«

‹Unsere Aufzeichnungen sind vage. Doch die Verbindung hob uns auf eine höhere Ebene der Kontemplation. Höher entwickelt als Einzel-Bewußtseins-Formen.›

Toby sagte der Begriff ›entwickelt‹ nichts, und er hätte sich auch nicht gewundert, wenn er bedeutete, daß Riesen in schimmernder Wehr alles niedertrampelten.

Er versuchte, sich morgens zu rasieren, doch die Luft zog die Feuchtigkeit aus dem Wasser und der Seife, bevor er noch halb fertig war. Die Luft war wie ein Schwamm und ließ um so mehr Trockenheit zurück.

Gravitations-Böen führten sie in ein Gebiet mit skurriler Vegetation. Korkenzieher-Farne wanden sich in engen Schleifen um sie. Riesige fedrige Wedel reckten sich nach dem sporadischen Licht, das von den entfernten Wällen der Erzett reflektiert wurde.

<Sie reagieren auf das Erzett-Wetter>, sagte Quath. <Eine Helix vermag den Scherkräften und Verzerrungen der Gravitation eher zu trotzen.>

Jeder Korkenzieher stellte ein ›Bonsai-Wäldchen‹ für sich dar. Die schraubenförmigen Blätter wurden von grünen und orangefarbenen Adern durchzogen und enthielten Taschen und Ritzen, in denen allerlei Getier sich tummelte. Es klickte, schnatterte und pfiff in der spindelförmigen Komplexität des Stamm-Baums. Er versuchte eine geflügelte Maus zu fangen, doch das Ergebnis waren ein aufgeschürfter Ellbogen und eine Handvoll heißer Luft.

Er labte sich gerade an einer wohlschmeckenden purpurnen Frucht, als er ein Zwicken im Sensorium spürte. Dann schoß ihm ein fahler, gespenstischer Keil durch die Sinne. Eine offene Inspektion. Nicht mehr die subtile Wahrnehmung von Augen direkt hinter dem Rand des Gesichtsfelds.

Er schaute auf. Etwas Langes und Spitzes erschien hoch am messingfarbenen Himmel.

Er hatte solch eine kalte, erbarmungslose Macht zuvor schon gespürt.

<Schnell!> rief Quath und rannte davon.

Toby folgte ihr. Als er sah, wie Quath einen Hang hinaufrannte, wußte er, worauf es ankam. Sie flüchteten sich in den Schutz eines Wäldchens. Er versuchte die Spuren des Sensoriums zu identifizieren, als ein dicker Strahl sich in den Wald bohrte.

Er haute sie beide um. Das Sensorium hallte wie eine Glocke. In der Nähe splitterten Äste. Schraubenförmige Blätter regneten herab.

<Bleib unten. Ich werde einen Tarn-Schirm aufspannen.>

»Mechanos. Sie sind in großer Höhe.«

<Ein paar kleine Figuren. Eine große.>

»Verdammt!«

<Keine bloßen Aufklärer wie der Vogel.>

»Verdammte Hacke!«

<Es ist mir ein Rätsel, wie die Mechanischen die Spuren entdeckt haben.>

»Sie müssen eingebrochen sein.«

<Ja, aber wieso gerade jetzt? Beobachte ihre Muster. Offensichtlich sind sie auf der Suche.>

»Ich erinnere mich an diese Muster, und ...« Etwas wallte im Sensorium auf.

<Ich bin von nun an eine Belastung für dich. Ich bin viel auffälliger.>

»Quath ... Es ist die Mantis.«

Ein langes Schweigen. Bunte Schlieren waberten am Rand des Sensoriums.

<Killeen hat mir von diesen Wesen berichtet. Eine höhere Ordnung der Mechanos.>

»Noch dazu gefährlich wie die Hölle.«

Die Mantis-Gestalt bewegte sich auf einem erratischen Zickzack-Kurs. Im einen Moment schrumpfte sie und schien sich auf der Spur zu entfernen – und im nächsten sah er sie parallel zu einem Gebirgszug dahingleiten, halb verborgen vom glühenden Gestein.

<Andere.>

Kleinere Formen stoben zwischen Schäfchenwolken umher. Eine jagte im Tiefflug über das Blätterdach, zog steil hoch und war verschwunden.

»Wir dachten, wir hätten die Mantis auf Snowglade zur Strecke gebracht.«

<Ich frage mich, ob die Mechanos höherer Ordnung überhaupt sterblich sind.>

»Wir haben sie mit dem Abgasstrahl der *Argo* zerfetzt.«

<Wir haben die Vorstellung, das Selbst sei an einen Körper gebunden. Für die Mechanos gilt das vielleicht gar nicht.>

»Nun, sie in Scheiben zu schneiden hat jedenfalls funktioniert.«

<Stell dir diese Manifestation als eine Art Verwandte der Mantis vor, die du kanntest.>

»Die Mechanos sollen Verwandte haben?« sagte Toby und lachte. Die ›Sippe‹ war ein durch und durch menschliches Konzept, für das die Mechanos keine Verwendung hatten. »Dann glaubst du also, sie ist hier, um herumzuschnüffeln …«

<Ich stimme zu. Dies impliziert eine besorgniserregende Revision unserer Vorstellungen.>

»Die Flucht meiner Sippe von Snowglade …«

<Vielleicht hatte es nur den Anschein.>

»Sie haben uns entkommen lassen?«

<Die Flucht führte euch zu der Welt, auf der ich Killeen gefangennahm.>

»Du meinst, die Mantis hat das *geplant*?«

Quath ließ sich auf ihre vielen Beine nieder. Ihre verknüpften Sensorien zogen sich weiter zusammen, und ihre Sensoren – die besser waren als seine – tasteten den Himmel ab. <Wenn ja, zu welchem Zweck? Unter Anleitung der Erleuchteten und Philosophen führte ich euch an diesen unheimlichen Ort.>

»Welches Interesse sollten die Mechanos daran haben, daß wir uns hier aufhalten?«

<Du unterstellst, die Mechanischen haben nur eine Vision, ein Ziel.>

»Die bisherigen Beobachtungen geben mir aber recht.«

<Das gilt vielleicht für die Mechanischen niederer Ordnung.>

»Niederer Ordnung?«

<Die Typen, die zu töten ihr imstande wart.>

»Wir haben ganze Arbeit geleistet. Haben überlebt.«

<Ich glaube nicht, daß ihr in der Lage wärt, die Höheren zu töten.>

»Hmm. Wie die Mantis.« Schemenhafte Gestalten näherten sich, glitten über die Hügel wie Ölschichten.

<Wenn wir als Teil eines größeren Ganzen hierhergekommen sind …>

»Fragt man sich, ob es die Mühen und Gefahren überhaupt wert war, stimmt's?«

<Ich glaube, dies ist eine zu enge Betrachtungsweise. Sehr primatenhaft.> In Quaths neutralem Tonfall schwang eine höflich verbrämte Abscheu für solch animalische Exzesse mit.

»Welche Absichten verfolgt diese Mantis überhaupt?«

<Sicher geht es ihr nicht nur darum, uns zu töten.>

»Auf jeden Fall hat sie es auf uns abgesehen.«

<Sie hätte uns wahrscheinlich längst töten können.>

»Was will sie dann?«

<Euch, vermute ich. Die ganze Sippe.>

Toby hob eine Augenbraue. Ein Schatten fiel auf das dichte Blätterdach. Er regelte das Sensorium bis zum Anschlag herunter. Die akustischen Filter unterdrückten sogar die Atemgeräusche. Er lag unter den spiralförmigen blaugrünen Blüten, die herabgeregnet waren. Er hob leicht den Kopf und sah einen dünnen gelben Blitz zwischen den Bäumen umherzucken. Er traf ein paar Bäume und prallte von ihnen ab, wobei er summte, als ob er Selbstgespräche führte. Der Kugelblitz hatte ungefähr die Größe von Tobys Kopf. Mit jedem Zusammenstoß wurde er dunkler und nahm eine orangene Färbung an. Er kam näher – zu schnell, als daß Toby ihm mit dem Blick zu folgen vermochte.

Dann traf er Quath. Rote Glut waberte über Quaths

Panzer. Eine Lohe traf Toby an der linken Seite. Instinktiv rollte er sich weg. »Ah!« Das Elmsfeuer erlosch.

Toby lag reglos da. Nichts geschah. Der Schemen war weitergeflogen, und mit ihm war auch der fahle Keil im Sensorium verschwunden. Er fühlte einen stechenden Schmerz im Arm. »Q ... Quath?«

Kein Signal. »Quath!«

<Still.>

Sie lagen für eine lange Zeit so da, derweil der Wind durch die spiralförmigen Baumkronen strich. Toby führte einen Selbsttest durch. Er zuckte zusammen, als er den linken Arm in einem bestimmten Winkel abspreizte und feststellte, daß er gebrochen war. Er versuchte, die von dort ausgehenden Nervenbahnen zu blockieren, was ihm aber nur zum Teil gelang. Um den Schmerz ganz zu unterdrücken, hätte er die motorische Kontrolle über den Arm aufgeben müssen.

Quath regte sich. Langsam, zögernd.

Er hatte die ganze Zeit nur an sich gedacht und fühlte sich schuldig, als er sah, wie schwer sie getroffen worden war. Es war die ihm abgewandte Seite. »Schwer verletzt?« Das war eine ausgesprochen dämliche Frage. Drei Beine waren zerschmettert. Speichen aus weißem Metall ragten aus dem Panzer. Überall lief eine braune Flüssigkeit aus.

<Ich habe die Schmerzzentren verödet.>

»Kannst du gehen?«

<Marginal.>

»Soll ich dir helfen?«

<Ja. Verschwinde.>

»Was?« Toby stand auf, schwankte leicht und hob einen ihrer zersplitterten Schäfte auf. »Vergiß es!«

<Ich ziehe nur das Feuer auf uns. Du solltest abhauen. Verlasse diese Spur. Dein einziger Schutz besteht darin, dich unter Menschen zu mischen. Damit erschwerst du der Mantis die Suche nach dir.>

»Was hat sich geändert, Quath?« fragte Toby bang.

<Meine Gefühle für dich nicht, dessen sei versichert.>

»Aber, aber was ...?« Er verstummte, weil er befürchtete, in Tränen auszubrechen.

<Ich habe dich begleitet, weil ich deinen Schutz für sehr wichtig hielt. Die Mantis bestätigt das.>

»Wieso hat sie es gerade auf *mich* abgesehen?«

<Ich vermute, du bist Teil eines größeren Musters.>

»Verdammt, das ist doch nur eine Theorie!«

<Wir müssen auf der Grundlage unvollständigen Wissens handeln.>

»Was soll dieses scheinheilige, lächerliche ...?«

<Dein Ärger ist begreiflich. Ich verstehe, was sich dahinter verbirgt. Ich liebe dich auch.>

»Was? Ich, ich ... uh ...« Ihm fehlten die Worte.

<Geh. Du mußt dich ihrem Zugriff entziehen, bis wir mehr wissen.>

»Aber wann sehen wir uns wieder? Dieser Ort ist so groß – was soll ich nur tun?«

<Du mußt deinen Weg nun allein gehen. Geh!>

»Verdammt! Das werde ich nicht.«

<Du wirst.>

6 · GEHIRN-CHIRURGIE

Als der Schmerz zurückkam, suchte Toby in einer schattigen Mulde Deckung. Er hatte nun auch Schmerzen in der Brust, weshalb er sich nicht über die Feststellung wunderte, daß drei Rippen gebrochen waren. Die elektrische Energie des Blitzes hatte sich in winzige Druckwellen umgewandelt, die zu Knochenbrüchen und Rissen in den Kapillaren führten.

Das wurde ihm von den Diagnosesystemen gemeldet. Auf Knopfdruck wurden die Daten ins linke Auge eingeblendet. Entsprechende Symbole zeigten das klar und deutlich. Gelb für die Brüche, Scharlachrot für die Blutergüsse am Arm, blaue 3-D-Stränge für die Schmerzleitung.

Lösungsvorschläge wurden gleich mit eingeblendet. Reparaturen im Feld waren nicht einfach. Er rief zwei selten benutzte Gesichter auf, welche die Arbeiten im Hinterkopf ausführten. Sie glitten durch den zerebralen Cortex in die schattige Maschinerie. Das Gehirn bestand überwiegend aus Schaltkreisen für die ›Haushaltsführung‹. Man hatte keinen Einfluß auf die Verdauung oder den Herzschlag. Das funktionierte von selbst. Und es wäre auch keine gute Idee gewesen, einer Person diesen Zugriff zu ermöglichen und damit zu riskieren, daß sie sich vor lauter Blödheit selbst außer Gefecht setzte. Doch war es möglich, die Instandsetzung zu beschleunigen, und davon machte er nun Gebrauch.

Die Gesichter drangen nun in die Operationszentren vor, die Stimuli erzeugten und Nährstoffe transportierten. Sie übernahmen die Kontrolle. Als er ein Jucken am Arm spürte, wußte er, daß sie an der Arbeit waren. Es war, als ob er tief im Innern gekitzelt würde, nur daß ihm nicht zum Lachen zumute war. Also weinte er für eine Weile und fühlte sich dann besser. Er krümmte sich, und an der linken Seite brach ihm kalter Schweiß aus.

Weitere Explosionen ertönten am Himmel, doch er war so weggetreten, daß er das kaum wahrnahm. Seine Systeme leisteten Schwerarbeit. Er wußte, daß Knochenreparatur eine schwierige Sache war, und versuchte, nicht daran zu denken.

Dennoch gab es viele Dinge, die bedacht werden mußten, und er vermochte sich nicht lang dagegen zu wehren. Schmerzspitzen brachen durch und machten ihm Angst. Dann bekamen die Systeme das Problem in den Griff, so daß er für eine Weile beschwerdefrei war. Trotzdem war er noch immer schweißgebadet.

Dann setzten die Träume ein.

Nur daß es keine Träume waren, denn er hatte die Augen auf. Sie spielten auf der Netzhaut, ohne daß es ihm möglich war, sie zu unterdrücken. Er schloß die Augen, doch sie liefen weiter ab.

Er befand sich in einem Gefährt, das Räder hatte, aber zu fliegen schien. Eine Frau hatte ihn zu einem Ausflug eingeladen, und irgendwie hatten sie sich auflösende Luft und wirbelndes Gestein durchdrungen und rasten nun mit Karacho einen steilen flachen See hinab (oder vielleicht auch hinauf). Er war glatt und wirkte horizontal, wobei Tobys Körpergewicht ihm schier das Rückgrat stauchen wollte. Zugleich war der See schief, so daß sie beschleunigten. Die pechschwarze Oberfläche brodelte und schäumte und murmelte wie eine siedende Flüssigkeit, doch die Frau versetzte ihm alle paar Minuten einen Stockhieb, als ob sie die Festigkeit prüfen wollte; und das Zeug antwortete mit einem hallenden Klirren, wie Stahl auf Granit.

Shibo grinste ihn an. Zwischen ihren perlweißen

Zähnen quoll ein Wust aus Gelächter und Worten hervor, die so verworren waren, daß er den Sinn nicht verstand, und er hatte auch keine Zeit, sie zu entwirren, damit sie einen Sinn ergaben. Die wilde Jagd ging weiter.

So ging das für eine lange Zeit. Ihr fehlten ein paar Zähne, sie hatte links zwei Ohren und rechts keins und trug nur einen Büstenhalter. Auf den ersten Blick war ihm das noch wichtig erschienen, doch nun wurden diese Phänomene vom stürmischen Fahrtwind, der höllischen Geschwindigkeit und den Kapriolen des ohnehin schon malträtierten Magens in den Hintergrund gerückt. »Mögen alle lang leben!« schrie sie ihm zu und sprühte sich aus einem Zerstäuber eine Ladung in den Hals.

»Möge ich lang leben«, entgegnete Toby. Nachdem er sich ein paar Dosen aus dem Zerstäuber in den Rachen gejagt hatte, fühlte er sich irgendwie benebelt, doch die Angst blieb.

Irgend etwas schlug im schwarzen See ein, worauf ein dunkler Geysir aufstieg.

»Wir schaffen es!« schrie Shibo.

Sie mußte schreien, weil noch weitere Leute auf ihn einredeten. Die Stimmen ertönten am Himmel, doch als sie ihn erreichten, hatten sie sich zu einem Flüstern abgeschwächt.

Anstatt Tropfen zu bilden, teilte das Wasser sich in Schichten. »Laß mich ran«, rief Shibo und zertrümmerte die Schichten in einen Gestöber aus glitzernden mica-Scherben. »Siehst du?«

... und er war an Land und rollte einen Hügel hinab. Er prallte mit dem Knie gegen einen Felsbrocken und atmete Staub ein. Würgte. Keuchte. Das war real, kein Traum. Er schaute den Abhang hinauf und sah, daß das hohe Gras niedergedrückt war, wo er schweißgebadet gelegen hatte. Irgendwie war er aufgestanden, umhergewankt und den Hügel hinuntergerollt, bis er hier wie auf dem Präsentierteller liegengeblieben war. Eilig machte er sich wieder an den Aufstieg.

Das Knie schmerzte stärker als der Arm und die Brust. Das war ein gutes Zeichen, so lange das Knie nicht beschädigt war. Er fand den Ort, an dem er gelegen hatte. Er war noch feucht und stank.

Wenigstens erholte das Knie sich wieder. Etwas unsicher ging er zu einem Bach und wusch sich zum erstenmal seit – zwei? drei? – Tagen. Schwer zu sagen. Der integrierte Monitor meldete insgesamt 2,46 Tage. Unmöglich zu sagen bei den hiesigen Lichtverhältnissen. Er fragte sich, wie der Wald sich wohl an diesen erratischen Ort angepaßt hatte.

Für eine Weile lag er nur am Ufer des Bachs. Er war völlig erschöpft. Indes stand eine unübersehbare Tatsache vor ihm und ließ ihn nicht zur Ruhe kommen. Er wußte, was nun zu tun war und daß Quath recht gehabt hatte. Shibo hatte ihm den Blick verstellt. Wie sie ihm früher schon den Blick für das Wesentliche verstellt hatte. Hatte ihn mit inneren Schauspielen unterhalten, die immer verrückter wurden.

Die Beschädigung und die Reparatur hatten sie irgendwie unterminiert. Zumindest fürs erste. Was bedeutete, daß er es nun tun mußte, denn später würde ihm etwas anderes einfallen, was erledigt werden mußte, oder er würde sich von einem knarrenden Gelenk oder irgendeinem Zipperlein ablenken lassen und es dann nie mehr tun.

Er kroch wieder in eine schattige Mulde und holte die Werkzeugtasche hervor. Die Werkzeuge waren ungeeignet für die Aufgabe. Er fand Steckschlüsseleinsätze und Schraub-Bits mit variablem Antrieb sowie Verlängerungen, aber kein Spezialwerkzeug. Und er mußte hinter dem Rücken arbeiten. Nach Gefühl operieren und aufrecht sitzen, wo er viel lieber gelegen hätte.

Das ist nicht dein Ernst.

Er antwortete nicht. Es war eine fummelige Angelegenheit, die kleinen Spitzen zu verstellen. Er ließ eine Spitze fallen, fischte sie aus dem Dreck und säuberte sie. Es war ihm nicht einmal möglich, die Werkzeuge bereitzulegen.

Ich habe so viel für dich getan. Du und ich, wir arbeiten zusammen. Deine weibliche Seite ist in mich integriert.

Er fand die passende Spitze nicht. Auf gut Glück steckte er irgendeine Spitze in den Steckschlüssel. Das war zwar Pfusch, aber es würde schon gehen.

Ich habe dich noch so viel zu lehren. Wenn du mir nur Zeit läßt. Ich habe ausgezeichnete Ratschläge für dich, wie man sich an diesem Ort zurechtfindet. Du bist allein. Du brauchst mich.

Er mußte sich verrenken, um hinter den Kopf zu greifen. Mit dem nutzlosen Arm stützte er sich ab. Der jähe Schmerz sagte ihm, daß das keine gute Idee war. Die Gesichter, welche die Reparaturarbeiten durchführten, sandten kurze Warnsignale an den zerebralen Cortex. Lanzen des Schmerzes und Zorns, wie Insektenstiche. Doch er hatte keine Wahl.

Wir könnten so viel Spaß miteinander haben! Ich habe dir meine Vergangenheit gezeigt. Meine ganze Welt. Ist das nicht genug?

»Will deine Welt nicht«, preßte er mit zusammengebissenen Zähnen hervor. Sie redete immer hektischer auf ihn ein, während er den Steckschlüssel in den Wirbelsäulen-Schacht schob. Bilder schossen durch ihn hindurch. Ruinen in purpurnen Schatten. Mechano-Kadaver, die über ein Feld auf Snowglade verteilt waren. Der Geschmack von würzigen heißen Speisen, frische Frühlingsdüfte, Lachen, das in einem steinernen Gewölbe perlte.

Er schnitt die Haut um den Steckplatz weg, um mehr Platz zu schaffen. Er mußte nach Gefühl operieren. In panischer Hast sandte sie ihm eine Bildfolge. Die Bilder zogen so schnell durch sein Blickfeld, daß sie flackerten und an den Rändern ausfransten.

Du begehst Verrat an deinem Vater. Er hat mich hier deponiert. Ich sollte dich leiten. Dir helfen! Und du wendest dich gegen mich, wirfst mich ...

Er öffnete den Steckplatz. Stocherte auf dem Mikrochip herum. Die rasenden Bilder verschwammen.

Eine auf einen Chip gepreßte Personalität hat keine lange Lebensdauer. Du weißt das. Ich werde schrumpfen. Teile von mir werden verdampfen! Ich werde mich zu einem Aspekt zurückentwickeln, wenn ich mich nicht artikuliere und eingesetzt werde.

Die Werkzeuge waren nicht die richtigen, und es bestand die Gefahr, daß er den Chip beschädigte. Dieser Schacht verfügte eigens für die Aufnahme einer Personalität über zwei Steckplätze. Die Leseköpfe waren als molekulare Schicht um den Chip gequetscht worden. Es war prinzipiell möglich, die Köpfe zu entfernen, ohne sie herauszureißen, doch mit den ihm zur Verfügung stehenden Mitteln war das unmöglich – selbst wenn er gesehen hätte, was er tat.

Das darfst du nicht tun! Ich habe so viel für dich getan. Die ganze weibliche Seite deiner Persön-

lichkeit – ich habe sie zum Vorschein gebracht und dich zu einem reiferen Menschen gemacht.

»Jasag. Ich bin so reif, daß ich hier festsitze und niemand von der Sippe mich raushaut.«

Ich habe nicht von dir verlangt, diese Dinge zu tun. Du vermagst der Schuld, die du durch die Flucht vor deinem Vater auf dich geladen hast, nicht zu entfliehen. Ich habe damit nichts zu tun.

Er tastete sich vorsichtig vor. Er glaubte, daß die Spitze faßte, doch sicher war er nicht. Immerhin wußte er, daß sie in die verschachtelten Empfänger am Rand des Einsatzes passen mußten.

Bitte! Ich werde mich auch nicht mehr ohne deine Erlaubnis erinnern oder denken. Ich wollte nur – du weißt ja nicht, wie es ist – ich mußte ...

Er versuchte es. Zog sachte an, und die Spitze griff im Schlitz und hielt. Er wußte nicht, was geschehen würde, wenn er nur einen Teil des Chips entfernte. Schließlich war sie durch den Schaltkreis an der Schädelbasis in ihn integriert. Was, wenn er den Chip entfernte und dennoch ein Teil von ihr in ihm verblieb? Er wußte es nicht.

Ich werde alles tun, was du willst!

Es hatte keinen Sinn, noch länger zu warten. Er drehte den Schlüssel und atmete tief durch.

Warte! Bitte!

Für einen langen, quälenden Moment vermochte er sich nicht zu bewegen. Sie verkrampfte seine Muskeln, und er spürte, wie ihr Zorn ihn mit voller Wucht traf.

Sie war einst eine wundervolle Frau gewesen, doch die Existenz in dieser Form hatte sie verändert. Nicht nur, daß es viel schwieriger war, eine Personalität zu tragen als einen Aspekt – darüber hinaus hatte sich etwas allzu Menschliches zwischen ihnen ereignet. Keiner von beiden war schuld daran; es war einfach so gekommen.

Er wußte nicht, ob die echte Shibo jemals wieder als Personalität auferstehen würde, doch darum ging es im Moment auch nicht. In einem aufblitzenden engen Kontakt sagte er ihr das, nicht mit Worten, sondern in heftigen Impulsen der Reue.

Zwei Herzschläge. Dann ihre Antwort.

Ihre Wut brandete gegen ihn. Die rechte Hand zitterte. Die Finger verkrampften sich. Fast wäre ihm das Werkzeug entglitten. Der Atem stockte.

Sie bewegte sich schnell und ließ nichts unversucht. Der Schließmuskel verkrampfte sich, und die Hoden schmerzten. Er wurde von epileptischen Anfällen geschüttelt. Der Brustkorb war wie eingeschnürt. Die Hand hing schlaff herunter, und die Muskeln waren steinhart verkrampft.

Mit Willenskraft entspannte er die rechte Hand und drehte sie. Er richtete den Widerstand der Muskeln gegen sie und bewegte sich.

Er riß das Werkzeug aus allen vier Quadranten heraus und hielt es in der Hand.

Nein du kannst nicht ich liebe dich liebe Killeen liebe euch alle tu mir das nicht an hör auf bitte bitte ich kann nicht kann nicht kann nicht kann nicht kann nicht kann nicht

Die Spitze war blutverschmiert, und Hautfetzen klebten an ihr. Sein Körper zitterte, als ob er ein einziger überanstrengter Muskel wäre. Er war schweißgebadet und schüttelte sich wie ein nasser Hund. Die Lunge pumpte, als ob er für lange Zeit unter Wasser gewesen wäre.

Der feuchte Wald, der ihn umgab, befand sich am Ende eines langen schattigen Tunnels. Schwärme purpurner Fliegen summten an den Tunnelwänden.

Die Öffnung schloß sich in der Ferne. Es wurde dunkel.

Er stürzte in den Tunnel.

BILDER

In einem Referenzbild wirbelt der Keil mit atemberaubender Winkelgeschwindigkeit und annähernder Lichtgeschwindigkeit.

In einer anderen mathematischen Abbildung befindet er sich stationär in einer geometrischen Verzweigung. Noch immer stumm. Verschwommene Linien gefalteter Raum-Zeit durchziehen ihn.

In dieser Ansicht ist der Keil, trotz himmelstürmender Gradienten und titanischer Drehmomente, eine Insel der Ruhe und Stabilität. Die Gravitationsstrahlung des Schwarzen Lochs bricht sich an den schlüpfrigen Konturen.

Wellen plätschern. Torsionskräfte spielen wie Spinnennetze über glatte, pulsierende Buckel.

Dieser Druck stabilisiert den Keil gegen die anbrandenden Kräfte der Auflösung. Dies geschieht seit einem Intervall, dessen Länge – oder Dauer – von der lokalen Geometrie des Beobachters abhängt.

In einem weiteren Referenzbild ist der Keil in einen endlosen, heftigen Kampf mit dem Schwarzen Loch verstrickt.

Kräfte ringen miteinander. Der Fresser will fressen. Der Keil zwängt sich zwischen die Kiefer des Fressers. Bricht sie auf. Verstopft den Rachen. Rettet sich selbst.

Alle sind wahr.

Jedes ist ein Bild. Wahrheit ist die Summe aller Bilder.

Von den magnetischen Feldlinien, die den Keil überziehen, tröpfeln gummiartige und doch unzerstörbare Wellenpakete von sich kräuselnder Komplexität. Sie tragen Informationen, die so aufbereitet sind, daß das geknüpfte Geflecht des Keils für sie durchlässig ist.

Über diese filigranen Stränge – drahtige, verdrillte Lebenslinien – kommuniziert die mechanische Zivilisation mit ihrem Delegierten. Die Maschinen-Intelligenzen ballen sich zu Datenpaketen, die sich kontrolliert auflösen. Sie schweben über den Ausläufern der großen Akkretionsscheibe, im ewigen Regen harter Strahlung. Gegen diese Flut schützen die gleitenden Bewußtseine sich mit keramischen und metallischen Schilden.

Sie kommunizieren mit ihrem Delegierten, indem sie die magnetischen Feldlinien in Schwingung versetzen. Hohle Stimmen hallen in einem tiefen Brunnen.

Am Boden lauscht die einsame Kreatur. Antwortet. Der ohnehin schon im Zwiespalt befindliche Delegierte unterliegt dem Zwang, gleichzeitig zu debattieren und zu handeln. Also teilt er sein Bewußtsein erneut und weist den einzelnen Teilen diese Aufgaben zu.

Er genießt nicht die Freuden seiner Herrscher, die in majestätischen Weiten schweben. Er muß das Reiben und Schaben der Länder innerhalb des Keils aushalten. Suchend, immer suchend.

Alle Diskussionsteilnehmer denken mit Lichtgeschwindigkeit. Indes vermögen ihre Stimmen sich nicht von ihren Ursprüngen zu lösen oder von den Motiven ihrer Art.

Ich habe/du hast eine große
Anzahl von Grüften und
Räumen erforscht, |>A<|. Und
doch hast du nichts gefunden!

    Ich habe eine große Primatenkultur entdeckt!

        Das war nicht dein Auftrag,
        |>A<|.

    Das weiß ich nur zu gut. Unsere alten Daten
    weisen auf die Existenz spezieller,
    nachrichtentragender Primaten hin. Ich habe
    nach ihnen gesucht. Doch es ist schwer,
    sie von den hiesigen Primatenhorden
    zu trennen.

        Ist es denn die Möglichkeit,
        daß so viele sich vor uns
        verbergen?

      Sie fürchten uns – wohl zu recht.

Sortiere diese besonderen
Nachrichtenträger aus! Solche
Störfaktoren müssen eliminiert
werden.

      Es gibt hier unzählige Räume.

Setze die Suche dennoch fort.
Beschaff uns ein Minimum von
drei genetischen Schichten,
die wir/ihr benötigen/benötigt.

    Wir verfügen über die biologischen
    Basisinformationen der ältesten Generation,
    dem ›Großvater‹. Die Natur der codierten
    Botschaft verlangt indes drei Generationen.
    Direkte biologische Abstammung.

        Die Vermächtnisse besagten,
        daß wir/ihr eine vollständige
        Analyse benötigen/benötigt.
        Dies bedeutet komplette und
        lebensfähige Kopien.

Diese Ansicht teilen wir/teilt
ihr nicht. Sie können ebensogut
tot sein.

    Ich habe jeden Abschuß registriert. Meine
    Untereinheiten befleißigen sich der gleichen
    Sorgfalt. Ich werde die charakteristische
    Signatur des spezifischen Primaten, den wir
    brauchen, des Jüngsten, nicht übersehen.
    Ich kenne ihn.

Von ihrem Planeten?

**Er war nützlich bei der Ergreifung seines
Vater-Selbsts, als ich einen Gefangenen
machen wollte.**

Ich hoffe, ihr/wir seid/sind auch
nun/hier dazu imstande.

*Ihr/Wir schwindet/schwinden
aus eurem/unseren Blickfeld.
Übt der Keil einen schädlichen
Einfluß aus?*

**Ich habe die Strömungen hier bewältigt,
doch es existiert ein beunruhigendes
Hintergrundphänomen. Noch etwas verbirgt
sich in diesen verzerrten Passagen.**

*Worum handelt es sich? Ich/Du
habe/hast Berichte von
früheren Einheiten gehört, die
wir/alle in den Keil geschickt
hatten. Sie sind verschwunden.*

**Ich weiß nicht, wie ich es beschreiben soll.
Eine schwache zitternde Präsenz jenseits
meiner Felder. Doch sie ist nicht lokalisiert.**

Ein Echo.

**Ich glaube nicht. Es kommt von überallher,
wiederholt aber nicht, was ich sende.
Ich fühle mich unwohl.**

*Reißt euch/uns zusammen.
Vergeßt nicht, ihr/wir
handelt/handeln für uns/alle.*

Wir dürfen nicht zögern.

Tötet sie alle, wenn ihr/wir

*könnt/können. Ich/Wir wäre/n
dieser Störung dann ledig.*

> **Ich habe schon so viele sichergetötet.
> Meine Faktoren sind überlastet.
> Welche Fülle des Wissens und der Genüsse!**

> > Vergeßt euren/unseren
> > eigenartigen Sinn für
> > Schönheit. Nie zuvor ist eine
> > so starke Agentur wie ihr/wir
> > so tief in den Keil vorgestoßen.
> > Ja, wir müssen sie erforschen.
> > Und dann vernichten wir diese
> > Parasiten in ihrem letzten
> > Versteck.

Rotte sie aus!

> **Ich gehorche.**

FÜNFTER TEIL

BÖSE ABSICHTEN

1 · DER SCHMERZ DER EWIGKEIT

Als Toby erwachte, fühlte er sich matt, aber sauber. Er hatte lang geschlafen. Der pulsierende Schmerz im Arm hatte nachgelassen. Er fühlte nur noch einen dumpfen Schmerz, der bald ganz verschwinden würde.

Shibo war nicht da.

Er hatte ihre Chips in die Tasche gesteckt. Nun tastete er nach ihrem Selbst. Glitt über tintige Ritzen, wo die Aspekte ihr komprimiertes Semi-Leben fristeten. Nahm die Parade der Gesichter ab.

Graue Passagen gähnten vor ihm. Isaac und Zeno und die anderen riefen ihn an und wollten über Shibo sprechen. Sie wollten immer reden. Über Gott und die Welt. Doch von Shibo keine Spur.

Er mußte damit rechnen, daß irgendwo in ihm sich noch Fragmente befanden. Eine Personalität war ihrem Wesen nach diffus und schwer zu fassen. Deshalb war Sorgfalt geboten. Die Anzeichen für ihre Präsenz – Stimmungsschwankungen, Konzentrationsschwäche, die Übernahme des Sensoriums – waren unverkennbar gewesen. Falls noch Spuren von ihr existierten, wären sie sehr subtil.

Knarrend erhob er sich. Wundgelegen. Mit einer bleiernen Mattigkeit, die auch Schlaf nicht zu heilen vermochte.

Keine Warnmeldungen im Sensorium. Es blähte sich wie eine blaue Blase im Blickfeld auf, ohne die Wahrnehmung wesentlich zu beeinträchtigen. Zeit, wieder in Aktion zu treten.

Jahrelange Sippen-Disziplin hatte ihn gelehrt, Befehle

auch dann zu befolgen, wenn sie ihm nicht gefielen. Als Quath ihm sagte, er solle allein weitergehen, hatte das nach einem Befehl geklungen.

Er hatte ihn befolgt, ohne ihn zu hinterfragen. Denken war nämlich Luxus, wenn das Überleben von Geschwindigkeit, Tarnen und Täuschen abhing.

Er setzte sich in Bewegung und verdichtete das Sensorium zu einer Halbkugel mit dem Radius einer Armlänge. Das reduzierte die Frühwarnzeit bei einem Angriff eines der Funken, die Quath getroffen hatten, praktisch auf Null. Doch er hoffte, daß er dadurch schwerer zu orten war.

Als er den nächsten Geländepunkt erreichte, blickte er zurück. Schemenhafte Gebilde trieben wie Blätter in einer Brise. *Quath. Quath.* Er sehnte sich danach, den Ruf zu senden.

Mehr gelbe Funken stoben im Wald. Andere kreuzten weit oben, in Richtung des gegenläufigen Asts der Spur. Wo er Quath zurückgelassen hatte, wurden weißglühende Bolzen abgefeuert.

Obwohl Toby wußte, daß es leichtsinnig wäre, mit Quath Kontakt aufzunehmen, war es ihm dennoch ein Bedürfnis. Schließlich drehte er sich um und lief davon.

Er rannte für eine Weile und merkte schließlich, daß er weinte. Während der langen Verfolgungsjagden, denen die Sippe auf Snowglade ausgesetzt gewesen war, hatte er sich nie einsam gefühlt. Doch nun wurde er sich der mißlichen Lage erst so richtig bewußt und fühlte Seelenqualen. Keine Quath, keine Sippe, nur der Kampf ums Überleben.

Was würde Killeen an seiner Stelle tun? Er blieb stehen und suggerierte sich, er sei ein harter Kämpfer, bis die Tränen schließlich versiegten. Er durfte den Bishops keine Schande machen. Auch hier nicht, auch wenn er allein auf weiter Flur war.

Er erreichte eine Steinwüste und fragte sich, ob er sich hier vielleicht auf dem Präsentierteller befand.

Schmutziggraue Wolken schmiegten sich an den Boden und hoben sich plötzlich, als ob ein Riese sie aufgehoben hätte. Immerhin erspähte er keine der fliegenden Gebilde mehr, die verschwommen in der Luft hingen, wie Schemen, die man flüchtig aus dem Augenwinkel wahrnahm. Also ging er weiter.

Etwas überflog einen entfernten Berggipfel und schwenkte auf ihn ein. Er schoß darauf und verfehlte es, und gleich darauf erhielt er einen Streifschuß an der rechten Hüfte. Im Fallen gab er den zweiten Schuß ab. Diesmal erwischte er das Ding. Ein Feuerball erschien am Himmel. Etwas Winziges stürzte ab. Mit einem stukaähnlichen Kreischen krachte es auf den Boden.

Er hatte sich in die Hose gemacht. Das ärgerte ihn, doch der rechte Arm war wichtiger.

Die Hände zitterten vor Schmerz. Er setzte die rechte Seite wieder instand. Der Arm war aufgeschürft, aber noch zu gebrauchen.

Er stieß auf ein Flüßchen und wusch sich. Erniedrigende Arbeit. Auf eine abstrakte Art und Weise wunderte er sich über seine Furcht. Im Rückblick, so sagte er sich, schien die Angst immer völlig unbegründet.

Als er wiederhergestellt war und zur Absturzstelle humpelte, sah er nur noch ein Loch im Boden. Er wußte, daß er verdammtes Glück gehabt hatte, das Ding zu treffen.

Er leckte sich die Lippen und spürte die Angst wieder in sich aufsteigen. Wenn er auf diesem Weg weiterging, würde ein Späher ihn über kurz oder lang ausmachen und beim nächstenmal das ganze Rudel mitbringen.

Er erinnerte sich an Quaths Lektion über die Summen und ihre Aussage, daß in dieser Geometrie die Spuren eine Analogie zu den Zahlenpaaren aufwiesen. Jedes Paar ergab in der Summe hundert, und wenn man sie auch vertauschte, die Gesamtsumme blieb immer dieselbe. Die Erzett hatte Bestand.

Und diese Gesamtsumme war bestimmt größer als hundert oder tausend oder gar eine Million. Die Anzahl der Spuren betrug vielleicht schon eine Million. Oder eine Milliarde. Oder ein anderes Wort, das sein geschwätziger Isaac-Aspekt parat hatte – große Worte, die auf *-ion* endeten und im Grunde nur besagten, daß sie für etwas standen, was das Vorstellungsvermögen eines Menschen überstieg.

Also wunderte er sich auch nicht, daß die Zeit verstrich und er niemandem begegnete. Er würde vielleicht nie mehr einem Menschen begegnen. Vielleicht schlängelten die Spuren sich in die Unendlichkeit.

Der Trick war, einen Weg aus diesem Ort zu finden. Einen Weg, den die Mechanos nicht ohne weiteres fanden. Aber wie? Nur das Tempo zu erhöhen würde nicht genügen.

Fragezeichen bildeten sich in seinem Kopf. Quath hatte gesagt, Gravitation sei gekrümmte Erzett. Masse sei dafür verantwortlich. Planeten banden die Bewohner an sich, indem sie die Raum-Zeit krümmten. Die Menschen spürten das als eine klar definierte, starke Kraft.

Isaac sagte auch, daß die Erzett-Krümmung ihrerseits eine Krümmung erzeugte. Also war die Gravitation in der Lage, sich selbst zu ›vermehren‹, aus weniger mehr zu machen. Irgend etwas hatte diese Erzett so gestrickt, daß sie Bestand hatte. Sie vermochte sogar hier zu existieren, am Rande des Abgrunds, dem Fresser aller Dinge zum Trotz.

»Alles, was du verstehst, kannst du auch benutzen«, murmelte Toby. Das hatte sein Großvater Abraham immer gesagt, und er fragte sich, wo der alte Abraham wohl steckte.

»Abraham hätte mit diesem Zeug etwas anzufangen gewußt«, sagte er. Seine Stimme klang brüchig in der flüsternden Musik der Landschaft.

Dieser Ort bot ihm keine Zuflucht, jedenfalls nicht im Wortsinn. Und er wurde müde.

Also versuchte er, den Zeitstein zu formen. Die Logik sagte zwar, das sei unmöglich, doch an diesem Ort befand er sich ohnehin außerhalb des Geltungsbereichs der Logik.

Der Beschuß aus konventionellen Waffen zeitigte keine Wirkung, doch nach einer Laserbestrahlung glühte das Zeug immerhin. Nun versuchte er es mit Mikrowellen, Ultraschall und sogar einem Nano-Strahler, den er noch aus der Zeit auf Snowglade bei sich hatte. Vergebliche Liebesmüh.

Dann brachte er das ganze Spektrum zum Tragen. Keine Reaktion. Er bestrich den Stein mit gepulstem Infrarot. Das entlockte dem Stein gerade mal ein müdes Grinsen.

Noch mal vorn. Diesmal verlängerte er die Behandlung und versetzte dem Stoff noch ein paar derbe Tritte. Der Stein verformte sich und schickte sich dann an, den Stiefel aufzufressen. Er riß ihn heraus, und das Zeug schloß sich wieder.

Beim nächstenmal ging er vorsichtiger zu Werke. Zuerst gelangte er an einen Ort, der ihm Übelkeit verursachte. Verzerrte Perspektiven, wäßriges Licht, Halleffekte und Spiegelungen des Raums. An den Schnittstellen der Spuren geriet die Gravitation aus den Fugen.

Dann rückte er dem Stein mit Schneidwerkzeugen zu Leibe und erhitzte ihn. Er stach hinein und versuchte ihn zu spalten, wobei er sich des ganzen Arsenals bediente. Eine schweißtreibende Arbeit. Er schnitt sich in die Hand und versengte sich den Arm. Der durchschlagende Erfolg blieb aus. Aber es schien, als ob er nun tiefer in den Zeitstein einschnitte. Dann überkam ihn Müdigkeit, und er mußte eine Pause einlegen. Schweiß tropfte ihm in die Augen, bis er erkannte, daß es gar kein Schweiß war.

Wieder Tränen. Diesmal weinte er vor lauter Ungeduld. *Killeen würde verächtlich schnauben und sich abwen-*

den. Besen würde Mitleid mit ihm haben, was noch schlimmer wäre.

»Weißt du, was sie tun werden, wenn sie dich finden?« Der Monolog hatte therapeutische Wirkung. »Sie werden dich ausquetschen. Werden es gegen Besen und Killeen und alle anderen verwenden.«

Die Stimme war fest, und das tat ihm gut. Ihm wurde bewußt, wie sehr er diese banale Sache vermißte, den Klang einer menschlichen Stimme, die nicht seine eigene war. *So fertig, daß du schon mit dir selbst redest*, sagte ein anderer Teil von ihm, doch er verdrängte diesen Gedanken. Alles, wodurch er sich besser fühlte, war erlaubt – zum Teufel mit den Analysen.

An die Arbeit.

Er kam nur langsam voran. Er stieß auf eine sich kräuselnde Bergkette, deren Gipfel in Erzett-Nebel gehüllt waren, gemasert mit orangefarbenem Licht. Er setzte wieder die Klinge an. Ein breiter Riß erschien im Stein. Ein übler Brodem stieg ihm in die Nase, und giftige viperngrüne Dämpfe entwichen. Er trat gegen den Stein, damit er sich wieder schloß. So schwer die Erzett auch zu knacken war, mit akustischen Effekten war sie leicht zu schließen. Das Zeug hatte eine Art Oberflächenspannung.

Mit der Zeit bekam er ein Gefühl für die Verzerrungen und Flüsse in der Erzett. Er schlitzte sie auf, warf einen kurzen Blick hinein, und schon schloß sie sich wieder.

In den meisten Fällen war das auch sein Glück. Manche Passagen führten nämlich zu Vakuum-Spuren. Andere zu eisigen Steinwüsten. Ein paar zu heulenden Staubstürmen.

Seine Systeme warnten ihn vor Öffnungen, die in eine Strahlenhölle führten. Er stopfte diese Löcher sofort, doch einmal schoß eine heiße Flüssigkeit heraus, ehe die Naht sich wieder geschlossen hatte. Sie hinterließ eine markante Spur am Himmel.

Einmal sah er eine ganze Stadt durch einen Schlitz, der sich für einen Moment aufgetan hatte. Die Straßen rankten sich umeinander, und die windschiefen Gebäude waren ineinander verschachtelt. Die Transportmittel, schlanke Röhren, drangen aus den porösen Mauern und verschwanden wieder dahinter. Die Dinger in den Röhren sahen aus wie blasenwerfende weiße Steine. Sie schienen sich für ihn zu interessieren, und er fühlte einen Anflug von Panik. Er schlug das Portal zu.

Nach ein paar Dutzend Versuchen hatte er den Bogen raus. Für ein paar Tage experimentierte er herum und vergaß ganz die Gefahr, die ihm vielleicht drohte. Wenn er die Sippe oder Abraham je wiederfinden wollte, mußte er alle Techniken beherrschen, die zum Überleben erforderlich waren.

Die Punkte, wo die Erzett elastisch war, erwiesen sich als ruhelose Orte. Ihm wurde übel, wenn er den Stein bearbeitete, doch das war der Preis. Die Suche nach dem richtigen Moment, dem Winkel, dem Spektrum – sie glich eher einer Jagd als einem Handwerk. Was zählte, war Intuition.

Die meisten Spuren schienen lebensfeindlich. Aber nicht alle. Er machte eine attraktive Spur ausfindig, und zum erstenmal, seitdem es ihn hierher verschlagen hatte, nahm er einen Ortswechsel vor.

Er schaffte es mit Mühe und Not, wobei er sich ein paar Blessuren und Erfrierungen an den Fingern zuzog. Dafür gelangte er in ein Tal mit zerbröseltem Zeitstein. Das war jedenfalls interessanter als der Ort, an dem er sich bisher befunden hatte.

Und was noch wichtiger war, er wußte inzwischen, daß der Zeitstein log. Er mischte das, was das Land ihm bot, unter die Rationen und verspeiste sie, wobei er die klaren Formen entfernter Gebirge bewunderte. Sie waren elegant, majestätisch, hochaufragend. Als er sie später aus der Nähe sah, erkannte er jedoch ihre wahre Natur – rauh und unwirtlich.

Torsionskräfte zerrten an ihm, während er sich über Geröllhalden und gezackte Vorsprünge kämpfte. Corioliskräfte wirkten auf die schmalen, schwankenden Riffe, auf denen er dahinkroch. Er hatte Angst, nach oben oder unten zu blicken, weil diese Richtungen sich ständig verzerrten.

Pfade krümmten sich zu Tunnels – und er steckte mitten drin. Sie streckten sich und knickten plötzlich ab.

Er mußte um sein Leben kriechen, um nicht in sich verengenden Löchern zerquetscht zu werden. Manche zogen sich langsam zusammen, andere unglaublich schnell. Als er gerade durch ein Loch tauchte, stöhnte es und wollte sich schließen, während er noch mittendrin steckte. Ein Stiefelabsatz blieb dabei auf der Strecke. Der Absatz wurde sauber abgetrennt und führte ihm plastisch vor Augen, wie er nun aussehen würde, wenn er etwas langsamer gewesen wäre. Er mußte für längere Zeit humpeln, bis der Absatz nachgewachsen war.

Das Gefühl der Einsamkeit wurde immer stärker. Er erwachte aus tiefem Schlaf und rief mit heiserer Kehle nach Quath. Im Traum sprach er ständig zu Killeen, mit rauher Stimme, die den ihn umgebenden Nebel nicht zu durchdringen vermochte. Er hoffte, daß sie noch irgendwo am Leben waren, und dann wußte er wieder mit bleierner Gewißheit, daß sie nicht mehr lebten.

Ereignisse liefen ab. Nach einer Weile lernte er, sich in einer stetig sich wandelnden Landschaft zu orientieren, eine Spur über nackten Fels zu verfolgen, sich Landmarken zu merken, egal aus welcher Perspektive er sie sah, bei Wind und Wetter ein Feuer zu machen, zu jagen, über eine bebende Klippe abzusteigen, einen Gletscher aus gefrorener Luft hinunterzurutschen, Knochenbrüche zu schienen und während der zwei Tage, die für die Heilung nötig waren, reglos dazuliegen, Wasser unter dem Wüstensand zu finden, ein maultierartiges Wesen einzufangen und zuzureiten und einen in Streifen geschnittenen Körper zu begraben – wohl ein Opfer der Mechanos.

Er setzte einen Gummi-Flieger instand, den er in einer Sattelfalte gefunden hatte und ließ sich von kräftigen Winden über eine weite Entfernung treiben. Dann stürzte er ab, und die Wetterfront holte ihn ein. Er geriet in einen Blizzard.

Weil er keinen Unterschlupf hatte, grub er sich in den Zeitstein ein. Das war ein mühsames Unterfangen. Während er in der beißenden Kälte den Stein mit dem Klappspaten bearbeitete, blätterten Ereignisse ab. Schreie und ein schwindsüchtiges Husten ertönten, während die Schichten sich abschälten und wie kristalline Bahnen zersplitterten.

Dann stieß er auf eine Schicht, in der noch die Wärme eines Sommers gespeichert war. Schließlich war die Mulde groß genug, um sich darin zusammenzurollen.

So überstand er die klirrende Kälte. Er schlief ein, dankbar für die Wärme, und Killeen sprach zu ihm durch den milchigen Nebel. *Toby, Toby.* Die nächsten Worte hörte er nicht. Er lauschte angestrengt und wachte auf. Wärme und Einsamkeit. Dann merkte er, daß der Zeitstein deshalb so warm war, weil er sich langsam um ihn schloß. »Verdammt!« Er rollte sich hinaus und wankte in das fahle Licht der Nachzügler des Blizzards.

Besen – die Mechanos werden auch sie erwischen, falls es ihnen gelingt, mich auszuquetschen ... und es ist alles meine Schuld, weil ich so dumm war, wegzulaufen ... und wenn die Mechanos gewinnen, ist alles vorbei. Die Bishops werden untergehen, und niemand wird je erfahren, welche Bewandtnis es mit diesem Ort hat ...

Er murmelte etwas vor sich hin, während er marschierte, doch es ging ihm nicht viel mehr durch den Kopf, als daß die Einsamkeit nun sein Begleiter war.

Ein Sturm zog auf, und er mußte aufpassen, nicht von herabfallendem Gestein erschlagen zu werden. Nachdem der Sturm sich gelegt hatte, hatte die Landschaft wieder ihr Gesicht verändert, und er lernte, die glatten Wände einer Schlucht zu erklimmen, einen sich auffaltenden Berggipfel hinunterzurutschen, bevor er abbrach, und mit eigener Kraft in etwas zu fliegen, das wie leere Luft aussah.

Nachdem eine unbestimmte Zeitspanne verstrichen war, vermochte er sogar das Wetter vorherzusagen – zumindest ansatzweise.

All das hatte ihn verändert, als er auf die ersten Leute traf.

2 · RATIONALES GELÄCHTER

Er fand sie mitten in einer Savanne. Sie bauten ein gelbes Getreide an, das ihm unbekannt war.

Sie nahmen sich seiner an. Er war in einer schlechteren Verfassung, als er zunächst geglaubt hatte, und trotzdem half es ihm irgendwie, daß er nicht verstand, was mit ihm geschah.

Sie bedienten sich einer Sprache, die ihm nicht geläufig war und für die er auch keine Chips hatte. Es waren kleine Leute, doch was ihnen an Kraft und Masse fehlte, machten sie durch Anmut und Geschmeidigkeit wieder wett. Sie machten einen ausgeglichenen und ruhigen Eindruck. Die Frauen wirkten verhalten temperamentvoll. Sie waren geschmeidig und hatten glutvolle Augen, die funkelten, wenn sie sich unterhielten.

Beide Geschlechter waren untersetzt und hatten schmale Hüften, wobei die V-förmigen Oberkörper in breiten Schultern ausliefen. Die Körperhaltung war perfekt und zeugte von natürlicher Anmut. Sie hatten glatte Haut und einen goldbraun schimmernden Teint unter blauschwarzem, raffiniert frisiertem Haar.

Die Sippen hatten ihrer Haartracht auch große Sorgfalt gewidmet, und während der langen Jahre auf der Flucht war das ihr einziges Modevergnügen gewesen. Hier, unter dem Einfluß der Schwerkraft, die sich wendete wie das Wetter, waren die bizarrsten Frisuren möglich – das Haar stand in unmöglichen Winkeln ab, war stachlig wie gefrorenes schwarzes Feuer und kräuselte und ringelte sich wie bei einer Karikatur.

Es gab die üblichen zwei Geschlechter mit hetero- und homosexueller Ausprägung, wobei männliche und weibliche Homosexuelle sich mit schrillen, provozierenden Frisuren schmückten. Ihm gefiel, was er sah. Zeichen waren lustiger als Sprache, und die paar Brocken, die er sich aneignete, unterstützten die Intuition nur noch. Er lernte, auch zwischen den Zeilen zu lesen, was sowieso interessanter war.

Während er sich erholte – allerdings nicht allzu lang, denn wer nicht arbeitete, bekam auch nichts zu essen –, wurde die Andersartigkeit dieser Leute ihm erst richtig bewußt.

Sie verweilten bei jedem Detail und genossen jeden Augenblick. Es zählte nur das, was sie gerade taten. Wenn man arbeitete, existierte nichts mehr um einen herum, nur der verdichtete Moment der Arbeit. Die Gedanken an andere Aufgaben, an vergangene oder zukünftige Sorgen, wurden verdrängt. Außer leichten Schmerzen im rechten Arm und im Oberkörper, die von der langen Flucht herrührten, hatte er keine Probleme.

Das gesellschaftliche Leben fand vor einer Bühne statt, auf der Theatervorstellungen gegeben wurden. Gespräche über Mechanos und die Erzett waren verpönt. Die Leute wollten nur über das aktuelle Stück diskutieren. Toby besuchte eine solche Aufführung und stellte fest, daß die Leute das als große Ehre betrachteten. Sie erhoben sich und applaudierten ihm, indem sie die Münder abwechselnd öffneten und schlossen, als er sich setzte. Jedenfalls faßte er das zunächst als Beifall auf; später fragte er sich dann, ob er einen Fauxpas begangen hatte.

Die Vorstellung begann unmittelbar nachdem er sich gesetzt hatte. Deshalb hatte er keine Zeit, über den Vorgang nachzudenken. Die Aufführung erforderte volle Konzentration von seiten der Darsteller. Toby erkannte, daß ohne perfekte Körperbeherrschung und kompromißlosen Einsatz das Stück todlangweilig gewesen wäre.

Doch die Praxis sah ganz anders aus. Gebannt sah er, wie eine Schauspielerin die Bühne betrat und geradezu quälend langsam am Rand entlangging – nur ein paar Zoll vom Publikum entfernt, doch unendlich weit entfernt in ihrer entrückten Präsenz. Die Körperbeherrschung war so virtuos, und die Schrittfolge war so präzise choreographiert, daß kein Zucken oder Blinzeln den Bewegungsablauf störte, der der Oberfläche eines schwarzen Sees glich: ebenso still wie beredt. Für Toby schien die Schauspielerin über die Bühne zu schweben, eingehüllt in ein Schweigen, das selbst einen Tornado übertönt hätte. Später wurde diese Szene wiederholt. Diesmal verstärkten Mikrophone jeden Schritt seidiger Füße auf den Brettern. Leise Musik begleitete jede Bewegung, wodurch die Szene bis zur Unkenntlichkeit verändert wurde.

Das Stück, dessen Handlung er in einem Satz zusammenfassen konnte, hatte eine eigenartig beruhigende Wirkung auf ihn. *Paß auf,* schien es zu sagen – daß die Konzentration auf den Augenblick wichtiger sei, als sich den Kopf über die Vergangenheit und Zukunft zu zerbrechen.

Das mutete ihn seltsam an. Weil dies nämlich ein Ort war, wo Vergangenheit und Zukunft sich nicht eindeutig abgrenzen ließen. Sie flossen an manchen Stellen zusammen, wie ein schlammiges Flußdelta.

Die Leute hier hatten schon gegen Mechanos gekämpft. Doch weil sie so wortkarg waren, dauerte es eine Weile, bis er selbst diesen schlichten Sachverhalt ermittelt hatte. Einmal wohnte er einer Begräbnisfeierlichkeit bei, die jedoch nicht an einem rituellen Ort, sondern auf der Straße stattfand. Es handelte sich wohl um ein Opfer der Mechanos. Die Häuser und Werkstätten glichen einem Abdruck der komplexen Hülle der *Argo* und wirkten aus der Ferne wie zusammenwachsende Blasen. Sie waren von Narben entstellt und von zwei großen Einschußlöchern perforiert.

Diese Leute waren gut organisiert. Sie veranstalteten Gefechtsübungen mit Waffen, die ihm unbekannt waren. Sie sagten, die jüngste Mechano-Invasion sei schon so lang im Gang, wie es dauerte, bis ein Mädchen das Stadium der Halbwüchsigkeit erreichte – was ihre Art der Zeitmessung zu sein schien. Doch es sei schon schlimmer gewesen. Ein paar Leute, denen ein Arm oder ein Bein fehlte, mußten als Beweis herhalten.

Er erzählte ihnen von der Sippe Bishop und der langen Reise, die sie hierhergeführt hatte. Dennoch akzeptierten sie ihn nicht als ihresgleichen, weil seine verschrammte und polierte Rüstung ihm ein anderes Zeugnis ausstellte. Er hatte einfach nur überlebt. Sie hingegen hatten sich den Mechanos zum Kampf gestellt und sie zerstört, ihnen aufgelauert und sie erledigt und dabei natürlich selbst Verluste gehabt. Die läppischen Blessuren, die Toby hatte, waren keinesfalls mit einem Kampf zu vergleichen, den man bewußt riskierte.

Sie waren überhaupt risikofreudig. Eine kleine Frau sagte ihm leidenschaftlich, daß sie für eine große Idee kämpften. Allerdings verstand er nicht, was für eine Idee das war, und nach einer Weile gab er es auf, das begrenzte Vokabular zu strapazieren. Die Frau erwies sich als rechte Quasselstrippe und schien jede Frage, die er ihr stellte, als Beleidigung aufzufassen.

Toby ließ sich das durch den Kopf gehen, nachdem die Aufführung des ›Sterbenden Schwans‹ beendet war. Eine Darstellerin hatte eine Blechtrommel mit einem Mechano-Gehirn bei sich gehabt, das bei jedem Trommelwirbel laut schepperte. Die Gehirn-Rassel setzte einen Kontrapunkt mit einem unheimlichen Nachhall. Er wußte nicht, was die Darstellerin damit ausdrücken wollte, doch er bekam eine Gänsehaut.

Eines Nachts, nachdem er sein Tagwerk verrichtet hatte, ging er zum Schlafplatz zurück. Ein kalter Wind schaukelte die wenigen Lampen, die im Dunst glühten. Irgendwie wußte er, daß er sich niemals wegen eines abstrakten Prinzips auf einen Kampf einlassen würde. Er hatte gekämpft und Schutz bei der Sippe gesucht – wenn er sich überhaupt von einem Prinzip leiten ließ, dann von diesem: Gefahr erkannt, davongerannt.

Diese ruhigen Männer und Frauen waren anders. Sie hatten eine Tradition der Gefangenschaft in einer Erzett, die sie nicht verstanden. Oder zumindest waren sie nicht imstande, sie ihm zu erklären. Vielleicht wußten sie es auf eine Art und Weise, die er nicht nachzuvollziehen vermochte. Wenn man viel durchgemacht hatte, stellte diese Fähigkeit sich manchmal ein.

Er erinnerte sich an die großen, leeren Docks, wo die *Argo* festgemacht hatte. Groß, verkratzt und verschrammt. Verlassen bis auf die *Argo*, wie ausgestreckte Arme, die Schiffe willkommen heißen wollten, die nicht mehr kommen würden.

Diese Leute hatten gesagt, daß nur noch wenige Schiffe von den Welten jenseits der Erzett kämen, von Planeten wie Snowglade. Viele kleinere Schiffe schlüpften zwischen den Portalen der Erzett hindurch und verloren sich zwischen den Spuren. Es kamen nur noch wenige planetare Sippen auf die Spuren, weil fast alle tot waren. Gescheitert.

Ihre Geschichte entzog sich seinem Vorstellungsvermögen. Auch das paßte ins Bild. Auf jeder Spur gingen die Uhren anders. Manche lagen tiefer in der steilen Krümmung um das Schwarze Loch, wo die Zeit langsamer verging. Und weil die Erzett selbst Ereignisse verquickte, vermochte die menschliche Erinnerung sie erst recht nicht zu sortieren.

Dann stutzte er und merkte, daß er schon zu tief in die Dunkelheit vorgedrungen war. Nun wurde ihm zum erstenmal bewußt, wie sehr er seinen Vater vermißte. Er weinte für eine Weile in der Dunkelheit und war froh, daß niemand ihn sah.

Eine innere Stimme sagte ihm, er müsse sich seiner Tränen nicht schämen. Dieser Gedanke war ihm noch nie gekommen. Wo er nun darüber nachdachte, glaubte er fast, Shibo hätte ihre Finger im Spiel. Doch er sah nirgends eine Spur von ihr.

Er fühlte Unbehagen. Aufgewühlt ging er zurück und fand schließlich die Baracke für Gelegenheitsarbeiter. Die anderen schliefen schon, und er legte sich auch auf die Pritsche.

Er wurde aus einem tiefen Schlummer gerissen, als der Schuppen über ihm einstürzte. Ein Schlag auf den Kopf, Schmutz im Mund. Der Boden bebte. Jemand schrie in der Dunkelheit.

Die Dachbalken hatten ihn zwar verfehlt, doch der Schutt lastete auf ihm. Er kroch darunter hervor, während starke Explosionen den Boden erschütterten. Er gelangte ins Freie und sah Mechanos am glühenden Himmel. Zerstörte Gebäude. Feuer züngelten an einem gesprenkelten Himmel.

Die Leute rannten kopflos durcheinander. Infernalischer Lärm untermalte Luftkämpfe über den schmutzigen Wolken.

Die Schutzschirme rissen auf – er sah sie im Sensorium als hellrote schiefe Ebenen, die in die Luft ragten. Stahlblaues Feuer waberte an den Kanten.

Tote. Die Opfer wiesen keine sichtbaren Verletzungen auf, doch die Netzhaut hatte sich durch die Druckwelle schwarz verfärbt. Manche bluteten aus Nase und Mund. Andere hielten sich stumm den Bauch. Wieder andere lagen mit dem Gesicht nach unten im zertrampelten Gras.

Er versuchte ihnen zu helfen. Die Sanitäter schienen aber nicht erfreut über seine Anwesenheit. Sie blickten ihn düster an, und er begriff, daß sie ihn als Komplizen der Mechanos verdächtigten. Sie hatten zwar keine Beweise, doch die kurze Zeitspanne zwischen seiner Ankunft und dem Erscheinen der Mechanos war ein starkes Indiz.

Er wußte nicht, ob seine Anwesenheit hier mehr Schaden als Nutzen stiftete. Also ließ er die Verwundeten liegen, rannte zur Peripherie der Blasen-Gebäude und betrachtete die lodernden Flammen. Er wollte kämpfen, wußte aber nicht, was er tun sollte. Die Taktiken der Sippe Bishop waren hier nicht anwendbar. Und wenn die Angreifer es auf ihn abgesehen hatten, war er schon so gut wie tot.

Schließlich ergriff er die Flucht. Wenn er die Angreifer wirklich hergelockt hatte, war es am besten, sie wieder wegzulocken. Für Stunden trottete er durch die Dunkelheit. Wieder allein. *Quath. Killeen. Besen.* Namen.

Das Sensorium meldete keine Verfolger. Schließlich erschien das erste Licht über einer gezackten Bergkette, und er sah, daß das Gelände sich verändert hatte. Leute klammerten sich an nackten Zeitstein, und irgend etwas schien sie zu suchen.

Mit einemmal befand er sich mitten in einem Kampf. Er warf sich auf den Boden und erkannte alsbald, daß irgend etwas – worum genau es sich handelte, sollte er nie erfahren – versuchte, eine in der Nähe befindliche Gruppe von Leuten zu töten. Er tat es ihnen gleich und preßte sich auf den fließenden Zeitstein.

Ein grüner Nebel zog sich über ihm zusammen, senkte sich auf ihn herab und auf sein Spiegelbild, das er im Zeitstein sah.

Das Spiegelbild schaute zu ihm auf. Die Sekunden dehnten sich zu Minuten. Die Gestalt winkte ihm zu. Toby blinzelte. Die Gestalt grinste. Er hatte nicht die geringste Ahnung, wie es dem Zeitstein gelungen war, einen Toby einzufangen, einen *ihn*, der auch noch fröhlich grüßte – doch für solche Überlegungen war nun keine Zeit.

Auch nicht für die Identifikation des Killers. Er hob

den Kopf gerade so hoch, um etwas zu sehen und zog ihn wieder ein. Das Sensorium meldete keine Gefahr. Dennoch hörte er die zischenden kleinen Objekte, wie Späne im Wind, die ihm mit chirurgischer Präzision den Kopf zersägt hätten, wenn er sich aus der Deckung gewagt hätte.

Er wußte es, denn binnen weniger Sekunden lief es vor seinen Augen ab. Eins der wispernden Dinger, die über den Boden strömten, prallte gegen das Kinn einer Frau. Die winzigen Geräte glitten auf der Suche nach einem Ziel über das Gelände. Nun hatten sie eins gefunden.

Er sah, wie die Kameraden der Frau versuchten, ihren Kopf wieder zusammenzusetzen. Diese Leute sprachen eine schnelle, stakkatoartige Sprache, die er nicht verstand. Er wollte helfen, obwohl er nicht wußte, wie. Zumal die Leute ihn auch gar nicht beachteten. Sie glaubten, die menschliche Medizin sei imstande, einen in Scheiben geschnittenen Kopf zu reparieren. Das vermochte sie nicht.

Nach einer Weile versiegte der wispernde Strom. Er wollte den Leuten helfen, doch als er zu ihnen stieß, waren sie alle tot.

Er zweifelte nun nicht mehr daran, daß der Verursacher dieses Chaos es eigentlich auf ihn abgesehen hatte. Waren all diese Leute wegen ihm gestorben? Diese Möglichkeit wollte er gar nicht erst in Betracht ziehen.

Und weil er den Feind nicht sah, vermochte er ihn auch nicht zu bekämpfen. Es blieb ihm nur die Flucht. Das kam einen echten Bishop schwer an.

Er begegnete Flüchtlingen. Ein paar verstand er sogar. Sie erzählten von schlechteren Orten und Zeiten, doch die meisten trotteten an ihm vorbei, als sei er nur eine Illusion. Oder vielleicht waren sie auch der Ansicht, er würde dumme Fragen stellen.

Er marschierte lange Zeit. Es war leichter, wenn er nicht so viel nachdachte.

Die Welt erschien ihm plötzlich leichter, als ob sein Kopf ein Ballon sei, der am Rumpf festgemacht war. Er genoß jeden Schritt. Grellgelbe Strahlen schossen aus dem Zeitstein hoch über ihm. Das Licht strahlte die Hitze eines Hochofens ab.

Die vorüberziehenden Leute lächelten. Die Stimmung wurde immer besser, bis alle sehr vergnügt waren, und selbst Toby war so guter Dinge, daß die Vorstellung, jemand könne sterben, geradezu absurd war. Jedenfalls was ihn betraf.

Plötzlich schoß ihm die Erinnerung durch den Kopf, daß Quath sich vor langer, langer Zeit über den irrationalen Optimismus der Primaten beziehungsweise der aktuellen Primaten-Version mokiert hatte. Sie hatte ihn als eine seltsame Adaption bezeichnet, die ihrer Spezies abging. Toby hatte bloß gelacht.

Nun stieß er wieder ein verhaltenes Lachen aus. Total unmotiviert. Danach ging es ihm besser. Er erinnerte sich an Quaths Verblüffung und lachte erneut. Nicht einmal das quälende Gefühl der Einsamkeit tat der plötzlichen, völlig unbegründeten Freude Abbruch. So irrational es auch war, er freute sich, und Freude war, an einem solchen Ort und in einer solchen Zeit, überaus rational und pragmatisch.

3 · TODESOPFER

»Der Mann dort drüben will mit dir reden.«
»Mit mir? Wieso?« fragte Toby überrascht.
»Er kennt dich.«
»Ist nicht wahr.«
»Er behauptet es aber. Sieh nur, er ist schwer verletzt.«

Toby runzelte die Stirn, entsprach aber seinem Wunsch. Er ging zwischen den auf dem nackten Erdboden liegenden Verwundeten umher und gab ihnen den letzten Rest seines Wassers.

Das Gesicht des Manns war runzlig und bleich, und er stöhnte unablässig, wobei er jedesmal ein Grunzen ausstieß. Man hatte seinen Kopf mit einem glänzenden Tuch bedeckt, das wohl einen medizinischen Zweck erfüllte. Der Mann hob die Hand und zog das Tuch weg. Toby blickte auf etwas, das einmal ein Gesicht gewesen war und nun wie ein Miniatur-Truppenübungsplatz aussah.

»Man hat mein altes Gesicht abgeschält und mir ein neues verpaßt«, sagte eine deutliche, leise Stimme. Die Lippen bewegten sich nicht.

»Jasag, ich sehe.« Toby kam sich nutzlos vor.
»Mir wächst nun ein neues Gesicht.«
»Es nimmt schon Gestalt an«, sagte Toby mit abgewandtem Blick.
»Willst du wissen, wie es passiert ist?«
»Sicher.«
»Wir waren hinter einem dieser Schlangen-Wesen her, die die Achse der Spur zerstört haben. Hast du es gesehen?«

Toby hatte schon viele ›Wesen‹ gesehen, doch fielen sie für ihn nicht mehr unter die Rubrik Tiere. Das war nur eine potentielle Fehlerquelle, wie bei der Frau, um die er sich vergeblich bemüht hatte. »Ich glaube schon.«

»Schrecklich. Sie haben viele von uns getötet. Also haben wir einem aufgelauert und ihn von fünf verschiedenen Positionen aus beschossen. Eins auf den Pelz gebrannt.«

Die Augen des Manns wurden glasig, und Toby ermunterte ihn mit einem ›Jasag?‹, weiterzusprechen.

»Äh ... sicher. Das Ding machte einen Satz und zerlegte sich in seine Einzelteile, bevor es im Gebirge abstürzte. In meiner Nähe. Dann hat es eine gewaltige Explosion gegeben. Ich weiß nur noch, daß etwas Heißes mich in die Seite getroffen hat. Dann bin ich hier aufgewacht.«

Toby ergriff die Hand des Mannes und fragte sich, ob er ihm das glauben sollte. Die Hand war so weich wie die Stimme und gehörte nicht zu jemandem, der körperliche Arbeit verrichtete. Obendrein war die Stimme verträumt. Es schien sich nicht um eine wahre Begebenheit zu handeln. Er wußte, daß die Aussagen von Verwundeten mit Vorsicht zu genießen waren, weil sie dazu neigten, Fakten und Fiktionen zu vermengen.

Toby murmelte etwas und schlug das Tuch wieder zurück, damit das Gesicht geschützt war. Er war ziemlich sicher, daß der Mann nichts sah und das innere Sensorium nutzte. Der Mann schwieg, und Toby ließ das Tuch los. »Ich hörte, daß du hier bist«, sagte der Mann plötzlich.

»Ich? Wie sollte mich hier jemand kennen?«

»Wir haben dich gesehen und einen Puls im Gen-Sensorium registriert.«

»Und was hat er gesagt?«

»Daß wir nach dir Ausschau halten und uns um dich kümmern sollten.«

»Wer war der Absender?«

»Allgemeine Direktive.«

»Ihr seid in der Lage, Signale von einer Spur zur andern zu schicken?«

»Manchmal. Unsere Technik ist nicht gerade die beste. Aber wir hörten von dir.«

»Hat mein Vater etwas damit zu tun?«

»Vielleichtsag. Ich erinnere mich nicht.«

Auch was den Wahrheitsgehalt dieser Aussage betraf, hegte Toby Zweifel. Es war schon vorgekommen, daß Leute Verwundungen simulierten; manchmal sogar vor Augenzeugen des Vorfalls. Er wußte nicht weshalb, doch hatte er das vor Jahren selbst einmal getan, und aus diesem Grund hatte er Nachsicht mit dem Mann.

Ihm war damals der linke Unterschenkel von einem Mechano-Bolzen abgerissen worden, und es hatte eine Woche gedauert, bis er genesen war. Als er wieder gehen konnte, erzählte er der Sippe eine Geschichte, die dem wirklichen Hergang diametral entgegengesetzt war. Er stilisierte sich nicht etwa zum Helden, sondern gab einfach eine erfundene Story zum besten. Er wußte nicht, wieso er das getan hatte und stellte sich diese Frage auch bald nicht mehr. Deshalb fiel es ihm um so schwerer, mit dem Mann zu sprechen, dessen Gesicht irreparabel entstellt war.

»Ich habe den Eindruck, daß du wichtig bist«, sagte der Mann.

»Oh? Ich?« Toby schreckte auf. Er war in Gedanken bei der Sippe gewesen. Bei Killeen.

»Bestimmt. Die meisten Direktiven beziehen sich auf Waffen, Taktik und so 'nen Kram.«

»Ich bin gar nicht wichtig.«

»Auf jeden Fall bist du verdammt groß. Woher stammst du eigentlich?«

»Von der Sippe Bishop.«

Er sagte das mit einem Anflug von Trotz, denn er wußte nie, wie die Leute darauf reagierten. Manchmal waren sie verwirrt. Andere machten eine spöttische Bemerkung über Maulwürfe, und wieder andere schauten nur ausdruckslos. Dieser Mann tat nichts von alledem, weil er sich nämlich in die Hand übergab. Toby half ihm, sich zu säubern.

»Natürlich bist du wichtig.« Der Mann war im Gesicht gelb angelaufen und sah aus wie ein Häufchen Elend, doch er beharrte auf seiner Meinung. »Klarer Fall.«

Er sprach zwar mit einem fremden Akzent, doch seine Ausdrucksweise glich der, die Toby bei einem der alten Bishops gehört hatte. Vielleicht stammten die Leute hier von den Untergrund-Sippen ab. Ratlos klopfte Toby dem Mann auf die Schulter. »Du solltest etwas schlafen.«

»Du mußt es sein. Die Direktive besagte, wir sollten nach dir Ausschau halten.«

»Und was solltet ihr dann tun?«

»Meldung machen. Und dich nicht aus den Augen lassen.«

»In wessen Auftrag?«

»Weiß nicht. Du bleibst auf jeden Fall hier.«

»Schlaf jetzt.«

»Wieso bist du so wichtig? Hast du etwas mit der ganzen Sache zu tun?«

Die Frage hing in der staubigen Luft. Obwohl Toby sie im Sensorium gehört hatte, verhallten die geflüsterten Worte unbeantwortet, denn Toby hatte schon den Rand der Prärie erreicht und lief mit raumgreifenden Schritten weiter.

4 · BERGUNG

Er stieg in ein langes, rinnenförmiges Tal ab. Es war grün und feucht und in den glühenden Zeitstein gefräst.

Er wußte kaum noch, wie lang er schon vor den Mechanos auf der Flucht war. Er hatte sich zwischenzeitlich noch ein paarmal in die Hose gemacht, schämte sich aber nicht mehr deswegen. *Killeen. Quath.* Die Namen waren noch immer emotionsgeladen, nur daß er schon lang nicht mehr geweint hatte.

Diese neue Spur war angenehm, und Mechanos spürte er auch nicht. Er hatte sich inzwischen an das indirekte, diffuse Licht gewöhnt, das von überallher zu kommen schien und manchmal Schatten in die Luft warf. Der Stein strahlte Bänder aus Licht ab, die durch das Wurzelsystem der Bäume aufstiegen. Er sah, daß sie den fleischigen Boden wie Adern durchzogen. Er hatte schon eine große Entfernung zurückgelegt, als er das Tal erreichte. Schwaden aus gelbem Zeitnebel hüllten die Gipfel zu beiden Seiten ein.

Nichts am Himmel, was Anlaß zur Sorge gegeben hätte. Dennoch konnten die Mechanos jederzeit auftauchen, ehe das Sensorium sie ortete. Also hielt er sich nach Möglichkeit im Schatten.

Er war einmal für einen ganzen Tag von einem Mechano-Späher gejagt worden, einer silbergrauen Drohne, die über die Baumwipfel huschte und dreimal auf ihn geschossen hatte. Er war ihr entkommen, indem er in einen Fluß sprang und schwamm, bis die Luftreserven knapp wurden. Im Wasser waren die Mechanos nicht in ihrem Element. Zumindest sahen sie nichts im Wasser. Er war so lang auf Tauchstation gegangen, bis er zu ersticken drohte, und als er wieder auftauchte, war es stockfinster.

Besen. Killeen. Alter Cermo der Langsame. So lang her.

Ein süßlicher Geruch, der von Brandgeruch überlagert wurde. Durchs ganze Tal zogen sich wogende Maisfelder. Als er so etwas zum letztenmal gesehen hatte, war er noch ein Kind gewesen, das gerade die ersten Schritte machte – und dann hatte es sich auch nur um eine spärliche Pflanzung vor der Zitadelle Bishop gehandelt. Er ging einen Feldweg entlang und sog die weiche, milchige Luft ein.

Mais. Er erinnerte sich daran, wie im Frühling der Mais im lehmigen Boden ausgesät worden war; an die Frauen, die mit schmalen Augen das Saatgut am Hang gesteckt und die Krähen mit Schußwaffen auf Distanz gehalten hatten; an den Duft, den die Schößlinge an einem regnerischen Tag verbreitet hatten; wie Unkraut zwischen den Halmen gejätet worden war, wobei die Hacke mit der schimmernden Schar feinen Staub aufgewirbelt hatte; wie die Halme mit Klingen geschnitten und zu Garben gebündelt wurden; wie die blaugrünen Blätter sich nach der Sonne streckten; wie die reifen Kolben in einen Karren geworfen wurden; an die winzigen Insekten, die konstruiert worden waren, um den Mais vor Schädlingsbefall zu bewahren und die für ihre schutzbefohlenen Pflanzen in den Tod gingen; an die nackten Halme im Schnee; an eine Schwester, die in einem Wimpernschlag im Häcksler einen Finger verloren hatte; wie die Kerne aus einem handbetriebenen, mit Stahlzähnen bewehrten Trichter prasselten und die nackten Kolben oben ausgeworfen wurden und sich zu einem pyramidenförmigen Haufen auftürmten; an den Silo, in dem die Blätter zum Trocknen ausgelegt waren; an den Whiskey, der in einem Holzfaß schwappte, durch dessen Ausflußrohr Holzkohle sich gepreßt hatte; der süße Duft von Butter, die schmelzend an einem Kolben dahinglitt ...

... und Toby stolperte, als ihm bewußt wurde, daß das nicht seine Erinnerungen waren. Doch sie wirkten absolut real, vor allem die aromatischen Düfte.

Ich habe als Kind oft auf dem Feld gearbeitet.

Shibos Stimme schien direkt aus dem gelben Himmel zu dringen. Toby schluckte, und die Augen wurden feucht. Er ging weiter und sog den beruhigenden Duft der Felder ein.

Also hatte er sie nicht restlos entfernt. Und nun war es ihm ohnehin nicht mehr möglich, das nachzuholen. Nicht einmal ein Messer hätte ihm jetzt noch genutzt.

Der Brandgeruch wurde strenger, und mißtrauisch ließ er den Blick über die Felder schweifen, die er passierte. Das Getreide war vollreif und mußte dringend geerntet werden. Er riß ein paar Kolben ab und nahm sie als Wegzehrung mit. Die Kerne waren süß und knackig. Zum Teil platzte der überreife Mais schon aus den Köpfen.

Die wenigen Bäume waren gesplittert und versengt, als ob etwas im Innern ausgebrochen sei. Auf den dichtbewachsenen Feldern gab es ein paar kreisrunde kahle Stellen. Dort war der Mais flach auf den Boden gepreßt.

Nach einiger Zeit stieg ihm ein anderer Geruch in die Nase. Er erinnerte sich daran, wie er mit Durchfall auf einem Abort der Zitadelle gehockt und den gleichen Gestank gerochen hatte; er hatte sich nicht an die frische Luft gewagt, weil er befürchtete, der Durchfall würde ihn wieder heimsuchen. Die ganze Sippe hatte es erwischt, und wenig später hatte er seinem Vater geholfen, das Häuschen zu kippen und das Loch mit dem Dreck von der nächsten Grube aufzufüllen. Dann hatte eine Arbeitsgruppe das Häuschen wieder aufgestellt und saubergemacht, bis es in neuem Glanz erstrahlte.

Dann sah er die ersten Toten. Dornbüsche begrenzten

die Felder und Bewässerungskanäle. Leichenteile hingen in den Ästen. Körper waren geplatzt und so verstümmelt, daß Toby nicht imstande war, die Anatomie zu rekonstruieren. Das Massaker hatte vor noch nicht allzu langer Zeit stattgefunden, denn die Leichen waren noch nicht ins Stadium der Verwesung übergegangen, doch das Blut war schon zu einer braunen Kruste geronnen.

Der Isaac-Aspekt quengelte, weil er ihn seit einer Weile nicht mehr rausgelassen hatte.

Asche zu Asche, Staub zu Staub, wie die Alten sagten.

Toby wußte, daß für Leichen genau das Gegenteil galt. Sie verfaulten zu Matsch, der Ungeziefer und Fliegenschwärme anlockte. Wie konnten die Ahnen einen so eindeutigen Sachverhalt nur übersehen?

Sachte berührte er ein paar der Leichen. Auf Snowglade hatten die Mechanos Minen gelegt, doch hier hatten sie sich diese Mühe anscheinend nicht gemacht.

Es schien nicht richtig, die Leichenteile in den Büschen hängen zu lassen, doch er ertrug den Anblick nicht mehr und ging weiter. Es stank wie im Abort, weil die Eingeweide über die Felder verteilt waren, und zwar im weiteren Umkreis als die schwereren Leichenteile.

Voraus lagen ganze Körper auf den Feldern. An diesen Stellen war das Getreide verbrannt; er vermutete, daß sie versucht hatten, einen Luftangriff abzuwehren. Die Körper waren unversehrt, und die Haut war glatt und glasiert. Er wußte, daß Leichen sich mit der Zeit veränderten. Die Haut verfärbte sich in kurzer Zeit zitronengelb und nahm dann eine grüngelbe Färbung an. Nach ein paar Tagen verfärbten die Leichen sich braun – noch brauner als Cermos schöne schokoladenfarbene Haut.

... und wenn man sie noch länger liegenließ, erinnerte er sich plötzlich, wurde das Fleisch zäh wie Teer, und die Wunden wurden mit einer harten Kruste überzogen. Die Körper blähten sich auf, so daß die Nähte der Kleidung platzten und die Reißverschlüsse sich öffneten. Zum Schluß waren Leute so aufgedunsen wie Ballons, und der Gestank blieb einem in der trockenen Mittagshitze schier im Hals stecken ...

Er riß sich zusammen. Das waren nicht seine Erinnerungen.

Ich habe so viel Schreckliches gesehen, als meine Sippe starb, daß ich dir den Anblick ersparen möchte.

»Dann laß es auch bleiben!« Er tastete nach Shibo, doch sie glitt pfeilschnell davon.

Ich kann nicht aufhören. Deine Erinnerungen überschneiden sich mit meinen, und hier bin ich nun.

»Ich brauche das nicht.«

Ich bin wer ich bin. Oder war.

Er ging weiter und versuchte, die Leichen zu ignorieren. Auf jedem Feld lag nur eine, höchstens zwei.

Die unversehrten Körper waren wahrscheinlich durch den Verlust des *Selbsts* gestorben. Sie waren sichertot. Ohne das *Selbst* hielt das Gehirn zwar die Routinen aufrecht, welche die Lunge aufbliesen, Blut durch die Adern pumpten und Nahrung verdauten, doch bald schon verließ etwas den Körper. Dann kamen alle Funktionen zum Erliegen.

Bisher hatte niemand dieses Phänomen erforscht. Wozu auch? Die betreffende Person war sichertot. Ein altes Schiff wie die *Argo* verfügte zwar über Techtricks, einen Körper am Leben zu erhalten oder wenigstens für eine zukünftige Verwendung einzufrieren, doch für Tote lohnte der Aufwand nicht.

Er sah den aufgewühlten Boden und den zerdrückten Mais, wo ein paar Leute auf den Boden gestampft und mit den Armen geschlegelt hatten, obwohl sie bereits tot waren. Während ihnen die Kontrolle über den Körper entglitt, hatten die Körper den Kampf mit den ihnen zu Gebote stehenden Mitteln fortgesetzt. Sie hatten noch immer die Faust geballt, und die Armgelenke waren blauschwarz angelaufen. Ein paar hatten sich die Kleider vom Leib gerissen, um das Ding abzuschütteln, das sie innerlich auffraß und das sie mit Händen nicht zu greifen vermochten.

Toby erwog, sie zu begraben, doch es waren zu viele, und der Gestank unter dem gelben Himmel wurde immer schlimmer. Zur Linken nahm er eine Bewegung wahr und umging ein Feld, das kurz vor der Reife stand. Das Sensorium identifizierte die Bewegung als menschlich. Das Klügste wäre gewesen, sich davonzuschleichen, doch der Wunsch, endlich wieder einem lebenden Wesen zu begegnen, veranlaßte ihn zur Umkehr.

Eine Person. Eine schlanke Frau kniete neben einem Mann, der auf dem Gesicht lag.

Zuerst glaubte Toby, sie würde beten und wandte sich zum Gehen. Dann hob sie die Hand gegen das Licht. Der kleine Finger verwandelte sich in einen Schraubenzieher, den sie der Leiche in den Nacken stieß. Die Haut war an dieser Stelle rot und hatte Blasen geworfen. Sie stocherte herum und zog etwas aus dem Rückgrat. Er erkannte eine schiefergraue Aspekt-Disk. Die Frau nahm keine Notiz von Toby, obwohl ihr Sensorium ihn auf diese kurze Distanz geortet haben mußte. Sie steckte die Disk in eine Tasche.

Nur ein paar Schritte entfernt lag die nächste Leiche. Sie verwandelte zwei Finger in Werkzeuge und schob sie routiniert in die Steckplätze. Die Ausbeute bestand in zwei Disks und einer Patrone, die, wie Toby wußte, bei der Sippe Bishop drei Gesichter enthielt. Nachdem die Frau die Beute verstaut hatte, stand sie auf und schaute Toby herausfordernd an.

»Hast du hier Rechte?«

Er trat zwischen den raschelnden Maisstengeln hervor. »Nein. Du?«

»Sicher. Bergungsrechte.«

»Gehören sie zu deiner Sippe?«

»Wer will das wissen?«

»Ich bin ein Bishop.«

»Und ich bin eine Banshee.«

Toby musterte sie. »Ich habe noch nie von irgendwelchen Banshees gehört.«

»Und ich habe noch nie von Bishops gehört. Es ist eine große Erzett.«

»Hast du überhaupt eine Verwendung für die Aspekte?«

»Vielleicht.«

»Sichertoten sind die Aspekte normalerweise ausgesaugt worden.«

»Kommt drauf an, wie schnell das passiert ist.«

»Selbst wenn noch ein paar übrig sein sollten, sind sie nicht verrückt geworden?«

»Ich lasse es darauf ankommen.«

»Ich habe gehört, daß sie alle irgendwie durchgeschmort sind.«

»Trotzdem sind sie noch etwas wert.«

»Wie meinst du das?« Toby verlagerte das Körpergewicht etwas nach rechts.

»Vielleicht ist es möglich, einen Aspekt zu einem Gesicht abzuspecken.«

»Wäre vielleicht noch besser, sie in Ruhe zu lassen.«

»Das ist Sache der Banshees.«

»Woher weiß ich denn, ob das überhaupt Banshee-Leute sind?«

Sie schaute ihm ins Gesicht. Der Blick war hart. »Kümmer dich um deinen Dreck.«

Er trat zurück. »Jasag.«

»Jah-sag? Wasndas?«

»Will sagen, ich stimme dir zu.«

Sie warf die Oberlippe zu einem spöttischen Grinsen auf. »Du hast vielleicht 'ne komische Ausdrucksweise.«

»Jasag, gnädige Frau.«

Mit einem angedeuteten Gruß wandte er sich ab und ging davon. Die Impulse ihres Sensoriums spielten auf seinem Rücken und aktivierten die Mikros des Sensoriums, während er das Feld überquerte und in einem Hain verschwand.

Dort blieb er stehen, und sie verlor allmählich das Interesse an ihm. Derweil fledderte sie weitere Leichen. Sie zog ihr Sensorium von ihm ab und lenkte es in eine neue Suchrichtung.

Mit bis zum Anschlag heruntergeregeltem Sensorium überwachte er sie, ohne daß sie etwas merkte. Sie war nicht nur sehr beschäftigt, sondern hatte auch nervös gewirkt. Er versteckte sich hinter einem großen, knorrigen Baum. Schließlich erschien sie wieder im Blickfeld und überprüfte hastig die letzten Leichen.

Er streckte sie mit einem Paralysator nieder, doch sie reagierte blitzschnell und erwiderte noch im Fallen das Feuer. Ein zweiter niederenergetischer Bolzen, den er auf sie abfeuerte, ging fehl.

Die andere Seite des Baums ging in Flammen auf. Er sah, daß sie wieder auf die Füße kam und erneut feuerte, doch der Schuß ging über seinen Kopf hinweg. Durch den Vorhang aus hitzeflimmernder Luft gab er einen weiteren Schuß ab.

Der hatte gesessen. Sie kippte nach hinten und ruderte mit den Armen. Ihre linke Hand, die eine Art Waffe zu sein schien, blitzte einmal auf. Er spürte, wie der Bolzen an ihm vorbeizischte. Das war kein Paralysator. Das Sensorium leuchtete purpurrot auf. Gegen einen Volltreffer wäre er nicht gefeit.

Kaltblütig gab er noch zwei Schüsse mittlerer Leistung auf sie ab. Sie fiel um und stand diesmal nicht wieder auf.

Er pirschte sich auf Zehenspitzen an sie heran. Sie lag mit glasigen Augen da und hatte alle viere von sich gestreckt. Vorsichtig bückte er sich und nahm die Tasche an sich. Sie war schwer.

Ihre Augäpfel verfolgten ihn, während er ihre Ausrüstung kontrollierte. Eine Augenbraue zuckte zornig.

»Banshee, jasag?«

Ihre Indizes wiesen sie als jemanden mit dem Namen Bahai aus. Er kramte einen Aspekt-Chip aus der Tasche und preßte ihn gegen sein Armband-Lesegerät. Der winzige sechseckige Kristall hatte einen Sprung, doch die optische Verbindung zum Knochen funktionierte noch. Sie sagte ihm, daß der Aspekt beschädigt sei und eine Frau in der Buddha-Gemeinde gewesen wäre, von der er annahm, daß es sich um eine Art Sippe handelte.

»Du bist ein Skalpjäger.«

Sie rollte wild die Augen. Er erwog, ihr die Stimme zurückzugeben, um noch mehr von ihren Lügen zu hören, doch selbst in diesem Zustand wirkte sie reaktionsschnell. Und sie besaß eine gute Ausrüstung. Er war nicht einmal in der Lage, die Funktion aller Gegenstände zu bestimmen. Selbst wenn sie nur ein paar Finger frei hätte, wäre sie schon eine Gefahr.

»Ich werde das mal an mich nehmen.« Er hob die Tasche auf. »Wolltest die Sachen verkaufen, jasag?«

Sie erlangte die Kontrolle über die Gesichtsmotorik zurück und verzog die Lippen. Das war ein interessanter Anblick. Dann erinnerte er sich daran, was sie alles auf dem Kerbholz hatte und fand es nicht mehr so lustig.

»Ich werde sie der ersten Sippe Buddha geben, der ich begegne.«

Er eilte davon. Das war auch besser so, denn sonst wäre er vielleicht noch der Versuchung erlegen und hätte es ihr richtig heimgezahlt.

5 · DAS MEER AUS SAND

Eine lange Zeit der Dunkelheit brach an, und die Temperatur fiel stetig ab. Er hatte keinen Proviant mehr, und es gab kaum jagdbares Wild oder genießbare Pflanzen. Die Gegend war fast menschenleer. Das Land schlug Wellen, und die Turbulenzen der Schwerkraft verursachten ihm des öfteren Übelkeit.

In einer Wüstenregion begegnete er einem Mann und einem kleinen Mädchen. In der Kälte waren Zunge und Oberlippe des Mädchens an einer Röhre festgefroren, die Teil eines zerstörten Gebäudes war. Sie campierten hier. Der Mann wollte die Zunge nicht losreißen, und das Mädchen zitterte und wurde fast wahnsinnig vor Schmerz. Wimmernd kauerte sie sich neben die Röhre. Sie schaute Toby aus großen Augen an, und plötzlich kam ihm eine Idee. Es gab kein Wasser in der Nähe. Sie durften auch kein Feuer anzünden, um keine Mechanos anzulocken. Er erklärte das dem Mann, der sich als ihr Vater erwies. Schließlich lösten sie das Problem, indem der Vater auf die Lippe des Mädchens urinierte, um sie so aufzutauen. Es funktionierte. Die Tochter behauptete, sie hätte den Urin nicht einmal geschmeckt, doch das sagte sie wohl nur aus Höflichkeit.

Er marschierte auf einer sandigen Düne weiter, bis sein Blick auf ein dicht bewaldetes Gebiet fiel. Er schlug diese Richtung ein, als im Sensorium das charakteristische langgezogene Geräusch ertönte und der graue Keil erschien. Die Mantis.

Auf dem nackten Zeitstein befand er sich wie auf

dem Präsentierteller, doch er durchlief die übliche Routine. Mit einem ersterbenden Flüstern kollabierte das Sensorium. Hungrig rannte er los.

Der Zeitstein zerbröselte zu Geröll und verwandelte sich in Sanddünen. Strudel bildeten sich im Sand, während er durch tiefe Verwehungen stapfte. Er überquerte eine Düne, die in einer brustförmigen Spitze auslief und dann steil abfiel. Der Abhang faltete sich so schnell auf, daß er über ihm zusammenzuschlagen schien, und fast wäre er gestürzt. Dann hatte er die Talsohle erreicht und trottete über einen ebenen Abschnitt. Plötzlich stieg das Gelände wieder an. Er kämpfte sich die Steigung hinauf, wobei der Sand an den Beinen zog, als ob er ihn verschlucken wollte. Der Kamm raste auf ihn zu.

Für einen Moment stand er auf dem Gipfel. Weitere Dünen waren in einem waschbrettartigen Muster angeordnet. Der Sand wurde in der Ferne glasig und flimmerte wie ein Bild in hitzeflirrender Luft. Doch die Luft war kalt und wurde noch kälter.

Die graphitgeschmierten Servos protestierten mit einem leisen Wimmern, während sie gegen die Kälte ankämpften. Das Sensorium gab ihm keine Zustandsmeldung. Er sah nur ein düsteres Grau.

Er rief die Aspekte und Gesichter. Keine Antwort.

Er sah, daß die Dünen sich bewegten. Die langen Kämme wanderten langsam von einem gekrümmten Horizont in sein Blickfeld. Mühsam stieg er vom sich auffaltenden Hang in eine Senke hinab und machte sich an den nächsten Aufstieg. Die Ausbreitungsgeschwindigkeit der Welle unterstützte seine Fortbewegung, und nach ein paar Momenten stand er schon auf dem nächsten Kamm. Nur daß er jetzt nichts mehr sah. Der Himmel war einer fleckigen Dunkelheit gewichen. Eine siedende Welt aus Sand, die Wellen schlug.

Obwohl die starken Schwingungen sich durch die

Stiefel fortpflanzten, rutschte er weder auf dem Sand aus noch brach er in den Boden ein. Feine Körner umströmten die Füße und flossen weiter. Sie befolgten die Befehle von etwas unter ihm, das ohne Wirbel an ihm vorbeiströmte und im übrigen keine Notiz von seiner Anwesenheit nahm. Weshalb er im Sand nicht einsank, war ihm ein Rätsel. Auf dem Wellenberg verwandelte Sand sich in tosende Gischt und löste sich dann auf. Flüssiges Land.

Auf der nächsten Welle kam ein weißer Fleck auf ihn zu. Mit raumgreifenden Schritten lief er den Abhang hinunter ins Tal. Dann stieg er zum weißen Fleck auf, der größer wirkte als zuvor...

Und blieb stehen. Machte kehrt und lief wieder ins Tal.

Der weiße Fleck war ein Garten aus Knochen.

Ausgebleichte Finger und Zehen am Rand. Ausgekugelte Unterarme weiter oben, an die zertrümmerte Becken sich anschlossen. Oberschenkelknochen waren strahlenförmig um tonnenförmige Brustkörbe arrangiert. Ein Stapel Arme und obendrauf ein Kreis aus gebleichten menschlichen Schädeln, die gespenstisch grinsten. Starrende Augenhöhlen.

Auf dem Wellenkamm erschien ein Verhau aus spiraligen Stangen. Für Toby sahen sie aus wie Carbonstahl-Knochen in verchromten Buchsen. Kabel, so dünn, daß sie fast nicht zu sehen waren, ermöglichten eine ruckartige, aber zügige Fortbewegung.

Das Gebilde bewegte sich nicht etwa wie ein Lebewesen, sondern schien als Krücke für etwas Unsichtbares zu dienen. Es erweckte den Eindruck einer wabernden Dunstwolke. Ein mobiles Gitter, das ein Wesen beherbergte, welches keiner physikalischen Präsenz bedurfte.

Nicht daß dieser Ort überhaupt real gewesen wäre. Das war ihm inzwischen bewußt.

Irgendwie hatte es ihn aus der Dürre des Zeitsteins in

dieses Sand-Meer verschlagen. Ohne daß er den Übergang mitbekommen hätte. Was bedeutete, daß die Mantis ihm eine raffinierte Falle gestellt hatte, in die er auch prompt hineingetappt war.

Der Isaac-Aspekt sagte fröhlich:

Das ist eine Anthologie-Intelligenz, die direkt mit uns zu kommunizieren vermag.

»Arbeitest du etwa für sie?«

Du sprichst, als ob Wahlmöglichkeiten bestünden. Wir sind in sie integriert, genau wie du.

Er brauchte Hilfe. Egal, worin sie bestand und von wem sie kam. Verzweifelt suchte er nach Shibo. Keine Spur von ihr.

»Was will sie überhaupt? Oder fühlt man sich so, wenn man sichertot ist?«

Wir sind nicht sichertot.

»Noch nicht, meinst du wohl.«

Wir Aspekte gleichen eher dieser Mantis als dir. Wir unterliegen nicht der Herrschaft chemischer Elemente und schwerfälliger, geschichteter Bewußtseine. Aspekte sind eher in der Lage, die holographische Sprache der Mantis zu verstehen und haben sie in der Zeit dieser Gefangenschaft erlernt.

»Wie lang dauert sie schon?«

Isaac stülpte sich ihm geradezu über. Das mahnte ihn zur Vorsicht. Ein bleiernes Gewicht lastete auf ihm.

Ein von draußen korrumpierter Aspekt.

Die Mantis kam langsam näher. Bei jedem Schritt

brachen unter den großen Füßen Knochen. Trotz der scheinbaren Leichtigkeit der Mantis splitterten Schädel und Knochen wie brüchiges Plastik. Indes handelte es sich nur um eine digitale Landschaft, und er mußte bedenken, daß physikalische Bewegungen bloße Analogien darstellten.

Isaac sagte in oberlehrerhaftem Ton:

> *Dieser Ort ist eine Wellen-Transformation des realen Raums und des Mantis-Bewußtseins. Intelligenzen entfalten sich am besten in dieser Art sich überschneidender mathematischer Räume. So sauber und sicher. Exakte Partitionierung der Ideen. Hier bleibt die Gesamtsumme einer jeden Intelligenz gleich, auch wenn Teilsummen eine große Schwankungsbreite haben.*

»Jasag – und die Summe ergibt dann Hundert, nicht?«

> *Ich verstehe nicht.*

»Vergiß es.«

> *Das Mantis-Bewußtsein hat große Anstrengungen unternommen, um dich zu finden. Ihre alliierten Intelligenzen – große Bewußtseine, die natürlich nicht losgelöst von ihr zu betrachten sind – forderten deine Ergreifung.*

»Wie dieses?«

> *Du trägst Informationen von großer Bedeutung.*

»Ja, sicher«, sagte Toby sarkastisch.

Doch dann erinnerte er sich an den sterbenden Mann und die leise, brüchige Stimme: *Wieso bist du so wichtig? Hast du etwas mit der ganzen Sache zu tun?*

... und er rannte irgendwie noch immer durch eine rauhe Landschaft. Schwitzend. Der dichte grüne Wald kam näher ...

Er setzte sich in den seidigen Sand. Er glitt zur Seite und formte sich eine bequeme Sitzmulde. Wenn nichts von alledem real war, konnte er es sich genauso gut gemütlich machen. Er hatte Hunger und Durst, und während er noch ans Essen dachte, tauchten ein seltsam aussehendes Maisgericht und blumige Knospen auf. Dann wuchs ein kleiner Tisch aus dem Sand, der von einem transparenten Glas gekrönt wurde.

Er nahm das Glas in die Hand. Es war warm, als ob es eben erst aus geschmolzenem Sand geformt worden wäre, und gefüllt war es mit eiskaltem Wasser. Er trank gierig. *Der zum Tode Verurteilte genoß eine herzhafte, wenn auch nonexistente Henkersmahlzeit.*

Du weißt nicht, um welche Informationen es sich handelt?

»Verdammt richtig.« Wenn er Informationen hätte, würde dieses Ding sie aus ihm herausbekommen; dessen war er sich ziemlich sicher.

Isaacs Stimme wurde schwächer und monoton, während die Mantis nun direkt durch den Aspekt sprach und Isaac zur Marionette degradierte:

Ich extrapolierte dies aus dem vorhandenen Wissen über dich und Killeen. Irgendwo in eurem Bewußtsein muß ein Schlüssel versteckt sein, der zur Botschaft führt. Die Schwierigkeit für Lebensformen wie mich liegt in eurer mentalen Organisation. Zum größten Teil eures Selbsts erhalten wir keinen Zugang.

»Tut mir leid, aber ich kann dir da nicht weiterhelfen. Ich leide dieser Tage nämlich an Gedächtnisschwund.«

Er beendete das Mahl. Die Mantis verstand den Sarkasmus auch diesmal nicht. Mit Isaacs Stimme sagte sie gestelzt:

> *Diese Abstufungen eures Selbsts machen es mir ziemlich schwer. Ich bin eine Anthologie-Intelligenz, die schneller auf ihre Daten zuzugreifen vermag, als ihr blinzelt. Obwohl ich verpflichtet bin, solche Entdeckungen anzustreben, liegen meine wahren Interessen, was dich betrifft, woanders.*

... die Worte drangen durch das Flackern zweier konkurrierender Bilder zu ihm. Er saß im Sand und spürte das Rieseln der feinen Körner. Gleichzeitig trottete er zielstrebig auf das Grün zu, wobei er gegen ein massives Gewicht ankämpfte, das ihn niederzudrücken drohte. Der Magen knurrte vor Hunger. Der Atem ging rasselnd ...

Wieder im Sand. Das Herz pochte, schwer wie Blei.

Es gab wahrscheinlich kein Entrinnen von diesem Ort, diesem Mantis-Raum, falls ›hinaus‹ hier überhaupt eine Bedeutung besaß. Doch solange er es nicht mit Gewißheit wußte, mußte er es versuchen. »Ich hatte schon auf Snowglade Wind davon bekommen. Deine ›Kreationen‹, nicht wahr?«

> *Meiner Arbeit liegen höhere Motive zugrunde. Es ist verständlich, daß du nicht imstande bist, sie in voller Tragweite zu erfassen.*

»Ihr habt viele Bishops getötet. Habt uns gejagt, zum Narren gemacht und mit uns gespielt, bis ihr unserer überdrüssig wurdet und ...«

> *Keineswegs. Früher lockte ich euch in einen Hinterhalt, um den Schmerz der Auflösung zu lindern, während ich mich in euren Bishop-Komponenten manifestierte.*

»Du hast Fanny und meine Mutter getötet und ... und ohne uns auch nur die Chance zu geben, einen Aspekt zu ziehen.«

Isaac drang an die Oberfläche, wie die Gischt auf einer sich brechenden Welle. Mit klagender und belegter Stimme sagte er:

> *Glaub nur nicht, das gestutzte Leben hier drin würde mich ausfüllen. Ihr behandelt uns Aspekte wie Haustiere. Wir waren auch einmal Männer und Frauen! Wir treten manchmal gegen die Wände, um Aufmerksamkeit zu erregen – und ihr betrachtet das als kindisches Verhalten. Wir sind nicht bloße Schatten! Einst sprach ich vor großem Publikum, wandelte durch prunkvolle Hallen, gefolgt von dienstbaren Geistern. Ich kostete edle Weine und wußte ...*

»Geschenkt.«

Doch diesmal mußte er den Aspekt nicht unterdrücken. Die anschwellende Flut in seinem Bewußtsein verschmolz mit dem wellenförmigen Sand. Unzählige Ströme unzähliger Körner flossen, verwirbelten sich – und brachten Isaac zum Verstummen. Dann ertönte die Stimme des Aspekts von neuem, nun demütig und steif.

> *Ich bedaure, daß man dich mit solchen Nichtigkeiten belästigt hat.*

»Er macht sich eben Sorgen«, verteidigte Toby Isaac. Er wunderte sich über sich selbst. »Was geschieht mit meinen Aspekten, nachdem du mich sichergetötet hast?«

Sie werden als Spreu von der Ernte geschieden.

»Als ›Ernte‹ bezeichnest du das also, hm?« Wie man die knackigen Maiskörner vom Kolben schabt. Und die nackten Kolben dann wegwirft.

Deinem Vater hat dieser Begriff auch nicht gefallen. Eine interessante Übereinstimmung.

»Hör zu, niemandem gefällt so etwas. Mein Vater hat mir gesagt, er hätte auch so mit dir geredet, an diesem von dir erschaffenen Ort. Anscheinend hast du seither nichts dazugelernt. Eine ›Ernte‹ ist es sicher nicht, jedenfalls nicht für uns.«

Dennoch ist es eine korrekte Beschreibung. Ihr verkörpert eine hochstehende Lebensform des organischen Reichs mit einem charakteristischen Merkmal: ihr seid euch eurer Endlichkeit bewußt. Wenn wir anthologischen Wesen geerntet werden – was jedem Lebewesen irgendwann durch Zufall oder Planung widerfährt –, wird ein Bruchteil des Selbsts gespeichert, um in noch höher entwickelten Lebensformen verwendet zu werden. Bei euch sind das die gestutzten Aspekte, Gesichter und Personalitäten.

... lief nun schneller. Die Angst steckte wie Eissplitter im Rückgrat. Das Grün kam näher ...
»Klingt gut, aber es besagt trotzdem nur, daß du uns töten willst.«

Ja, im Sinne einer Ernte. Ich nutze eure geernteten Selbsts, um neue zusammengesetzte Lebensformen zu konstruieren. Sie vereinigen die beiden Facetten organischen Lebens, die niedere Pflanze und das hochstehende Tier, so wie ihr.

Die Worte wurden mit flackernden Bildern unterlegt:

Eine grüne Matte, die mit Organen übersät war. Sie kroch schnell über eine von Rinnen durchzogene Ebene und hob wie zum Gruß glitschige, längliche Organe.

Röhrenförmige Knoten hieben in blinder Wut aufeinander ein. Schlitzmäuler schlugen tiefe Wunden, aus denen blaue Blüten sprossen.

Ein Nebel gebar eine größere Kreatur, deren dunstige Stränge aufstiegen und mit verblüffender Geschwindigkeit verschmolzen. Erst als sie einen spitz zulaufenden Arm ausstreckte, erkannte Toby die wahre Größe: das Wesen umspannte vorüberziehende Gewitterwolken und zerriß sie wieder mit spielerischer Freude.

Durch solche Konstruktionen, pflanzlich und fleischlich zugleich, sondieren wir die ästhetischen Ebenen deiner Art. Ich integriere Möglichkeiten, die von den Zufallskräften eurer Evolution nicht vorgesehen sind. Es handelt sich um eine Interaktions-, eine Trans-Phylum-Kunst.

»Killeen sagte mir das bereits. Du bist eine Künstlerin.« Toby lachte.

Richtig. Also sollt ihr in den Händen höherer Mächte weiterleben. Nur ich, Künstlerin und Bewahrerin, vermag euch das zu ermöglichen – durch zeitige Ernte.

»Wir würden aber lieber so bleiben, wie wir sind. In deine Kunst verpflanzt zu werden, hatte ich mir eigentlich nicht vorgestellt.« Er sagte das mit milder Stimme, damit die Mantis sich nicht echauffierte. Außerdem ging im Sensorium etwas Unbegreifliches vor.

Wer ernten will, muß zuvor säen.

»Und was hast du dir nun für mich ausgedacht?«
... wie mit Prothesen humpelte er über den Zeitstein. Kalte Luft kratzte in der Kehle, und er bekam nicht genug Luft, um schneller zu laufen, schneller ...

Gemach. Dieser kleine Diskurs erleichtert mir zwar die Planung zukünftiger Projekte, doch im Moment handle ich im Auftrag meiner alliierten Intelligenzen, die in mir verkörpert sind. Ich muß sie beim Sammeln einer hinreichenden Zahl von Bishop-Primaten unterstützen, um dieses verborgene Wissen anzuzapfen.

»Was soll das heißen?«

Ich muß euch an einen Punkt bringen, wo wir euch einsammeln. Wir werden eure Generationen montieren.

Tobys Gedanken jagten sich. Er spürte das Pumpen der Lunge, und das war *real*, nicht die täuschend echte Berührung des Sand-Meers.

Ein Teil von ihm machte einen Satz. Der Atem ging stoßweise.

Ein anderer Teil bückte sich und studierte den Sand. Nahm eine Handvoll auf. Körner. Glimmer blinzelte ihm zu. Zwischen den Körnern ein Schemen. Nicht klar definiert. Dann verwandelte die Schliere sich in ein deutliches Bild. Die Mantís hatte die Auflösung erhöht. Nun wurden die Konturen ihrer Welt etwas schärfer. Sogar das kleinste Korn hatte nun klare Umrisse.

Ein Künstler verlieh seinem Werk den letzten Schliff.

Er rannte. Die Lunge pumpte, und das Blut rauschte in den Ohren.

Er wußte, daß er diesen irrealen Moment verdrängen mußte.

Der ruckende Verhau aus Stangen vibrierte, während die Mantis im Garten aus gebleichten Knochen wandelte. Sie hatte die grinsenden Totenschädel plattgetreten. Über die Sanddüne spielten unheimliche Schatten des Bewußtseins im Hintergrund.

Toby wurde zwischen zwei Welten hin- und hergerissen. Auf seine Sinne war kein Verlaß mehr.

... es fiel ihm nun so schwer, die Beine zu bewegen, und er ruderte mit den Armen, um dem dumpfen Druck zu widerstehen, der ihn daran hindern wollte, die grüne Feuchtigkeit zu erreichen. Nicht mehr weit, doch der Schmerz ...

Ich bin sicher, du verstehst die Notwendigkeit. Ich versichere dir, daß, nachdem die alliierten Bewußtseine dich ordnungsgemäß verwendet haben, um diese uralte und lästige Angelegenheit zu bereinigen, ich dich mit dem Blick fürs Detail und der Sorgfalt ernten werde, die meine Arbeit auszeichnet. Obwohl ich Kritiker unter diesen Alliierten habe, stellen sie nicht meine Verehrung für die alten und niederen Formen wie euch in Frage. Sei versichert, daß ...

... er erreichte die dunkle Baumreihe. Kühl und feucht.

Keine virtuellen Sanddünen. Kein mechanisches Gestänge.

Er erinnerte sich an die Kinder, die vor so langer Zeit in ihren virtuellen, digitalen Welten gespielt und gelacht hatten und wie er unkontrolliert in die schattigen Tiefen gestürzt war ...

Fest. Real. Zögernd streckte er die Hand aus. Berührte die Umgebung.

Das Blätterdach und die großen Parasiten-Netze waren so dicht, daß die Luft feucht war und die Sicht schlecht. Er drang in eine undurchdringliche Stille ein. Auch das leise Trillern von Vögeln oder Fledermäusen störte die Stille nicht, sondern verstärkte sie nur noch. Wie das Rascheln der Lianen. Das gedämpfte Geräusch fallender Früchte. Das Pfeifen von Rankenhörnchen.

Weit oben hörte er das raspelnde Krächzen eines großen und zornigen Wesens, hörte, wie es von Ast zu Ast sprang. Er fühlte sich selbst als Eindringling und bewegte sich leise, um die Geister dieses Orts nicht zu wecken. Staub wehte durchs Licht der Wald-Kathedrale, in den Bahnen aus gelbem Licht, die durchs Blätterdach drangen. Auf dem Boden entdeckte er eine Prozession von ameisenähnlichen Wesen, nur daß sie winzige Schwänze hatten. Bei näherem Hinsehen stellte er fest, daß sie ein verschnörkeltes Muster bildeten, wie ein dunkles Band. Dann erkannte er, daß sie ihm etwas signalisierten, sich selbst zu einer Botschaft formierten – doch er wußte nicht, wie er ihnen antworten sollte. Er fuchtelte hilflos mit den Händen und ging weiter, wobei er darauf achtete, nicht auf die Kreaturen zu treten.

Jedenfalls war die Mantis nicht hier. Er war in einen Keil aus Zeit entkommen, der vielleicht jeden Moment enden würde. Aber weshalb?

Er schlüpfte unter großen, straffen Netzen hindurch und fragte sich, was dort wohl gefangen wurde. Und wie der Räuber aussah, der die Beute abholte. Prächtige Früchte gediehen in den Ritzen des Blätterdachs, Farbtupfer mit Schlieren in einer Luft, die so dick war, daß sie grün schillerte.

... und die Mantis war wieder da und stürmte gegen sein Bewußtsein an.

Ich habe dich verloren. Etwas ... ich weiß nicht ... macht es schwierig ...

Tobys Sensorium ortete die Mantis weit oben in der Erzett-Röhre seiner Spur. Außerdem spürte er die Anspannung in der Stimme der Mantis.

Ungerichtete Kräfte, dumpf und stimmlos. Konvergierend.

6 · FRESSER DES STURMS

Der Sturm begann als Wetterleuchten. An der Mündung der langen Röhre erschien ein sonnen-gelbes Flackern. Am Fluchtpunkt, wo der grüne Tunnel in wabernden Dunst ausfranste, wurde der Strahl schwächer und zerfloß. Für Toby sah es aus wie ein entferntes Lagerfeuer. Und doch spürte er ein Prickeln im Kopf.

Er stand in fahler Finsternis. Es hatte keinen Zweck, weiterzulaufen.

Wolken lösten sich auf und enthüllten die andere Seite der Spur. Eine Schüssel aus rotem Zeitstein strahlte plötzlich erbarmungslose Hitze ab. Geister schienen sich auf dem Grün zu tummeln. Er hörte knackende und schabende Geräusche.

Das Sensorium aktivierte sich blitzschnell und sondierte die Gegend.

Nichts. Es herrschte Schweigen im Walde. Er überprüfte den ansteigenden Regenwald zur Rechten, der sich im fernen Dunst verlor und geradewegs zum Himmel aufstieg. Als der Wald nur noch als grüner Überzug zu erkennen war, wurde er auf halber Höhe von braunem Fels durchbrochen.

Ein Vogel setzte sich auf einen in der Nähe befindlichen Ast. Toby schaute ihn an, und der Vogel sagte »Hilfe«.

Toby blinzelte. »Uh ...«

Der Vogel hatte Flügel und Füße und einen Schnabel und war doch kein Vogel. Das Wesen hatte große Augen und einen Schmollmund unter dem zitronengelben spitzen Schnabel – der indes mehr Ähnlichkeit mit einer Nase hatte. Während Toby den Anblick noch auf sich wirken ließ, changierte das Mienenspiel des Wesens wie ein Kaleidoskop und wechselte von einem Stirnrunzeln über eine Grimasse zu einem flüchtigen Lächeln. »Ich brauche Hilfe«, sagte der Mund mit perfektem Bishop-Akzent.

»Wer – *was* – bist du?«

»Dieser Ort und diese Zeit, wo deine Bedürfnisse erfüllt werden müssen.« Der Vogel zappelte nervös, plusterte das Gefieder auf und flatterte mit den Flügeln. Die Füße scharrten auf dem rauhen Ast.

»Wie erfüllt ...?« Er hatte keine Zeit zum Rätselraten. »Schau, dort oben ist eine Mantis. Ich muß mich irgendwo verstecken.«

»Im Gegenteil.« Der Vogel wies mit dem Schnabel zum Boden. »Du mußt öffnen, nicht schließen.«

»Was öffnen?«

»Eine Tür. Essenzen müssen Zugang zu dieser Erzett finden. Hurtig!«

»Und wie?«

Der Vogel machte einen Trippelschritt auf dem Ast und schlug dabei mit den Flügeln. »Glaube nicht, dein Los sei uns gleichgültig. Wir hoffen sehr, daß du überlebst, um zu helfen.«

Toby schnaubte. »Danksag, mein Freund. Aber was, zum Teufel ...«

Eine Woge von Eindrücken überflutete das Sensorium. Bilder. Instruktionen. Die Wahrnehmung war so real und authentisch, daß er sofort reagierte. Mit der einen Hand griff er nach dem Werkzeug, und mit der anderen teilte er das Laub und suchte nach dem richtigen Punkt. Dort. Nackte Erzett.

Abrupt wurde der Hochofen am Himmel heruntergefahren, und es wurde stockfinster. Wo steckte die Mantis?

Er arbeitete weiter, obwohl er nicht die Hand vor Augen sah.

Flammenwerfer, Laser, Mikrowellenpulse. Außer einem

kurzen roten Glühen zeigte die Erzett keine erkennbare Reaktion.

Doch er spürte einen starken energetischen Impuls im Punkt, an dem er arbeitete. Eine Welle von Gravitations-Energie wurde freigesetzt, eine regelrechte Springflut, die ihn mitzureißen drohte.

Unter ihm pulsierende Energie. Stumm und machtvoll.

»Das reicht nicht«, ertönte die Stimme des Vogels. »Schade.«

»Was denn noch ...«

»Zu spät.«

Es kam. Ein Schauer tastender Energie regnete auf ihn herab. Lagen von perlmuttfarbenem Licht leuchteten an der Achse dieser Spur auf. Auf ihn gerichtet.

Etwas übte eine Gegenkraft aus. Er *spürte*, ohne daß er es gesehen hätte, eine massive, blauschwarze Präsenz. Wie ein Hammer. Groß und kraftvoll.

Wie ein riesiges Tier, das den Kopf aufs Dach der Spur gelegt hatte. Es fletschte steinerne Zähne und schnappte nach den Leuchterscheinungen.

Die Lagen aus perlmuttfarbenem Licht teilten sich um diese Gestalt. Dann kamen sie mit einer Geschwindigkeit über Toby, die er nie für möglich gehalten hätte. Die Achse schleuderte Strahlen sengender Hitze.

Der Angriff galt nicht ihm allein, sondern dem ganzen Wald. Spannungspotentiale von zigtausend Volt entluden sich krachend in der von Blitzen durchzuckten Luft.

Im gleißenden Licht sah er, wie der Vogel tot vom Ast fiel.

Und dann schlug eine Gegenkraft zurück – weißglühend und so schnell, daß eine Rotverschiebung eintrat. Der Himmel verwandelte sich in ein flammendes Inferno.

Das alles registrierte das Sensorium, während er in Deckung ging – wobei er sich angesichts solcher

Mächte zugleich der Sinnlosigkeit dieses Strebens bewußt war. Daten strömten knisternd durch das Rückgrat.

Quath! Killeen! Papa, Papa! sendete er in blinder Panik.

Der gezackte rote Blitz schlug erneut ein und blendete ihn. Sofortige Vergeltung. Wieder. Und immer wieder.

Der Kampf fand in einer Hölle aus Blitz und Donner statt. Nur das Sensorium war noch imstande, die einzelnen Aktionen zu sortieren und sie ihm als ›Problemlösung‹ zu präsentieren. Doch eine Erklärung vermochte das Sensorium auch nicht zu liefern.

Ein kalter Wind kam auf. Er preßte sich gegen einen Baumstamm, der so schnell zu Holzkohle verbrannt war, daß er es nicht einmal bemerkt hatte. Beißender Rauch stieg ihm in die Nase.

Bleib unten. Er durfte nicht husten und würde auch nicht husten, obwohl er einen starken Hustenreiz verspürte. Er durfte die Mantis nicht auf sich aufmerksam machen.

Etwas Schweres senkte sich mit einem gedämpftem Geräusch auf den Wald herab.

Es durchdrang die Wipfel und spähte in alle Richtungen. Er spürte es, ohne daß er wußte wie.

In der Dunkelheit erkannte er Tiere, die aus irgendeinem Grund wie verrückt im Kreis umherliefen und spitze Schreie ausstießen. Dann wurden sie von einer Druckwelle gefällt. Viele schrien – leise, dünne Schreie, wie auf Schiefer kratzende Fingernägel. Dann wurden sie vom Sensorium ausgestoßen – sie waren tot. Er hatte keine Zeit, sich weiter mit ihnen zu befassen, doch ihre Schreie hallten in ihm nach.

Ein scharlachrotes Phantom raste heulend an der Achse entlang. Es klirrte wie ein Hammerwerk. Metallische Schemen gingen mit tiefem Brummen auf Kollisionskurs und krachten ineinander.

Er kroch unter einem Verhau aus zerbrochenen Ästen hervor und stand auf. Wenn er schon sterben mußte, dann aufrecht. Obwohl er wußte, daß dieses Verhalten unklug war, keinesfalls intelligent und noch dazu kindisch.

Eine unsichtbare Faust hämmerte auf die Spur. Furchtsam duckte er sich.

Der Wald reagierte langsam, doch um so heftiger.

Etwas, das wie schwerer Nebel wallte, stieg empor – allerdings mit einem gewaltigen Drehmoment, das normalem Nebel nicht zu eigen war. Plötzlich wurde Toby bewußt, daß dieser fein geknüpfte Teppich des Lebens programmiert war, Energie zu absorbieren. Er war mit Reaktionsfähigkeit ausgestattet.

Er spürte förmlich, wie die winzigen Lebewesen sich im weichen Boden eingruben. Mit Pfiffen verständigten sie sich untereinander, um eine Aufgabe von unvorstellbarem Ausmaß zu bewältigen.

Ein Rädchen griff ins andere. Und er war irgendwie Teil des Systems. Er mußte entscheiden, wann und wo diese Energien freigesetzt wurden.

Er wußte nicht, woher er dieses Wissen bezog, doch er war von der Gewißheit durchdrungen. Er war hier das am höchsten entwickelte Wesen. Es lag in seinem Ermessen.

Er mußte versuchen, die Mantis zu töten.

Wieder feuerte er eine Breitseite gegen die Erzett ab. Er feuerte so lange im Mikrowellen-Modus, bis der Akku leer war und er das Brodeln der Energien unter der Erzett spürte. Irgend etwas drängte nach draußen. Was hatte der Vogel noch gesagt? *Essenzen müssen Zugang zu dieser Erzett finden.*

Ein Gravitationspuls übertrug sich auf die Stiefel. Es war soweit ...

Er aktivierte den Laser und schaltete auf Infrarot. Und wenn die Mantis ihn sah? Zu spät, um sich darüber noch Gedanken zu machen. Zu spät für irgend etwas. Es zählte nur der Augenblick. Er feuerte den Laser zwischen den Füßen ab.

Er war ein Stecher mit exakt eingestelltem Druckpunkt...

Leitung. Anschluß.

Du mußt sie anlocken.

Toby ließ einen Splitter von sich entweichen. Eine kleine keilförmige Öffnung im Sensorium.

Die Präsenz kam langsam näher. Streckte Fühler aus.

Er hatte alle Zeit dieser Welt. Auch wenn es angesichts solch kolossaler Energien unnötig war, regelte Toby das Sensorium bis zum Anschlag hoch.

Hier bin ich. Siehst du mich?

Das Gewicht senkte sich herab. Richtete spähende Augen auf ihn.

Hing in der Luft. Immer näher, immer noch unsicher ...

Dann teilte der Wald sich. Toby sprang auf, feuerte und warf sich mit einem Hechtsprung zur Seite. Ein Vulkan brach aus, wo er gerade noch gestanden hatte. Und breitete sich aus.

Die Energie einer Milliarde Blätter entlud sich in einer gewaltigen Explosion. Wurzeln, die bis eben geschlummert hatten, gaben gespeicherte Ladung ab. Wabernde Energien stiegen durch komplizierte Verbindungen in knorrigen Baumstämmen auf. Das Blätterdach selbst griff mit grünen Fransen-Fingern in die Luft aus.

Ein großflächiger Blitz leuchtete auf. Eine Erwiderung.

Er spürte, daß der Boden sich erwärmte. Ein harter Puls infraroter Energie. Eine Hitzewelle.

Wasser kondensierte. Pfützen bildeten sich. Schwaden kühlen Wasserdampfs. Feuchtigkeit tränkte die sich verdichtende Atmosphäre. Weißglühende Pilze an einem Baumstamm kräuselten sich, leuchteten auf, zitterten.

Eine geballte Ladung traf die Achse der Spur. Gleißende Helligkeit blendete Toby.

Schützend schlang er die Arme um den Kopf. Ein Stein traf ihn am Oberkörper. Eine Druckwelle legte ihn flach.

Plötzlich wurde ihm bewußt, daß das Chaos auf der Spur keineswegs physikalischen Ursprungs war, sondern einen kollektiven Ausbruch von Bewußtseinen darstellte, von großen und kleinen Intelligenzen, die aneinander gekettet waren.

Und in ihrem Zorn brachten sie den Tod und das Heil zugleich.

7 · VERSIEGENDE STRÖME

Später – als er völlig zerschlagen unter einer Matte aus Laub und Ästen lag und darauf wartete, daß die Rippen sich wieder von selbst zusammenfügten –, begriff er zumindest im Ansatz, was vorgefallen war.

Das Leben hier hatte mannigfaltige Maßnahmen zu seinem Schutz ergriffen. Vielschichtig, stumm, vom Zahn der Zeit angenagt, aber mit einer Energie, die sich nicht nur aus den Naturkräften speiste. Nun setzten die Bruchstücke, die Quath ihm peu à peu preisgegeben hatte, sich auch zu einem sinnvollen Bild zusammen.

Scheinbar totes Leben vermochte jederzeit aufzuerstehen. Hilfreiche Organismen, die allesamt Teil komplizierter Verknüpfungen waren, steckten die brutalen Schläge ein und teilten sie nach Bedarf wieder aus. Der Wald war nicht nur ein Bewuchs, der sich ans gleitende Fundament der Erzett klammerte. Er war selbst Teil der Erzett.

Unzählige Späne der Erzett, die in Bäumen, Sträuchern und im Boden eingelagert waren, dienten als elektrische Ladungsträger. Die in Wechselwirkung stehenden Teile der natürlichen Welt verfügten über integrierte Schaltkreise, die sich aus der gefalteten Raum-Zeit entwickelt hatten. Der Wald besaß eine diffuse Intelligenz – wobei die Frage sich stellte, ob ›Intelligenz‹ hier überhaupt ein relevanter Begriff war.

In mancherlei Hinsicht hatten hier Mechanismen jenseits der Kategorien der natürlichen Evolution gewirkt, so wie Toby sie kannte. Sie waren ein Abbild der weitverzweigten Verbindungen der Mantis und ihrer Art. Und diese dichte Verknüpfung war im genetischen Erbe dieser weiten Erzett enthalten.

Solch ein Konstrukt war natürlich imstande, einen Sturm aufzufressen und ihn bis auf die Atome zu zerlegen.

Imstande, seine Taktik zu verstehen und sie gegen ihn zu wenden.

Es hatte das seit unzähligen Jahren getan. Vergraben im sichersten Versteck der Galaxis, hatte das diffuse Selbst einen Lernprozeß absolviert, in Anbetracht dessen der Mensch ein Analphabet war.

Er hatte die Spuren bereist und sie sich als Korridore in einem großen Erzett-Gebäude vorgestellt. Eine falsche Analogie.

Das hiesige Geflecht des Lebens durchzog Reiche, die er nicht sah. Nur streiflichtartig vermochte sein Sensorium die getragene Konversation solch eines Wesens zu erfassen.

Immer das Gefühl, beobachtet zu werden. Mehr noch – das Gefühl, Teil eines diffusen Ganzen zu sein.

Diese bizarre Welt hatte Bestand, weil sie Kampfgeist hatte und ihre Rivalen verschluckte. Und nun wurde er verschluckt. Er wußte das, obwohl er nicht wußte, woher er diese Gewißheit nahm.

Er hatte nur eine Tür geöffnet. Hatte den Verstand benutzt, um eine Bresche in die Erzett zu schlagen. Hatte Kräften Einlaß gewährt, die sonst nicht fähig gewesen wären, so schnell einzudringen – falls überhaupt.

Vielleicht hatte er doch etwas bewirkt. Oder vielleicht war er nun alt genug, um zu erkennen, daß die Frage, ob man etwas bewirkte oder nicht, gar nicht wichtig war. Es ging nur darum, daß man es überhaupt versuchte.

Glaube nicht, dein Los sei uns gleichgültig. Wir hoffen sehr, daß du überlebst, um zu helfen. Garantien gab es aber nicht.

Später erinnerte er sich nur noch daran, was geschehen war, nachdem die Entladung ihn umgehauen hatte. Es war nur eine Momentaufnahme der größeren Ereignisse am Himmel gewesen.

Die Explosion mußte in ihm stattgefunden haben, denn wie er später erkannte, war das Blätterdach unversehrt. Doch er hatte die Größe der Präsenz gesehen und hatte sich für einen kurzen Moment an ihren Verrichtungen beteiligt.

Irgendwie war er der Schalter gewesen. Indem er die Tür öffnete, drang er in den Schaltkreis ein. Doch Elektronen wissen nichts von Funk, auch wenn sie sich wie Fische zwischen Widerständen und Kondensatoren im Meer der Potentiale tummeln.

Was auch immer der Quell der Wildheit war, es hatte ihn benutzt – das Bewußtsein, das er trug –, um die Energien zu bündeln.

Bei der Vorstellung, Teil davon gewesen zu sein, lief ihm ein Schauder über den Rücken, und die Haare sträubten sich.

Er hatte die ungerichteten Kräfte gespürt. Schlimmer noch, er hatte die vielen Leben gespürt, die schmerzlich aufflackerten und vergingen. Zumindest in der Qual waren sie gleich. Der Druck von oben zerquetschte sie, ohne ihren Schmerz auch nur zu erahnen.

Er spürte ihn. Nicht als abstrakte Botschaft, sondern als unmittelbare Erfahrung. Mehr als an alles andere erinnerte er sich an die Todesqualen.

Für diesen kurzen Moment klapperten die Zähne im Kiefer. Die Kalziumstäbe, die den Brustkorb bildeten, wurden zu verchromten, glatten Knochen. Metallische Ästhetik. Violette Stürme rasten durch gequetschte Adern und durch zitternde Fasern. Die Zehen klopften auf den Boden. Die Knöchel entwickelten ein reges Eigenleben, und die Knochen klapperten so stark, daß sie bald brechen mußten.

Der Kopf war zurückgeworfen und der Hals überstreckt. Die Haut platzte auf, schuppte ab und glühte wie Elmsfeuer im polarisierten Licht. Das Rückgrat verkrümmte sich und knackte. Stürme tosten in ihm, und trotz der Kieferklemme krächzte er ein schauriges Totenlied.

Es raste durch ihn hindurch. Es suchte den wahren Feind, und er wußte nicht, ob die feurige Spannung von den Mechanos stammte oder ob sie von heftigen Entladungen tief im versengten Wald herrührte. Doch darauf kam es auch nicht an. Er war von Zorn beseelt und der Zorn selbst, und für diesen Moment war er der Leiter. Ströme pulsierten durch ihn.

Die Wut schoß nach unten durch die von blaugrünen, hungrigen Würmern polierten Hüftgelenke. Schlangen aus loderndem Zorn schwärmten hungrig über Knochengitter und labten sich daran.

Das war dann doch zuviel für ihn. Alles, woran er sich später klar erinnerte, war der Schmerz. Gnädiger, alles durchdringender Schmerz. Im Übermaß.

Als er aufwachte, lag er in grauer Asche. Es war völlig still und regnete leicht. Eine Fledermaus flatterte vorbei.

Kein Grund, sich zu bewegen. Nur nachdenken.

Nun sah er, wodurch die hoch in den Lüften kreisenden Mechanos sich unterschieden. Sie waren schaurig schön in ihrer Kompromißlosigkeit. Die volle Konzentration auf das Geschäft mit dem Tod, ohne daß sie selbst davon bedroht gewesen wären. Sie mußten keinen so elenden Tod wie die Menschen sterben. Vielleicht war das wirklich ein Fortschritt. Er wußte es nicht. Ob er sie nun beneidete oder haßte, beides wäre sinnlos.

Er war nun auf eine Art und Weise allein, wie er es nie zuvor erlebt hatte. Die Fremdartigkeit der Mechanos hatte ihm das vor Augen geführt. Die Sippe Bishop, sein Vater, sogar Quath – als sie noch bei ihm waren, hatten sie die Welt für ihn bedeutet. Ohne sie stand er allein gegen die harten Fakten. Er verfügte nun über ein Wissen, das er sich sonst nicht hätte aneignen können. Verwirrt und aus Prinzip und in bitterem Zorn – eine diffuse Befindlichkeit – war er vor seinem Vater geflohen. Er war sich dieser Gefühle bisher nicht bewußt gewesen, und nun war es zu spät.

Vielleicht hatte es so kommen müssen. Vielleicht lernte man etwas nur dann richtig, wenn man es ›rückwärts‹ lernte und dann vor einem großen Erfahrungshintergrund darauf zurückblickte. Man mußte das, was man hatte, mitbringen. Mut und Fehler und Ressentiments und das alles.

Dann würde das Universum versuchen, einen zu formen, und wer sich nicht einfügte, wurde gebrochen. Danach fügten manche Leute sich prächtig ein. Toby wußte, daß etwas in ihm zerbrochen war und daß er nur hoffen konnte, dennoch gestärkt aus dieser Sache hervorzugehen.

Er war im Glauben aufgewachsen, das Universum sei den Menschen feindlich gesonnen, was sie in gewisser Weise aufwertete. Sie standen in einem harten Kampf gegen einen starken Feind.

Die Wahrheit war viel schlimmer. Das Universum scherte sich keinen Deut um die Menschen.

Und die Mechanos waren genauso. Sie kannten keine Gnade – was man immerhin noch als Gefühlslage mit negativem Vorzeichen interpretieren konnte –, nahmen die Menschen aber nicht als Menschen wahr, sondern betrachteten sie als bloßes Merkmal in einer unbedeutenden Landschaft. Sie führten ihren Auftrag aus und gingen dabei über Leichen.

Dann fand er den Vogel, der ihn angesprochen hatte. Er war verkohlt und zerquetscht, und die aus den Höhlen getretenen Augen waren blutunterlaufen. Er begrub ihn.

Letztlich ging es immer nur ums Selbst. Killeen hatte Toby es schwergemacht, sich selbst zu finden, obwohl das vielleicht ein generelles Problem zwischen Vätern und Söhnen war. Auch würde Toby nie erfahren, inwieweit Shibos besondere Beziehung zu ihm das Verhältnis zu seinem Vater belastet hatte.

Im Grunde wollte die Mantis dasselbe. Das einzige Gut, das Toby niemals hergeben würde. Das Selbst.

Er erinnerte sich an die fröhliche Geschäftigkeit in der Portal-Stadt. Dort hatte der Handel das Selbst gestärkt. Reelle Geschäfte auf der Grundlage von Geben und Nehmen. Dadurch definierte man sich selbst. Das gleiche galt für die Sippe, die mit einer Maschine zu vergleichen war, welche das Selbst durch Handeln prägte.

Die Dinge hätten sich nie so entwickelt, wenn er bei der Sippe oder gar bei Quath geblieben wäre. Die Sippe diente als Bollwerk gegen die Widrigkeiten des Lebens. Die Sippe war eine Fiktion; das wußte er inzwischen. Eine Fiktion, die verhinderte, daß man in den tiefen Abgrund stürzte, der in allen Richtungen klaffte.

Aber auch eine hilfreiche Fiktion, denn die Geschichten, welche die Sippen überlieferten, gaben ihnen die Kraft zum Überleben. Der Abgrund war immer da, und irgendwann würde man auch hinunterstürzen, doch das hatte keine Eile. Wenn man den Abgrund einmal gesehen hatte, lebte man fortan im Bewußtsein, daß er auf einen wartete. Diese Gewißheit war befreiend.

8 · Phantome

Zuerst hielt er den entfernten Gipfel für einen Berg.

Er war schon sehr lang unterwegs. Der Wald hatte sich vor ihm geteilt und schien ihn auszustoßen – in ein zerklüftetes Gelände, über das die Zeitwinde bliesen. Ihm wurde übel, doch er ging weiter.

Der Berg faltete sich vor seinen Augen auf, was er eher am Rande wahrnahm. Dann sah er, daß die Flanken glatt und fest waren. Der Berg franste nicht aus, und es schälten sich auch keine Lagen ab wie beim Zeitstein. Die Flächen wurden durch bearbeitete Kanten begrenzt. Die ohnehin schon starken Magnetfelder wurden noch stärker.

Eine Pyramide. Mit klaren Konturen. Und die Ereignisse verschwammen auch nicht vor seinen Augen. Er berührte die Basis; das Zeug war hart wie Stein. Gewöhnliche Materie. Ein so hoher Steinhaufen, daß es den Anschein hatte, er sei die Landschaft. Die Stille barg ein Mysterium.

Als er die Pyramide erklomm, fühlte er sich so gut wie lang nicht mehr. Er hatte Hunger, doch er verdrängte das Gefühl, wie er es auf Snowglade so oft getan hatte. Es war schon erstaunlich, woran man sich gewöhnte, wenn es sein mußte. Der Hunger weckte nostalgische Gefühle, und er lachte laut. Das Gelächter verlor sich sofort in der absoluten Stille.

Er hatte einen langen Weg zurückgelegt und entsprechend viel Zeit zum Nachdenken gehabt. Jeder Mensch an diesem Ort wußte, daß er ein winziger und vernachlässigbarer Faktor auf einer Bühne war, deren Dramaturgie er nicht bestimmte. Hier wurde das Drama der Mechanos gegen die natürlichen Lebensformen aufgeführt, nur daß Toby es nicht verstand. Er sehnte sich danach, wieder mit Quath zu sprechen, seinen Vater wiederzusehen.

Unterlegt wurden diese gewaltigen Energien der Mechanos und der Materie von der langen Geschichte des menschlichen Untergrunds. Wer zeichnete dafür verantwortlich? Weshalb waren die Bishops und die anderen Sippen auf die Schalen von Planeten verbannt worden, wo es hier eine Zuflucht wie den Keil gab? Während Wichtel wie Andro sich seiner Annehmlichkeiten erfreuten.

Ein Rätsel war auch, weshalb die Bishops noch lebten, während die meisten anderen Sippen längst tot waren. Reines Glück, sagte Toby sich. Aber man kam trotzdem ins Grübeln.

Und dann war da noch die Katastrophe. Er war vor langer Zeit vor dieser Katastrophe geflohen, als er noch ein Junge war – aber nicht wußte, was ein Junge war. An jenem Tag hatten er und sein Vater Abraham verloren. Doch nun war Abraham hier irgendwo. Irgendwie.

Um das alles auch nur ansatzweise zu begreifen, mußte Toby Abraham finden. An einem Ort, wo Richtungen nichts bedeuteten und Zeit selbst ein Ort war.

Nach einiger Zeit hörte er Schritte. Er war sicher, daß es sich um Schritte handelte und daß sie von oben kamen. Er hastete die Steigung hinauf. Es handelte sich um eine Art Stufenpyramide, was den Aufstieg erleichterte.

Die Stufen führten jeweils nach links und rechts, und er vermutete, daß sie sich um den ganzen Umfang des Gebildes zogen. Sie verloren sich in der Entfernung. Auf den unteren Absätzen sah er niemanden. Die Steigung nahm zu, und es fiel ihm ziemlich schwer, die nächste Stufe zu erreichen.

Niemand zu sehen. Doch die Schritte kamen immer

näher. Während er weiterkletterte, wurden die Schritte leiser, als ob er sie bereits hinter sich gelassen hätte. Die Schrittfolge verlangsamte sich stetig.

Dopplereffekt in der Zeit. Führte in eine Zukunft oder Vergangenheit, ins Grenzgebiet der Realität. Als ob der Läufer langsamer wurde, zögerte, in einen müden Trott fiele. Toby wurde nun selbst müde, doch solange er die Schritte noch hörte, ging auch er weiter.

Als er oben ankam, wurden seine Erwartungen enttäuscht. Die Oberseite des Gebäudes war breitflächig und glatt und wies graue Einsprengsel auf. Ein sehr starkes Magnetfeld.

Niemand zu sehen. Die Schritte waren verstummt.

Er schaute nach unten. Die Stufen lagen so tief unter ihm, daß er nicht erkannte, ob sich dort jemand befand oder nicht. Die amorphe Struktur erstreckte sich in alle Richtungen. In der dunstigen Ferne machte er die wogenden Formen des Zeitsteins aus. Die Erzett kämpfte gegen sich selbst, und an den Schnittstellen der Spuren traten starke Turbulenzen auf.

Er trat vom Rand zurück und erwog, sich für eine Weile auszuruhen, bevor er den Abstieg antrat.

»Wo hast du gesteckt?«

Vor ihm stand ein untersetzter Mann mit bleicher Haut. So groß wie Andro und die anderen Zwerge, doch runzlig und völlig nackt.

»Verstehst du mich?«

Toby schaute sich um und fragte sich, woher der Mann so plötzlich gekommen war.

»Wir haben nicht viel Zeit. Du bist ein Bishop, nicht wahr?«

Tobys Zunge schien angeschwollen zu sein. »Uh – jasag.«

»Gut. Die jüngste Generation, würde ich sagen.«

»Jasag. Wer ...?«

»Komm mit rein. Dort ist es sicherer. Und wärmer.«

Der Gnom wandte Toby den ledrigen Rücken zu und

schritt zügig über die Ebene aus. Als Toby zu ihm aufgeschlossen hatte, teilte der Stein sich und gab eine rechteckige Öffnung frei. Eine Rampe führte ins Innere.
»Komm.«

Toby blieb am Absatz der Rampe stehen. »Von meiner Sippe geht niemand irgendwo hin, bevor er nicht die Lage gepeilt hat.«

»Ach ja? Das ist ein Kontrollzentrum.« Der Zwerg wandte sich zum Gehen.

»Wem gehört es?«

»Hm? Mir. Uns. Es ist menschlichen Ursprungs, wenn du das meinst.«

»Und wer bist du?«

»Oh. Entschuldigung.« Der Gnom reichte Toby die Hand. »Walmsley. Nigel Walmsley.«

»Welche Sippe ist das?«

»Die Brits.«

»Und woher kennst du mich?«

»Geschichte. Ich warte schon seit langer Zeit auf euch.«

»Wie lang?«

Walmsley schien Berechnungen anzustellen. »Ich würde sagen, ungefähr achtundzwanzigtausend Jahre. Eurer Zeitrechnung natürlich.« Toby sah ihn verständnislos an. »Annähernd.«

»Wieso? Wozu?«

»Trinken wir erst einmal Tee. Diese Tradition habt ihr Bishops immerhin gepflegt, nicht wahr?«

»Äh ... jasag.« Toby hatte als Kind zum letztenmal Tee getrunken. »In der Zitadelle.«

»Ich verstehe, in der Zitadelle. Gut. Du bist Killeens Sohn?«

Entgeistert schnappte Toby nach Luft. Walmsley nickte. »Alles klar. Ich habe eine Botschaft für dich.« Er machte eine Handbewegung, und für einen Sekundenbruchteil schien ein Arm transparent zu werden. Ein dichtes Netz zeichnete sich unter der Haut ab.

Dann stand Killeen zwischen ihnen.

Sein Vater wirkte abgespannt und hatte eingefallene Wangen. Er trug den Kampfanzug der Sippe Bishop, nicht die Borduniform. Er ließ den Blick schweifen, bis er auf Toby fiel. »Sohn, ich brauche dich.«

Toby fehlten die Worte. Er streckte die Hand nach seinem Vater aus und durchstieß die Projektion.

Killeen reagierte nicht. »Ich weiß, wie schwer es für dich gewesen ist. Du kannst Shibo behalten. Ich war ... nun ... im Irrtum. Das wird nicht mehr passieren.«

Tobys Mund war trocken. »Bist du sicher?« fragte er mit brüchiger Stimme.

»Jasag ... ich hatte mich vergessen.«

»Wo bist du?«

»Keine Ahnung. Ich weiß auch nicht, wann du diese Nachricht erhalten wirst.«

Toby runzelte die Stirn, und Walmsley sagte: »Diese Botschaft ist vor einiger Zeit – Ortszeit – eingetroffen.«

Killeen trat zur Seite und musterte Toby. »Du scheinst in Ordnung zu sein. Hast etwas abgenommen.«

Toby lächelte. »Hab den ganzen Schiffsspeck abgelaufen.«

»Die Mechanos machen Jagd auf uns. Viele Tote. Auch ein paar Bishops. Sie ...«

»Besen? Cermo? Wie ...?«

»Die sind unversehrt. Keiner von unseren nahen Verwandten ist sichertot.«

Toby fühlte eine ungeheure Erleichterung – und das dringende Bedürfnis, sie alle wiederzusehen. »Sag mir, was inzwischen geschehen ist. Hast du Quath gesehen? Hat ...?«

»Hör zu, die Mechanos sind auf den Spuren in schwere Gefechte verwickelt worden. Ein paar wurden unterbrochen. Ich weiß nicht, wo du diese Nachricht finden wirst, aber wir werden nach dir suchen, wenn du eine Singsag-Boje aussetzt.«

»Das werde ich. Empfängt er das?« fragte Toby Walmsley im Flüsterton.

»Nein, nur diese Manifestation reagiert auf dich. Dies ist *ein* Killeen, nicht *der* Killeen. Ich weiß nicht, wo der Originalartikel sich im Moment befindet. Oder wann.«

»Ihr braucht nicht zu flüstern«, sagte der Killeen. »Ich bin zwar nur eine Demoversion, aber ich schäme mich nicht deswegen.«

»Worauf haben die Mechanos es überhaupt abgesehen? Sie waren mir die ganze Zeit auf den Fersen.«

Der Killeen zögerte und sagte dann: »Sie wollen dich und mich. Weiß nicht, wieso.«

»Wollen sie uns sichertöten?«

»Mehr noch als das. Irgend etwas Merkwürdiges geht mit Abraham vor. Halte Ausschau nach ihm.«

»Gibt es keinen Ort, an dem wir uns treffen können?«

Killeen schüttelte den Kopf. »Vergiß nicht, ich bin auch auf der Flucht. Wir müssen auf den Zufall hoffen.«

»Die Mantis war hinter mir her.«

»Hinter uns auch.«

»Dann sind wir nicht allzu weit voneinander entfernt.«

»Neinsag. Ich glaube nämlich, es gibt mehr als eine Mantis.«

»Die Mantis ist eine ganze Klasse von Mechanos?«

»Es ist, als ob man Wasser sortieren wollte. Es ist keine Abgrenzung möglich.«

Allein die klare Ausdrucksweise und die Stimme seines Vaters spendeten Toby Trost. »Papa, ich ...«

»Sohn, ich brauche dich.« Killeen sagte es in genau der gleichen Haltung und im gleichen Ton wie zuvor. »Ich weiß nicht, wieviel ich dir noch sagen kann. Versuchen wir es einfach ...«

»Jasag.« Toby fühlte eine unglaubliche Erleichterung. »Jasag.«

»Ich weiß, wie schwer es gewesen ist. Schau, du kannst Shibo behalten. Ich war ...«

»Papa, ich ...« Toby verstummte. Es war ein komisches Gefühl, zu einer Aufzeichnung zu sprechen und sie zu weiteren Aussagen bewegen zu wollen. Aber er mußte die Wahrheit sagen. »Ich mußte Shibo löschen.«

Der Killeen war schockiert. Er flimmerte für einen Moment, als ob die virtuelle Gestalt von der Nachricht erschüttert würde. »Du ... hast doch gar nicht das Werkzeug dazu.«

»Ich weiß. Aber ich habe es trotzdem geschafft.«

»Sie ... ist zu besitzergreifend geworden?«

»Sie ist mir über den Kopf gewachsen.«

Der Killeen nickte düster. »Als Mensch aus Fleisch und Blut war sie auch nicht einfach.«

»Ich glaube, ich habe ...«

Neben Killeen kondensierte Shibo aus der Luft. Sie war durchscheinend; die Beine fehlten, doch der Rumpf bewegte sich ganz natürlich. Sie drehte den Kopf, zuerst in Killeens Richtung, dann zu Toby. Ein dünnes Lächeln.

»Ich ... bin noch immer ... partiell ... hier ... drin ...«

»Der Scanner meldet, daß deine Felder ausfransen«, sagte Walmsley zu Toby. »Sie muß in deine Perzeptoren integriert werden.«

Toby nickte. »Jasag. Sie will sich unterhalten.«

Shibos Gesicht nahm einen flehenden Ausdruck an. Ihre Worte hallten leise in Tobys Sensorium. »Ich werde ... helfen. Ich mußte herauskommen. Mein lieber ... Killeen ...«

Mit ruckartigen Bewegungen und verzerrtem Gesicht drehte sie sich zum Killeen um. Toby spürte eine eigenartige Strömung zwischen ihnen. Wertigkeiten bewegten sich, unaufhaltsam und blind. Sie sahen sich für eine lange Zeit schweigend an. Toby spürte, daß der Fluß zwischen beiden für einen Moment ins Stocken geriet. Signale über einen tiefen Abgrund hinweg.

Dann hob Shibo die Hand wie zum Gruß – und verschwand. Toby hatte keine Ahnung, was hier vorging.

Der Killeen schüttelte den Kopf, wandte sich ab und ließ den Blick in die Ferne schweifen. Sein Gesicht war von tiefen Falten zerfurcht.

»Nun gut«, sagte Walmsley energisch. »Du hast das meiste rausgeholt, würde ich sagen. Komm in die Puschen – es gibt viel zu tun.«

Als Toby zurückblickte, um die Reaktion seines Vaters zu sehen, war der Killeen verschwunden.

Der plötzliche Verlust war ein Schock. Er schloß die Augen und rang um Fassung.

Walmsley bedeutete ihm, zu folgen. »Ich weiß, das alles kommt ziemlich plötzlich, aber es ist wirklich dringend.«

Toby warf einen letzten Blick auf die endlosen, wogenden Weiten und ging dann hinter Walmsley die Rampe hinunter. In eine Dunkelheit, wo das Licht sich in hellen Punkten konzentrierte, wie ein mit Sternen gefüllter Eimer.

Dann hatte die Zeit also die Wunden geheilt, und sein Vater hatte sich geändert. Wie Toby. Wer im Recht gewesen war und wer im Irrtum, bedeutete nun nichts mehr, hallte nur noch schwach zwischen verblassenden Fakten wider und verlor sich schließlich in der Ereigniskurve. Er hatte in der Erzett schon Schlimmeres überstanden und war nun für alle Eventualitäten gewappnet, ohne an der Vergangenheit festzuhalten oder Prognosen für die Zukunft zu bedürfen. Leichtfüßig schritt er aus – bereit, jede Herausforderung anzunehmen.

NACHWORT DES AUTORS

Ich habe darauf geachtet, daß die Handlung dieses Romans und der bisherigen Werke dieses Zyklus nach Möglichkeit nicht die Grenzen überschreitet, die durch astronomische Beobachtungen gezogen worden sind. Das Wissen über das Weltall hat sich in den letzten Jahrzehnten geradezu explosionsartig vermehrt, doch für Romanautoren ist dieser Segen fast schon ein Fluch.

Im letzten Jahrzehnt haben das ›Very Large Array‹ und andere neue ›Teleskope‹ Fenster zum galaktischen Zentrum geöffnet und erstaunliche Resultate erbracht. Ich mußte meine Vorstellungen revidieren, und ein paar Erfindungen in diesem Roman beruhen sogar auf diesen neuen Theorien – insbesondere auf der fortentwickelten Gravitationstheorie.

Offensichtlich walten enorme Kräfte im galaktischen Zentrum, die anscheinend durch eine gewaltige Explosion ins Leben gerufen wurden, welche vor etwa einer Million Jahren stattfand. Die elektrodynamischen Effekte wirken in einem Umkreis von ein paar hundert Lichtjahren vom exakten dynamischen Mittelpunkt, um den die gesamte Spiralscheibe rotiert. Dort ist das Magnetfeld mindestens hundertmal stärker als in den ›gemäßigten Breiten‹ unserer Galaxis. Anscheinend werden die langen, glühenden Stränge dort von diesem starken Feld ausgesandt. Dies läßt wiederum den Schluß zu, daß bei den energetisch noch viel aktiveren galaktischen Kernen entfernter Galaxien magnetische Felder eine prägende Rolle spielen.

Die theoretischen Forschungen, die ich in meiner Eigenschaft als Professor für Physik in der Zentrumsregion betreibe, beruhen auf dieser Prämisse. Sie stellt auch die Grundlage meiner Romane dar. Es war schon eine merkwürdige Erfahrung, imaginäre Ereignisse an einem Ort zu ersinnen, dem ich gleichzeitig mit mathematischem Werkzeug zu Leibe rückte. Frei von den Fesseln der Fachliteratur habe ich fabuliert, welche Lebensformen und Intelligenzen jenseits unseres Vorstellungsvermögens die Prozesse hervorgebracht haben, die seit zehn Milliarden Jahren im Hexenkessel der Galaxis ablaufen. (Welch ein Zufall: ich hatte den letzten Absatz gerade beendet, als der Redakteur der August-Ausgabe des *The Astrophysical Journal* mich auf die Kritik eines früheren Romans in ebendieser Ausgabe hinwies. Irgendwann muß ich einmal die Wechselwirkung zwischen Wissenschaft und Science Fiction ergründen. Oder, noch besser, ich betraue einen engagierten Graduierten damit. Das ist eine wahre Fundgrube für eine Doktorarbeit ...)

Dieser Roman und die früheren Werke des **CONTACT-ZYKLUS** – *Im Meer der Nacht, Durchs Meer der Sonnen, Himmelsfluß, Lichtgezeiten* – wären nicht möglich gewesen ohne die Mitwirkung der Wissenschaftler, Redakteure, Akademiker und Schriftsteller-Kollegen, die mich über zwei Jahrzehnte mit Ideen, Ratschlägen und erhellender Lektüre versorgt und motiviert haben.

Dazu zählen aus dem Stegreif Marvin Minsky, Sheila Finch, David Hartwell, Mark Martin, David Brin, Betsy Mitchell, David Samuelson, Steven Harris, Lou Aronica, Joe Miller, Jennifer Hershey, Stephen Hawking, Gary Wolfe, Norman Spinrad, David Kolb, Ruth Curl und Arthur C. Clarke. Ihnen allen verdanke ich stimulierende Ideen.

Mein besonderer Dank gilt Mark Morris von der UCLA, der das Symposium der Internationalen Astronomischen Union über das Zentrum der Galaxis organisierte und leitete. Die Daten und Theorien dieser und späterer Veranstaltungen veranlaßten mich, die Modelle zu revidieren, die ich für magnetische Phänomene im galaktischen Zentrum entwickelt hatte. Indem ich meine Theorien dem Publikum präsentierte und mich der Kritik aussetzte – wovor jeder Theoretiker eine Heidenangst hat! –, wurde ich mit einer verwirrenden Vielfalt von grellen Animationen, heftigen Explosionen, gewaltigen Energien und ebenso hochentwickelten wie geheimnisvollen Strukturen konfrontiert, die unser galaktisches Zentrum ausmachen. Das inspirierte meine Phantasie für die Möglichkeiten des Lebens (und wohl auch des Todes) an einem solchen Ort der Extreme.

Ich entschuldige mich bei den Lesern, die jeweils ein paar Jahre auf die Fortsetzungen dieses Zyklus warten mußten. Andere Bücher wollten geschrieben werden.

Und dann ist da noch das wirkliche Leben, das auch sein Recht fordert. Meine Vorstellungen vom Leben im Universum haben sich stark gewandelt, seit ich im Jahre 1970 Nigel Walmsley auf seine Odyssee schickte (den Anfang bildete die Kurzgeschichte ›Icarus Descending‹, die später leicht adaptiert wurde und nun den Vorgänger von *Im Meer der Nacht* darstellt.)* Trotz solcher ›evolutionärer‹ Maßnahmen war ich bemüht, die Kontinuität dieser Romane zu bewahren. Bei Ereignissen, die mehrere zehntausend Jahre umspannen, besteht immer die Gefahr von Brüchen; vor allem dann, wenn der Autor noch mit anderen Dingen beschäftigt ist.

Der letzte Band dieses Zyklus ist nun in Sicht. Ich verspreche, daß er binnen eines Jahres nach dem Er-

---

* *Im Meer der Nacht* erscheint eben als Nachdruck in der Serie WARP 7 unter der Nummer 06/7027.

scheinen dieses Buchs herauskommt.** Ich werde in Zukunft vielleicht noch einen Abstecher in dieses Universum machen, wenn ich das Bedürfnis verspüre, doch die Kontinuität der Handlung an sich und der einzelnen Handlungsstränge wird gewahrt, und eventuelle Rätsel werden spätestens am Ende des nächsten Romans gelöst. Was für eine lange, phantastische Reise das doch gewesen ist.

– *Gregory Benford*

** Die deutsche Ausgabe erscheint im Sommer 2000 unter dem Titel *In leuchtender Unendlichkeit* als sechster Band des CONTACT-ZYKLUS unter der Nummer Heyne-SF 06/5991.

Greg Egan

Diaspora

Am Ende des nächsten Jahrtausends steht die Menschheit vor einem tiefgreifenden Umbruch. Sie hat nicht nur die Grenzen ihres Heimatplaneten hinter sich gelassen und das Sonnensystem bevölkert, sondern auch die Beschränkungen des eigenen Körpers überwunden. Doch der vermeintliche Fortschritt erweist sich als äußerst brüchig, als aus den Tiefen des Alls eine Katastrophe droht, die die Zivilisation in einem Schlag vernichten könnte.

»Greg Egan schreibt Ideenliteratur im besten Sinne – die alte Garde um Asimov und Heinlein würde den Hut ziehen.« *The Times*

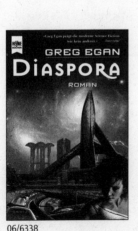

06/6338

HEYNE-TASCHENBÜCHER

Simon Ings

Datafat

06/6316

Der Künstlichen Intelligenz gehört die Zukunft ... und DATAFAT macht`s möglich.

Mit Hilfe dieser biologisch erzeugten Substanz werden Teile des weltumspannenden Datennetzes zu selbstständig agierenden Einheiten. Sie sollen die Probleme lösen, mit denen die unberechenbare und schwerfällige Intelligenz der Menschen nicht zu Rande kommt. Doch bald schon entziehen sich die rasant wachsenden KI`s jeder menschlichen Kontrolle.

Ein nervenzerreißender High-Tech-Thriller, wie ihn William Gibson nicht besser hätte schreiben können.

HEYNE-TASCHENBÜCHER

Nicola Griffith

Untiefen

Sie ist die Tochter eines der mächtigsten Männer auf dem Markt für Biotechnik – doch plötzlich wird ihre Existenz in den weltweiten Datennetzen gelöscht. Die Flucht vor unbekannten Verfolgern führt sie in die dunkel schillernde Halbwelt Europas. Doch den Schatten ihrer Vergangenheit kann sie auch dort nicht entfliehen.

»Nicola Griffith ist ein junger, hell leuchtender Stern am Himmel der Science Fiction.«
Kim Stanley Robinson

06/6306

HEYNE-TASCHENBÜCHER

Ben Bova

Mars

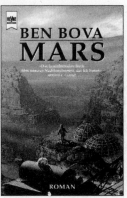

06/6332

Das größte Abenteuer der Menschheit steht unmittelbar bevor!

Dies ist die Geschichte der ersten bemannten Mars-Mission.

Die Geschichte einer Handvoll Männer und Frauen, die alles riskieren, um die Geheimnisse unseres sagenumwobenen Nachbarplaneten zu lüften.

Eine Geschichte menschlicher Größe und Tragik – und die Geschichte der unglaublichsten Entdeckung aller Zeiten.

»Ben Bova zeigt uns den Mars, wie wir ihn noch nie gesehen haben – in seiner ganzen erschreckenden Schönheit.«
Ray Bradbury

HEYNE-TASCHENBÜCHER